"十四五"时期国家重点出版物
出版专项规划项目

磷科学前沿与技术丛书

非手性膦配体合成及应用

Synthesis and Applications of Achiral Phosphine Ligands

夏海平
余广鳌
陈大发
袁 佳 | 编著

化学工业出版社

·北京·

内容简介

本书为"磷科学前沿与技术丛书"分册之一。有机膦化合物是一类高附加值的含磷产品，是磷化学化工乃至磷科学的重要组成部分。膦配体作为金属有机化学中被研究和应用最广泛的配体之一，对配位化学、材料科学、催化化学以及有机合成等诸多学科的发展具有重大的意义。本书从新的视角系统介绍了非手性膦配体及其金属有机化合物的结构特点、分类、制备方法，包括伯膦配体和仲膦配体、含膦单齿配体、含膦双齿配体、含膦三齿配体、含膦四齿配体，并对非手性膦配体的发展进行了展望。同时，还介绍了非手性膦配体及其金属有机化合物在催化化学中的最新应用。本书适合化学及相关专业师生、科研人员参考阅读。

图书在版编目（CIP）数据

非手性膦配体合成及应用 / 夏海平等编著 . —北京：化学工业出版社，2022.12

（磷科学前沿与技术丛书）

ISBN 978-7-122-41910-1

Ⅰ.①非… Ⅱ.①夏… Ⅲ.①膦-不对称有机合成-络合物-研究 Ⅳ.①O613.62

中国版本图书馆CIP数据核字（2022）第150101号

责任编辑：曾照华
文字编辑：王丽娜　师明远
责任校对：刘曦阳
装帧设计：王晓宇

出版发行：化学工业出版社
　　　　　（北京市东城区青年湖南街 13 号　邮政编码 100011）
印　　装：北京建宏印刷有限公司
710mm×1000mm　1/16　印张 21　彩插 1　字数 355 千字
2023 年 8 月北京第 1 版第 1 次印刷

购书咨询：010-64518888
售后服务：010-64518899
网　　址：http://www.cip.com.cn

凡购买本书，如有缺损质量问题，本社销售中心负责调换。

定　　价：168.00元　　　　　　　　　版权所有　违者必究

磷科学前沿与技术丛书
编委会

主　　任　　赵玉芬

副 主 任　　周　翔　　张福锁　　常俊标　　夏海平　　李艳梅

编委成员（以姓氏笔画为序）

王佳宏	石德清	刘　艳	李艳梅	李海港
余广鳌	应见喜	张文雄	张红雨	张福锁
陈　力	陈大发	周　翔	赵玉芬	郝格非
贺红武	贺峥杰	袁　佳	夏海平	徐利文
徐英俊	高　祥	郭海明	梅　毅	常俊标
章　慧	喻学锋	蓝　宇	魏东辉	

丛书序
FOREWORD

磷是构成生命体的基本元素，是地球上不可再生的战略资源。磷科学发展至今，早已超出了生命科学的范畴，成为一门涵盖化学、生物学、物理学、材料学、医学、药学和海洋学等学科的综合性科学研究门类，在发展国民经济、促进物质文明、提升国防安全等诸多方面都具有不可替代的作用。本丛书希望通过"磷科学"这一科学桥梁，促进化学、化工、生物、医学、环境、材料等多学科更高效地交叉融合，进一步全面推动"磷科学"自身的创新与发展。

国家对磷资源的可持续及高效利用高度重视，国土资源部于2016年发布《全国矿产资源规划（2016—2020年）》，明确将磷矿列为24种国家战略性矿产资源之一，并出台多项政策，严格限制磷矿石新增产能和磷矿石出口。本丛书重点介绍了磷化工节能与资源化利用。

针对与农业相关的磷化工突显的问题，如肥料、农药施用过量、结构失衡等，国家也已出台政策，推动肥料和农药减施增效，为实现化肥农药零增长"对症下药"。本丛书对有机磷农药合成与应用方面的进展及磷在农业中的应用与管理进行了系统总结。

相较于磷化工在能源及农业领域所获得的关注度及取得的成果，我们对精细有机磷化工的重视还远远不够。白磷活化、黑磷在催化新能源及生物医学方面的应用、新型无毒高效磷系阻燃剂、手性膦配体的设计与开发、磷手性药物的绿色经济合成新方法、从生命原始化学进化过程到现代生命体系中系统化的磷调控机制研究、生命起源之同手性起源与密码子起源等方面的研究都是今后值得关注的磷科学战略发展要点，亟需我国的科研工作者深入研究，取得突破。

本丛书以这些研究热点和难点为切入点，重点介绍了磷元素在生命起源过程和当今生命体系中发挥的重要催化与调控作用；有机磷化合物的合成、非手性膦配体及手性膦配体的合成与应用；计算磷化学领域的重要理论与新进展；磷元素在新材料领域应用的进展；含磷药物合成与应用。

本丛书可以作为国内从事磷科学基础研究与工程技术开发及相关交叉学科的科研工作者的常备参考书，也可作为研究生及高年级本科生等学习磷科学与技术的教材。书中列出大量原始文献，方便读者对感兴趣的内容进行深入研究。期望本丛书的出版更能吸引并培养一批青年科学家加入磷科学基础研究这一重要领域，为国家新世纪磷战略资源的循环与有效利用发挥促进作用。

最后，对参与本套丛书编写工作的所有作者表示由衷的感谢！丛书中内容的设置与选取未能面面俱到，不足与疏漏之处请读者批评指正。

2023 年 1 月

前言 PREFACE

    有机膦化合物是一类高附加值的含磷产品，是磷化学化工乃至磷科学的重要组成部分。膦配体作为金属有机化学中被研究和应用最广泛的配体之一，其一方面可稳定金属中心，另一方面可调节金属中心的电子组态。因此，膦配体的研究对配位化学、材料科学、催化化学以及有机合成等诸多学科的发展具有重大的意义。研究膦配体及其相应金属配合物的反应性，是发现新型配位模式，拓展新型催化反应体系，获得高效高选择性催化剂的重要途径。

    本书介绍了非手性膦配体及其金属有机化合物的合成、结构，以及在催化化学中的应用。在总结国内外近几十年相关研究成果的基础上，按照配体结构从简单到复杂的顺序，编成此书，期望能够在含膦配体的金属有机化学研究方面给大家提供帮助。

    本书第1章概括地介绍了膦配体发展过程中的重大历史事件。第2章讨论了伯膦配体和仲膦配体的合成方法。第3章介绍了一些重要的单膦配体，这些配体在学术研究或工业生产中已经得到广泛应用。第4章介绍了典型双膦配体的合成方法及其在金属有机催化中的应用。第5章探讨了含膦三齿配体及其金属有机化合物的合成、结构及反应性质。在第 5 章的基础上，第 6 章进一步探讨了含膦四齿配体的合成、结构及其与金属中心的配位特性。第 7 章对膦配体的未来发展趋势进行了初步探讨。

在本书的编写过程中，得到中国科学院院士赵玉芬教授的关心和帮助。参加本书编写人员的分工如下：夏海平教授负责大纲的制定，以及全书的统稿工作；余广鳌教授、夏海平教授和袁佳博士撰写第 1 章至第 4 章；陈大发教授撰写第 5 章和第 6 章；第 7 章由余广鳌教授和袁佳博士撰写。陈建教授和孟思璇博士负责文献的查阅搜集工作。研究生王崔颖、张颖、余红、刘锦鹏进行文献的校对工作。在此一并向他们表示衷心感谢。

由于非手性膦配体数量众多、发展迅速，加之我们知识水平有限，书中难免有疏漏和不妥之处，敬请读者批评指正，不胜感激！

编著者

2022 年 6 月 10 日

目录

1 绪论 　001

1.1 非手性膦配体的发展史 　002
1.2 非手性膦配体的分类 　003
参考文献 　003

2 伯膦和仲膦化合物 　005

2.1 伯膦化合物 　006
2.1.1 伯膦化合物的合成 　007
2.1.2 伯膦化合物在金属有机化学中的应用 　010
2.2 仲膦化合物 　012
2.2.1 仲膦化合物的合成 　013
2.2.2 仲膦化合物在金属有机化学中的应用 　014
参考文献 　016

3 含膦单齿配体 　019

3.1 含膦单齿配体的合成 　022
3.1.1 亲核取代反应构建单膦配体 　023
3.1.2 金属催化烯烃和炔烃的膦氢化反应构建单膦配体 　025
3.1.3 叔膦氧化物的合成与还原反应 　027
3.1.4 金属催化叔膦 C—H 键的官能团化反应 　044
3.1.5 金属催化 C—P 键的断裂构建新的叔膦化合物 　048
3.1.6 合成含膦单齿配体的其他方法 　051
3.2 含膦单齿配体的应用 　055

    3.2.1　三烃基单膦配体的应用　055
    3.2.2　联芳基单膦配体的应用　070
    3.2.3　非手性 2,3- 二氢苯并 [d][1,3] 氧杂膦烷配体的应用　120
    3.2.4　含氮杂环骨架单膦配体的应用　126
    3.2.5　2-(2,3,4,5- 四乙基环戊二烯基）苯基单膦配体的应用　137
    3.2.6　茚基膦配体的应用　143
  参考文献　151

4　含膦双齿配体　163

  4.1　含膦双齿配体的合成　164
    4.1.1　亲核取代反应构建含膦双齿配体　164
    4.1.2　金属催化炔烃的膦氢化反应构建含膦双齿配体　167
    4.1.3　光催化策略构建含膦双齿配体　168
  4.2　含膦双齿配体的应用　169
    4.2.1　双（二烃基膦基）烷烃配体的应用　169
    4.2.2　非手性二茂铁基双膦配体的应用　174
    4.2.3　双膦配体 Xantphos 的应用　191
    4.2.4　1- 膦基 -2- 二芳基膦基苯的应用　200
  参考文献　210

5　含膦三齿配体　215

  5.1　单膦三齿配体　216
    5.1.1　PCN 配体　216
    5.1.2　PCO 配体　220
    5.1.3　PCS 配体　221
    5.1.4　PNC 配体　223
    5.1.5　PNN 配体　226
    5.1.6　PNO 配体　234
    5.1.7　PNF 配体　237
    5.1.8　PNS 配体　239
    5.1.9　PNSb 配体　242

		5.1.10 NPN 配体	242
5.2	双膦三齿配体		244
	5.2.1	PBP 配体	245
	5.2.2	PCP 配体	247
	5.2.3	PNP 配体	252
	5.2.4	POP 配体	259
	5.2.5	PSiP 配体	261
	5.2.6	PSP 配体	262
5.3	三膦三齿配体		264
参考文献			267

6 含膦四齿配体   275

6.1	单膦四齿配体		276
	6.1.1	单膦四齿配体的合成	276
	6.1.2	单膦四齿配体的应用	278
6.2	双膦四齿配体		284
	6.2.1	双膦四齿配体的合成	284
	6.2.2	双膦四齿配体的应用	286
6.3	三膦四齿配体		293
	6.3.1	三膦四齿配体的合成	293
	6.3.2	三膦四齿配体的应用	294
6.4	四膦四齿配体		303
	6.4.1	四膦四齿配体的合成	303
	6.4.2	四膦四齿配体的应用	304
参考文献			311

7 非手性膦配体的发展展望   315

参考文献   318

索引   319

PHOSPHORUS 磷科学前沿与技术丛书

非手性膦配体合成及应用

1 绪论

1.1 非手性膦配体的发展史
1.2 非手性膦配体的分类

Synthesis and Applications of Achiral Phosphine Ligands

1.1
非手性膦配体的发展史

膦配体是构筑金属有机化合物的重要结构单元，非手性膦配体横跨于有机化学和无机化学之间，并与材料、能源和生命科学密切相关[1]。最简单的膦配体磷化氢存在于自然界，性质活泼，与氧气接触而自燃。最常见的三苯基膦可转化为Wittig试剂，用于药物、精细化学品的合成[2]。近年来，三苯基膦作为有机小分子催化剂，在成环反应中得到广泛应用[3]。作为最常用的膦配体，三苯基膦可与多种金属前体形成有机金属催化剂，并广泛用于石油化工、精细化学品的生产。1965年，Wilkinson催化剂 $RhCl(PPh_3)_3$ 的发现极大地推动了有机金属均相催化化学的发展[4]。1982年，Bergman设计合成含膦配体的半夹心铱氢金属有机化合物，并用于活化烷烃碳氢键[5]。含膦配体的金属催化剂推进了碳氢键活化反应的快速发展，相关应用已经渗透到医药、能源、材料等领域[6]。由三环己基膦与金属钌构成的Grubbs催化剂由于易于保存、催化效率高而被广泛用于催化烯烃复分解反应[7]，Chauvin、Grubbs和Schrock因为烯烃复分解反应的杰出成就获得2005年诺贝尔化学奖。近年来，非手性膦配体发展更为迅猛，例如，高活性膦配体的合成和应用，使碳碳键的交叉偶联反应变得更为绿色环保，极大地推动了材料科学、生命科学的发展[8]，由于碳碳键交叉偶联反应的巨大影响力，Heck、Negishi和Suzuki因在交叉偶联反应研究领域的开创性贡献而获得2010年诺贝尔化学奖。关于有机膦化合物的详尽历史及应用，可进一步参见其他专著[9-12]。

1.2 非手性膦配体的分类

膦配体种类繁多,按照与磷原子键合的原子不同,可以分为烃基膦配体、烃氧基膦配体等,烃基膦配体可分为芳基膦配体、烷基膦配体等;按照配体中包含配位原子或基团的数量,可分为单齿配体、双齿配体、三齿配体及多齿配体。后续章节将按照伯膦配体、仲膦配体、含膦单齿配体、含膦双齿配体、含膦三齿配体、含膦四齿配体的顺序,介绍膦配体的合成及应用。

参考文献

[1] 宋礼成,王佰全. 金属有机化学原理及应用. 北京: 高等教育出版社,2012.
[2] Pommer H. The Wittig Reaction in Industrial Practice. Angewandte Chemie International Edition, 1977, 16(7): 423-492.
[3] Guo H, Fan Y C, Sun Z, Wu Y Kwon O. Phosphine Organocatalysis. Chemical Reviews, 2018, 118(20): 10049-10293.
[4] Young J F, Osborn J A, Jardine F H, Wilkinson G. Hydride Intermediates in Homogeneous Hydrogenation Reactions of Olefins and Acetylenes Using Rhodium Catalysts. Chemical Communications, 1965(7): 131-132.
[5] Janowicz A H, Bergman R G. C—H Activation in Completely Saturated Hydrocarbons: Direct Observation of M + R—H → M(R)(H). Journal of the American Chemical Society, 1982, 104(1): 352-354.
[6] Yu J Q, Shi Z. Review of C—H Activation. Topics in Current Chemistry, 292. Berlin, Heidelberg, Springer-Verlag: 2010.
[7] Vougioukalakis G C, Grubbs R H. Ruthenium-Based Heterocyclic Carbene-Coordinated Olefin Metathesis Catalysts. Chemical Reviews, 2010, 110(3): 1746-1787.
[8] Buchwald S L. Cross Coupling. Accounts of Chemical Research, 2008, 41(11): 1439-1439.
[9] 陈茹玉,刘纶祖. 有机磷化学研究. 北京: 高等教育出版社,2001.
[10] Armin Börner. Phosphorus Ligands in Asymmetric Catalysis. Weinheim: Wiley-VCH Verlag GmbH, 2008.
[11] [乌克兰] 奥列格·科洛迪阿什尼. 有机磷化学中的不对称合成:方法、催化及应用. 郑冰,王毅,译. 北京: 化学工业出版社,2021.
[12] 何仁,陶晓春,张兆国. 金属有机化学. 上海: 华东理工大学出版社,2007.

2

伯膦和仲膦化合物

2.1 伯膦化合物
2.2 仲膦化合物

Synthesis and Applications of Achiral Phosphine Ligands

2.1
伯膦化合物

磷化氢 (PH_3) 分子中的一个氢原子被烃基取代的化合物称为伯膦 (RPH_2)。伯膦与其相似的伯胺 (RNH_2) 不同，不仅毒性高，而且易挥发，容易在空气中发生自燃。伯膦在现代合成化学中发挥着重要的作用。伯膦的磷原子具有亲核性，两个 P—H 键都可以进行反应，它们主要被用于合成手性膦配体，此外，还可以用于医药、聚合物、糖类和大环化合物等的合成 (图 2-1)[1]。

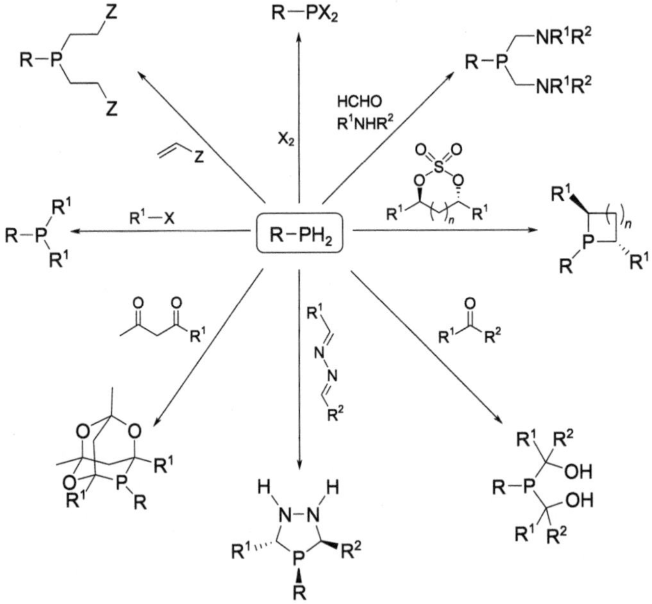

图 2-1 伯膦 P—H 键的官能团化反应

伯膦化合物通常在空气中非常不稳定，这限制了它们的应用 (图 2-2)。目前，只有少数的伯膦化合物可以在空气中稳定存在。2006 年，Gilheany 课题组首次合成出对空气稳定的手性伯膦化合物 **2-3a** 和

2-3b(图 2-3),它们可以用来合成高活性和高对映选择性的手性膦配体[2]。

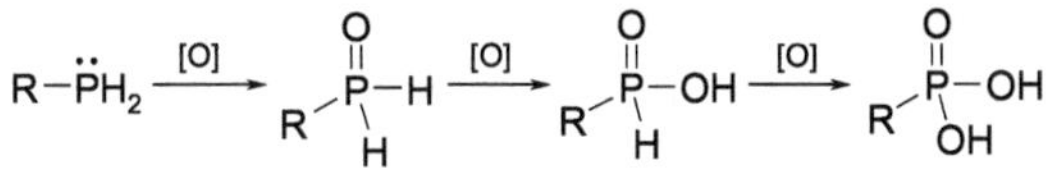

$$R-\ddot{P}H_2 \xrightarrow{[O]} \underset{H}{\overset{O}{R-P-H}} \xrightarrow{[O]} \underset{H}{\overset{O}{R-P-OH}} \xrightarrow{[O]} \underset{OH}{\overset{O}{R-P-OH}}$$

图 2-2 伯膦化合物在空气中的氧化反应

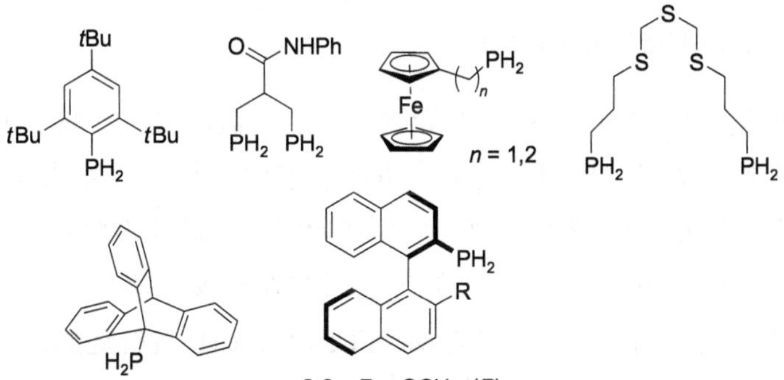

2-3a: R = OCH$_3$, (*R*)
2-3b: R = H, (*S*)

图 2-3 对空气稳定的伯膦化合物

2.1.1 伯膦化合物的合成

直接将卤代烃与磷基锂或磷基钠反应可以生成伯膦化合物(图 2-4)。但是,磷化氢是一种剧毒、易燃的气体,因此该方法极少使用。常用的方法是将卤代烃与镁或有机锂试剂进行反应,得到相应的格氏试剂或烃基锂试剂,然后将其与三氯化磷反应生成 RPCl$_2$,最后将 RPCl$_2$ 与 LiAlH$_4$ 进行还原反应生成相应的伯膦化合物[3]。该方法的缺点是反应条件苛刻,需要在严格的无水无氧条件下进行反应。此外,该方法的底物适用范围窄,含有活泼氢(如羟基)和不饱和基团(如羰基和氰基)的底物不能通过该方法制备出相应的伯膦化合物。另一种常用的方法是用金属催化卤代芳烃与亚磷酸二乙酯进行 C—P 偶联反应生成芳基膦酸二乙酯,再将其与 Me$_3$SiCl 和 LiAlH$_4$ 进行还原反应生成伯膦化合物(图 2-5)[4,5]。

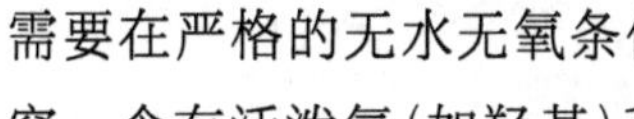

$$R-X \ + \ M-PH_2 \longrightarrow R-PH_2$$

X = Cl, Br, I
M = Li, Na

图 2-4 卤代烃与磷基金属反应生成伯膦化合物

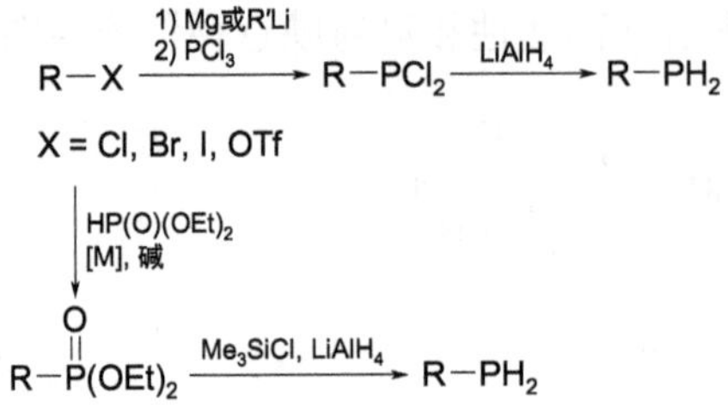

图 2-5 合成伯膦化合物的常用方法

苯酚类化合物可先和 NaH 反应，然后与氯磷酸二乙酯反应生成磷酸酯，它在烷基锂的作用下会发生重排反应生成邻羟基芳基膦酸二乙酯，然后将其与 LiAlH$_4$ 进行还原反应生成苯酚基伯膦化合物（图 2-6）[6,7]。在光照并加热的条件下，1,2-二氯苯可以与亚磷酸三甲酯反应生成 1,2-双（亚膦酸二甲酯基）苯，将其与 Me$_3$SiCl 和 LiAlH$_4$ 进行还原反应生成 1,2-双（膦基）苯化合物（图 2-7）[8,9]。

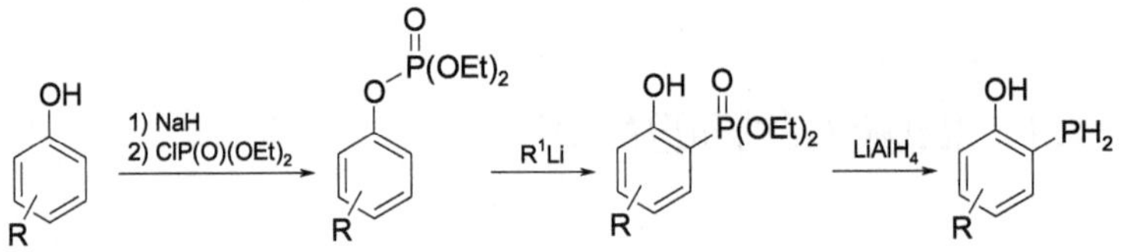

图 2-6 苯酚基伯膦化合物的合成方法

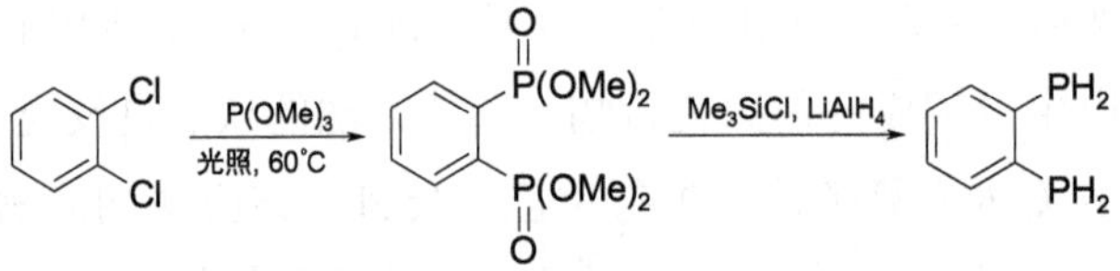

图 2-7 双伯膦化合物的合成方法

除了上述的合成方法之外，Mathey 课题组[10,11]将膦钨配合物与氢气或烷基硼酸进行还原反应，生成芳基伯膦羰基钨配合物 (PhPH$_2$)[W(CO)$_5$]（图 2-8）。Stephan 课题组[12]发现 P$_5$Ph$_5$ 可以与氢气和 B(C$_6$F$_5$)$_3$ 反应生成伯膦硼烷配合物 (PhPH$_2$)B(C$_6$F$_5$)$_3$（图 2-9）。

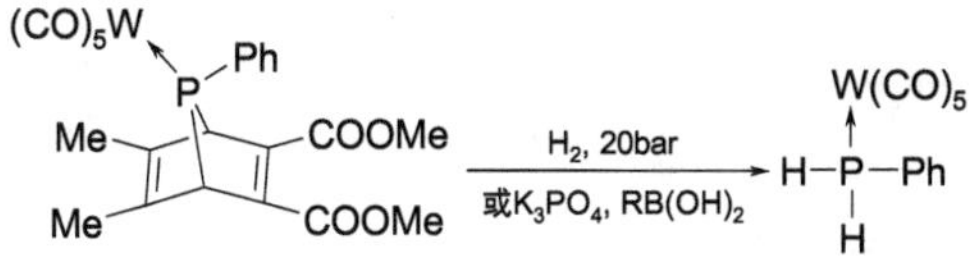

图 2-8 芳基伯膦羰基钨配合物的合成

1bar = 10⁵Pa

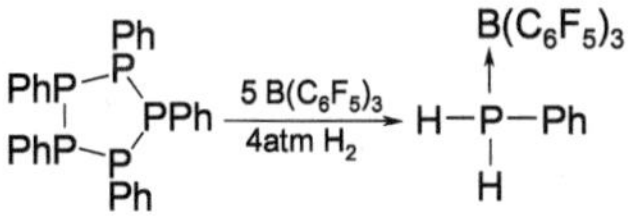

图 2-9 伯膦硼烷配合物的合成

1atm = 1.01325×10⁵Pa

支志明课题组将羰基钌（Ⅱ）卟啉配合物与 $MesPCl_2$ 或 $RP(O)Cl_2$ 反应，再将其与 $LiAlH_4$ 反应，一锅法合成稳定的伯膦钌（Ⅱ）卟啉配合物 $[Ru^{II}(Por)(PH_2R)_2]$（图 2-10）[13]。通常情况下伯膦是液体而且对空气不稳定，但与钌（Ⅱ）卟啉配合物配位得到的固体伯膦钌（Ⅱ）配合物不仅稳定，而且更易储存和进行选择性的官能团化反应。

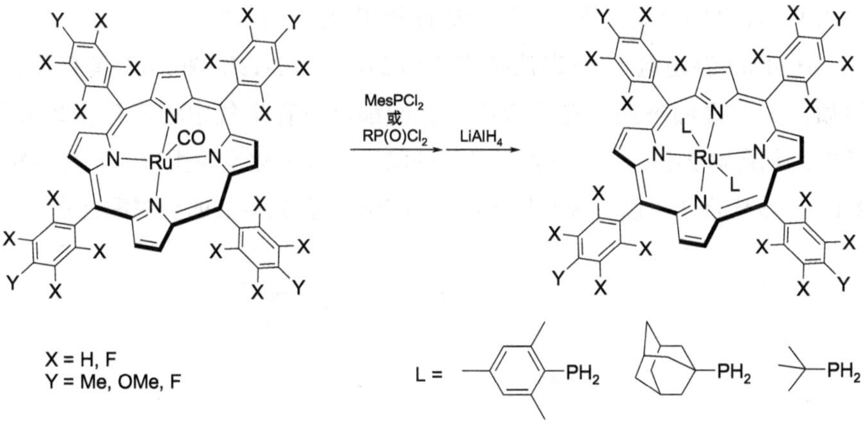

图 2-10 伯膦钌（Ⅱ）卟啉配合物的合成

Yakhvarov 课题组[14]发现白磷与苯基锌试剂反应可以得到苯基伯膦和二苯基膦（图 2-11）。2013 年，Goicoechea 课题组[15]将 PCO^- 与铵盐反应得到一种对空气稳定、结构类似脲的伯膦化合物 **2-12**（图 2-12）。

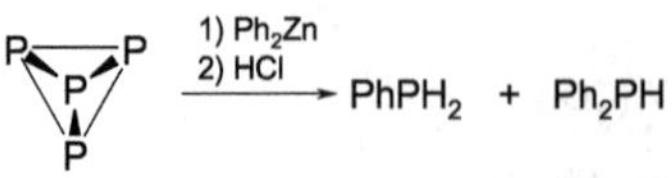

图 2-11　白磷与苯基锌反应生成苯基伯膦

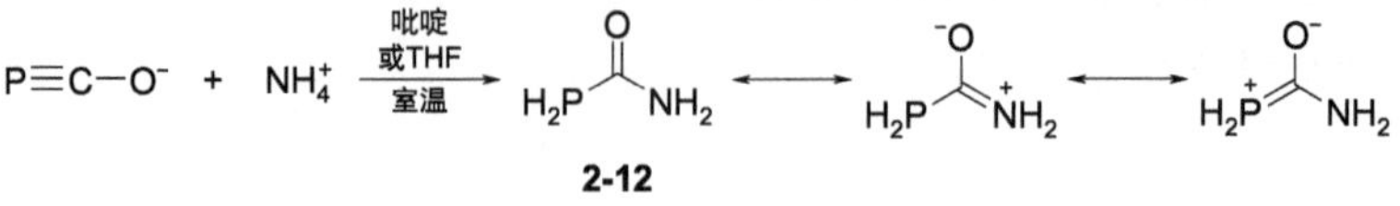

图 2-12　伯膦化合物 **2-12** 的合成

2.1.2　伯膦化合物在金属有机化学中的应用

相比仲膦和叔膦，伯膦化合物与金属的配位反应极少被研究。这主要是因为具有不同的空间结构和电子性质的伯膦化合物不仅在反应结束之后不易处理，而且它的 P—H 键容易断裂，易与金属发生反应，此外，伯膦具有杂化效应，导致其与金属的配位键很弱。因此，除非额外使用一些特殊的辅助配体，伯膦与金属进行反应时 P—H 键只会断裂形成膦基金属化合物[1]。基于伯膦固有的性质，其极少被用作配体，主要还是利用 P—H 键的反应性质，设计合成仲膦和叔膦化合物。

Higham 课题组[16]发现伯膦化合物 **2-13a** 和 **2-13b**（图 2-13）具有荧光性质。无论是固态还是在溶液中，它们都可以在空气中稳定存在数天。其中，化合物 **2-13a** 可以与烯基二苯基膦进行膦氢化反应生成三膦化合物 **2-13c**，该化合物可以与金属反应生成具有独特荧光性质的金属配合物。

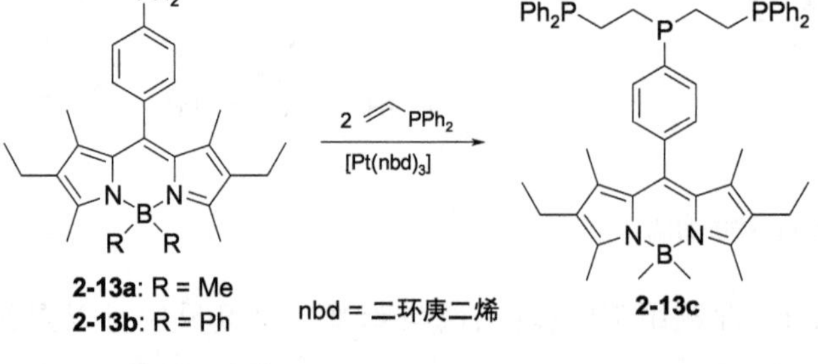

图 2-13　具有荧光性质的伯膦化合物及反应

近十几年，多个课题组发现在辅助配体（如羰基、茂基、氨基等）的作用下，伯膦可以与元素周期表上第 4、5、6、7、8、10、11 和 13 族金属进行反应生成较稳定的金属配合物（图 2-14）[1]。其中，支志明课题组发现钌（Ⅱ）卟啉和锇（Ⅱ）卟啉可以与伯膦和仲膦化合物反应生成稳定的配合物。该课题组合成出首例稳定的伯膦和仲膦金属卟啉配合物，并对它们的结构进行了表征（图 2-15）[17]。

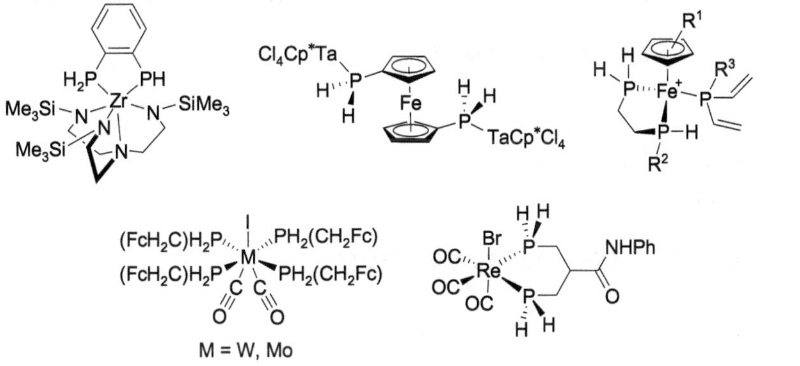

图 2-14 稳定的伯膦金属配合物

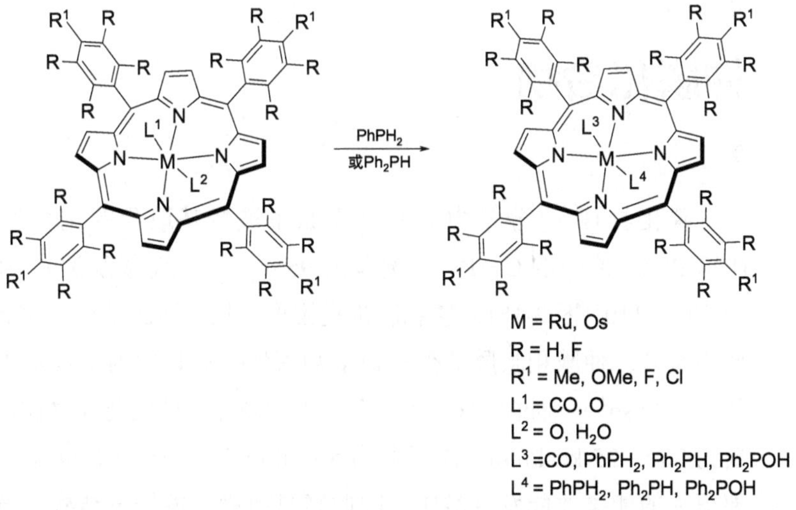

图 2-15 伯膦和仲膦金属卟啉配合物

Waterman 课题组[18]发现氨基锆配合物 **2-16a** 与伯膦反应生成膦基锆配合物 **2-16b**，然后它会与另一分子的伯膦进行脱氢 P—P 键偶联反应生成化合物 **2-16c**（图 2-16）。此外，Manners 课题组[19]发现铑（Ⅰ）可以催化苯基膦硼烷配合物发生脱氢偶联反应生成仲膦硼烷聚合物，该化合物在空气中稳定（图2-17）。

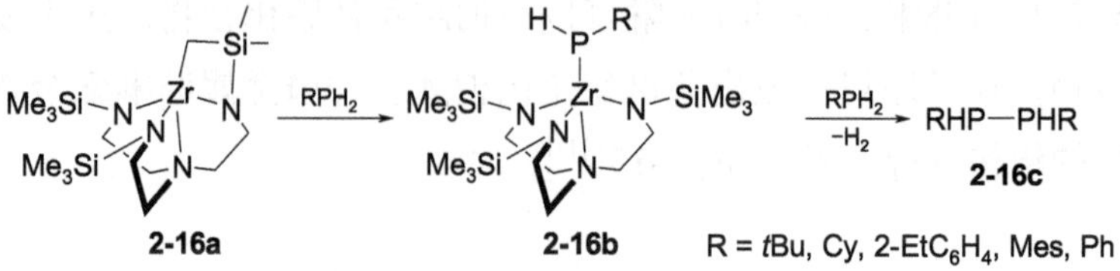

图 2-16　氨基锆配合物与伯膦的反应

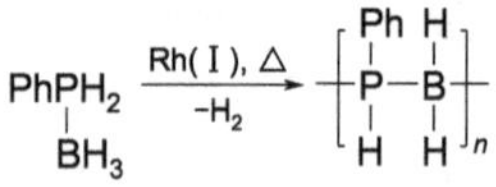

图 2-17　苯基膦硼烷配合物的脱氢偶联反应

2.2
仲膦化合物

磷化氢（PH_3）分子中的两个氢原子被烃基取代的化合物称为仲膦（R^1R^2PH）。仲膦的 C—P—H 键角为 95°～97°，而叔膦的 C—P—C 键角为 98°～110°（图2-18）。膦和胺都是锥形结构，胺的结构在室温下会快速发生翻转，仲膦和叔膦的翻转速度却很慢。这是因为结构发生翻转需要经过一个 sp^2 平面过渡态，在这个过程中膦需要的活化能垒比胺高［膦需要约 30～35 kcal/mol，胺需要约 5 kcal/mol（1 kcal=4.1868 kJ）］。因为需要很大的能垒才能发生翻转，因此膦具有稳定的锥形结构，当磷原子连接三个不同的基团时就会具有手性[20]。

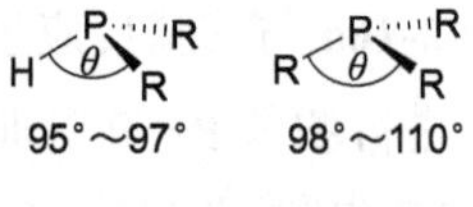

图 2-18　仲膦的 C—P—H 键角和叔膦的 C—P—C 键角

相比叔膦，仲膦由于其固有的性质，如不稳定、有毒和易挥发，因此它们主要用于制备各种手性和非手性叔膦化合物。硼烷与仲膦反应生成的仲膦硼烷配合物，不仅在空气中可以稳定存在，而且通常为固体，容易保存和进行官能团化反应。例如，仲膦硼烷配合物先与氢化钠或烷基锂反应生成膦基金属盐，再与卤代烃反应生成叔膦硼烷配合物，该配合物与仲胺（例如吗啉等）反应生成相应的叔膦化合物。此外，金属可以催化仲膦 P—H 键与卤代(杂)芳烃进行 C—P 键偶联反应生成叔膦化合物（图 2-19）[20,21]。

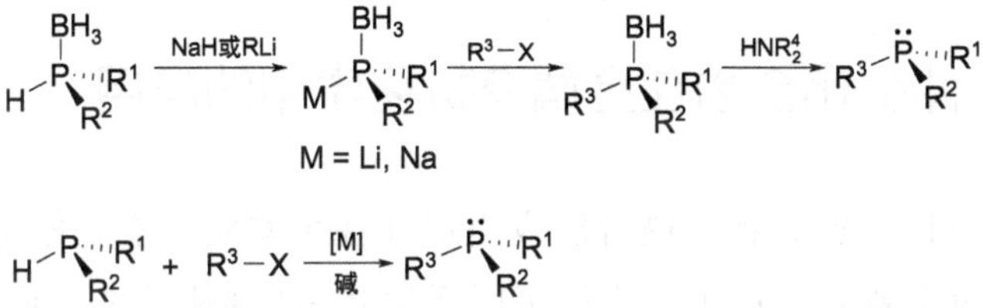

图 2-19 仲膦与卤代烃反应制备叔膦

2.2.1 仲膦化合物的合成

芳基伯膦先与正丁基锂反应，再与卤代烃反应可以生成仲膦化合物。1,2-二氯乙烷与膦基钠反应也可以生成膦杂环丙烷（图 2-20）。但是，用于制备膦基钠的磷化氢是一种剧毒、易燃的气体，伯膦毒性高而且在空气中容易自燃，因此这两种方法较少使用。最常用的方法是先制备二烷基氯化膦、二烷基氧化膦、二烷基亚膦酸酯、二烷基亚膦酰氯或二烷基硫化膦，然后将其进行还原反应生成仲膦化合物。除此之外，叔膦化合物与金属锂进行反应时，P—C(sp^2) 键会断裂生成膦基锂，其再与水反应可以生成相应的仲膦化合物（图 2-21）[19-22]。

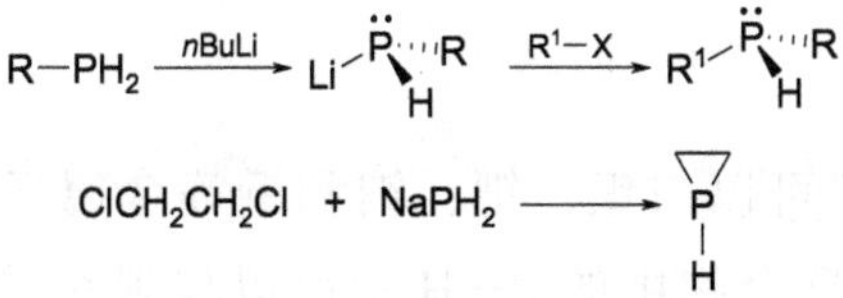

图 2-20 伯膦或膦基钠与卤代烃反应制备仲膦

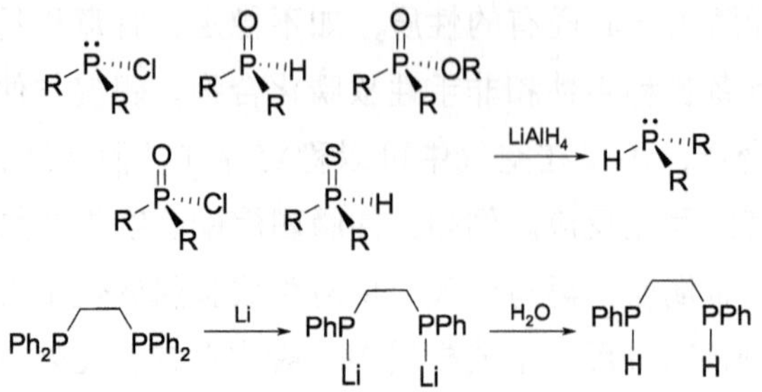

图 2-21 合成仲膦化合物的常用方法

2.2.2 仲膦化合物在金属有机化学中的应用

仲膦可以与过渡金属进行反应生成仲膦金属配合物。但是，这些金属配合物通常都不太稳定，金属可以活化 P—H 键使其进一步发生反应。Edwards 课题组[23,24]发现烯丙基(苯基)膦可以与 $[(\eta^5\text{-}C_5H_5)Fe(\eta^6\text{-}C_6H_6)]^+$ 反应生成 $[(\eta^5\text{-}C_5H_5)Fe(PhPHC_3H_5)_3]^+$，偶氮二异丁腈(AIBN)促进 P—H 键与 C＝C 键发生加成反应生成三膦大环铁配合物 **2-22a**，其再在钠和氨的作用下脱去金属得到三膦大环化合物 **2-22b**(图 2-22)。

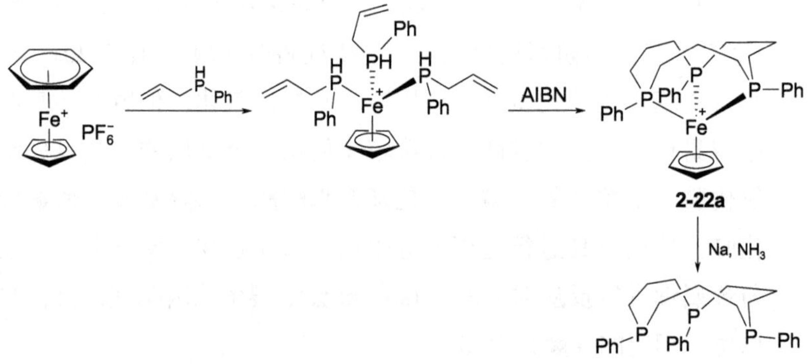

图 2-22 烯丙基(苯基)膦的反应

1,2-双(烷基膦基)乙烷可以与镍、钯、铂和铜等金属反应生成双仲膦环金属配合物。这些配合物中的 P—H 键可以与羰基进行加成反应生成四羟基四膦大环金属配合物。此外，在碱性条件下 P—H 键可以与1,2-双(氯代甲基)苯进行亲核取代反应生成四膦大环金属配合物(图2-23)[25-28]。

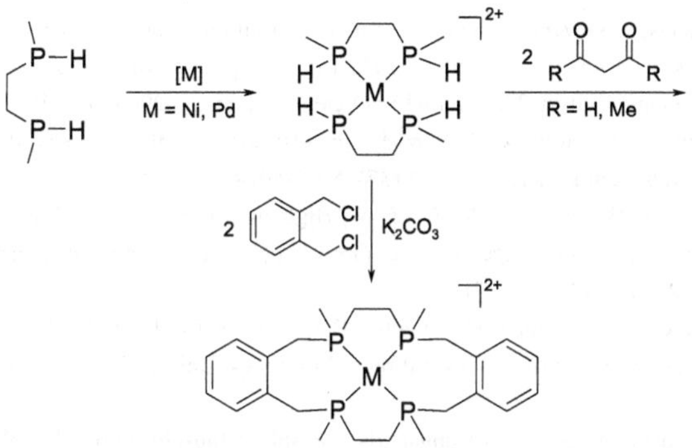

图2-23 1,2-双(烷基膦基)乙烷的反应

Fogg课题组[29]发现Grubbs催化剂$RuCl_2(PR_3)_2(=CHPh)$ (R=Cy, Ph)会与$HP(tBu)_2$发生配体交换反应生成cis-$RuCl_2(HPtBu_2)(PPh_3)(=CHPh)$,该配合物可以催化二烯烃发生闭环烯烃复分解反应(图2-24)。此外,cis-$RuCl_2(HPtBu_2)(PPh_3)(=CHPh)$中的$HP(tBu)_2$会与吡啶发生配体交换反应,生成$cis$-$RuCl_2(Py)(PPh_3)(=CHPh)$。

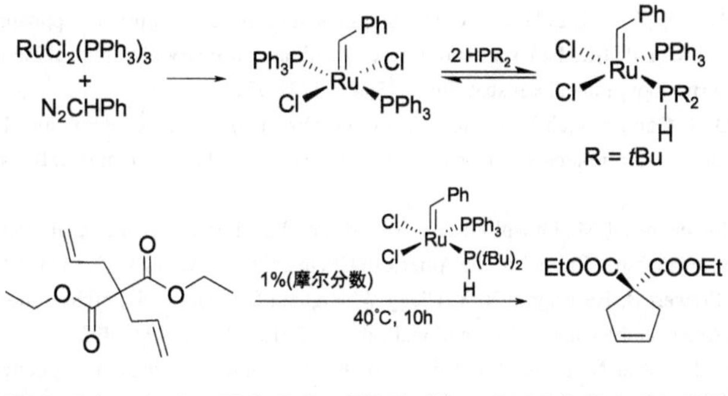

图2-24 cis-$RuCl_2(HPtBu_2)(PPh_3)(=CHPh)$的合成与催化性质

参考文献

[1] Fleming J T, Higham L J. Primary phosphine chemistry. Coordination Chemistry Reviews, 2015, 297-298: 127-145.

[2] Hiney R M, Higham L J, Müller-Bunz H, Gilheany D G. Taming a functional group: creating air-stable, chiral primary phosphanes. Angewandte Chemie International Edition, 2006, 45 (43): 7248-7251.

[3] MacKay J A, Vedejs E. Enantioselective acylation using a second-generation *P*-aryl-2-phosphabicyclo[3.3.0]octane catalyst. The Journal of Organic Chemistry, 2004, 69(20): 6934-6937.

[4] Ghalib M, Niaz B, Jones P G, Heinicke J W. σ^2-P Ligands: convenient syntheses of *N*-methyl-1,3-benzazaphospholes. Tetrahedron Letters, 2012, 53 (37): 5012-5014.

[5] Ficks A, Sibbald C, Ojo S, Harrington R W, Clegg W, Higham L J. Efficient multigram syntheses of air-stable, chiral primary phosphine ligand precursors via palladium-catalyzed phosphonylation of aryltriflates. Synthesis, 2013, 45(2): 265-271.

[6] Laughlin F L, Rheingold A L, Deligonul N, Laughlin B J, Smith R C, Higham L J, Protasiewicz J D. Naphthoxaphospholes as examples of fluorescent phospha-acenes. Dalton Transactions, 2012, 41(39): 12016-12022.

[7] Wu S, Deligonal N, Protasiewicz J D. An unusually unstable ortho-phosphinophenol and its use to prepare benzoxaphospholes having enhanced air-stability. Dalton Transactions, 2013, 42(41): 14866-14874.

[8] Kyba E P, Kerby M C, Rines S P. A convenient synthesis of symmetrical and unsymmetrical 1,2-bis(phosphlno)benzenes as ligands for transition metals. Organometallics, 1986, 5 (6): 1189-1194.

[9] Kyba E P, Liu S T, Harris R L. A facile synthesis of 1,2-bis(phosphino)benzene and related alkylated species. Organometallics, 1983, 2 (12): 1877-1879.

[10] Duffy M P, Ting L Y, Nicholls L, Li Y, Ganguly R, Mathey F. Reaction of terminal phosphinidene complexes with dihydrogen. Organometallics, 2012, 31 (7): 2936-2939.

[11] Ng Y X, Mathey F. Using monovalent phosphorus compounds to form P—C bonds. Angewandte Chemie International Edition, 2013, 52(52): 14140-14142.

[12] Geier S J, Stephan D W. Lewis acid mediated P—P bond hydrogenation and hydrosilylation. Chemical Communications, 2010, 46(7): 1026-1028.

[13] Huang J S, Yu G A, Xie J, Zhu N, Che C M. One-pot synthesis of metal primary phosphine complexes from O=PCl$_2$R or PCl$_2$R. Isolation and characterization of primary alkylphosphine complexes of a metalloporphyrin. Inorganic Chemistry, 2006, 45(15): 5724-5726.

[14] Yakhvarov D G, Ganushevich Y S, Sinyashin O G. Direct formation of P—C and P—H bonds by reactions of organozinc reagents with white phosphorus. Mendeleev Communications, 2007, 17 (4): 197-198.

[15] Jupp A R, Goicoechea J M. Phosphinecarboxamide: a phosphorus-containing analogue of urea and stable primary phosphine. Journal of the American Chemical Society, 2013, 135(51): 19131-19134.

[16] Davies L H, Stewart B, Harrington R W, Clegg W, Higham L J. Air-stable, highly fluorescent primary phosphanes. Angewandte Chemie International Edition, 2012, 51(20): 4921-4924.

[17] Xie J, Huang J S, Zhu N, Zhou Z Y, Che C M. Primary and secondary phosphane complexes of metalloporphyrins: Isolation, spectroscopy, and X-ray crystal structures of ruthenium and osmium porphyrins binding phenyl- or diphenylphosphane. Chemistry-A European Journal, 2005, 11(8): 2405-2416.

[18] Waterman R. Selective dehydrocoupling of phosphines by triamidoamine zirconium catalysts. Organometallics, 2007, 26(10): 2492-2494.

[19] Dorn H, Singh R A, Massey J A, Lough A J, Manners I. Rhodium-catalyzed formation of phosphorus-boron bonds: synthesis of the first high molecular weight poly(phosphinoborane). Angewandte Chemie International Edition, 1999, 38(22): 3321-3323.

[20] Nell B P, Tyler D R. Synthesis, reactivity, and coordination chemistry of secondary Phosphines. Coordination Chemistry Reviews. 2014, 279(1): 23-42.

[21] Schwan A L. Palladium catalyzed cross-coupling reactions for phosphorus-carbon bond formation. Chemical Society Reviews, 2004, 33(4): 218-224.

[22] Hérault D, Nguyen D H, Nuel D, Buono G. Reduction of secondary and tertiary phosphine oxides to phosphines. Chemical Society Reviews, 2015, 44(8): 2508-2528.

[23] Price A J, Edwards P G. A new template for the synthesis of triphosphorus macrocycles. Chemical Communications, 2000, 11: 899-900.

[24] Edwards P G, Malik K M A, Ooi L I, Price A J. Iron complexes of facially capping triphosphorus macrocycles. Dalton Transactions, 2006, 3: 433-441.

[25] Bartsch R, Hietkamp S, Morton S, Stelzer O. Stereospecific synthesis of palladium(II) complexes of macrocyclic tetradentate phosphane ligands. Angewandte Chemie International Edition, 1982, 21(5): 375-376.

[26] Bartsch R, Hietkamp S, Morton S, Peters H, Stelzer O. Reactions of coordinated ligands. 12. Single-stage template syntheses of tetradentate macrocyclic phosphine complexes. Inorganic Chemistry, 1983, 22(24): 3624-3632.

[27] Mizuta T, Okano A, Sasaki T, Nakazawa H, Miyoshi K. Palladium(II) and platinum(II) complexes of a tetraphosphamacrocycle. X-ray crystal structures of phosphorus analogs of a (tetramethylcyclam) metal complex. Inorganic Chemistry, 1997, 36(2): 200-203.

[28] Gibbons S K, Valleau C R D, Peltier J L, Cain M F, Hughes R P, Glueck D S, Golen J A, Rheingold A L. Diastereoselective coordination of P-stereogenic secondary phosphines in copper(I) chiral bis(phosphine) complexes: Structure, dynamics, and generation of phosphido complexes. Inorganic Chemistry, 2019, 58(13): 8854-8865.

[29] Lierop B J, Fogg D E. On the compatibility of ruthenium metathesis catalysts with secondary phosphines. Organometallics, 2013, 32(23): 7245-7248.

磷科学前沿与技术丛书

非手性膦配体合成及应用

3

含膦单齿配体

3.1 含膦单齿配体的合成
3.2 含膦单齿配体的应用

Synthesis and Applications of Achiral Phosphine Ligands

膦配体（PR_3）中的磷原子位于第三周期、第五主族，其基态原子的电子排布为 [Ne]$3s^23p^3$，以 sp^3 杂化与三个取代基形成三个 σ 键和一对未配位的孤对电子。此外，磷原子还有空 d 轨道，这种独特结构使其可以同时作为 σ-供体和 π-受体，在与过渡金属配位形成 σ 键的同时，还可以接受金属中心的反馈电子，形成 π 反馈键（图 3-1）。

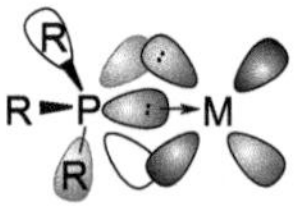

图 3-1　M-PR_3 的分子轨道

单膦配体可以通过改变 PR_3 中的三个 R 基团，预见性地调控磷原子的电子云密度和空间位阻，这使得单膦配体成为最常用的配体之一。

单膦配体的电子效应、空间位阻都会影响其与金属形成的配位键强弱，进而影响催化性能。因此，可以反过来通过一些已有配合物的成键强度来测量和考察膦配体的电子效应和空间位阻，进而可以分析膦配体在新配合物中的配位能力。基于此，Tolman 总结出测量单膦配体电子效应和空间位阻的方法。单膦配体电子效应的测量方法是利用 $Ni(CO)_4$ 和膦配体反应生成 $Ni(CO)_3(PR_3)$，然后测量配合物中 CO 的红外（IR）振动频率，根据 CO 的振动频率来确定电性常数 χ，从而确定膦配体的电子效应。在这类配合物中与磷原子相邻的两个羰基情况相同，IR 伸缩振动频率位置重叠而加强，很容易与对位 CO 的 IR 伸缩振动区分开。因为单膦配体 PR_3 与金属配位使金属中心的电子云密度增加，则金属中心反馈到 CO 的 π^* 轨道的电子云密度增大，使得金属与碳之间的相互作用增强，同时使得碳与氧的键能减弱，CO 的红外振动频率 ν_{CO} 降低，得出膦配体的电性常数 χ 较小。所以，可以通过 ν_{CO} 推测膦配体的电子效应。ν_{CO} 较小说明单膦配体 PR_3 中磷原子的电子云密度较高，单膦配体 PR_3 是一个强的 σ-供体；反之 ν_{CO} 较大，磷原子的电子云密度低，单膦配体 PR_3 则是一个较强的 π-受体（图 3-2）。

由上述数据（图 3-2）可知，三烷基膦是较强的 σ-供体；三苯基膦兼具 σ-供体和 π-受体的双重性质；而亚磷酸酯 [$P(OR)_3$] 中，磷原子与电负性较强的氧原子相连，使得磷原子上电子云密度降低，其与金属配

L-Ni(CO)₃中的L	v_{CO}/cm^{-1}
P(tBu)₃	2056.1
PMe₃	2064.1
PPh₃	2068.9
P(OMe)₃	2079.5
P(OPh)₃	2085.0
PF₃	2110.8

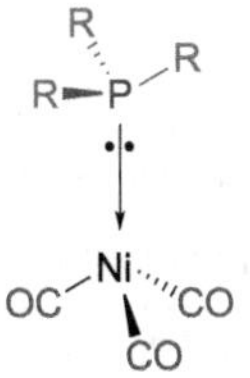

图 3-2　部分 Ni(CO)₃(PR₃) 配合物 CO 的红外振动频率 (v_{CO})

位时的给电子能力降低，接受金属中心反馈电子的能力增强，是一种弱的 σ-电子供体和强的 π-电子受体。

空间影响对多数配体也不容忽视，有时甚至比电子效应还明显。Tolman 研究 Ni(PR₃)₄ 配合物中 PR₃ 配体的解离、配位平衡反应与膦配体空间角之间的关系。在 Ni(PR₃)₄ 中，四个配体所处环境相同，任一配体的解离、配位都是等效反应，这大大地简化了研究工作。

Tolman 选择一个精确的空间角测量分子模型作为测量物。将这个模型固定在一个木块上并使磷和镍原子的中心距离为 228 pm（磷原子和镍原子的共价半径之和）。旋转模型的 P-Ni 轴，测出以镍原子中心为顶点至 PR₃ 分子中 R 基团最外边原子的空间角，用 θ 表示，如图 3-3(a) 所示。如果一个配体的空间角大于 180°，则按图 3-3(b) 所示的方法测量。

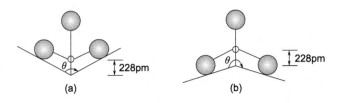

图 3-3　Ni(PR₃)₄ 的空间角 θ 测量

因此，Tolman 提出配体空间角 (Tolman 圆锥角) 的概念并将它与测得的解离常数 K_d 关联，用测出的空间角来衡量各种配体的空间影响（表 3-1）。一般配体空间角 θ 值越大，膦配体的空间角越大，解离常数 K_d 也越大。

表3-1 NiL$_4$中膦配体的空间角与解离常数的关系

$$\text{NiL}_4 \xrightleftharpoons[]{25℃,苯} \text{NiL}_3 + \text{L}$$

L	K_d/(mol/L)	θ/(°)	L	K_d/(mol/L)	θ/(°)
P(OEt)$_3$	<10^{-10}(70℃)	109	PPh$_3$	很大	145
PMe$_3$	<10^{-9}(70℃)	118	P(iPr)$_3$	很大	160
P(o-C$_6$H$_4$Cl)$_3$	2×10^{-10}	128	PBn$_3$	很大	165
P(p-tol)$_3$	6×10^{-10}	128	PCy$_3$	很大	170
P(OiPr)$_3$	2.7×10^{-5}	130	P(tBu)$_3$	很大	182
PMePh$_2$	5.0×10^{-2}	136	P(Mes)$_3$	很大	212

实际上，由于分子在不断运动，这种测量空间角的方法显然不够精确。例如，环己基因绕键轴旋转和构型变化使测量的空间角与实际有较大的偏差，导致与实验结果无法关联。但该方法至少给出一个衡量配体空间效应的相对值，并且适用于大多数情况[1]。

过去二十年，过渡金属催化的 C—E(E=C, N, O, S 等)键偶联反应成为构建 C—E 键最常用的合成方法之一。它们具有操作简单、反应条件温和以及底物适用范围广等优点。其中，配体对金属催化剂的活性和选择性发挥着至关重要的作用。单膦配体是使用最多的配体，一方面，它可以改变金属中心的稳定性，从而提高金属催化剂的活性。另一方面，通过调节膦配体的电荷密度和空间位阻可以改变金属催化剂的选择性，使其可以高效、高选择性地催化有机合成反应。

3.1
含膦单齿配体的合成

目前，合成膦化合物的方法主要有 3 种：①亲核碳试剂与 P—Cl 键的取代反应或亲电碳试剂与膦基碱土金属的取代反应；②金属催化烯烃和炔烃的膦氢化反应；③膦氧化物的还原反应。除此之外，金属催化叔膦的官能团化反应和金属催化 C—P 键的断裂也可以高效构建叔膦化合物。

3.1.1 亲核取代反应构建单膦配体

亲核碳试剂与 P—Cl 键的取代反应是构建叔膦化合物最常用的方法之一。例如，将 3 当量的烃基镁试剂或烃基锂试剂与三氯化磷进行反应生成三烃基膦(图 3-4)。此外，二烃基联芳基单膦配体和含氮骨架单膦配体也是最常使用的单膦配体，下面将对它们的合成进行详细介绍。

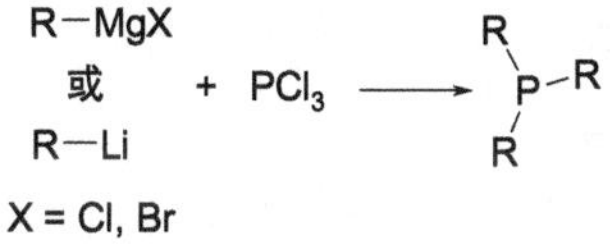

图 3-4 三烃基单膦配体的合成方法

3.1.1.1 二烃基联芳基单膦配体的合成

芳基格氏试剂或芳基锂试剂与二烃基氯化膦反应可以制备二烃基联芳基膦配体[2]。目前，使用该方法可以一次性制备出大于 10 kg 的膦配体。制备二甲基联芳基膦配体时，芳基格氏试剂或芳基锂试剂先与氯磷酸二乙酯反应，然后与甲基溴化镁反应得到二甲基联芳基膦氧化物，最后将其与二异丙基氢化铝进行还原反应得到二甲基联芳基膦配体(图 3-5)[3]。

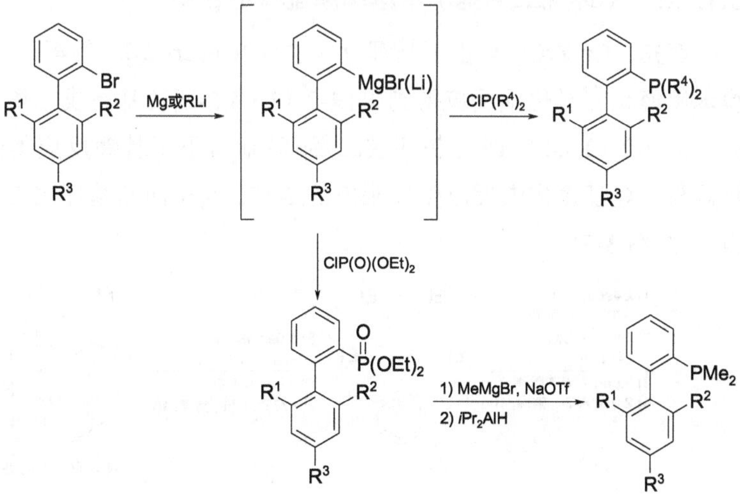

图 3-5 二烃基联芳基单膦配体的合成方法

3.1.1.2 含氮骨架单膦配体的合成

2-二烃基膦基芳基胺的合成方法有两种。一种是将邻溴苯胺衍生物先与正丁基锂反应生成芳基锂，再与二烃基氯化膦反应得到目标产物[4]。另一种是用钯直接催化邻溴苯胺衍生物与二烃基仲膦进行 C—P 键偶联反应生成目标产物 [图3-6(a)][5]。氮杂环基膦配体的主要合成方法与大多数膦配体的合成方法类似，溴代氮杂芳烃先与正丁基锂进行反应，再与二烃基氯化膦反应可得目标产物。除此之外，吲哚类化合物、酰氯和二烃基氯化膦在碱的作用下也可以一锅法合成吲哚基膦配体 [图3-6(b)][6]。

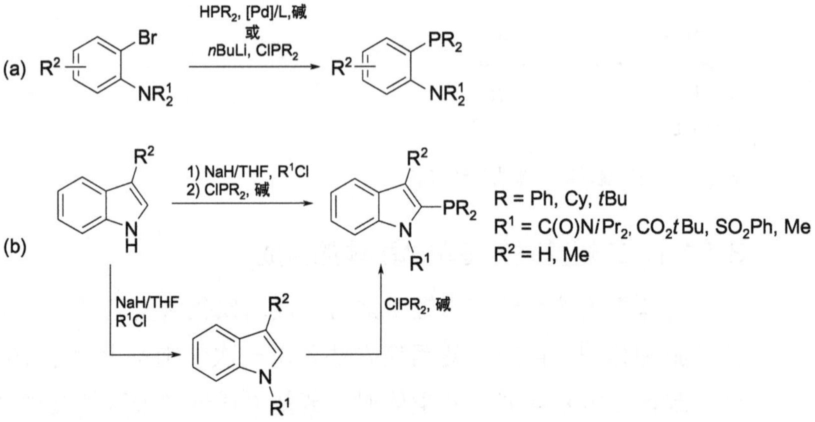

图 3-6 含氮骨架单膦配体的合成方法

3.1.1.3 （环戊二烯基）苯基单膦配体的合成

首先，Cp_2ZrCl_2 与正丁基锂反应生成 $[Cp_2ZrBu_2]$，其再与 3-己炔、2-溴苯甲醛和三氯化铝反应得到 1-溴-2-(2,3,4,5-四乙基环戊二烯基)苯。然后，1-溴-2-(2,3,4,5-四乙基环戊二烯基)苯与正丁基锂反应得到芳基锂，其再与二烃基氯化膦反应生成相应的 2-(2,3,4,5-四乙基环戊二烯基)苯基膦配体（图 3-7）[7]。

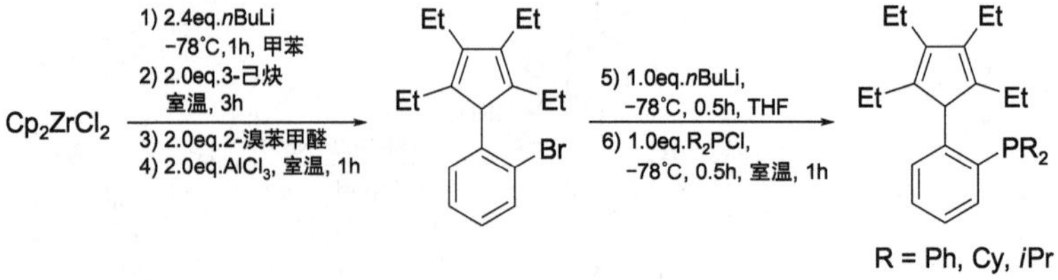

图 3-7 （环戊二烯基）苯基单膦配体的合成

3.1.1.4 茚基单膦配体的合成

将 2-取代基茚衍生物先与正丁基锂反应，再与二烃基氯化膦反应可以生成茚基膦化合物。当 2-取代基是 N,N-二甲基氨基时，产物是 1-膦基-2-N,N-二甲基氨基茚化合物；当 2-取代基是芳基时产物是 2-芳基-3-膦基茚化合物（图 3-8）[8,9]。

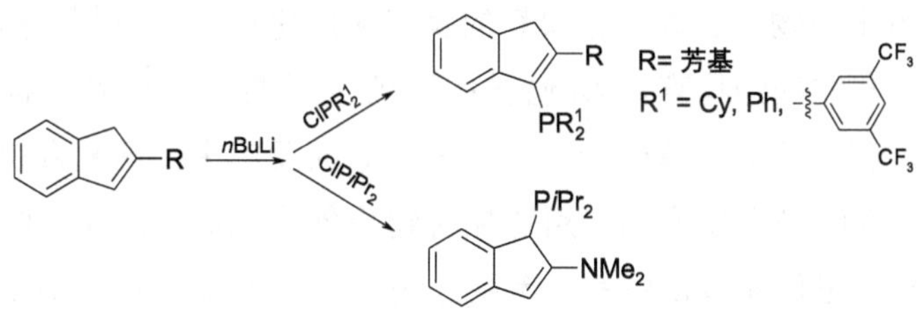

图 3-8 茚基单膦配体的合成

3.1.2 金属催化烯烃和炔烃的膦氢化反应构建单膦配体

金属催化烯烃和炔烃的膦氢化反应是构建 C—P 键原子经济性的方法。该方法简单高效，不会有多余的副产物生成，符合绿色化学的要求。s 区、d 区和 f 区的金属都可以催化膦氢化反应。其中，第Ⅷ族 (Ni, Pd, Pt) 和镧系 (Y, La, Sm, Yb) 金属是最常用的金属催化剂。磷原子的价态为三价时，膦试剂及相应的膦化产物会与金属反应生成配位饱和的金属配合物，导致金属的催化活性降低或消失。如何高活性、高区域选择性和高立体选择性地进行烯烃和炔烃的膦氢化反应是该领域的研究热点和难点 [10,11]。

Gaumont 课题组使用简单的 $FeCl_2$ 和 $FeCl_3$ 为催化剂，可以高选择性地催化烯烃进行膦氢化反应，分别生成 β-加成产物和 α-加成产物（图 3-9）[12]。其中，只有 $FeCl_3$ 可以促进 α-加成产物的生成。Fe(Ⅱ) 催化的膦氢化反应中，可能存在微量的氧气与底物反应产生自由基，从而促进反应主要生成 β-加成产物。在 Fe(Ⅱ) 催化的反应体系中加入自由基抑制剂 TMPO(2,2,6,6-四甲基哌啶氧化物)或在避光的条件下进行反应，产率下降到 20%～30%。$FeCl_3$ 催化的反应不受这些因素的影响。

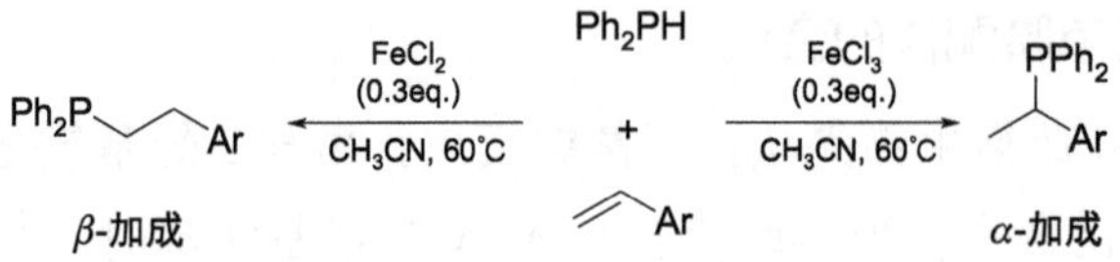

图 3-9 铁催化烯烃的膦氢化反应

崔春明课题组设计合成三齿氨基亚氨基钙和镱配合物，并用其催化苯乙烯类化合物、二烯烃和炔烃的膦氢化反应(图 3-10)[13]。实验结果显示金属和底物的结构直接影响到炔烃的膦氢化反应生成 E-异构体和 Z-异构体的比例。例如，催化苯乙炔与 $HPPh_2$ 的反应中，钙配合物作催化剂时，Z-异构体是主要产物；用镱配合物作催化剂时，E-异构体是主要产物。此外，镱催化苯乙炔和二苯基乙炔的膦氢化反应生成 E-异构体和 Z-异构体的比例也有很大的差异。

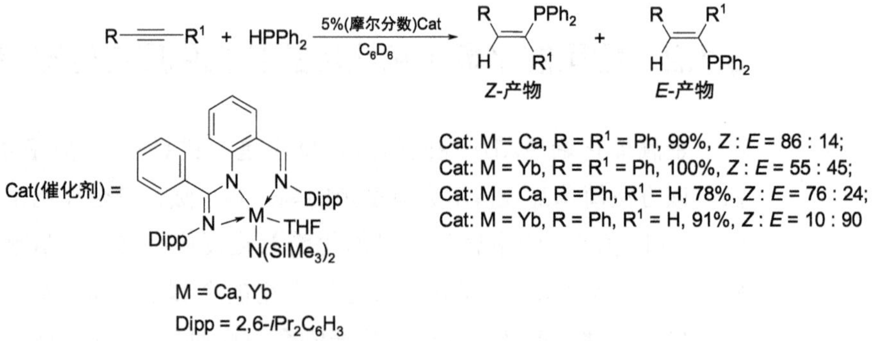

图 3-10 三齿氨基亚氨基金属配合物催化炔烃的膦氢化反应

2016 年，氮杂环卡宾氨基镱配合物 $(IMe_4)_2Yb[N(SiMe_3)_2]_2$ (IMe_4 = 1,3,4,5-四甲基咪唑-2-亚丙基)被设计合成，此配合物不仅可以高效催化苯乙烯类化合物、炔烃和二烯烃的膦氢化反应，而且在反应结束后可以被回收和再使用(图 3-11)[14]。同时，对反应活性中间体氮杂环卡宾膦基稀土化合物 $(IMe_4)_3Yb(PPh_2)_2$ 进行了分离与表征，发现它不仅可以催化烯烃的膦氢化反应生成相应的膦化产物和 $(IMe_4)_2Yb[N(SiMe_3)_2]_2$，还可以催化苯乙烯的聚合反应生成末端膦化的聚苯乙烯。

Waterman 课题组用氨基锆配合物 **3-12** 为催化剂，室温下可以高效催化烯烃或二烯烃与伯膦进行膦氢化反应，通过调控反应条件可以选择

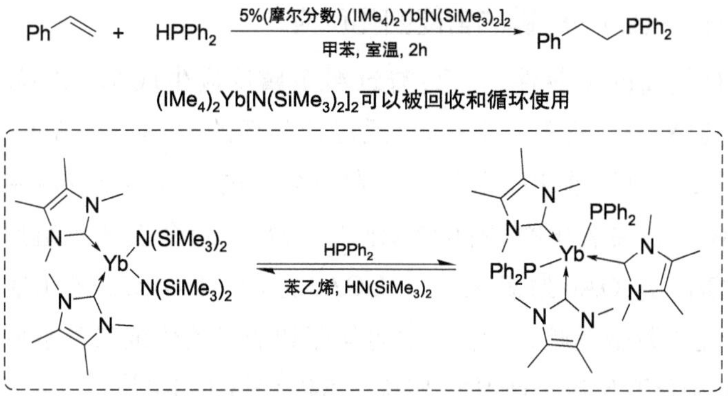

图 3-11 氮杂环卡宾氨基镱配合物催化烯烃的膦氢化反应

性地生成仲膦和叔膦化合物(图 3-12)[15]。此外，该催化剂可以催化不活泼的烯烃(如 1-己烯)进行反应。

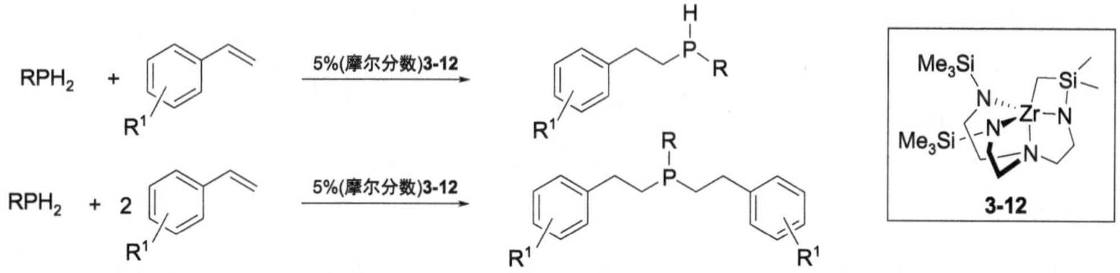

图 3-12 氨基锆配合物催化烯烃的膦氢化反应

3.1.3 叔膦氧化物的合成与还原反应

很多膦化合物在空气中容易被氧化成膦氧化物(时间从几分钟到几小时)，因此它们的储存很困难，而且它们的合成反应通常需要在严格的无水无氧条件下进行。膦氧化物合成相对容易、操作简单而且易于保存。膦氧化物与硅试剂、铝试剂、钛试剂或硼试剂进行还原反应可生成相对应的膦化合物。因此，膦氧化物的还原反应是生成叔膦化合物常用的方法之一。目前，合成叔膦氧化物的方法主要有金属催化 P(O)—H 键的官能团化反应、金属催化 P=O 导向的 C—H 键官能团化反应和光催化策略。下面将对它们进行详细介绍。

3.1.3.1 金属催化 P(O)—H 键的官能团化反应

P(O)—H 键有很高的反应性，它会与过渡金属反应生成 M—P 键，然后再与 C—X 键(X=H、卤素、酯基等)反应构建新的 C—P 键。Takai 课题组发现 Pd(OAc)$_2$ 可以催化膦酰基联苯发生分子内脱氢环化反应生成苯并 [b] 磷杂环戊二烯氧化物 [图3-13(a)][16]。随后，余金权课题组用 Pd(OAc)$_2$ 为催化剂，AgOAc 为氧化剂，NaOAc 为碱，1,4-苯二酮 (BQ) 为溶剂，首次实现 2-芳基吡啶/唑啉衍生物与亚磷酸二乙酯或二芳基仲膦氧化物的 C—P 键偶联反应，产率为 15% ~ 84%[图3-13(b)][17]。

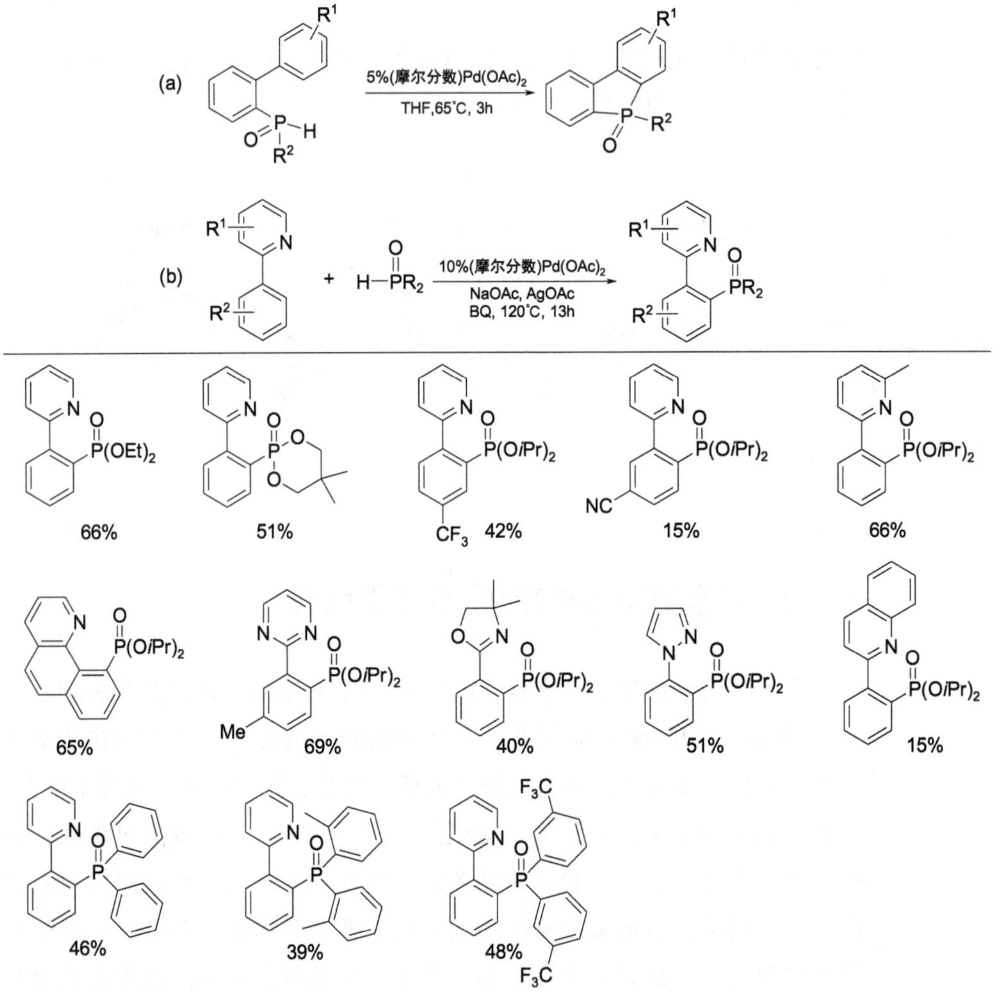

图 3-13 钯催化 P(O)—H 与 C—H 键的脱氢偶联反应

赵玉芬和於兵课题组用 Cu(OAc)$_2$·H$_2$O 为催化剂，Ag$_2$CO$_3$ 为添加剂，实现 1-萘基胺与二芳基仲膦氧化物的区域选择性 C—P 键偶联反应，高效生成 4-膦酰基-1-萘基胺衍生物，产率最高为 81%[图3-14(a)][18]。无金属催化剂和碱的条件下，酸可以高效促进吲哚、羰基化合物和二烃基仲膦氧化物反应生成一系列 C3-烷基化吲哚衍生物。其中，酸为硫酸时，反应得到 3-膦酰基甲基吲哚衍生物，产率最高为 98%；酸为三氟甲磺酸时，反应得到 2-膦酰基-3-烷基吲哚衍生物，产率最高为 74%[图3-14(b)][19]。

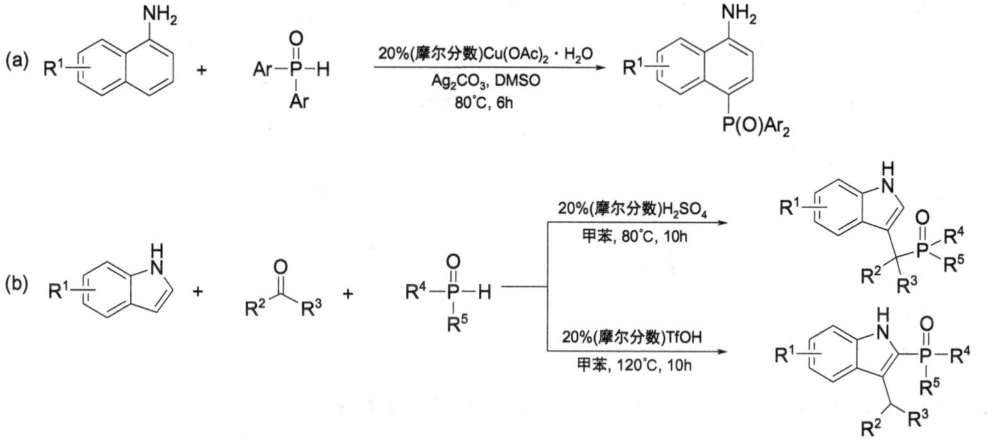

图 3-14 含氮芳烃的 C—P 键偶联反应

韩立彪课题组用 CuI 为催化剂，实现邻卤代苯酚类化合物与二烃基仲膦氧化物和磷酸二酯的 C—P 键偶联反应，高效合成膦酰基苯酚衍生物，产率最高为 99%[20]。此外，Ni(cod)$_2$/dcpe [dcpe=1,2-双(二环己基膦基)乙烷] 可以高效催化二烃基仲膦氧化物与酯发生 C—O/P—H 键交叉偶联反应生成叔膦氧化物。该催化体系底物适用范围广，含有各种吸电子和供电子基团的酯类化合物以及磷酸二酯都可以顺利进行反应，产率为 27%～98%（图 3-15）[21]。

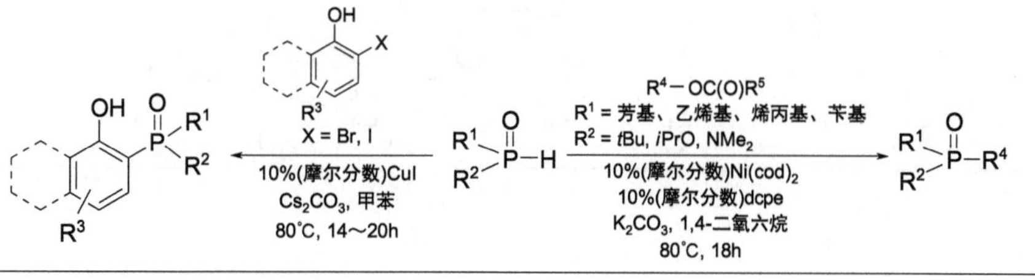

图 3-15

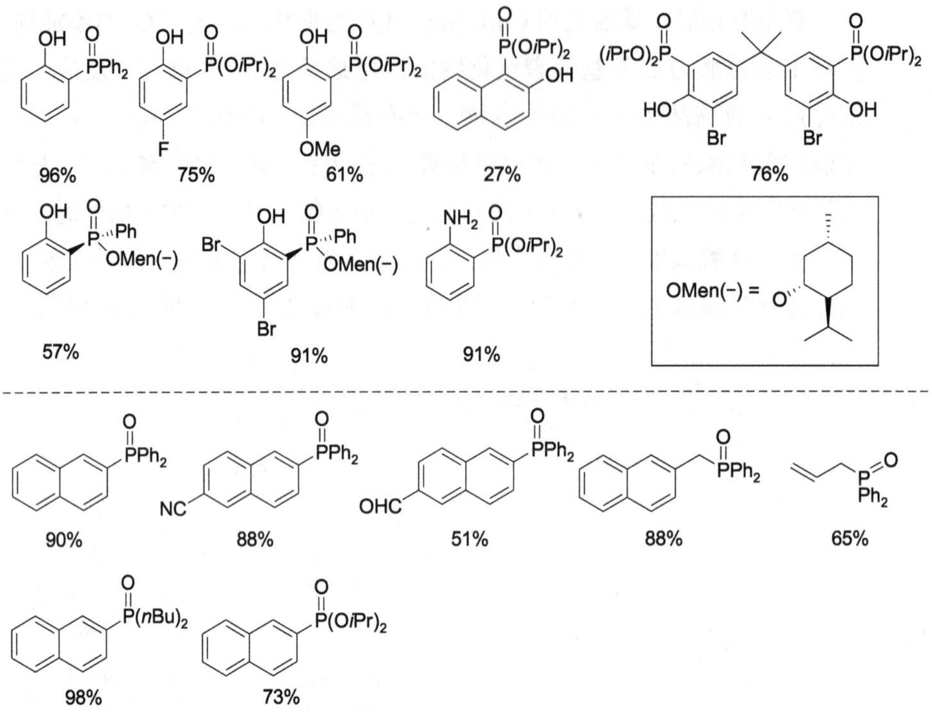

图 3-15 二烃基膦氧化物与卤代芳烃和酯类化合物的 C—P 键偶联反应

  P(O)—H 键很容易被活化形成膦自由基，并与不饱和键反应生成叔膦氧化物。段伟良课题组发现 Ag_2O 可以促进二芳基膦氧化物与内炔进行氧化 C—H/P—H 键官能团化反应，高效生成苯并 [b] 磷杂环戊二烯氧化物，产率为 11%～94%。机理研究显示这是一个自由基反应，Ag_2O 活化 P(O)—H 键使其与炔烃发生插入反应并形成烯基碳自由基，该自由基与磷原子邻位的芳环发生自由基加成反应，P—C 键发生断裂，同时芳基发生迁移并发生环化反应构建新的 C—P 键，随后再与 Ag_2O 发生氧化脱氢反应生成苯并 [b] 磷杂环戊二烯氧化物 (图 3-16)[22]。

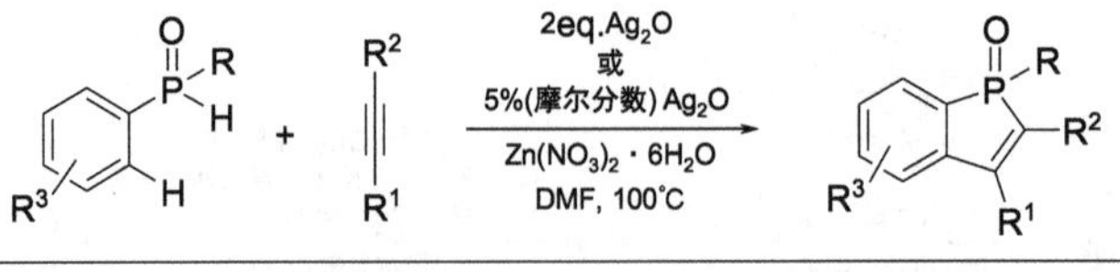

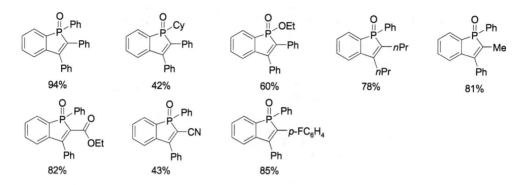

图 3-16 二芳基膦氧化物与内炔的 C—H/P—H 键官能团化反应

二叔丁基过氧化物(DTBP)与 P(O)—H 键会发生单电子转移反应高效生成膦自由基。在二叔丁基过氧化物和 $Mg(NO_3)_2$ 的作用下,膦自由基与邻芳基炔基胺发生高区域选择性的 [3+2] 环化反应和碳自由基引发的偶联反应,用一锅法构建一系列三芳基 [b, e, g] 磷杂环戊二烯氧化物,产率最高为 88%,两种产物的比例最高为 99:1(图 3-17)[23]。

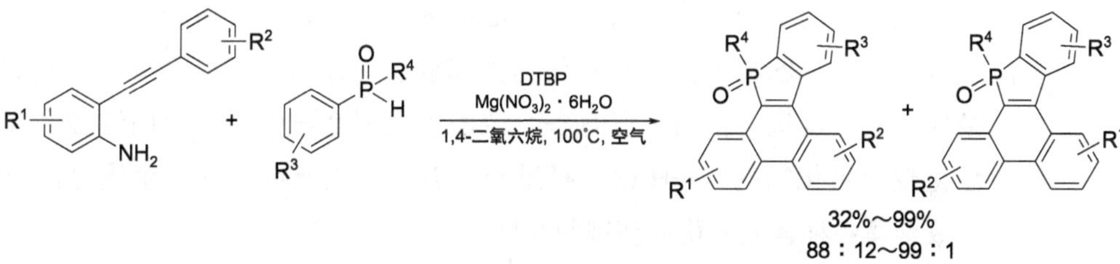

图 3-17 三芳基 [b,e,g] 磷杂环戊二烯氧化物的合成

2014 年,赵玉芬和高玉兴课题组用 CuCl 为催化剂,在不使用配体、碱和其他添加剂的条件下,高效促进炔基酸与二烃基膦氧化物发生脱羧 C—P 键偶联反应生成 (E)-烯基膦氧化物,产率最高为 98%[图3-18(a)][24]。3-膦酰基吲哚衍生物是一类重要的药物。2016 年,赵玉芬和唐果课题组发现 AgOAc 可以促进 2-炔基芳基胺与二烃基仲膦氧化物连续进行膦酰基化、环加成和脱硫反应,高效、快速地构建 3-膦酰基吲哚衍生物[图3-18(b)][25]。石德清课题组发现在无催化剂、无氧化剂和碱性条件下,二芳基仲膦氧化物可以与烯烃/炔烃磺酸酯反应高效构建一系列烯基/炔基叔膦氧化物,产率最高为 98%[图3-18(c)][26]。

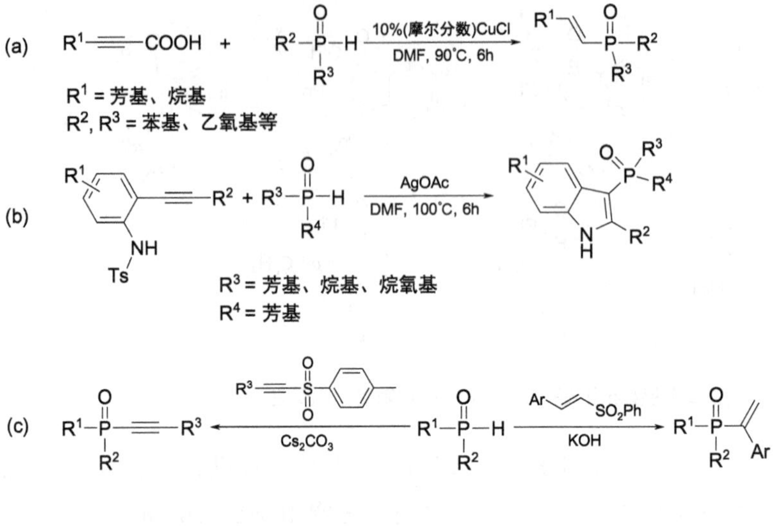

图 3-18 P(O)—H 键与烯烃和炔烃的反应

3.1.3.2 金属催化 P═O 导向的 C—H 键官能团化反应

叔膦一方面会与过渡金属催化剂反应生成稳定的配合物从而抑制反应的进行，而叔膦氧化物与金属中心的配位能力较弱。另一方面，相比较容易被氧化的叔膦，叔膦氧化物更加容易储存而且可以直接在含氧的条件下进行反应。目前，已有多个课题组发现 P═O 可以导向过渡金属活化叔膦氧化物的 C—H 键，经过一个五元、六元或七元环金属过渡态高效构建各种官能团化的叔膦氧化物。

Glorius 课题组发现 P═O 可以导向铑(Ⅲ)活化芳基亚膦酸酯和芳基膦酰胺邻位的 C—H 键，促使其与烯烃和炔烃发生反应。RhCp*(CH$_3$CN)$_3$(SbF$_6$)$_2$ 为催化剂时，芳基膦酰胺与 1,2-二芳基乙炔发生氧化环化反应生成磷异喹啉-1-酮衍生物；芳基亚膦酸酯与 α,β-不饱和酯发生氧化 Heck 偶联反应生成 2-(1-烯基)芳基亚膦酸酯衍生物。[RhCp*Cl$_2$]$_2$ 为催化剂时，芳基膦酰胺与 1,2-二芳基乙炔发生芳基氢化反应生成 2-(1-烯基)芳基膦酰胺衍生物；芳基膦酰胺与溴代芳烃发生偶联反应生成 2-(1-芳基)芳基膦酰胺衍生物[27]。在此基础上，Miura 课题组发现 RhCp*(CH$_3$CN)$_3$(SbF$_6$)$_2$ 可以催化芳基膦氧化物与 1,4-环氧-1,4-二氢萘反应生成 2-(1-萘基)芳基膦氧化物。另外，铑(Ⅲ)催化芳基膦硫酰胺与 1,4-环氧-1,4-二氢萘发生萘基化反应，在酸的促进下，进一步发生分子内膦 Friedel-Crafts 反应生成苯并 [*b*] 磷杂环戊二烯氧化物（图 3-19）[28]。

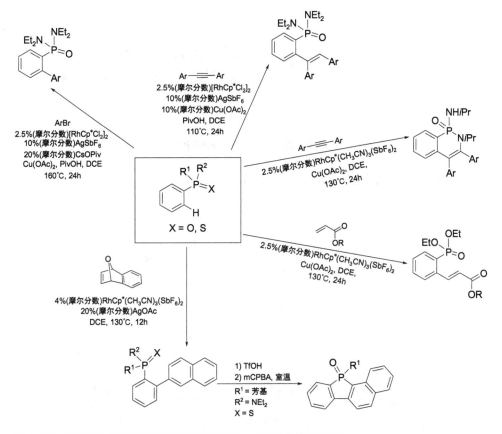

图 3-19 铑催化芳基亚膦酸酯和芳基膦酰胺的 C—H 键的官能团化反应

Loh 课题组发现 [RhCp*Cl₂]₂ 可以活化磷酸烯基酯的烯基 C—H 键，促使其与 α,β-不饱和酯发生氧化脱氢 C—C 键偶联反应。磷酸烯基酯与 α,β-不饱和醛酮、炔烃和联烯反应则发生烯基氢化反应 [图3-20(a)][29]。史壮志课题组发现 N-P(O)(tBu)₂ 基团可以导向钯(Ⅱ)活化吲哚的 C(7)—H 键与芳基硼酸进行偶联反应生成一系列 C(7)-芳基化吲哚衍生物 [图3-20(b)][30]。

杨尚东课题组发现联芳基二烃基膦氧化物的 P=O 可以导向钯活化联芳基的 C—H 键，经过一个七元环金属钯过渡态发生 C—H 键的官能团化反应。使用不同的钯催化剂，可以简单、高效和高选择性地催化联芳基二烃基膦氧化物进行烯基化、羟基化、芳基化、酰基化和碘化等反

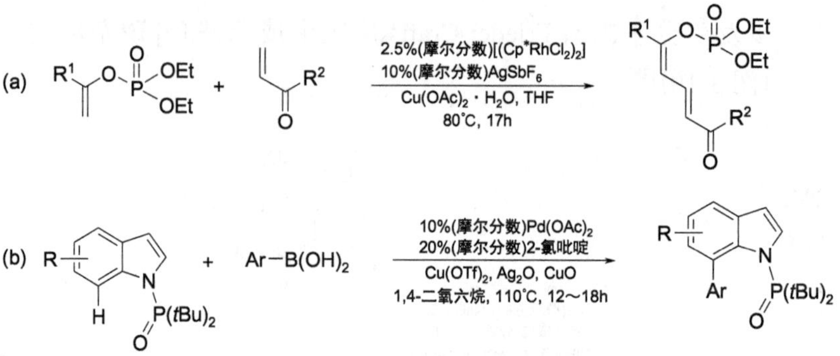

图 3-20 金属催化 P═O 导向的 C—H 键的官能团化反应

应生成官能团化的联芳基二烃基膦氧化物（图 3-21）[31]。

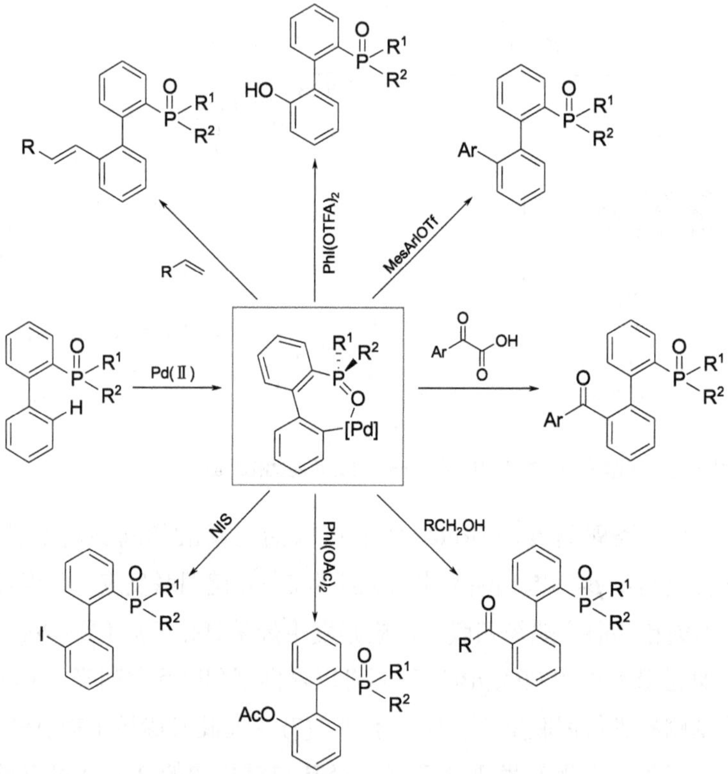

图 3-21 P═O 导向钯催化联芳基的 C—H 键的官能团化反应

杨尚东课题组发现 Pd(OAc)₂ 可以催化 [2-(1-环己烯基)萘基] 二芳基膦氧化物与碘代芳烃进行芳基化反应。只需改变碘代芳烃的用量和银盐就可以高效、高非对映选择性地生成一系列单芳基化和双芳基化的 [2-(1-环己烯基)萘基] 二芳基膦氧衍生物,产率最高为 98%,dr 值大于 20∶1[图3-22(a)][32]。此外,当 [Cp*IrCl$_2$]$_2$ 为催化剂,AgOTf 为添加剂,在温和的条件下三苯基氧化膦与 3-重氮唑 **3-22a** 发生 C—H 键的芳基化反应。该反应符合原子经济性,反应的副产物只有氮气。在不同的条件下,产物 **3-22b** 会发生开环、羟基化和亲核取代等反应 [图3-22(b)][33]。

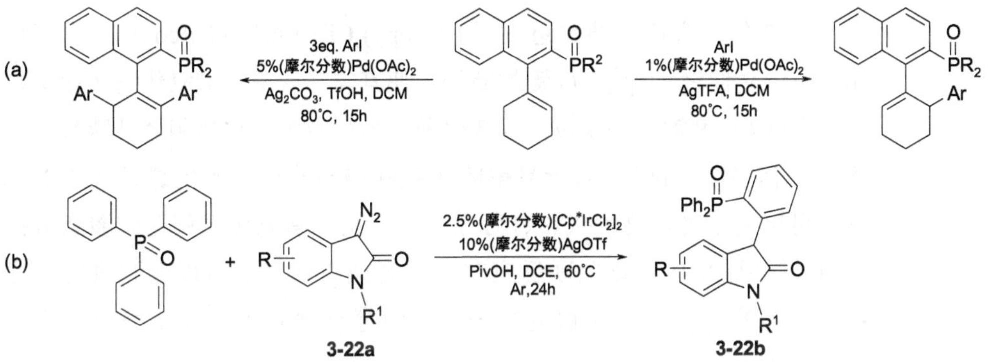

图 3-22　二芳基膦氧化物的芳基化反应

3.1.3.3　光催化策略

相比其他合成叔膦氧化物的方法,光催化策略的操作更为简单,反应条件更为温和,是一种绿色高效的合成策略,因而使用光催化反应制备膦化合物的研究受到越来越多的关注。富电子的仲膦氧化物基本以五价互变异构体形式存在,在光照和光催化剂存在的条件下会脱去质子形成膦自由基(图 3-23),随后它可以与卤代烃、烯烃和炔烃等反应构建新的 C—P 键生成官能团化的叔膦氧化物 [34-36]。

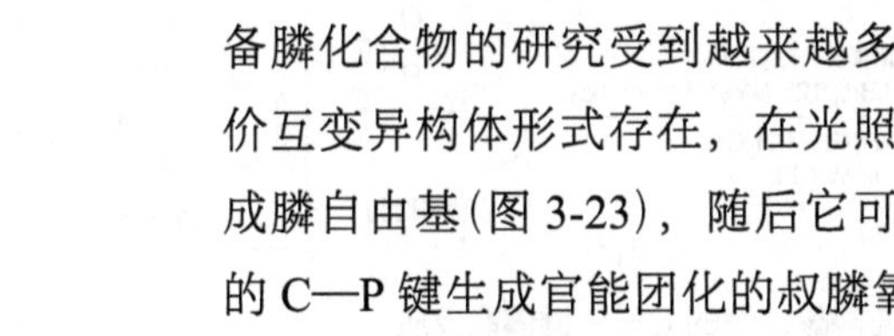

图 3-23　光诱导膦自由基的生成

肖文精课题组使用 [Ru(bpy)$_3$Cl$_2$]·6H$_2$O/Ni(cod)$_2$ 双重催化体系,首次实现可见光催化二芳基仲膦氧化物与碘代(杂)芳烃的 C—P 键偶联反应。该催化体系适用范围广，含有各种官能团（如羟基和氨基等）的碘代芳烃都可以顺利进行反应，产率最高为91%（图3-24）[37]。

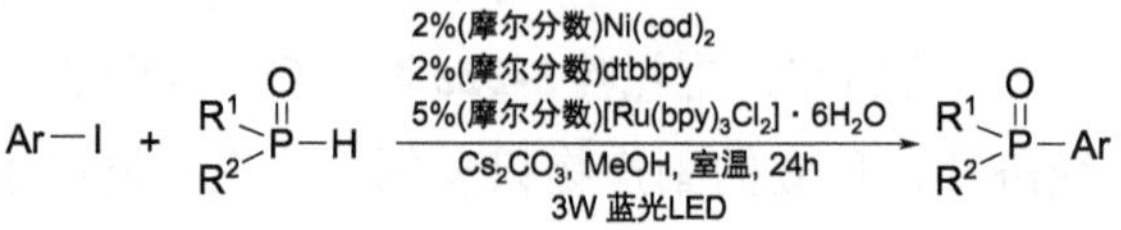

$$\text{Ar—I} + \begin{matrix}R^1\\R^2\end{matrix}\!\!\overset{O}{\underset{}{P}}\!\!-H \xrightarrow[\substack{Cs_2CO_3, MeOH, 室温, 24h\\3W\ 蓝光LED}]{\substack{2\%(摩尔分数)Ni(cod)_2\\2\%(摩尔分数)dtbbpy\\5\%(摩尔分数)[Ru(bpy)_3Cl_2]\cdot 6H_2O}} \begin{matrix}R^1\\R^2\end{matrix}\!\!\overset{O}{\underset{}{P}}\!\!-Ar$$

图 3-24　光催化二芳基仲膦氧化物与碘代芳烃的 C—P 键偶联反应

2017 年，余达刚课题组发现 [Ru(bpy)$_3$Cl$_2$]·6H$_2$O/Ni(cod)$_2$ 双重催化体系可以光促进 C(sp^2)—O 键的断裂，使其与二芳基仲膦氧化物和亚磷酸二酯进行 C—P 键偶联反应，高效生成一系列叔膦氧化物和烃基膦酸二酯化合物 [图3-25(a)][38]。廉价易得的噻吨酮（TXO）和二溴化镍组成的催化体系可以高效光催化卤代（杂）芳烃与二芳基仲膦氧化物和亚磷酸酯进行 C—P 键偶联反应。该偶联反应在可见光或自然光下可以顺利进行，底物适用范围广，官能团耐受性强，以中等至优异的产量获得目标产物 [图3-25(b)][39]。

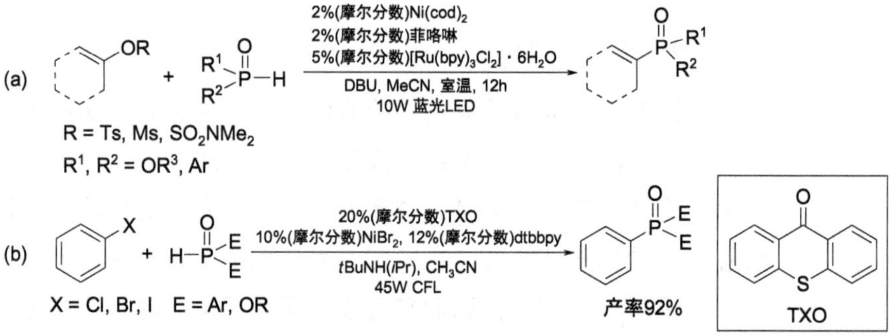

(a) 反应条件：R = Ts, Ms, SO$_2$NMe$_2$；R^1, R^2 = OR^3, Ar；2%(摩尔分数)Ni(cod)$_2$，2%(摩尔分数)菲咯啉，5%(摩尔分数)[Ru(bpy)$_3$Cl$_2$]·6H$_2$O，DBU, MeCN, 室温, 12h, 10W 蓝光LED

(b) X = Cl, Br, I；E = Ar, OR；20%(摩尔分数)TXO，10%(摩尔分数)NiBr$_2$，12%(摩尔分数)dtbbpy，tBuNH(iPr), CH$_3$CN, 45W CFL，产率92%

图 3-25　光促进二芳基仲膦氧化物和亚磷酸二酯的 C—P 键偶联反应

吴骊珠课题组证实在不使用额外的光敏剂和氧化剂的条件下，钴配合物可以光催化烯烃和炔烃的膦酰基氢化反应。Co(dmgBF$_2$)$_2$(MeCN)$_2$ 为光催化剂时，1,1-二芳基乙烯与二芳基仲膦氧化物进行氧化脱氢 C—P 键偶联反应，高效生成一系列烯基二芳基膦氧化物，产率为 52%～99%。Co(dmgH$_2$)pyCl 为光催化剂时，芳基端炔与二芳基仲膦氧化物进行膦酰基氢化反应，高立体选择性生成一系列 (E)-烯基二芳基膦氧化物，产率为 41%～83%；此外，1,2-二烃基乙炔与二芳基仲膦氧化物反应会生成苯并

[b] 磷杂环戊二烯氧化物，产率为43%～90%。在催化体系中，钴光催化剂不仅可以光诱导活化P(O)—H键，而且可以作为氢转移试剂影响产物的生成途径(图3-26)[40]。

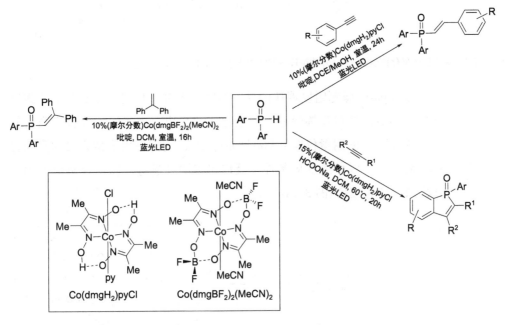

图3-26 钴光催化烯烃和炔烃的膦氢化反应

Lakhdar课题组用化合物 **3-27a** 为光催化剂，化合物 **3-27b** 为氧化剂，高效光催化二烃基仲膦氧化物与炔烃发生氧化C—H/P—H键的官能团化反应，生成苯并[b]磷杂环戊二烯氧化物。该体系没有额外使用金属光氧化还原剂，而且底物适用范围广[图3-27(a)][41]。曙红B为光催化剂时，可以光诱导炔基二烃基膦氧化物与NHPI酯化合物发生脱羧基烷基化/环化反应，高效构建苯并[b]磷杂环戊二烯氧化物[图3-27(b)][42]。

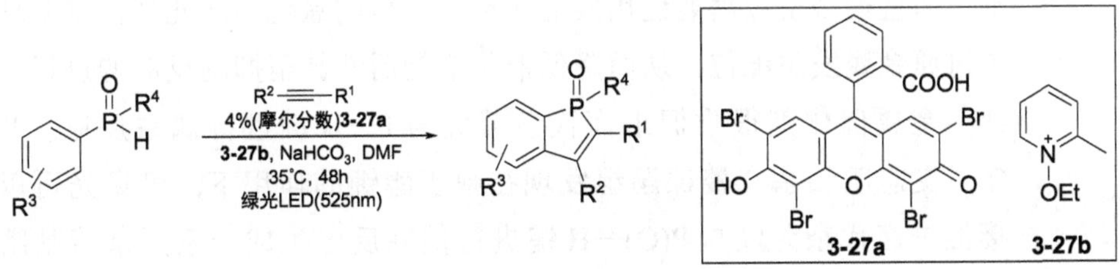

图3-27

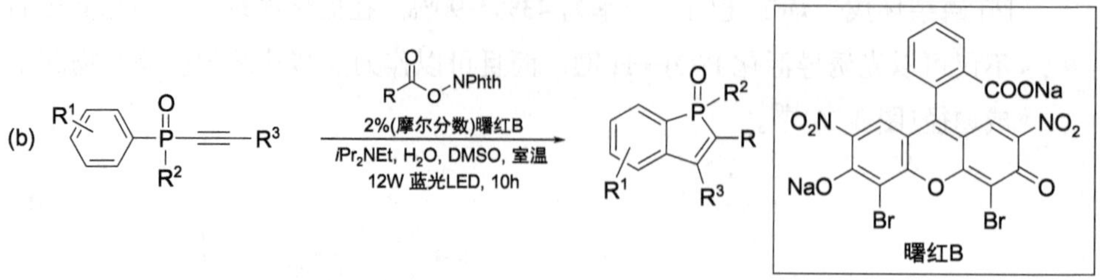

图 3-27 曙红 B 光催化剂促进苯并 [b] 磷杂环戊二烯氧化物的合成

Kobayashi 课题组发现廉价易得的罗丹明 B 可以光催化二芳基仲膦氧化物与不活泼的烷基烯烃进行膦酰基氢化反应。市售的廉价有机染料催化剂罗丹明 B 的用量仅需 0.5%(摩尔分数)，同时使用少量无毒的异丙醇作为溶剂，在温和的反应条件下反应可以顺利进行，以中等至优异的产率生成叔膦氧化物(图 3-28)[43]。

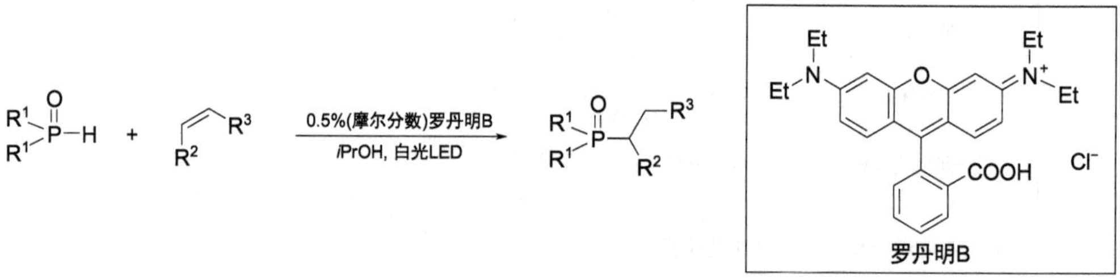

图 3-28 罗丹明 B 光催化二芳基仲膦氧化物与不活泼的烷基烯烃的反应

在不使用金属光催化剂、氧化剂和添加剂的条件下，有机染料光敏剂曙红 B 可以光催化苯并噻唑与二芳基仲膦氧化物发生氧化脱氢 C—P 键偶联反应。该催化体系适用范围广，含有溴、酯基和硝基的底物都可以顺利进行反应，产率为 54% ~ 96%(图 3-29)[44]。

金属光催化构建 C—P 键的策略通常需要使用较高用量的光催化剂，而且很多反应需要使用共催化剂和过量的氧化剂。此外，氮杂环会与过渡金属发生配位，从而降低催化剂的活性甚至抑制反应的进行。因此，金属催化剂很难促进卤代杂芳烃与 P—H 键进行偶联反应。2018年，支志明和余广鳌课题组发现在叔丁醇钾的作用下，可见光可以直接促进卤代杂芳烃与 P(O)—H 键进行偶联反应生成一系列杂芳基膦氧化合物，并对反应的机理进行了深入的研究。该方法不仅没有使用金属

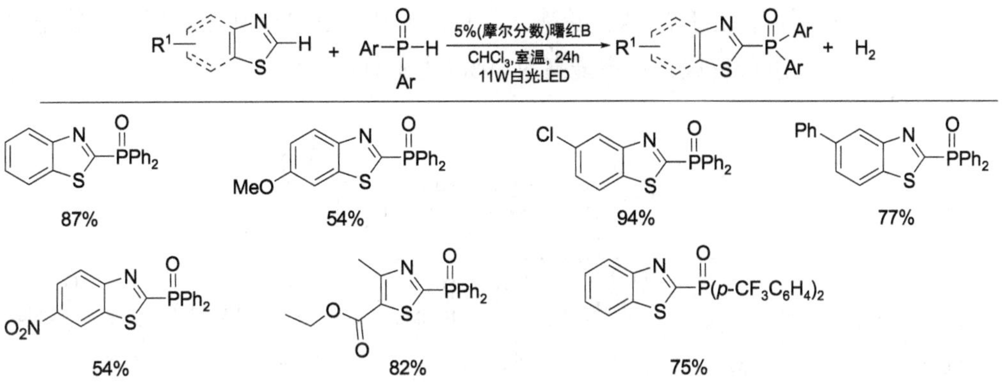

图 3-29 曙红 B 光催化苯并噻唑与二芳基仲膦氧化物的氧化脱氢 C—P 键偶联反应

光催化和光氧化还原催化剂，而且比目前已报道的合成方法更加便捷和高效（图 3-30）[45]。

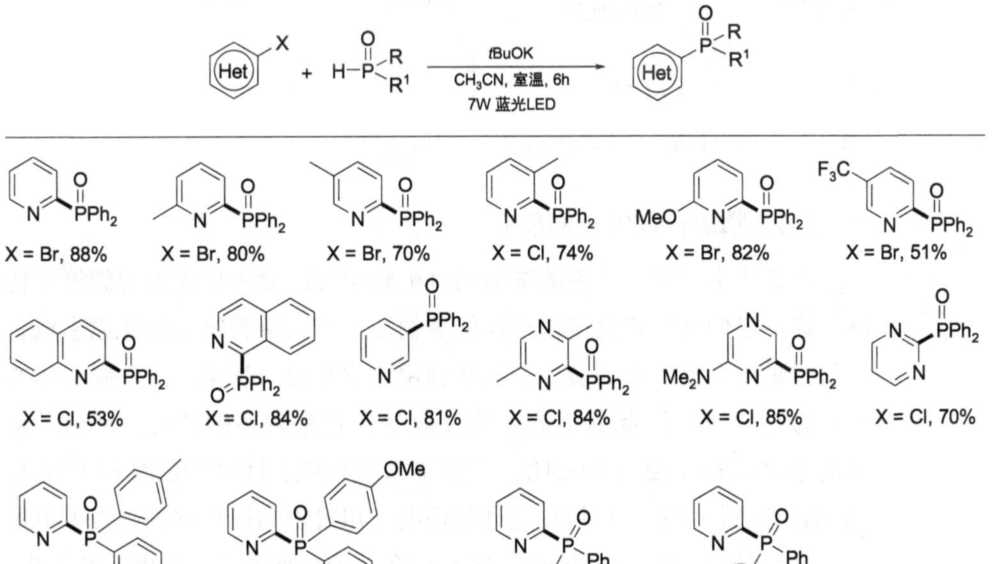

图 3-30 叔丁醇钾促进光诱导卤代杂芳烃与 P(O)—H 键的 C—P 键偶联反应

李朝军课题组发现不使用过渡金属和光敏剂，仅使用碱就可以光促进卤代芳烃进行 C—P 键偶联反应。各种氯代（杂）芳烃都可以与二芳基仲膦氧化物、亚磷酸二烷基酯和芳基膦酸酯进行反应。该反应体系底物适用范围广，含有酯基、醚基、烃基、苯基、三氟甲基和杂环的底物都可以顺利进行反应，产率最高为89%(图 3-31)[46]。

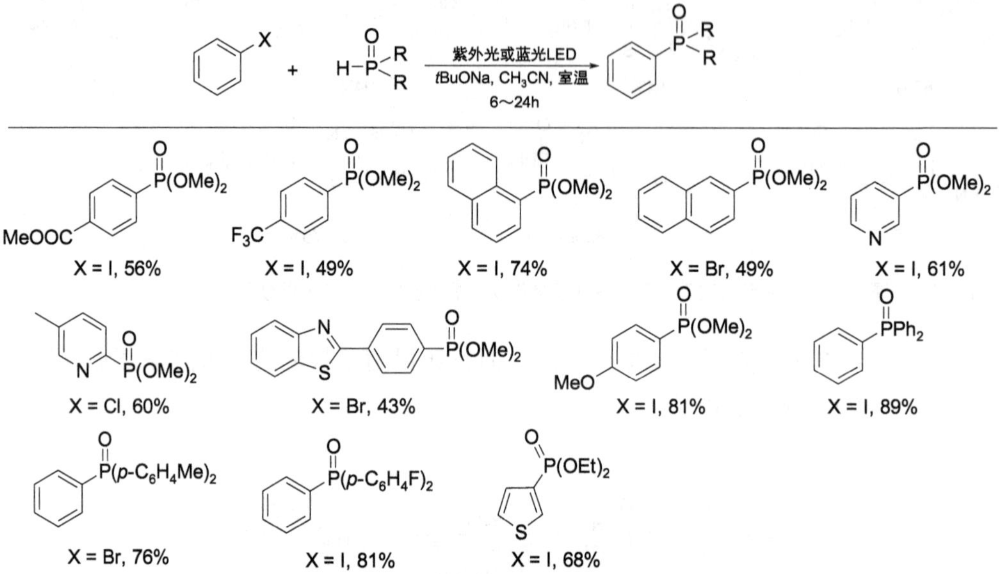

图 3-31　碱促进光诱导卤代芳烃与 P(O)—H 键的 C—P 键偶联反应

3.1.3.4　膦氧化物的还原反应

在工业生产中，使用磷试剂的有机转化反应会生成大量的膦氧化物副产物，它们通常作为难以处理的废物被丢弃。将膦氧化物还原生成有价值的膦化合物对于磷资源的循环利用非常重要，也是高活性膦配体的制备方法之一，因此它们的还原反应受到越来越多的关注。目前，常用的还原试剂主要有 $LiAlH_4$、二异丁基氢化铝、$HSiCl_3/Et_3N$ 和 $HSiCl_3/PhSiH_3$ 等(图 3-32)。还原反应通常需要使用过量的还原试剂，由于很多还原试剂(如 $LiAlH_4$ 和 $HSiCl_3$)对水敏感，大量使用时会放出大量的热，会有安全隐患，因此反应需要在较苛刻的条件下进行。此外，这些还原试剂的还原能力太强，在还原 P=O 键的过程中也会同时还原羰基和氰基等官能团，因此反应的化学选择性很差，底物适用范围窄。近十几年，Beller 和 Webster 等课题组发展出更加高效和高化学选择性的还原体系，在更加温和的反应条件下，高效还原含有各种供电子和吸电子基团的单膦氧化物和双膦氧化物，生成相应的膦化合物。

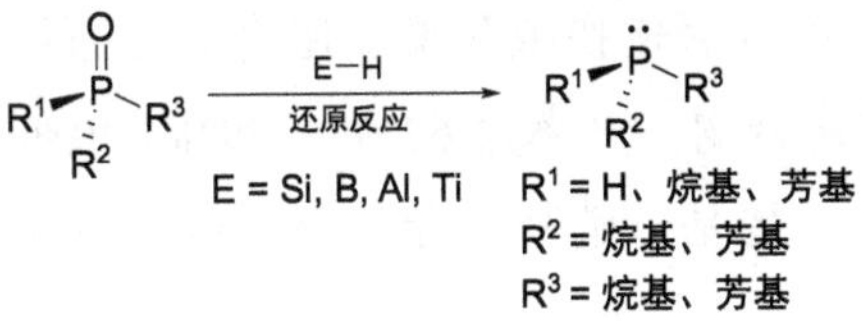

图 3-32 膦氧化物的还原反应

硅烷是还原膦氧化物最常用的还原试剂，但是反应通常需要较高的温度（>100 ℃）。$LiAlH_4$ 等金属还原试剂具有很强的还原能力，但是它们会与水反应产生氢气，反应过程中放出大量的热，因此使用金属还原试剂时，反应条件苛刻并伴随有爆炸的风险。$BH_3·SMe_2$ 也可以还原 P═O 键，但是反应需要使用 3～10 倍的 $BH_3·SMe_2$[47,48]。2018 年，Webster 课题组用片呐醇硼烷 (HBpin) 为还原剂，在温和的条件下实现仲膦氧化物的还原反应生成相应的仲膦化合物，产率最高为 91%（图 3-33）[49]。

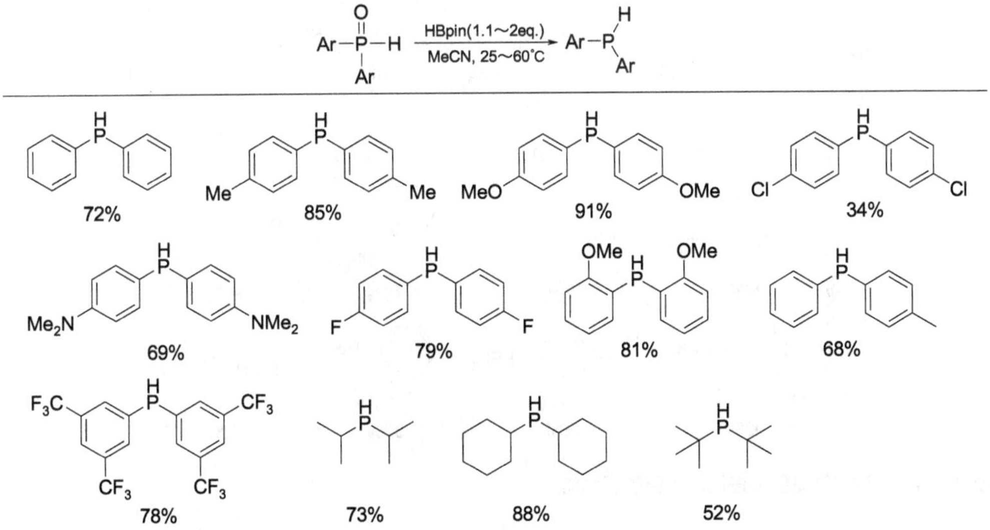

图 3-33 片呐醇硼烷还原仲膦氧化物

催化热力学稳定的 P═O 键发生还原反应非常困难。P═O 键的键能约为 502 kJ/mol，明显高于其他典型的有机官能团，通常这些键的稳定性为 P═O＞C—H＞C—O＞C—C＞C—N 键，因此高化学选择性地还原膦氧化物是该领域的挑战之一。Beller 课题组发现仅需催化量的磷酸二芳基酯 [7.5%～15%（摩尔分数）]，就可以显著提高廉价易得的甲基（二乙氧基)硅烷或聚甲基氢硅氧烷(PMHS)与单膦氧化物或双膦氧化物的还原反应效率,高效生成相应的单膦或双膦化合物,产率为62%～99%。该催化体系具有优越的化学选择性,羰基、烯基、硝基和酯基等官能团都不会发生还原反应(图3-34)[50]。

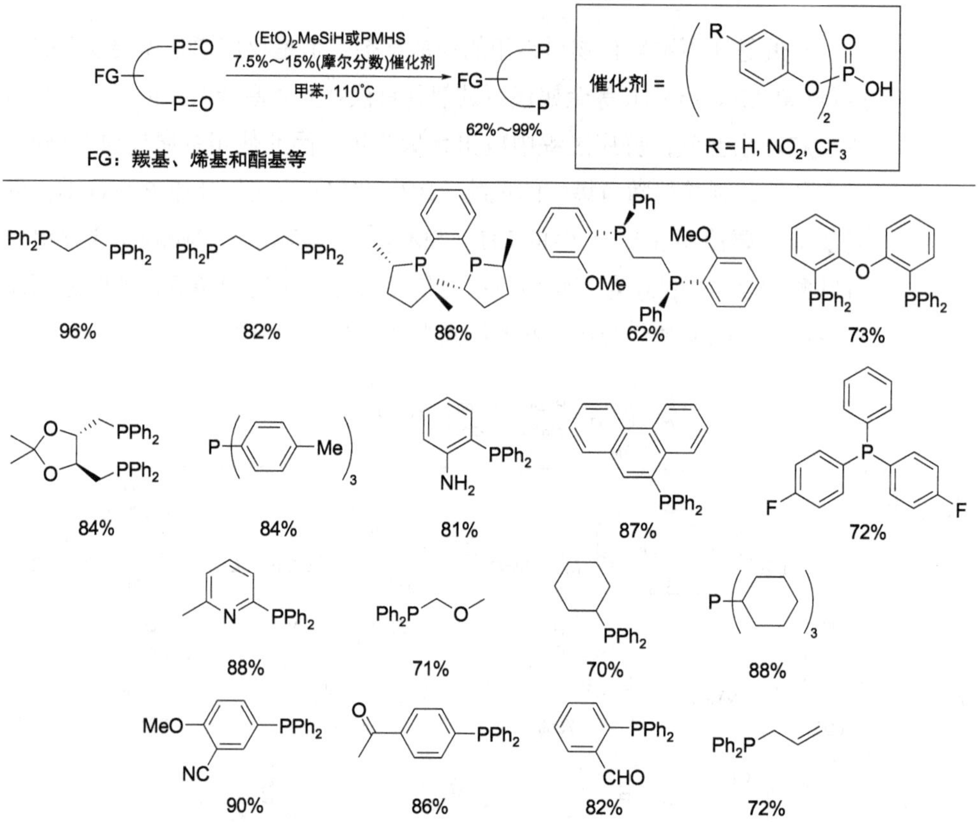

图 3-34 磷酸二芳基酯促进硅烷还原膦氧化物

Cu(OTf)$_2$ 为催化剂,廉价易得的四甲基二硅氧烷(TMDS)为还原剂时,可以高效还原仲膦和叔膦氧化物生成相应的仲膦和叔膦化合物,产率为68%～96%。含有羰基、烯基和酯基等不饱和官能团的膦氧化物进行反应时,可高选择性地还原 P═O 键。利用该催化体系,仲膦氧化物在完成还原反应之后,加入 N,N'-二甲基-1,2-乙二胺和卤代烃,成功实现仲膦与卤代烃的 C—P 键偶联反应,一锅法高效生成单膦和双膦化合物,产率为51%～89%(图3-35)[51]。

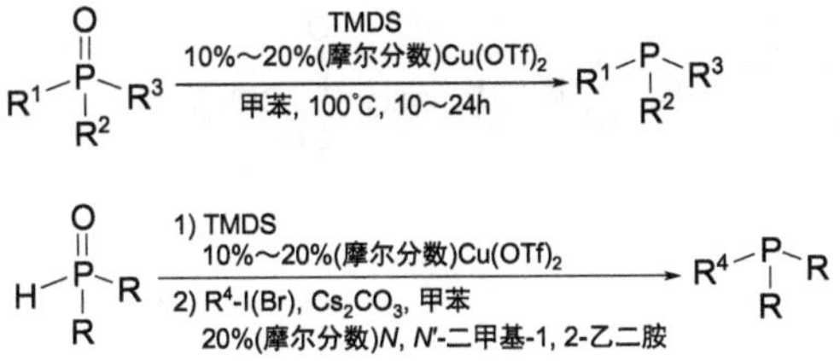

$$\text{R}^1\overset{\text{O}}{\underset{\text{R}^2}{\text{P}}}\text{R}^3 \xrightarrow[\text{甲苯, 100°C, 10~24h}]{\text{TMDS} \atop 10\%\sim20\%(\text{摩尔分数})\text{Cu(OTf)}_2} \text{R}^1\overset{\phantom{\text{O}}}{\underset{\text{R}^2}{\text{P}}}\text{R}^3$$

$$\text{H}\overset{\text{O}}{\underset{\text{R}}{\text{P}}}\text{R} \xrightarrow[\substack{\text{2) R}^4\text{-I(Br), Cs}_2\text{CO}_3\text{, 甲苯} \\ 20\%(\text{摩尔分数})N,N'\text{-二甲基-1,2-乙二胺}}]{\substack{\text{1) TMDS} \\ 10\%\sim20\%(\text{摩尔分数})\text{Cu(OTf)}_2}} \text{R}^4\overset{\phantom{\text{O}}}{\underset{\text{R}}{\text{P}}}\text{R}$$

图 3-35 Cu(OTf)$_2$ 催化硅烷与膦氧化物的还原反应

磷酸二芳基酯和金属催化剂促进的膦氧化物还原反应通常需要较多量的催化剂和较高的反应温度(100 ℃)。Werner 课题组发现催化量的三氟甲磺酸 [1%～5%(摩尔分数)] 可以在较低的温度(70 ℃)下，高效催化叔膦氧化物与己基硅烷进行还原反应生成相应的叔膦化合物，大部分反应的产率大于 90%(图 3-36)。该催化体系可高化学选择性地还原 P＝O 键，烯基和酯基都不会发生还原反应。此外，叔膦氧化物在完成还原反应之后，加入 BH$_3$·THF，可一锅法高效制备单膦硼烷配合物[52]。

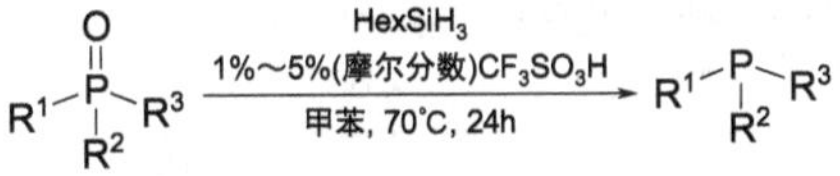

$$\text{R}^1\overset{\text{O}}{\underset{\text{R}^2}{\text{P}}}\text{R}^3 \xrightarrow[\text{甲苯, 70°C, 24h}]{\text{HexSiH}_3 \atop 1\%\sim5\%(\text{摩尔分数})\text{CF}_3\text{SO}_3\text{H}} \text{R}^1\overset{\phantom{\text{O}}}{\underset{\text{R}^2}{\text{P}}}\text{R}^3$$

图 3-36 三氟甲磺酸促进硅烷与膦氧化物的还原反应

通常情况下，P＝O 键的还原反应需要苛刻的反应条件以及使用强还原剂，这些反应中常会发生 C—P 键的断裂导致产率降低。此外，苛刻的反应条件很难进行大规模的生产，而且反应过程中会产生大量的废物，因此这些还原反应不适用于工业生产，也不符合环保要求。Métivier 课题组使用廉价、低毒和稳定的亚磷酸二苯酯为还原剂，在碘的作用下，叔膦氧化物在室温下就可以发生还原反应，高效快速地制备相应的叔膦化合物[53]。温和的反应条件和简单的纯化操作使该方法成为大规模生产和还原再生膦(尤其是敏感膦化合物)的方法之一。机理研究显示，亚磷酸二苯酯先与碘反应生成碘亚磷酸二苯酯活性中间体，活性中间体亲核进攻叔膦氧化物的氧原子，使其转移到亚磷酸二苯酯，生成目标产物膦化合物和磷酸二苯基酯(图 3-37)。

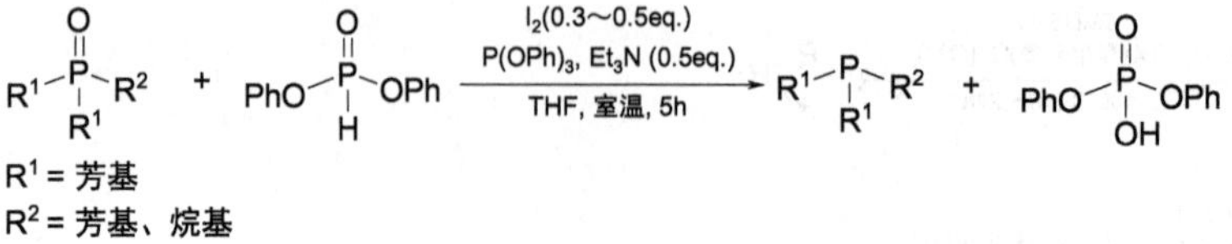

R¹ = 芳基
R² = 芳基、烷基

图 3-37 亚磷酸二苯酯还原叔膦氧化物

Aldrich 课题组发现 1,3-二苯基二硅氧烷(DPDS)可以高效还原仲膦氧化物、单膦氧化物和双膦氧化物生成相应的仲膦、单膦和双膦化合物，产率为 60%～99%。该反应具有很高的化学选择性，1,3-二苯基二硅氧烷不会还原羰基、硝基和氰基等官能团。此外，$(4-NO_2-C_6H_4O)_2P(O)OH$ 的加入，会将反应温度由 110 ℃ 降低至 23 ℃，而反应的化学选择性保持不变，同时产率略有提高（图 3-38）[54]。

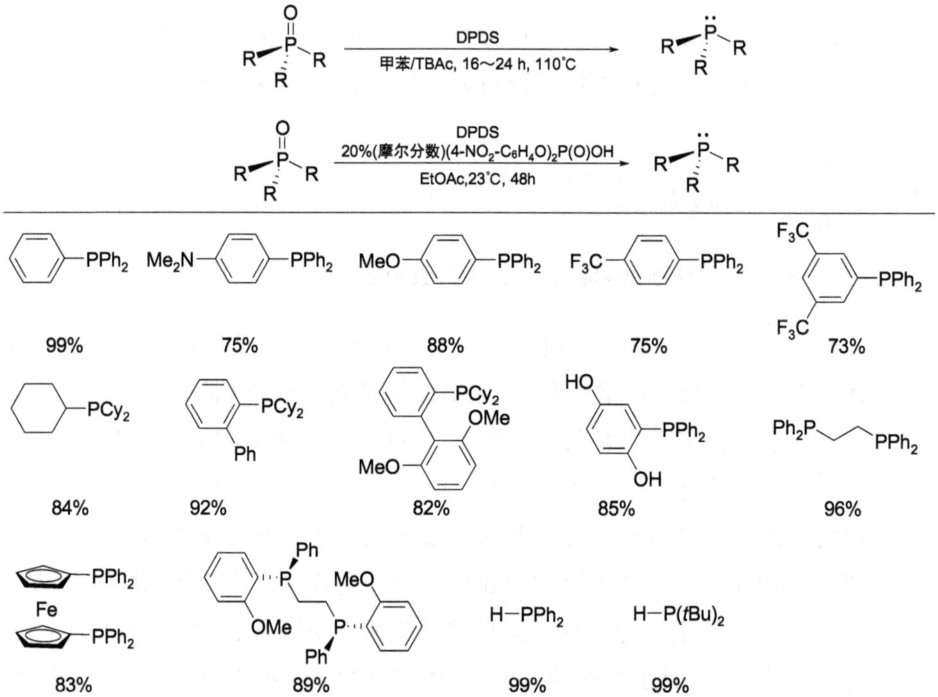

图 3-38 1,3-二苯基二硅氧烷还原膦氧化物

3.1.4 金属催化叔膦 C—H 键的官能团化反应

格氏试剂或锂试剂与二烃基氯化膦的反应是制备叔膦化合物最常用

的方法。该方法在严格无水无氧的环境下进行，底物使用范围窄，含有羰基、氰基和羟基等官能团的底物不适用于该方法。相比之下，金属催化简单易得的叔膦 C—H 键进行官能团化反应可以更加便捷、快速地构建高活性的叔膦配体。由于叔膦会与过渡金属反应生成稳定的配合物，从而降低金属的催化活性甚至抑制反应的进行，因此金属很难直接催化叔膦进行官能团化反应。2017 年，史壮志课题组发现 [Rh(cod)Cl]$_2$ 可以直接催化二烃基膦基联苯的芳基化反应。通过优化反应条件，可以选择性地获得单芳基化产物和双芳基化产物[55]。在此基础上，史壮志课题组和 Soulé 课题组分别发现铑可以选择性活化二烃基膦基联苯的 C—H 键与烯烃或炔烃发生加成反应[56,57]。Rh$_2$(OAc)$_4$ 为催化剂时，可以实现二烃基膦基联苯的脱氢硅烷化反应（图 3-39）[58]。利用这些金属催化体系可以高效、高选择性地制备官能团化的二烃基膦基联苯和二烃基膦基联萘衍生物。同时，这些官能团化的膦化合物可以显著提高金属的催化活性和选择性，使其可以高效、高选择性地催化溴代芳烃的烷基化反应、α,β-不饱和亚胺的不对称氢芳基化反应。

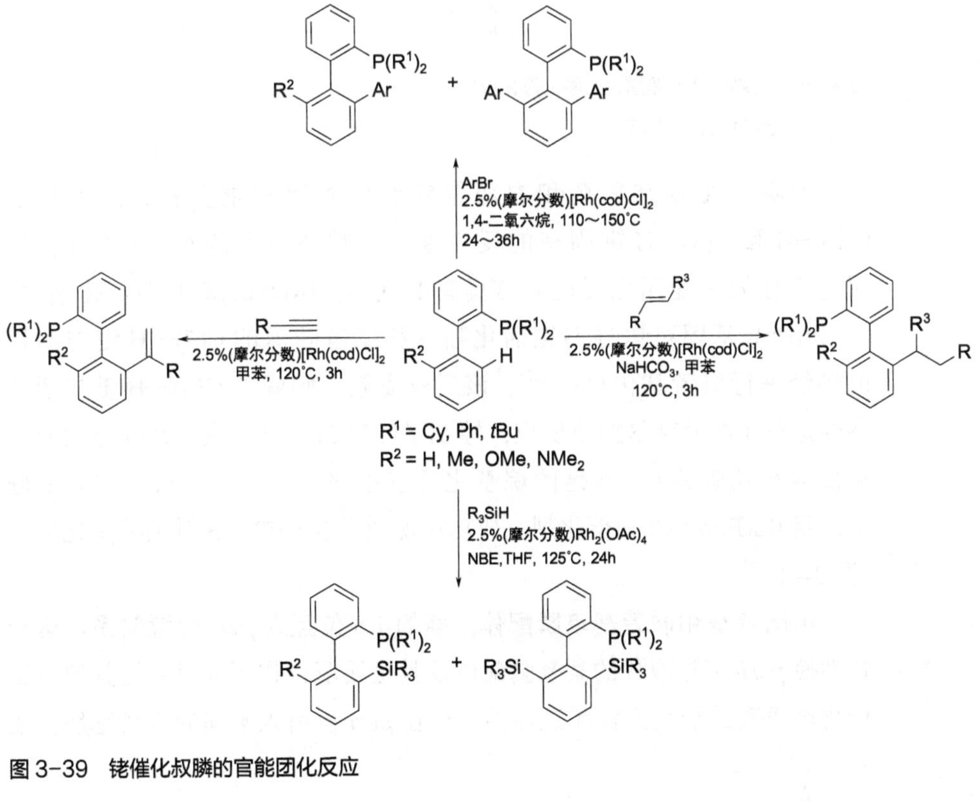

图 3-39 铑催化叔膦的官能团化反应

2019 年，史壮志课题组和 Takaya 课题组分别发现磷原子可以导向金属（铑或钌）催化芳基膦化合物的邻位 C—H 键进行硼化反应 [图3-40(a)和图 3-40(b)][59,60]。Clark 课题组用 [Ir(cod)₂]BF₄/TMPHEN（TMPHEN= 3,4,7,8-四甲基-1,10-菲咯啉）催化苄基二烃基膦的硼化反应。此外，通过改变 HBpin 的用量可以实现叔膦的多硼化反应 [图3-40(c)][61]。利用这些催化体系可以高效、高选择性地制备邻位硼化的叔膦化合物，这些硼化产物可以进一步反应得到官能团化的叔膦衍生物。

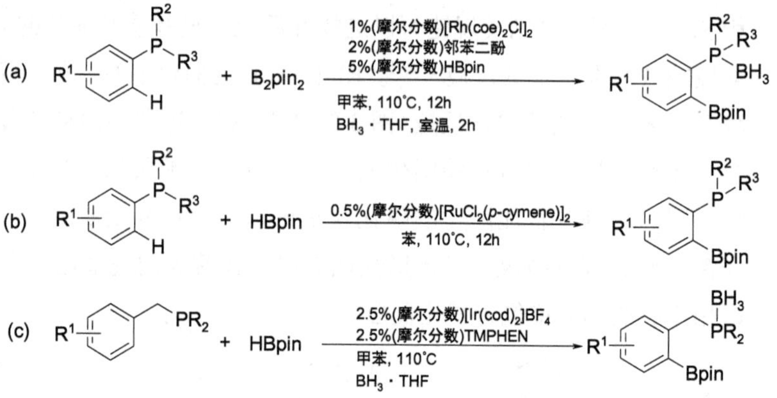

图 3-40　金属催化芳基膦化合物的硼化反应
p-cymene=对-异丙基甲苯

吲哚衍生物在医药和农药等领域中发挥着重要作用。吲哚的 C(2)—H 和 C(3)—H 键固有的反应性，使其他位置的 C—H 键进行区域选择性的官能团化反应非常具有挑战性。[Rh(coe)₂Cl]₂ 为催化剂时，N—P(tBu)₂ 基团可以导向铑活化吲哚和二氢吲哚的 C(7)—H 键与活性的烯烃进行氢芳基化反应[62]。该反应克服了吲哚的 C(3)—H 键与活性烯烃进行 1,4-迈克尔加成反应，控制了吲哚的反应位点，在烯烃的异构化反应和吲哚的 C—H 键的烷基化反应中都取得重大进展。在此基础上，用 Rh(PPh₃)₃Cl 为催化剂，成功实现吲哚的 C(7)—H 键的芳基化反应（图 3-41）[63]。

相比芳基和联芳基单膦配体，萘的 1,8 位互为 peri 位置关系。这一特性使 peri-芳基取代的萘基膦配体及其金属配合物可能具有比其他金属催化剂更高的催化活性和选择性，当在 peri 位引入不同的取代基后，还

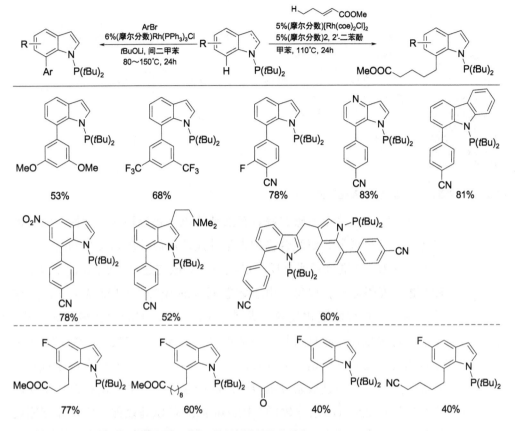

图 3-41 铑催化吲哚和二氢吲哚的 C(7)—H 键的官能团化反应

可以调控膦金属配合物的配位模式或引入氢键等弱相互作用，从而控制不同类型反应的选择性。支志明和余广鳌课题组用 [Rh(cod)Cl]₂ 为催化剂，实现 1-萘基膦的芳基化反应，高效合成一系列 8-芳基-1-萘基膦化合物，产率最高为 96%（图 3-42）。该类配体的金（Ⅰ）配合物在炔烃的水合反应中，展现出比二烷基联苯基膦金（Ⅰ）配合物更高的催化活性[64]。

图 3-42

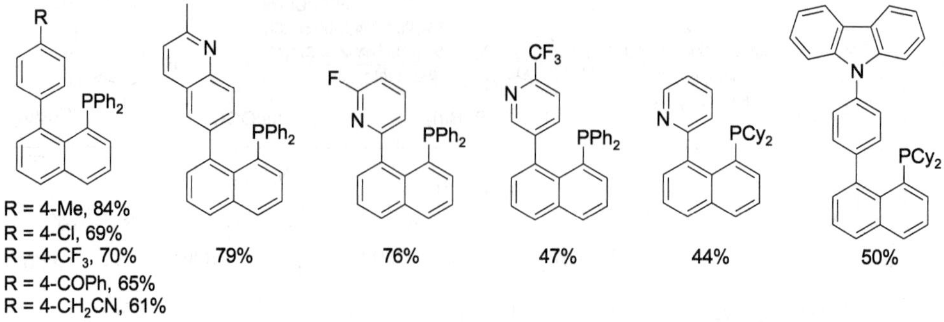

R = 4-Me, 84%
R = 4-Cl, 69%
R = 4-CF$_3$, 70%
R = 4-COPh, 65%
R = 4-CH$_2$CN, 61%

79%   76%   47%   44%   50%

图 3-42 铑催化 1-萘基膦的芳基化反应

三维空间大体积的碳硼烷具有独特的电子效应和热稳定性，因此被广泛地应用于调节金属配合物的光学性质、反应性质以及药物活性。金属催化的 B—H 键官能团化反应已经成为高效构建 B—X (X=C, O, N, 卤素) 键的策略之一。但是，由于邻碳硼烷的 B(3,6)—H 键缺电子，反应活性较低，其官能团化反应，尤其是 B(3,6)—H 键的双官能团化反应，非常具有挑战性。研究表明，膦基碳硼烷金属配合物具有独特的光化学性质和反应性质，但是如何开发出高效、高选择性的方法来构建膦基碳硼烷衍生物，仍然是该领域亟待解决的问题之一。支志明和余广鳌课题组发现使用 2.5%(摩尔分数)的 [Rh(cod)Cl]$_2$ 可以高效催化膦基邻碳硼烷与各种溴代芳烃进行 B(3,6)—H 键的芳基化或双芳基化反应，产率最高为 98%。2.5%(摩尔分数)的 [Rh(cod)Cl]$_2$ 催化膦基邻碳硼烷与芳基烯烃进行反应，可以高产率得到 B(3,6)-双烷基化产物，产率最高为 85%。此外，用 20%(摩尔分数)的 PdCl$_2$ 为催化剂，tBuOLi 为碱，与溴代芳烃反应时，可以实现膦基邻碳硼烷的 C-芳基化反应，产率为 11%～41%；而用 5%(摩尔分数)的 PdCl$_2$ 为催化剂，Li$_2$CO$_3$ 为碱，与卤代芳烃反应时，只得到 B(6)-卤化产物，产率为 52%～71%（图 3-43）。这些结果表明，金属催化剂和碱对反应的区域选择性起着至关重要的作用[65]。

3.1.5 金属催化 C—P 键的断裂构建新的叔膦化合物

过渡金属对叔膦的 C—P 键活化是现代实验化学和理论化学的基本反应和重要研究课题之一。例如，在钯催化的交叉偶联反应中，Pd—Ar 键

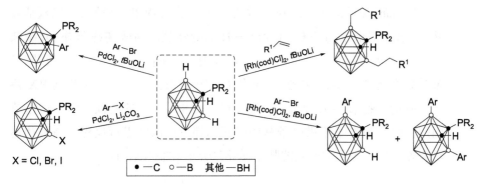

图 3-43 金属催化膦基邻碳硼烷的官能团化反应

与 P—Ar 键经常会出现芳基/芳基交换副反应(图 3-44)。在此基础上，已有多个课题组发现过渡金属可以促使稳定易得的叔膦 C—P 键发生断裂，使其作为膦源参与反应构建新的 C—P 键，高效制备新的叔膦化合物[66]。

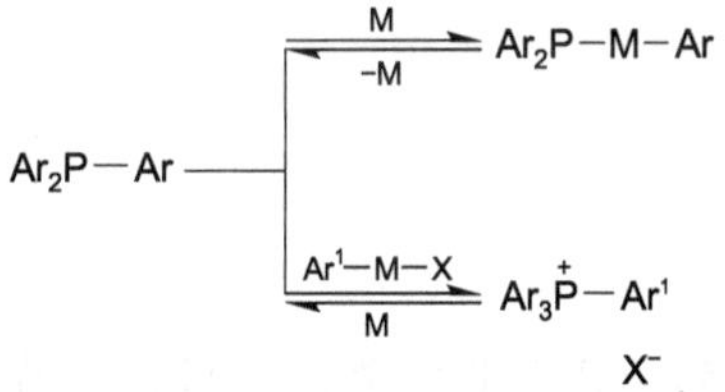

图 3-44 金属催化反应中 P—Ar 键的断裂及其芳基/芳基交换副反应

Chan 课题组发现 Pd(OAc)$_2$ 可以活化三芳基膦的 C—P 键，使其与 2-(2-吡啶基)芳基三氟甲基磺酸酯反应，生成一系列 [2-(2-吡啶基)芳基]二芳基膦化合物 [图3-45(a)][67,68]。在 NiCl$_2$·6H$_2$O 和 Zn 的催化作用下，二芳基亚甲基环丙烷 [b] 萘与三芳基膦进行开环反应，高选择性地断裂 C—P 键并发生芳基的迁移，生成大体积的新型叔膦化合物，产率为 85%～98%[图3-45(b)][69]。

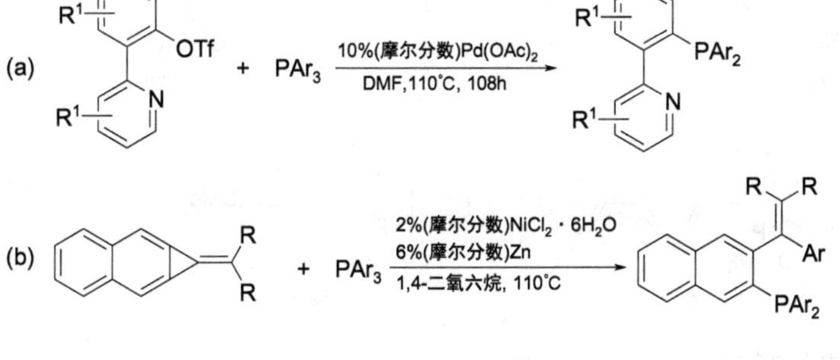

图 3-45 金属催化三芳基膦 C—P 键的断裂构建新的叔膦化合物

Chatani 课题组用 Pd(OAc)$_2$ 为催化剂，实现简单易得的 2-(二苯基膦基)联苯及其衍生物的 C—P 和 C—H 键的断裂，高效构建苯并 [b] 磷杂环戊二烯衍生物，产率为 54%~94%[图3-46(a)][70]；催化(溴代芳基)二苯基膦类化合物 3-46 中的 C—P 和 C—Br 键发生断裂，高效构建 P,X-桥二芳基衍生物 (X = O, N)，产率为 48%~86%[71]。这些催化体系适用范围广，含有吸电子和供电子基团的底物都可以顺利进行反应，高效构建具有独特物理和化学性质的膦基 π 体系分子 [图3-46(b)]。

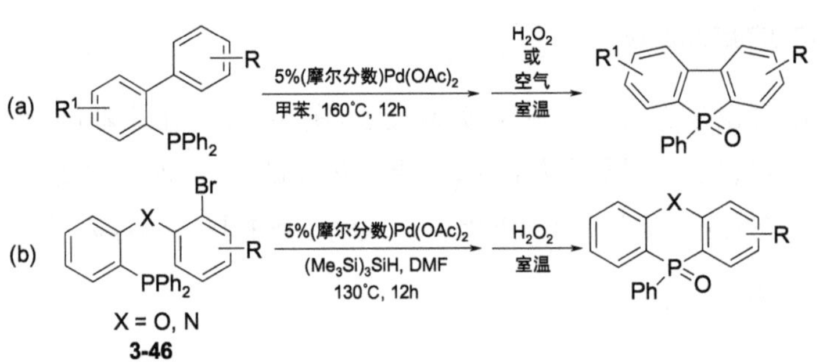

图 3-46 钯催化 C—P 键的断裂构建磷杂环化合物

段征课题组用 Pd(OAc)$_2$ 和 CuI 为催化剂，高效催化邻二苯基膦基芳基炔化合物发生 C—P 键的断裂和碳碳三键的膦氢化反应，成功构建一系列 2,3-取代的苯并磷杂环戊二烯衍生物，产率最高为 72%（图 3-47）[72]。

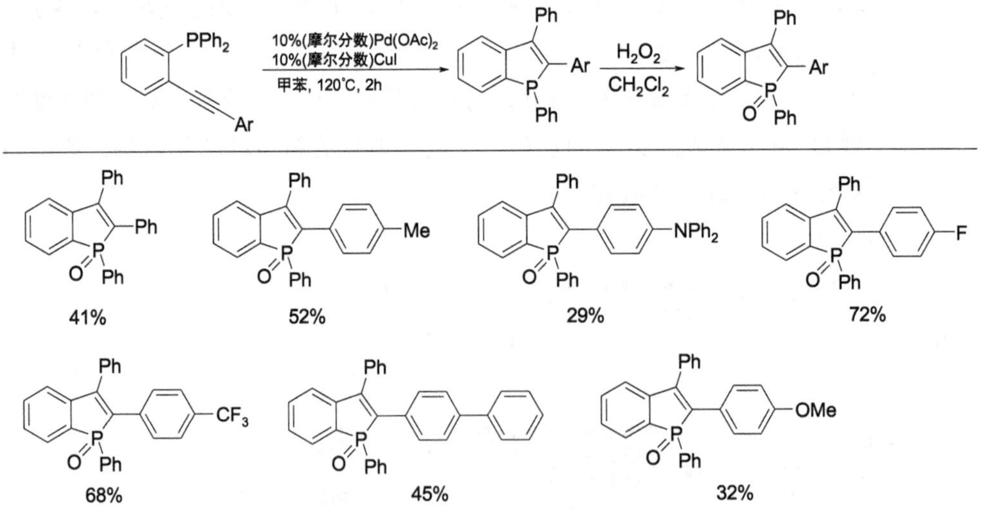

图 3-47 苯并磷杂环戊二烯衍生物的合成

在金属催化反应中，$C(sp^2)$—P^+Ph_3 键比 $C(sp^2)$—PPh_2 键更容易与金属发生氧化加成反应，并在温和的反应条件下发生还原消除反应生成季鏻盐和新的 $C(sp^2)$—P 键。Morandi 课题组用 $Pd_2(dba)_3$ 为催化剂，碘苯为添加剂，实现 2,2′-二(二芳基膦基)-1,1′-联苯类化合物的 C—P/C—P 键交叉复分解反应。该方法底物适用范围广，可以高效制备磷杂环化合物、具有潜在手性的磷杂环化合物和具有独特荧光性质的含氮芳基磷杂环化合物，产率为 75%～99%(图 3-48)[73]。

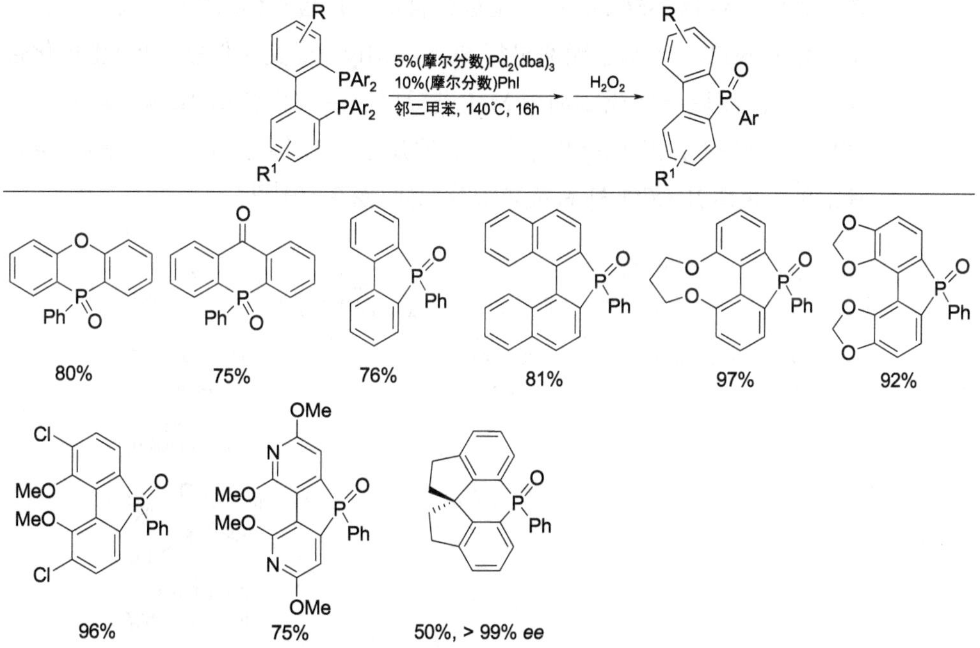

图 3-48 钯催化 2,2′-二(二芳基膦基)-1,1′-联苯类化合物的 C—P/C—P 键交叉复分解反应

3.1.6 合成含膦单齿配体的其他方法

非手性 2,3-二氢苯并 [d][1,3] 氧杂磷杂茂配体的合成与上述合成方法不同。3-叔丁基-4-芳基-2,3-二氢苯并 [d][1,3] 氧杂磷杂茂配体的合成方法如下：将化合物 **3-49a** 与芳基苯硼酸进行 Suzuki-Miyaura 交叉偶联反应生成化合物 **3-49b**，再将其与聚甲基氢硅氧烷(PMHS)和 $Ti(OiPr)_4$ 进行还原反应生成 3-叔丁基-4-芳基-2,3-二氢苯并 [d][1,3] 氧杂磷杂茂配体

(图 3-49)[74]。

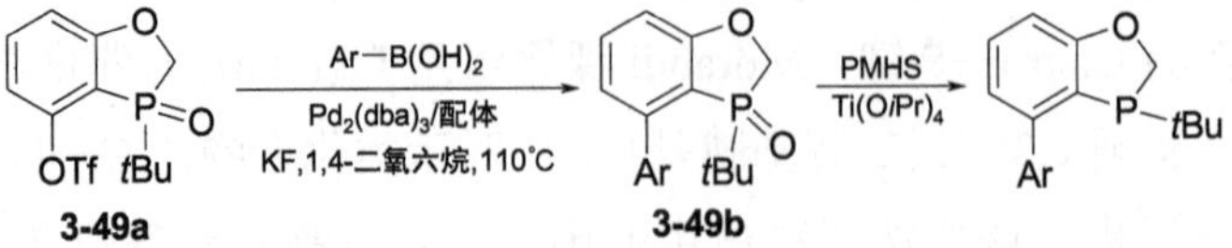

图 3-49　3-叔丁基-4-芳基-2,3-二氢苯并 [d][1,3] 氧杂磷杂茂配体的合成

3-叔丁基-2-取代基-2,3-二氢苯并 [d][1,3] 氧杂磷杂茂配体的合成方法是：先将化合物 **3-50a** 的 4-羟基进行官能化反应（羟基的醚化反应或将羟基转化为 NTf 与芳基苯硼酸进行 Suzuki-Miyaura 交叉偶联反应）生成化合物 **3-50b**，然后与格氏试剂或 MeI 进行反应生成化合物 **3-50c**，再将其与聚甲基氢硅氧烷和 Ti(OiPr)$_4$ 进行还原反应生成相应的 3-叔丁基-2- 取代基-2,3-二氢苯并 [d][1,3] 氧杂磷杂茂配体（图 3-50）[75]。

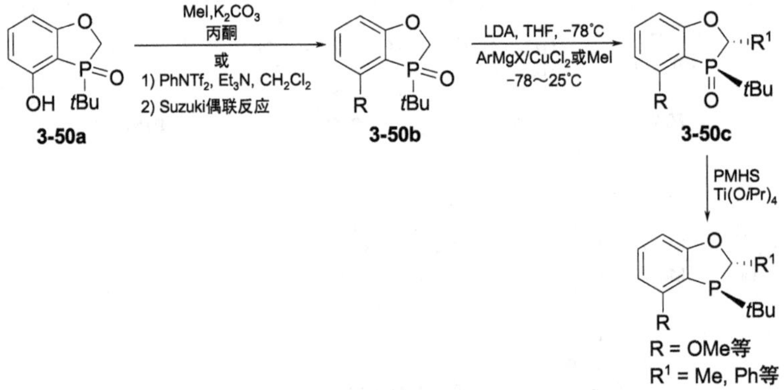

图 3-50　3-叔丁基-2-取代基-2,3-二氢苯并 [d][1,3] 氧杂磷杂茂配体的合成

两亲性配体因其可以在含水溶液中促进金属有机反应而受到重视。Buchwald 课题组研发出一种可控制的磺化反应，使一系列商品化的联芳基膦配体发生区域选择性的磺化反应得到两亲性配体[76]。通过严格控制发烟硫酸的用量和反应的温度，膦配体 XPhos、BrettPhos、tBuBrettPhos 和 tBuXPhos 会高区域选择性（>95%）发生磺化反应，高收率地获得单磺化联芳基单膦配体，产率为 77% ~ 98%。此外，膦配体 SPhos 可以发生双磺化反应得到双磺化膦配体 bsSPhos，产率为 96%（图 3-51）。

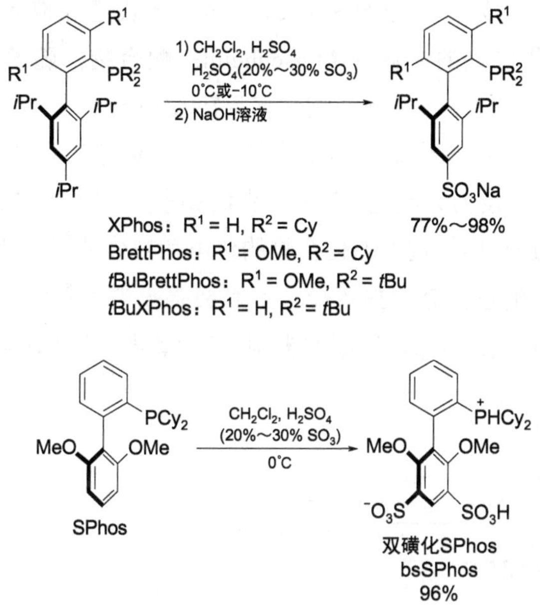

XPhos: R^1 = H, R^2 = Cy
BrettPhos: R^1 = OMe, R^2 = Cy
tBuBrettPhos: R^1 = OMe, R^2 = tBu
tBuXPhos: R^1 = H, R^2 = tBu

图 3-51 联芳基膦配体的磺化反应

六取代芳烃的合成是有机化学的一个研究热点，它们具有较大的空间位阻，这使其成为研究反应动力学和芳香性的理想对象，同时它们的刚性也使其具有独特的分子结构。联芳基膦钯(Ⅱ)配合物 **3-52** 经过重排反应转化为具有高张力结构的 1,3,5-三芳基-2,4,6-三异丙基苯化合物，其结构得到 X 射线单晶衍射的表征（图 3-52）[77]。

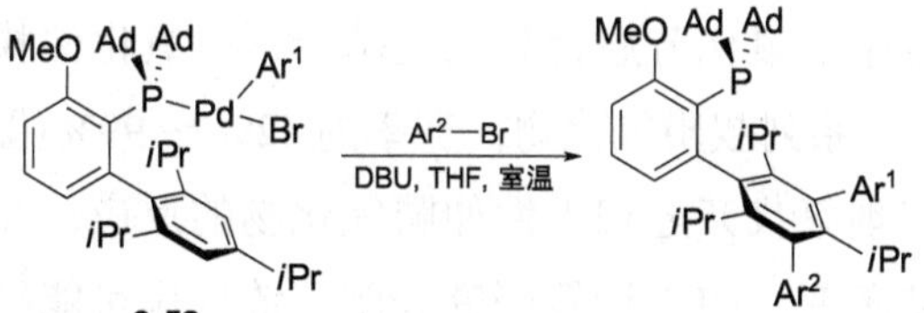

图 3-52 钯促使膦配体的芳基化反应

芳基亲核取代反应(S_NAr)是重要的经典有机化学反应之一。通常情况下强的亲核试剂与缺电子的(拟)卤代芳烃发生 S_NAr 反应。由于氟原子的强电负性会使被进攻位点的电子云密度减小，进而加快亲核试剂进攻的速率，因此氟负离子是相对较好的离去基团。通常情况下，S_NAr 反应是分步进行的，具体路径如图3-53(a)所示。氟代芳烃被亲核试剂进攻后，会得到去芳构化的中间体Meisenheimer配合物，随着离去基团的离去，再发生芳构化反应得到产物。该反应途径要求底物是缺电子的氟代芳烃，这样中间体才稳定。如果底物是中性或富电子的氟代芳烃，同样可以发生S_NAr反应，但它是一个协同路径，又称作CS_NAr反应[图3-53(b)]。在该途径中，过渡态化合物的负电荷被分散到芳环和氟原子上，所以协同机制的过渡态能垒较低，不需要强吸电子基团协助降低反应的活化能。一般来说，S_NAr反应的机制（分步或者协同）取决于卤代芳烃，与亲核试剂无关。

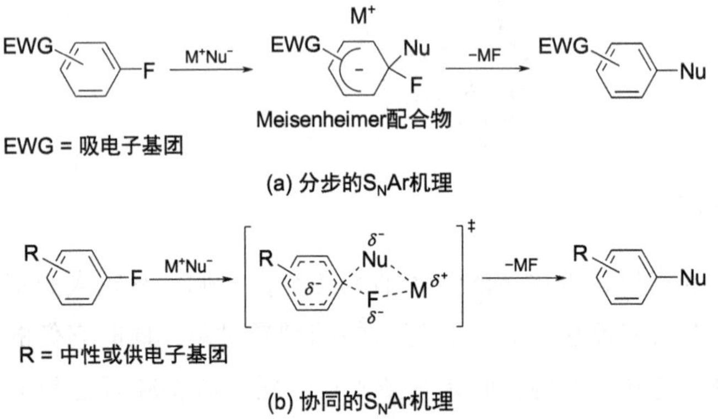

图3-53 氟代芳烃的S_NAr反应

Sawamura和Iwai课题组发现在强碱性钾盐（如tBuOK、KHMDS）的作用下，中性和富电子的氟代芳烃会与二烷基（芳基）氧化仲膦进行亲核取代反应，高效生成一系列叔膦氧化物，产率为42%～99%（图3-54）[78]。此外，该方法可以实现氟代芳烃和手性仲膦氧化物的反应，并且磷手性中心的构型基本保持不变。DFT计算研究表明，该反应可能经历分步和协同两个路径，这与KHMDS独特的电子特性密不可分。该方法操作简单，易于实施，能够高效地实现（手性）叔膦氧化物的合成。

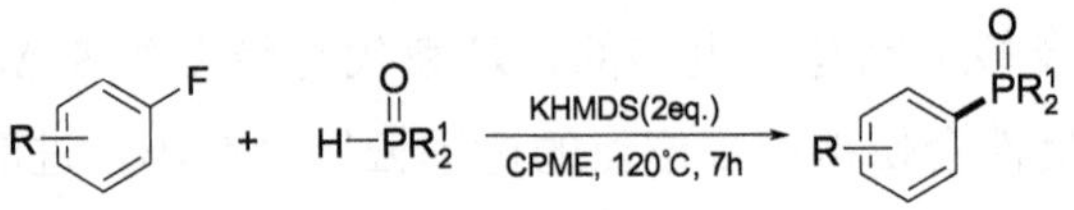

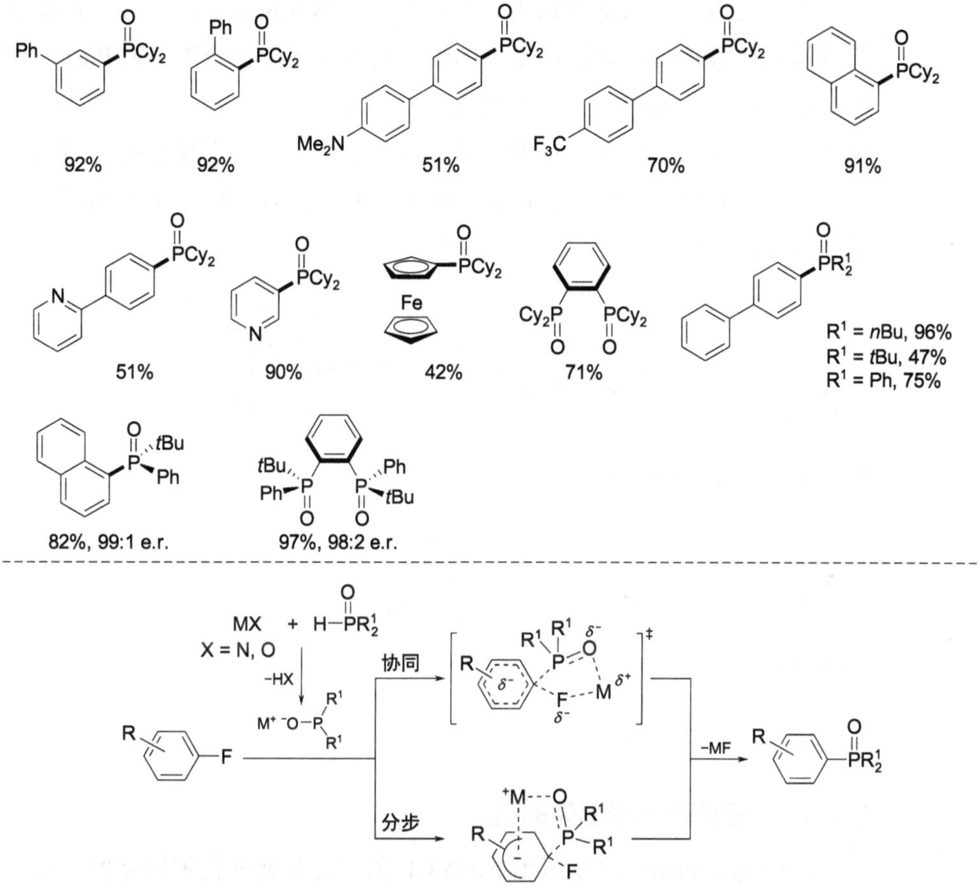

图 3-54 氟代芳烃的膦酰基化反应

3.2
含膦单齿配体的应用

3.2.1 三烃基单膦配体的应用

三烷基单膦配体和三苯基膦配体是最常使用的单膦配体。它们是富电子的膦配体，可以稳定金属中心，提高金属催化反应的活性，例如三苯基膦配体(PPh₃)可以稳定零价的钯形成较稳定的配合物 Pd(PPh₃)₄，使其可以高效催化碳碳键交叉偶联反应。此外，三苯基膦配体也常用于配位化学和金属有机化学，例如，羰基铁配合物和铁硫簇配合物的合成与反应研究(图 3-55)[79-81]。常用的三烷基单膦配体有三环己基膦和三叔丁基膦等(图 3-56)[82]。

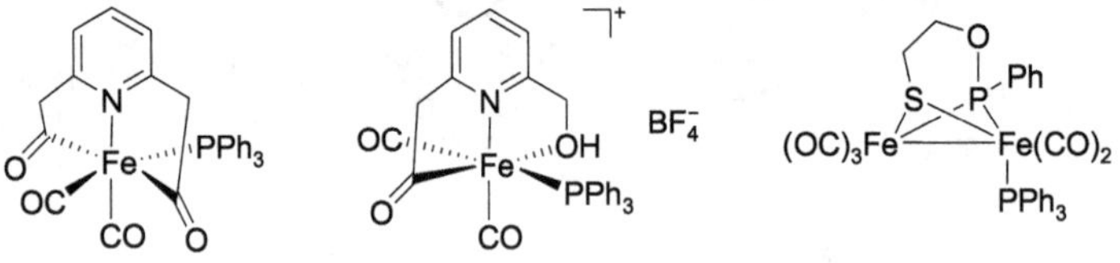

图 3-55 三苯基膦铁配合物

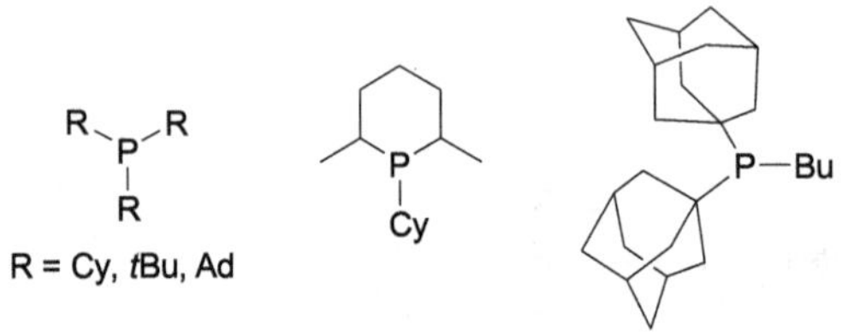

图 3-56 三烷基单膦配体

3.2.1.1 三烷基单膦配体的应用

2012 年，Plenio 课题组用 Na₂PdCl₄ 和三烷基膦催化不同空间位阻的溴代芳烃与苯乙炔类化合物进行 Sonogashira 交叉偶联反应。Na₂PdCl₄ 为催化剂，P(tBu)₃ 为配体时，只能高效催化小位阻的苯乙炔类化合物进行 Sonogashira 偶联反应；而 PCy₃ 为配体时，还能高效催化大位阻的苯乙炔类化合物进行反应(图 3-57)[83]。

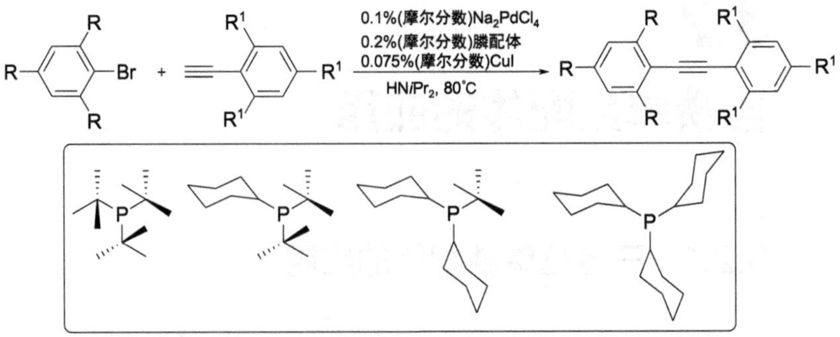

图 3-57 三烷基单膦配体在钯催化 Sonogashira 交叉偶联反应中的应用

2016 年，Carrow 课题组利用三金刚烷基膦钯配合物 **3-58**，高效催化氯代芳烃与芳基硼酸进行 Suzuki-Miyaura 交叉偶联反应。其中，部分反应的催化剂用量仅需 0.005%（摩尔分数），反应时间仅需 10min（图 3-58）[84]。

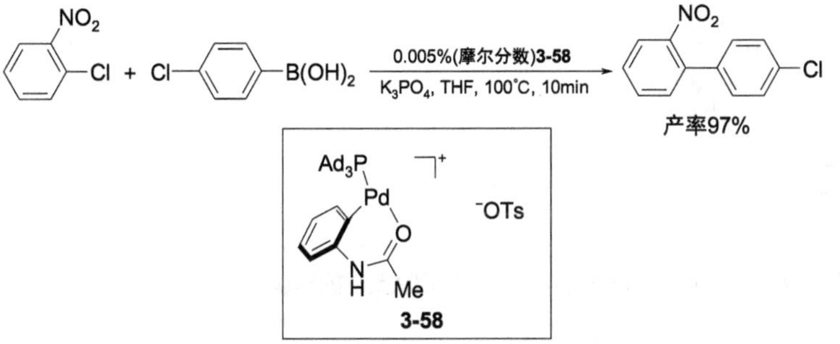

图 3-58 钯配合物 **3-58** 高效催化 Suzuki-Miyaura 交叉偶联反应

Pd(OTFA)$_2$ 为前催化剂，P(tBu)$_3$ 为配体时，gem-二氟环丙烷衍生物与烃基硼酸进行芳基化 / 烯基化 / 烷基化反应生成相应的 2-氟烯丙基衍生物。该方法具有良好的官能团兼容性，同时可以高产率、高选择性地合成包括共轭氟二烯在内的一系列 Z-单氟烯丙基衍生物（图 3-59）。在催化循环中，Pd(OTFA)$_2$ 被还原生成零价的钯，它会活化 gem-二氟环丙烷的 C—C 键生成四元环钯中间体，随后该中间体经过 β-F 的消除反应，再与烃基硼酸反应，最后经过 C—C 键的消除反应生成目标产物（图 3-60）[85]。

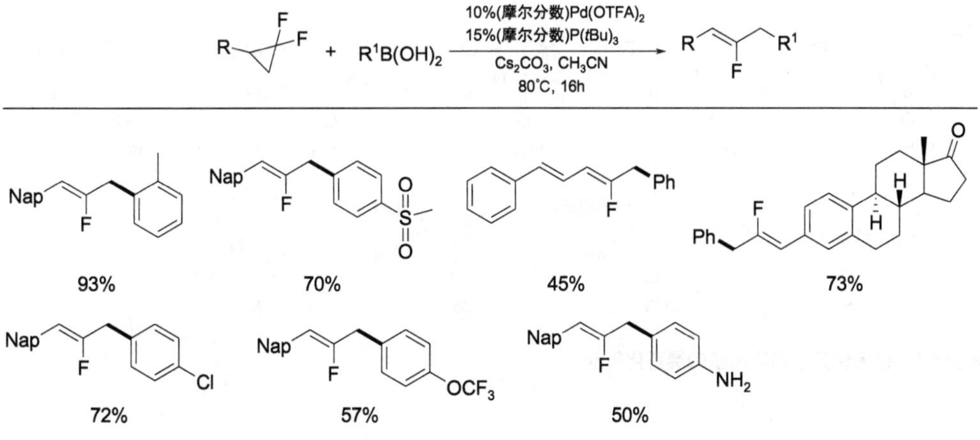

图 3-59 钯催化 gem-二氟环丙烷衍生物与烃基硼酸的 C—C 键偶联反应

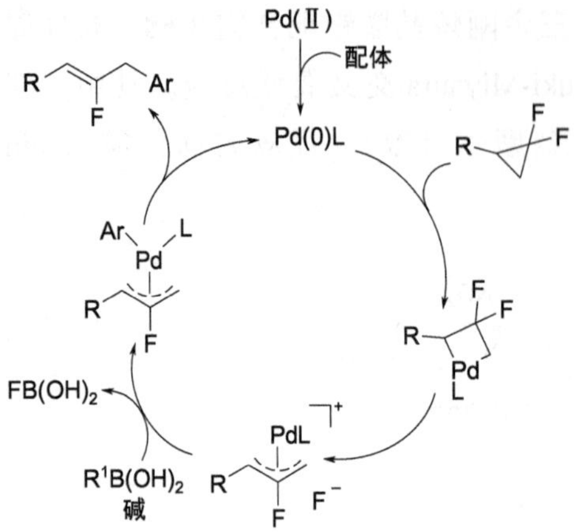

图 3-60 钯催化 gem-二氟环丙烷衍生物与烃基硼酸的 C—C 键偶联反应的机理

  Charette 课题组发现 Pd(OAc)$_2$/PCy$_3$ 体系可以催化环丙基的 C—H 键发生分子内的烯基化反应,高效构建新的环丙基氮杂环化合物(图 3-61)[86]。Pd(dba)$_2$/PAd$_3$ 体系可以催化 3-酮吲哚化合物的 α-芳基化反应,高效合成一系列(杂)芳基化吲哚衍生物,产率为 25%～99%。初步的生物活性研究表明,α-芳基化的 3-酮吲哚具有良好的抗癌活性,可以抑制 HCT-116 癌细胞的生长(图 3-62)[87]。

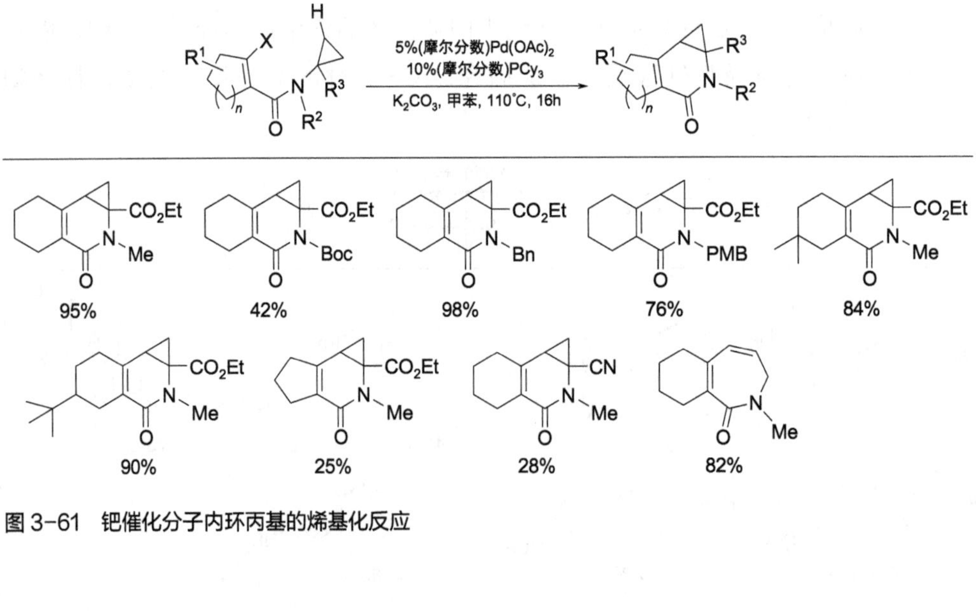

图 3-61 钯催化分子内环丙基的烯基化反应

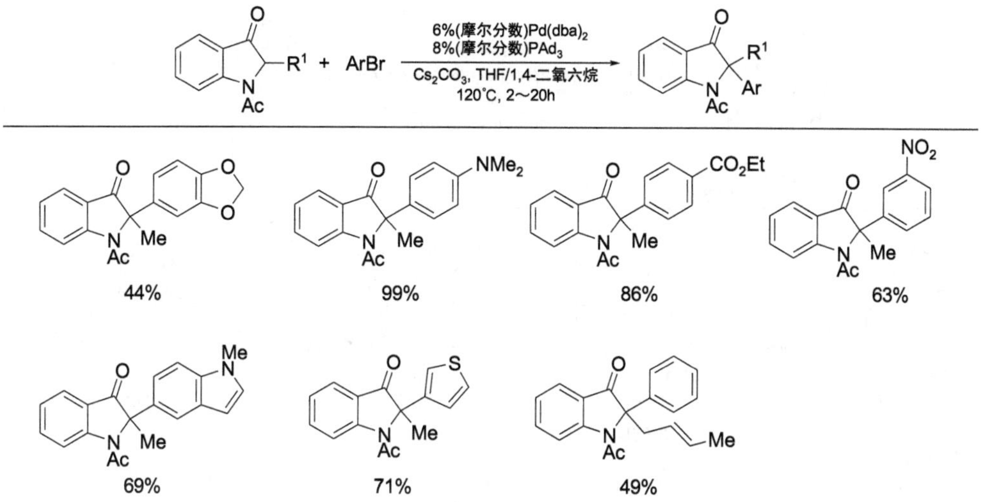

图 3-62 钯催化 3-酮吲哚化合物的 α-芳基化反应

过渡金属同时催化碳碳和碳杂原子键的形成反应是有效构建多环化合物的策略之一。[Au{P(tBu)$_2$(o-biphenyl)}]Cl/AgSbF$_6$(biphenyl=联苯基)体系在水中区域选择性和化学选择性地催化化合物 **3-63a** 与端炔烃反应，同时构建多个 C—C 和 C—N 键，高效合成一系列多取代吡咯并[1,2-*a*]喹啉化合物，产率最高为 98%（图 3-63）[88]。该方法可以用于取代吡咯并[1,2-*a*]喹啉的克级合成。药物活性研究表明，化合物 **3-63b** 对宫颈癌细胞的细胞毒性（IC$_{50}$=34.7 mm）明显高于对正常肺成纤维细胞（IC$_{50}$=82.3 mm），说明这些官能团化的吡咯并[1,2-*a*]喹啉化合物具有潜在抗癌活性。

3.2.1.2　三苯基膦配体的应用

游书力课题组用 [Pd(C$_3$H$_5$)Cl]$_2$ 为前催化剂，PPh$_3$ 为配体，开发了一种分子内钯催化的 3-取代吲哚去芳基化反应，提供了一条合成螺环吲哚化合物的新路线（图 3-64）。在该催化体系中，[Pd(C$_3$H$_5$)Cl]$_2$ 被还原生成零价钯，随后与底物发生氧化加成反应，再在碱的作用下，吲哚作为亲核试剂通过 C3 位进攻钯中心形成七元环中间体，随后经过氧化加成反应生成目标产物。初步研究还表明，该催化体系催化不对称去芳基化反应是可行的[89]。

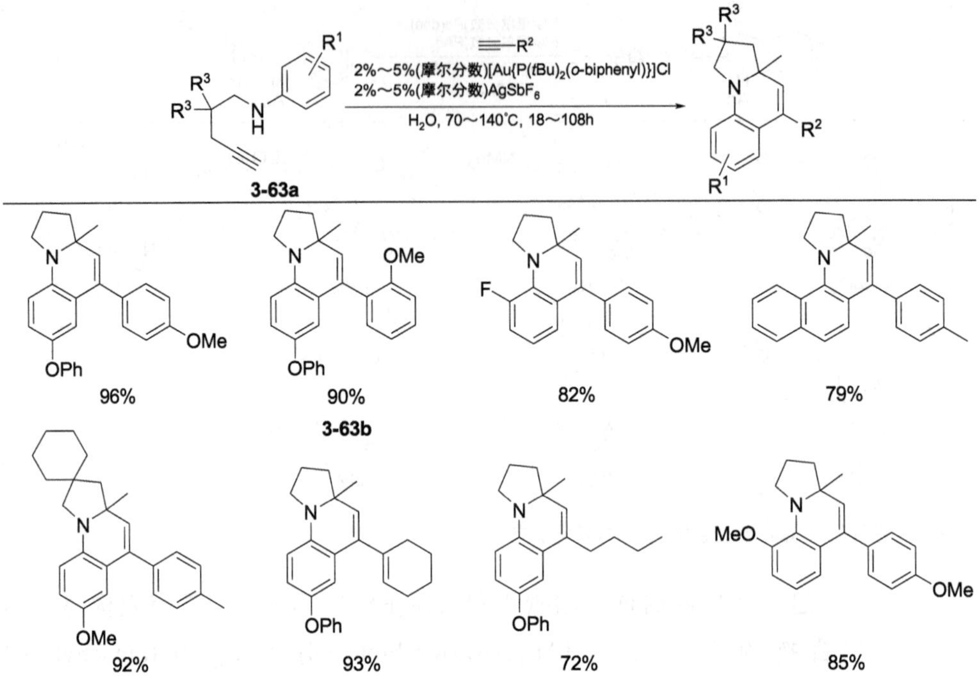

图 3-63 金催化多取代吡咯并 [1,2-a] 喹啉的合成

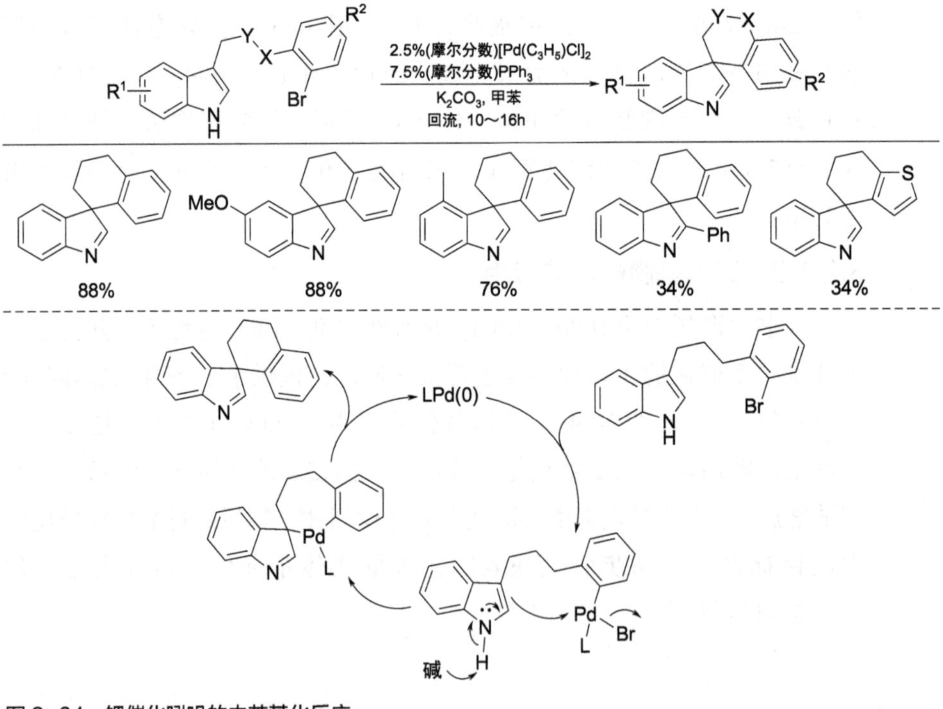

图 3-64 钯催化吲哚的去芳基化反应

催化烯烃或炔烃的氢胺化反应是学术界和工业界都非常感兴趣的研究课题。各种膦金(Ⅰ)配合物已被证明是烯烃分子间和分子内氢胺化反应的有效催化剂。支志明课题组用 $Ph_3PAuOTf$ 为催化剂，高效催化磺酰胺类和酰胺类化合物的分子内氢胺化反应，构建一系列五元或六元氮杂环化合物，产率为 40%～99%（图 3-65）。使用微波辐射，仅需 30min 就可以实现磺酰胺类化合物分子内氢胺化反应[90]。

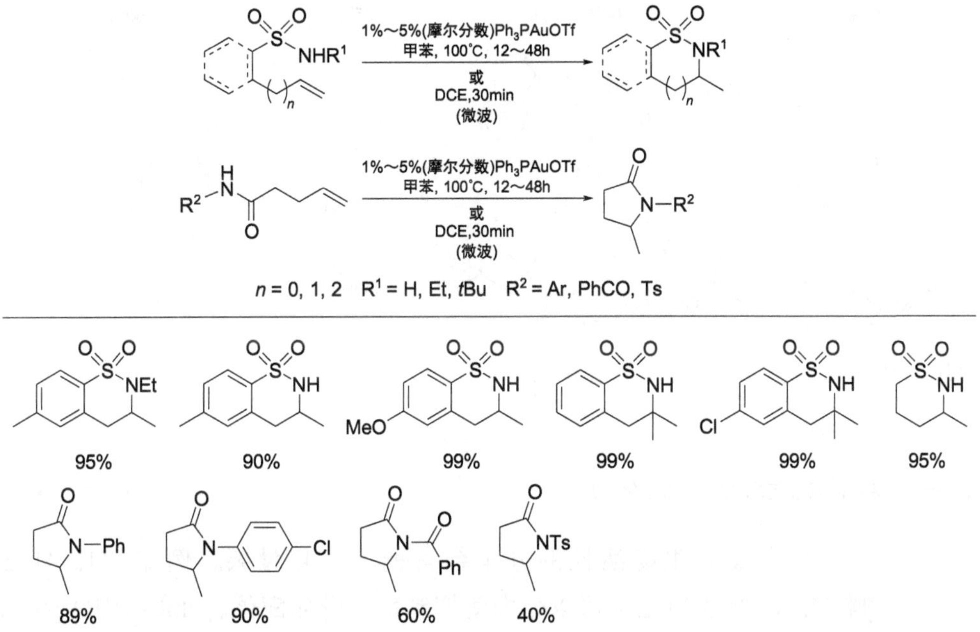

图 3-65　金催化烯烃的氢胺化反应

烷基吲哚是许多生物活性天然产物和候选药物分子的重要骨架结构。金(Ⅰ)催化剂是一种软路易斯酸，可以活化烯烃，使其与氧、氮和碳亲核试剂发生反应。在加热和微波条件下，$Ph_3PAuCl/AgOTf$ 体系可以高效催化芳香族和脂肪族烯烃与吲哚进行分子间氢芳基化反应。该方法适用于各种含有供电子、吸电子基团和大空间位阻的苯乙烯化合物，以良好至优秀的产率（60%～95%）得到目标产物（图 3-66）。吲哚会选择性与共轭二烯烃的末端 C＝C 键进行氢芳基化反应，产率为 62%～81%。在微波条件下，惰性的脂肪族烯烃可以与吲哚反应得到相应的烷基吲哚化合物，产率最高为 90%[91]。

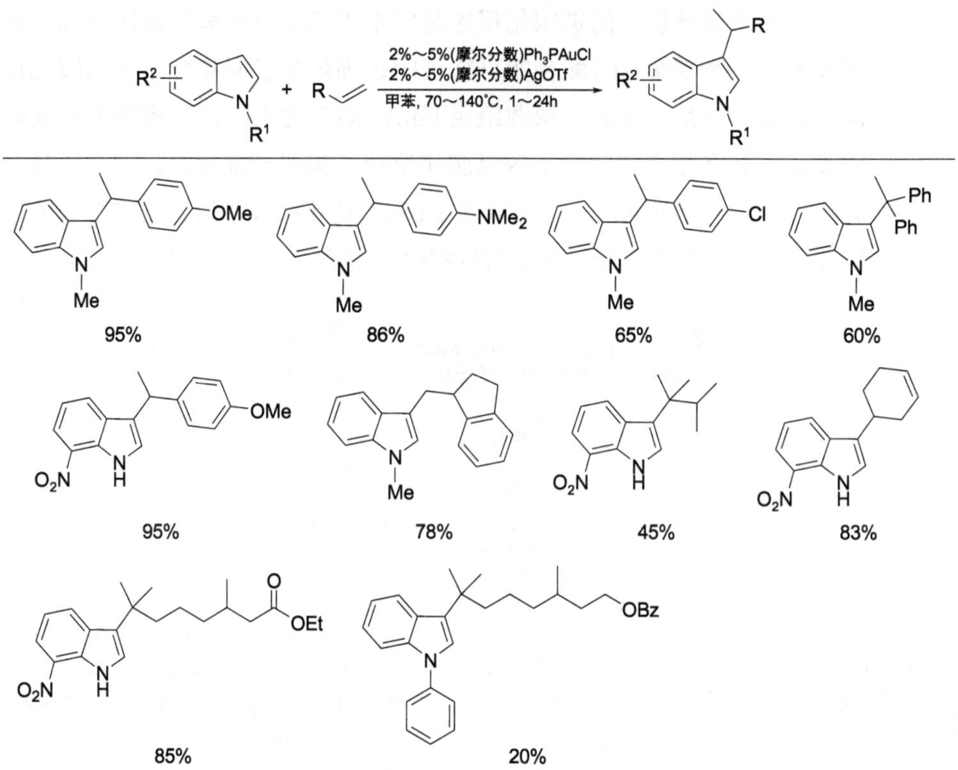

图 3-66　金催化烯烃与吲哚的氢芳基化反应

许多具有生物活性的分子含有稠环哌嗪骨架。例如，[1,2,4] 三唑-[4,3-a] 哌嗪衍生物可以作为酶抑制剂和受体配体。Ph₃PAuCl/AgNTf₂ 体系可以催化氨基脒化合物与末端炔烃的多米诺环化反应，得到一系列 [1,2,4] 三唑并 [4,3-a] 哌嗪衍生物（图 3-67）[92]。相同的反应条件下，氨基肟化合物被转化为 [1,2,4] 噁二唑并 [4,5-a] 哌嗪衍生物。其中，[1,2,4] 噁二唑并 [4,5-a] 哌嗪衍生物对 p38 分裂原活化蛋白激酶（MAP 激酶）表现出抑制作用。

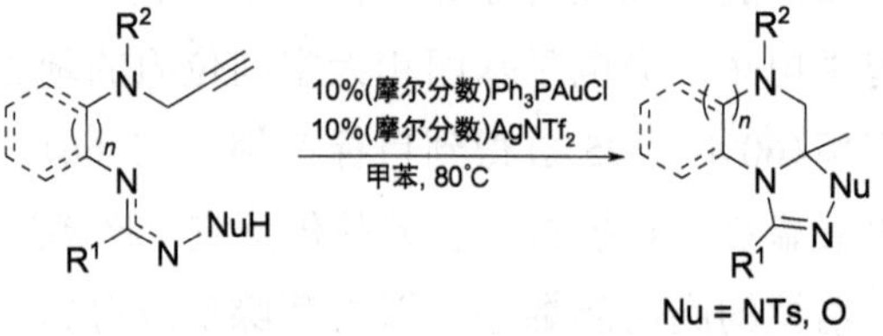

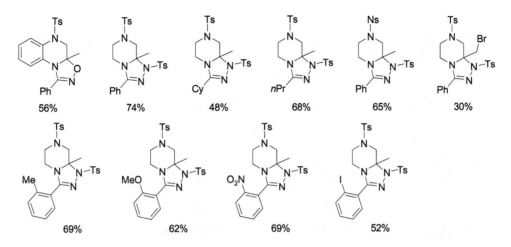

图 3-67 金催化三唑和噁二唑哌嗪衍生物的合成反应

炔基烯酮与金反应可以形成中间体 **M1**，它可作为 [1,3] 偶极子与硝酮、*N*-丙酰胺和 3-苯乙烯基吲哚反应，高效构建官能团化的呋喃衍生物。金也可以催化炔基醇反应生成富电子的烯烃化合物 **M2**。基于此，徐政虎课题组用 $Ph_3PAuNTf_2$ 为催化剂，在温和的反应条件下，活化底物使多个键断裂，一锅法实现炔基醇和炔基烯酮化合物的协同活化，高效构建多取代螺环戊烷 [*c*] 呋喃化合物，产率最高达 94%（图 3-68）[93]。

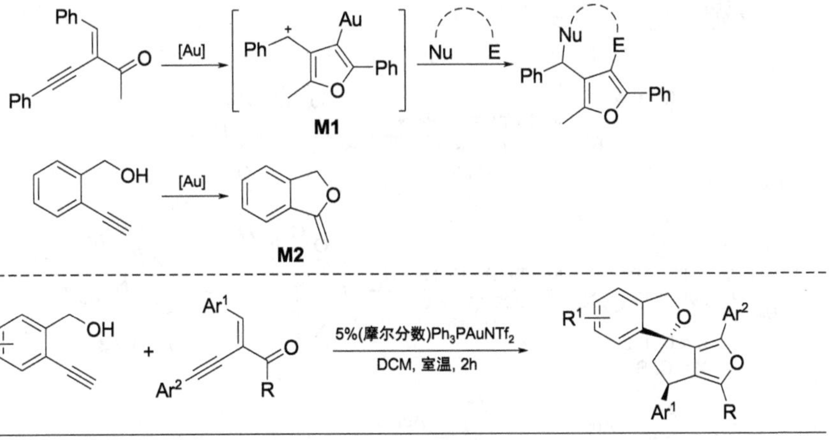

图 3-68

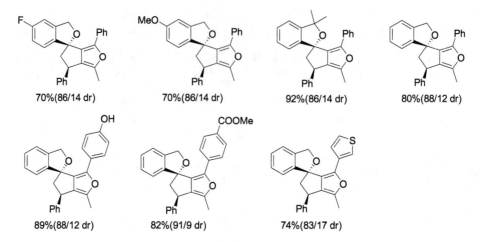

图 3-68 金催化多取代螺环戊烷 [c] 呋喃的合成反应

1,4-二羰基骨架广泛存在于天然产物和生物活性分子中，它也可以进行不同的反应(如 Paal-Knorr 合成)制备呋喃、噻吩和吡咯等杂环化合物。Voituriez 课题组用 $Ph_3PAuNTf_2$ 为催化剂，使简单的端炔烃和乙烯基亚砜化合物反应，高效合成一系列 1,4-二羰基衍生物(图 3-69)。机理研究显示该催化反应中乙烯基亚砜经历了一个 [3,3] 重排反应。用该方法催化 1-环烯基亚砜与端炔烃反应，可以构建五元、六元和七元环烷基-1-酮衍生物，将其进一步反应可以高效构建具有药物活性的四氢环烷基 [b] 吡咯衍生物[94]。

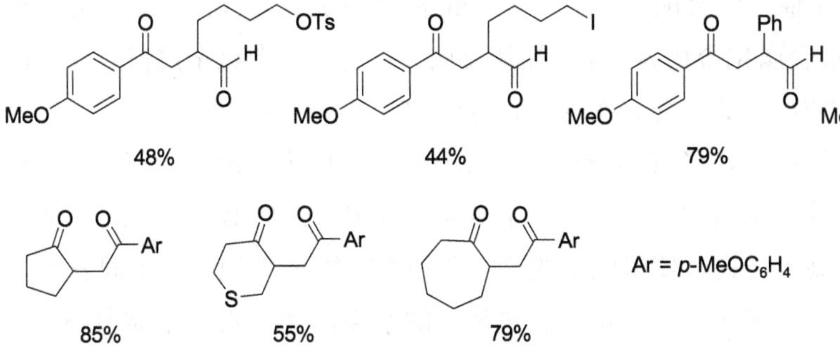

图 3-69 金催化多取代 1,4-二羰基衍生物的合成反应

多环结构 **3-70** 是许多天然产物的组成部分，是药物分子显示生物活性的关键结构。但是，高效快速地构建结构 **3-70** 的合成策略却非常少。Wong 课题组报道了首例金（Ⅰ）催化的 1,5-烯炔的串联环异构化反应，得到与许多天然化合物具有相似结构特征的三环骨架。$(C_6F_5)_3PAuCl$ 为催化剂，高效催化 1,5-烯炔醚发生 1,6-氢转移反应，进而促使发生串联环异构化反应，高效构建多环化合物，产率为 16%～83%（图 3-70）。氘代实验证实该反应经历了 1,6-氢转移反应，进而引发串联环异构化反应[95]。

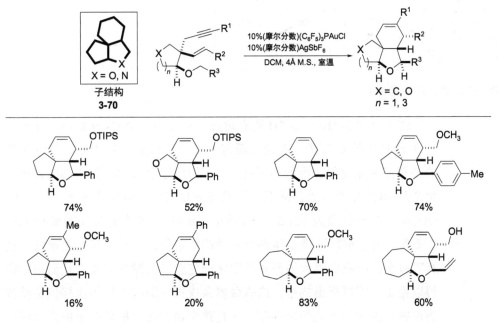

图 3-70 金催化 1,5-烯炔醚的串联环异构化反应

夏海平课题组合成了一系列含 PPh_3 配体的碳龙配合物。2013 年，他们利用 Os 金属化合物 **3-71a** 与端炔反应，制备了三个锇杂戊搭炔 **3-71b**、**3-71c** 和 **3-71d**，此类配合物均含有两个 PPh_3 配体。他们认为在反应过程中，首先炔烃取代了其中一个与 Os 配位的 Cl 原子，形成中间体 **A**，然后两个三键发生氧化偶联反应，形成中间体 **B**，最后 **B** 失去一分子水后形成了最终的产物。值得注意的是，消去中间体 **B** 中的两个不同 α-H 所得到的产物是不一样的。由于右边环上的季鏻阳离子吸电子能力强于左边环上的酯基，因此它的 α-H 酸性更强，所以更容易离去[96]。后来，该课题组又将端炔烃拓展到了内炔，并制备了中性的锇杂戊搭炔 **3-71e** 和 **3-71f**（图 3-71）[97]。

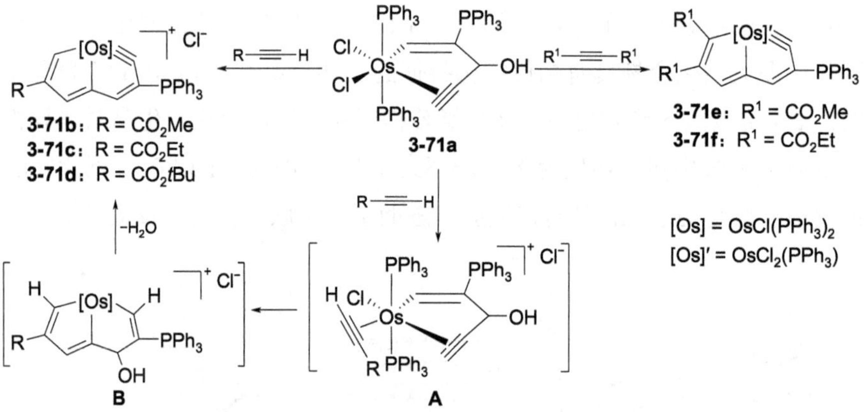

图 3-71 锇杂戊搭炔的合成

在化合物 **3-71b** ~ **3-71f** 的右边五元环上有一个 Os≡C 键，即包含一个 sp 杂化的 C 原子。理论上而言，在一个五元环中引入一个 sp 杂化的 C 原子毫无疑问会导致环不稳定，因为以这个 C 原子为中心的键角必然会与 180° 相差较大，从而导致很强的角张力。以化合物 **3-71b** 为例，Os≡C—C 键键角为 129.5°，远远小于 180°，是当时发现的最小 sp—C 键角。为了解释这类金属杂戊搭炔的稳定性，通过计算，发现它们具有芳香性，即它们强大的芳香稳定化能克服了极端的环张力从而使它们得以稳定。需要指出的是，这些金属杂戊搭炔的有机母体戊搭炔是反芳香性的，因此并不能稳定存在。这是首个通过在有机骨架上嵌入金属后实现分子骨架从反芳香性向芳香性突变的例子[96]。由于化合物 **3-71b** ~

3-71f 中金属 Os 的赤道平面上包含一条七个碳的共轭碳链(碳龙配体)，通过三个碳-金属 σ 键与 Os 螯合，因此它们也被称为七碳龙配合物[98]。

2017 年，夏海平团队发现了一种适用性更广的方法用以合成锇杂戊搭炔。他们利用 OsCl$_2$(PPh$_3$)$_3$ 与三炔碳链 **3-72a** 在 PPh$_3$ 存在时反应，制备了化合物 **3-72c**～**3-72h** [99]。该方法的关键中间体为中间三键配位的 Os-烯基化合物 **3-72b**。2018 年，该团队将该方法首次拓展到了钌杂戊搭炔的合成，制备了化合物 **3-72g** 和 **3-72h**，这也是首次将环卡拜化合物拓展到第二过渡系金属(图 3-72)[100]。类似地，化合物 **3-72c**～**3-72h** 也可称为七碳龙配合物。

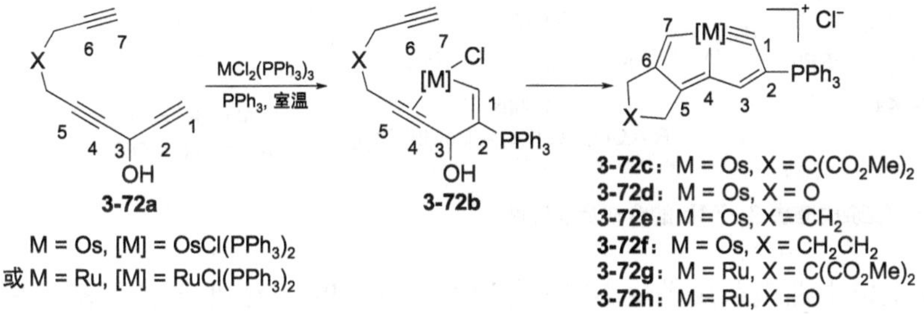

图 3-72 七碳龙金属配合物的合成

如果将图 3-71 中的反应物炔烃替换为联烯，那么产物将变为锇杂戊搭烯衍生物。例如，将化合物 **3-73a** 与环己基丙二烯或苯基丙二烯反应，可分别得到锇杂戊搭烯 **3-73b** 和 **3-73c**；而如果与丙二烯硼酸片呐醇酯反应，则得到化合物 **3-73d** [101]。化合物 **3-73b**、**3-73c** 和 **3-73d** 也具有芳香性，在它们的 Os 赤道平面上，有一条含八个碳的碳链通过四个碳-金属 σ 键与 Os 螯合，因此它们也被称为八碳龙配合物(图 3-73)。

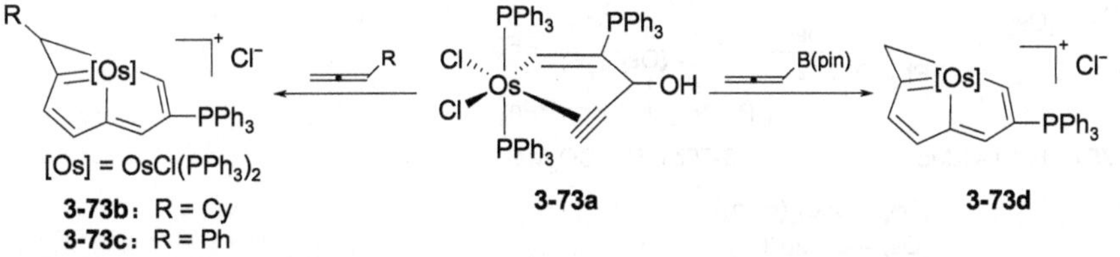

图 3-73 八碳龙金属配合物的合成

夏海平团队不仅发现了多种合成碳龙配合物的方法，该团队还进一步研究了它们的反应性，构筑了一系列新颖的含膦配体金属有机化合物。例如利用锇杂戊搭炔 **3-74a** 与 HBF$_4$·H$_2$O 的反应可实现 Os≡C 键的环间迁移，得到一个新的锇杂戊搭炔 **3-74b**[96]。**3-74b** 可继续与羧基乙炔或乙氧基乙炔发生 [2+2] 环加成反应，生成九碳龙配合物 **3-74c** 和 **3-74d**（图 3-74）[102]。化合物 **3-74c** 和 **3-74d** 的有机母体则由一个戊搭烯和一个环丁二烯组成，它们均为反芳香性骨架，这表明一个金属的嵌入即可将两个反芳香性骨架稳定化。

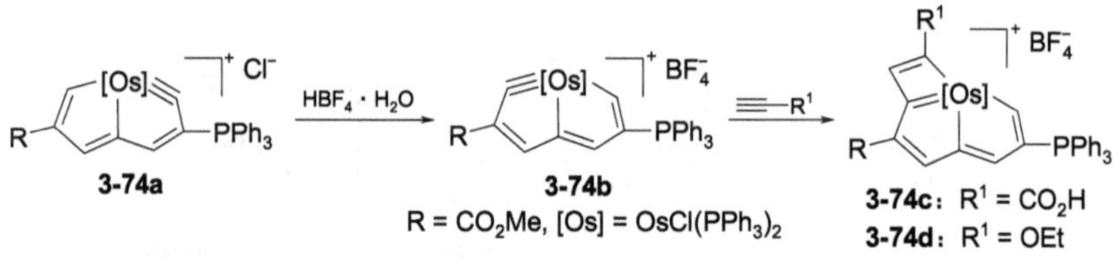

图 3-74 锇杂戊搭炔 **3-74b** 的合成及反应性

如果以中性锇杂戊搭炔 **3-75a** 为原料在 NH$_4$PF$_6$ 存在时与乙氧基乙炔反应，那么将会发生 [2+2+2] 环加成反应，生成十一碳龙配合物 **3-75b**，这是首例后过渡金属卡拜化合物与炔烃的 [2+2+2] 环加成反应（图 3-75）。作者认为化合物 **3-75a** 与 **3-75b** 的反应性差别主要来源于两方面原因：一方面，化合物 **3-75a** 中的 Os≡C—C 键键角为 127.9(5)°，相对于化合物 **3-75b** 的卡拜键键角要小 [131.2(5)°]，该键角也保持着当时卡拜键键角的世界最小纪录；另一方面，化合物 **3-75a** 有两个 Cl 与 Os 相连，这导致 Os 中心位阻较小。这两方面原因均使化合物 **3-75a** 活性更高[97]。

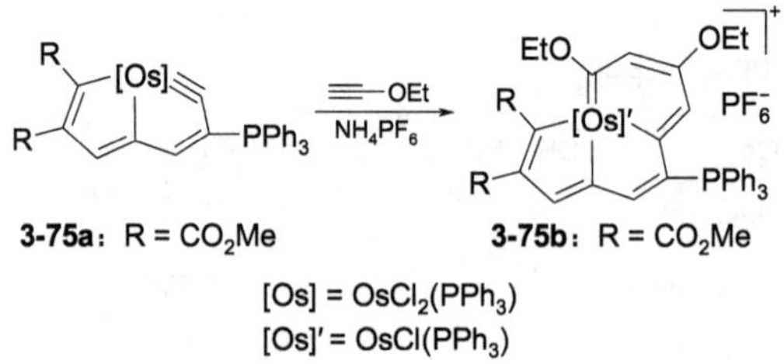

图 3-75 锇杂戊搭烯 **3-75b** 的合成

夏海平团队也研究了金属杂戊搭烯的反应性。例如，以八碳龙配合

物 **3-76a** 为原料，在 $AgBF_4$ 存在时与 3-丁炔-2-酮反应，3-丁炔-2-酮中的 C≡C 将插入三元环的 Os—C 键中，实现扩环，同时羰基 O 可与 Os 配位，生成产物 **3-76b**。*t*BuNC 可继续取代此 O 原子与金属配位，形成化合物 **3-76c**（图 3-76）。化合物 **3-76b** 和 **3-76c** 均可认为是十碳龙配合物。令人意外的是，理论计算表明，化合物 **3-76b** 具有芳香性，而化合物 **3-76c** 具有反芳香性。这表明辅助配体对于金属有机化合物的芳香性也具有很重要的影响[103]。

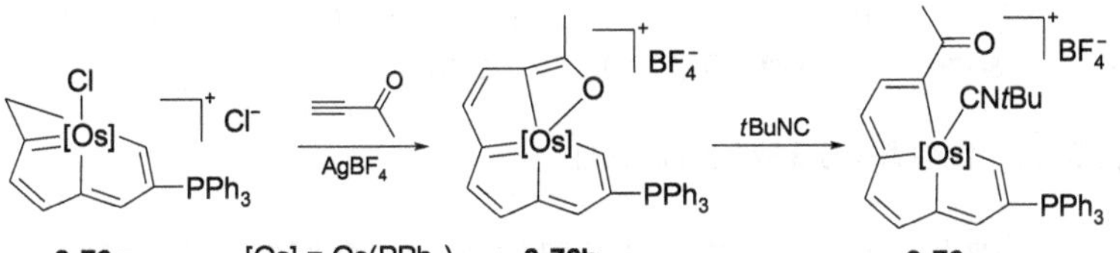

图 3-76　化合物 **3-76c** 的合成

如果将 3-丁炔-2-酮替换为苯乙炔，在无水条件下，将生成产物 **3-77b**[104]。而如果反应过程中有水存在，那么反应性将发生变化，产物为 **3-77c**（图 3-77）[105]。实际上，两种条件下首先都是生成化合物 **3-77c**，而最终产物不同的原因在于在反应过程中还产生了副产物 HBF_4，它可进攻化合物 **3-77c** 中的碳龙配体从而形成 **3-77b**。在有水存在时，由于反应溶剂为 CH_2Cl_2，因此副产物 HBF_4 会马上转移到水相，从而很难继续与 **3-77c** 反应；而如果为无水条件，那么 HBF_4 则很容易继续与 **3-77c** 反应生成 **3-77b**。作者还研究了 **3-77a** 与丙二烯硼酸频哪醇酯在 $AgBF_4$ 存在时的反应，生成了结构与 **3-77c** 类似的产物 **3-77d**（图 3-77）[105]。**3-77c** 和 **3-77d** 均为两分子炔烃插入三元环 Os—C 键的产物，它们为十二碳龙配合物。该类化合物创造并至今保持着另一个世界纪录：在金属的赤道平面上同时拥有五个碳-金属键。

金属中心含 PPh_3 配体的这些碳龙配合物不仅结构新颖，它们的发现也使人们对芳香性本质有了更清晰的理解，极大地促进了芳香化学、金属有机化学和配位化学的发展，拓展了人类知识的边界。此外，金属 d 轨道/电子介入了 π 共轭体系，也导致它们具有独特的光、电、磁等性能，并已应用于多个领域[98]。

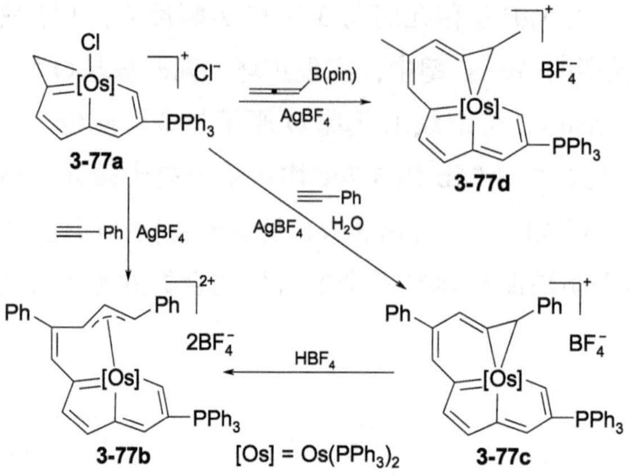

图 3-77 锇杂戊搭烯 **3-77a** 的反应性

三烷基膦配体已被应用于配位化学、金属有机化学和均相催化反应等领域。但是，很多三烷基膦配体在空气中易氧化，需要将其放在氮气中保存。通常会将这些易于氧化的三烷基膦配体与四氟硼酸或硼烷反应得到对空气稳定的四氟硼酸鏻盐或膦硼烷配合物（图 3-78）。四氟硼酸鏻盐与碱（如叔丁醇钠）反应可得到相应的三烷基膦。膦硼烷配合物与胺（如吗啡啉）进行反应，可脱去硼烷得到相应的三烷基膦。三烷基膦配体易氧化的性质限制了其应用，而且三烷基膦配体并不适用于所有的偶联反应。近二十年，Buchwald、汤文军和 Kwong 等课题组发展出多种稳定、高活性和高选择性的单膦配体。

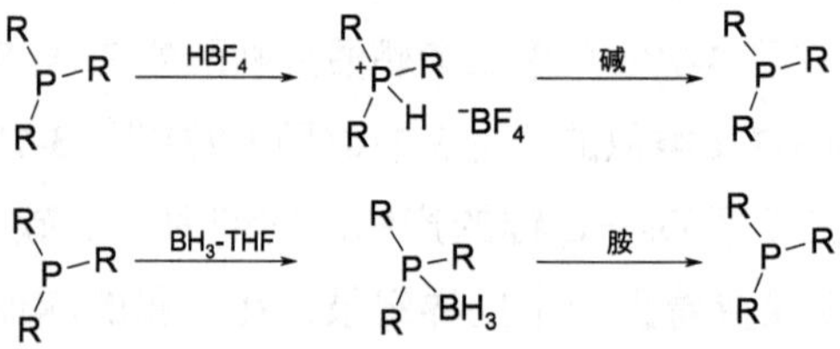

图 3-78 四氟硼酸鏻盐或膦硼烷配合物的合成及脱保护

3.2.2 联芳基单膦配体的应用

Buchwald 课题组研发的二烃基联芳基膦配体是使用最多的单膦配体之一，这类膦配体已经被商品化，并被广泛地应用于各类金属催化反应。

二烃基联芳基膦配体在溶液中对空气和热都稳定，可以显著提高金属的催化活性和选择性，它的结构特征如图3-79所示。该类膦配体具有较大的空间位阻和较强的供电子性，这使其可以稳定催化循环中的关键中间体Pd(0)，提高氧化加成、转金属化和还原消除步骤的反应速率[2]。其中，磷的取代基为烷基时会增加磷原子的电子密度，提高金属催化循环中氧化加成反应的速率；增加磷的取代基的空间位阻，可以提高还原消除反应的速率。调控芳环上的取代基，可以增加膦配体的稳定性，使膦配体不仅可以稳定活性的金属中间体，还可以提高还原消除反应的速率。近二十年，二烃基联芳基膦配体因具有高的催化活性和选择性被广泛地应用于各种催化反应，特别是C—E（E = C, N, O等）键的交叉偶联反应[106,107]。

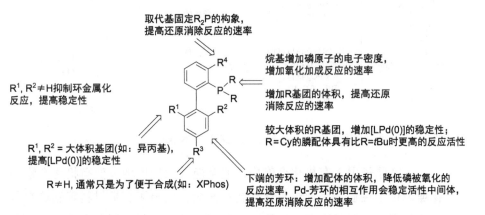

图3-79　二烷基联芳基膦配体

3.2.2.1　二烃基联芳基单膦配体用于构建新的C—C键

1999年，Buchwald课题组发现JohnPhos单膦配体可以显著提高钯的活性，Pd(OAc)$_2$的用量只需0.000001%（摩尔分数）就可以高效催化对溴苯乙酮与苯硼酸进行Suzuki-Miyaura交叉偶联反应，产率为91%（图3-80）[108]。

钯催化卤代芳烃与烯丙基硼酸酯的Suzuki-Miyaura交叉偶联反应中，通过改变二烃基联芳基膦配体下端芳基的取代基可以改变反应的选择性。[(allyl)PdCl]$_2$为催化剂（allyl= 烯丙基），当使用的膦配体是**3-81a**时，得到α-异构体产物；当使用的膦配体是**3-81b**时，得到γ-异构体产物（图3-81）[109]。

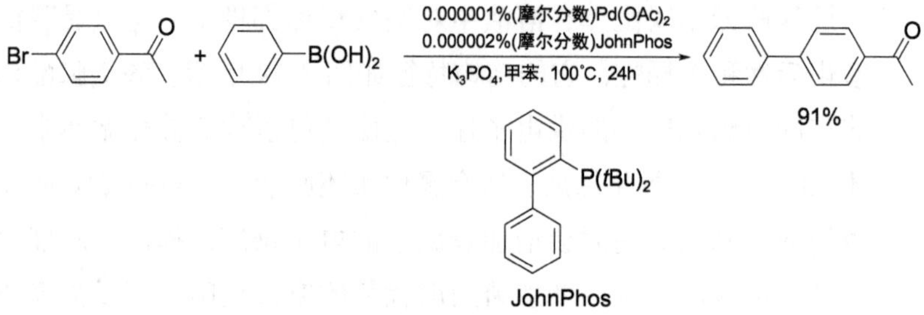

图3-80 JohnPhos 单膦配体高效促进钯催化 Suzuki-Miyaura 交叉偶联反应

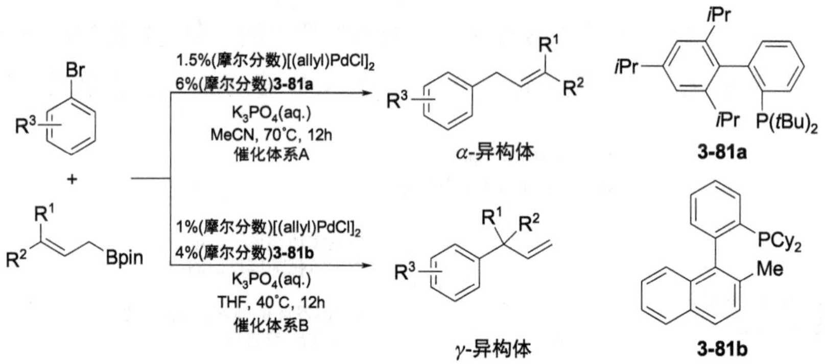

图3-81 膦配体对钯催化 Suzuki-Miyaura 交叉偶联反应的影响

将氟原子引入有机化合物中，通常能很大程度地改变有机化合物的物理或化学性质，因此含氟化合物在医药、农药和有机材料等领域有着广泛的应用。近几十年，发展新的策略、试剂和催化剂向有机分子中引入氟原子，已成为有机化学领域的研究热点之一。但是，与直接将氟原子引入有机分子的合成策略相比，由于 C—F 键具有极高的键能并且缺少有效的催化体系选择性地活化不同位置的 C—F 键，因此极少有人采用过渡金属催化多氟芳烃的芳基化反应制备含氟化合物。张新刚课题组发现 $Pd(OAc)_2$/BrettPhos 体系可以高区域选择性地活化多氟(杂)芳烃的 C—F 键，使其与芳基硼酸反应得到一系列含氟联芳烃化合物(图3-82)。初步的机理研究表明，富电子的钯配合物 [Pd(0)BrettPhos] 可促进钯中心与 C—F 键的氧化加成反应，并使反应具有较高的区域选择性。该方法的适用范围广，允许各种芳基硼酸和多氟芳烃，包括惰性的三氟芳烃进行芳基化反应，高效得到区域选择性的产物，产率为 42%～93%[110]。

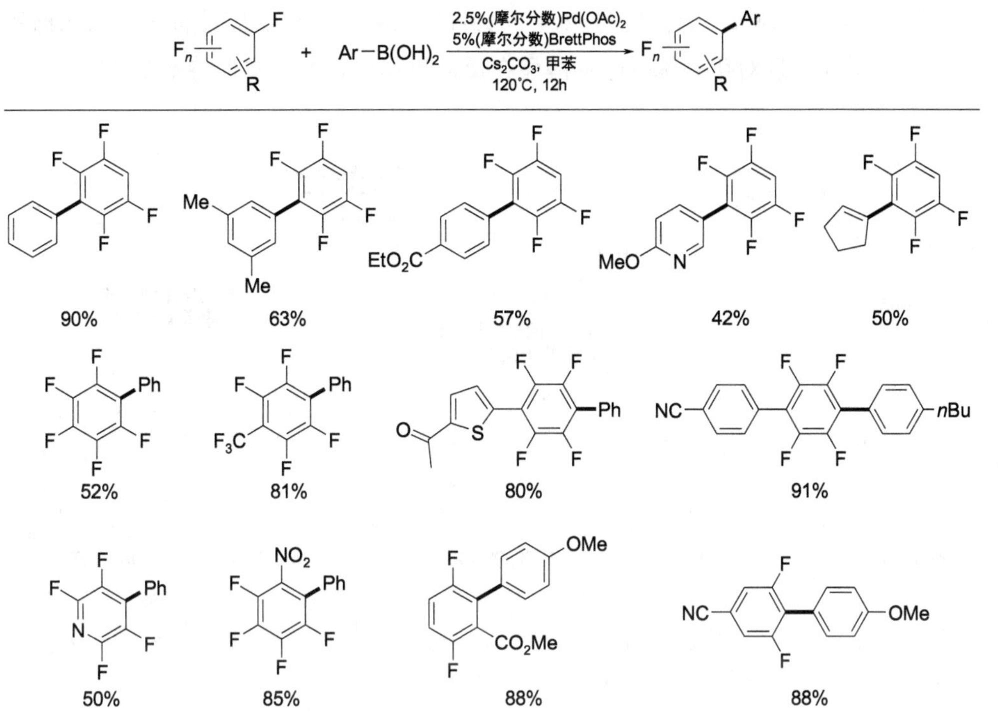

图 3-82 钯催化多氟芳烃的芳基化反应

四取代非环状全碳烯烃因其独特的结构、物理和电子性质受到广泛的关注。同时，该类化合物可以参与双羟化反应、环氧化反应以及氢化反应等不对称催化反应。除此之外，四取代烯烃还在构筑分子器件、液晶材料等方面具有重要的应用。因此，研究者们开发出多种合成策略用于构建四取代非环状全碳烯烃。经典的方法包括 Wittig 反应、Horner-Wadsworth-Emmons 反应、Julia 反应和 Peterson 反应，但是这些反应的立体选择性往往较差。三级醇的消除反应也是构建四取代烯烃的重要方法之一，然而合成这些醇前体的步骤比较烦琐。内炔的碳金属化反应也可实现以上过程，但该类反应的区域选择性难以控制，官能团兼容性也不够理想。Gosselin 课题组发现酮前体 **3-83** 在 LiHMDS 的作用下发生烯醇化，随后与对甲苯磺酸酯反应得到一系列对甲苯磺酸烯醇酯，产率为 50%～88%，选择性为 82/18～99/1。随后，用 Pd(OAc)$_2$ 为前催化剂，RuPhos 为配体，高效催化对甲基苯磺酸烯醇酯与硼酯的 Suzuki-Miyaura 偶联反应，高选择性地构建一系列四取代非环状烯烃化合物，产率为

30%～98%，选择性为96/4～99/1（图3-83）。该反应具有良好的底物普适性，且对甲基苯磺酸烯醇酯在反应过程中构型基本保持不变[111]。

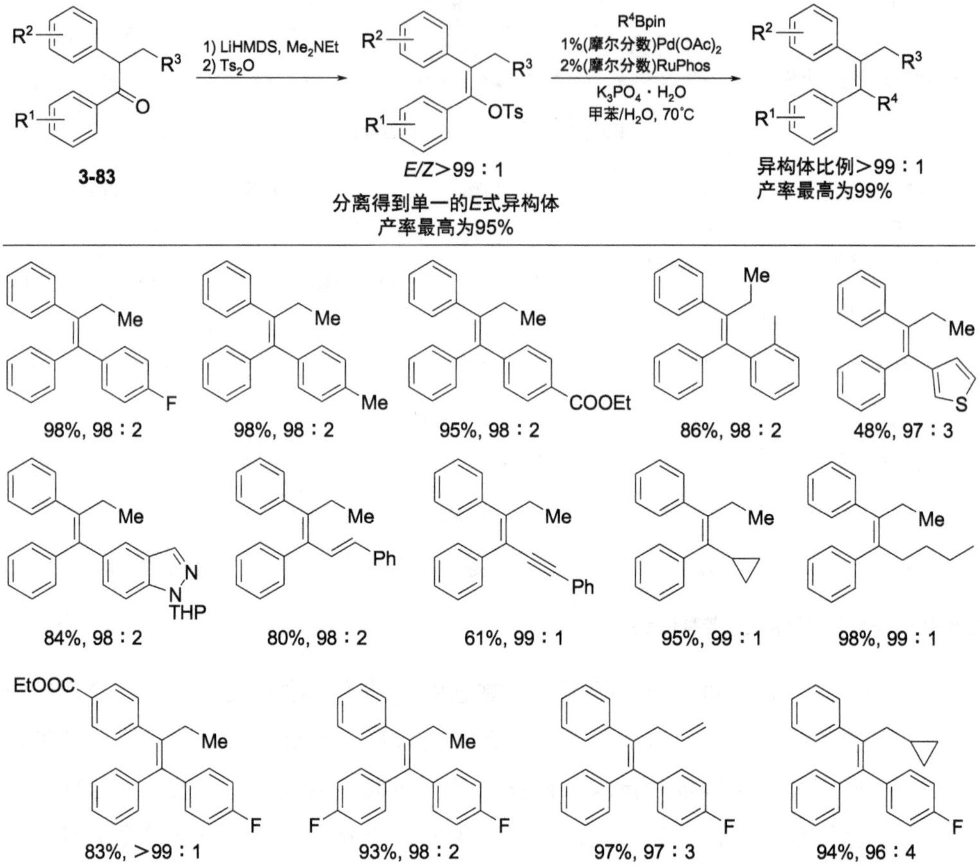

图 3-83 四取代非环状烯烃的合成

Suzuki-Miyaura 交叉偶联反应是构建 C—C 键最常用的方法之一，广泛用于生物活性分子、材料、染料和天然产物的合成。到目前为止，研究者已经发展出许多仲碳亲电试剂参与的 C—C 键偶联反应，用其合成叔碳化合物。但是，直接使用叔碳亲电试剂进行 Suzuki-Miyaura 交叉偶联反应的例子却十分少见。直接使用叔碳亲电试剂进行反应面临两大难点：首先叔碳亲电试剂的氧化加成反应速率较慢，其次反应过程中极易发生 β-H 消除反应。由于季碳中心广泛存在于天然产物和药物分子中，因此发展有效的方法构建季碳中心具有十分重要的意义。Crudden 和

Nambo 课题组发现用 Ni(cod)$_2$ 为前催化剂，BrettPhos 或 Doyle 为配体，可以实现叔碳砜亲电试剂与芳基环三硼氧烷的 Suzuki-Miyaura 偶联反应，以良好至优秀的收率得到结构多样化的季碳化合物[112]。其中，叔碳砜亲电试剂可以从甲基苯基砜出发，通过简单的烷基化过程制备。该方法还可用于合成复杂生物活性分子。叔碳砜化合物 **3-84a** 发生 Suzuki-Miyaura 交叉偶联反应生成化合物 **3-84b**，其随后发生脱甲基化反应、酯化反应、酚羟基与 2-叔丁基环氧乙烷的亲核开环反应以及酯基水解反应，生成维生素 D 受体调节剂（图 3-84）。

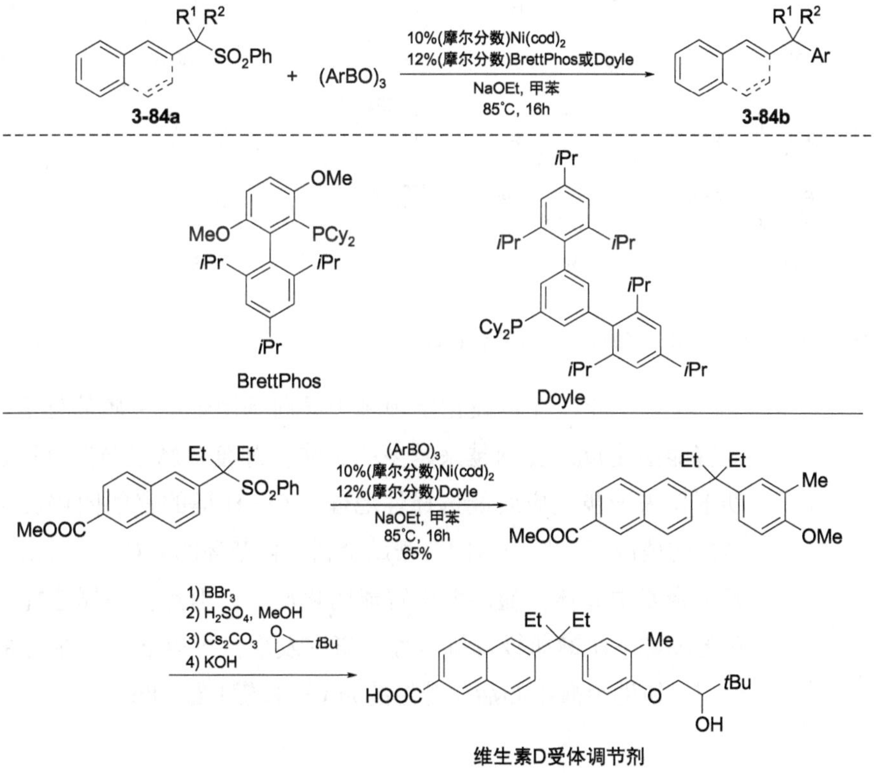

图 3-84 镍催化亚砜的 Suzuki-Miyaura 交叉偶联反应构建季碳中心

二烃基联芳基膦配体在钯催化多氟芳烃 C—H 键的芳基化反应中展现出极高的催化活性。Pd(OAc)$_2$ 为前催化剂，**3-85** 为配体，只需要 0.25%～1%（摩尔分数）的催化剂就可以高效催化大位阻的 1,3-二取代基-3-氯苯与多氟芳烃进行 C—C 键偶联反应，生成邻位全部被取代的联芳烃衍生物。该催化反应的适用范围广，含有羰基、氰基和氨基等官能团的底物都可以进行反应(图 3-85)[113]。

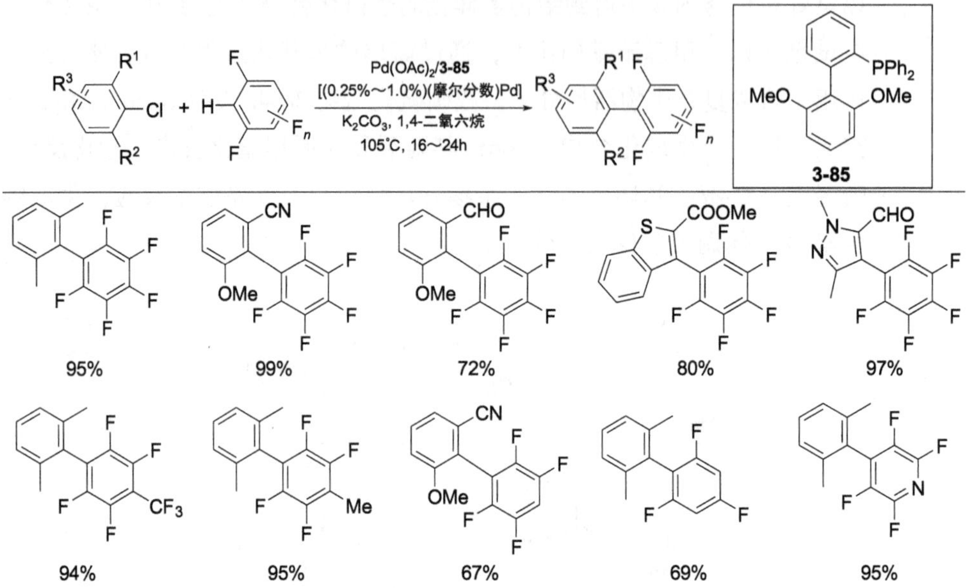

图 3-85　钯催化多氟芳烃的 C—H 键芳基化反应

近二十年，在合成化学领域中导向基团辅助金属催化惰性 C—H 键的官能团化反应受到越来越多的关注。过渡金属在导向基团(DGs)的协助下仅需一步反应就能选择性地催化 C—H 键的官能团化反应。在绝大多数的情况下，导向基团会帮助金属活化苯环的 o-C—H 键形成五元或六元环金属中间体，随后发生官能团化反应。但是，金属选择性地活化苯环的 m-C—H 键却极具挑战性。研究发现，可以通过氰基与金属的配位作用，协助金属中心活化芳烃的 m-C—H 键(图 3-86)。

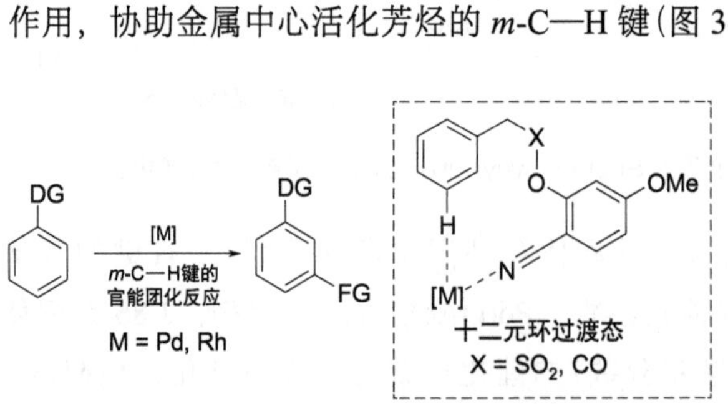

图 3-86　金属活化芳烃的 m-C—H 键的官能团化反应

Maiti 课题组用 [{Rh(cod)Cl$_2$}$_2$] 为催化剂，2-羟基-4-甲氧基苯甲腈为模板，尝试以不同的单膦、双膦和多膦化合物为配体，研究铑选择性地催化 m-C—H 键的烯基化反应。实验结果显示，联芳基单膦配体 XPhos 的效果最好（图 3-87），[{Rh(cod)Cl$_2$}$_2$]/XPhos 体系可以选择性地活化苯乙酸酯和苄基磺酸酯类化合物的 m-C—H 键，使其与一系列的烯烃反应生成相应的烯基化产物，产率为 41%～83%（图 3-88）[114]。

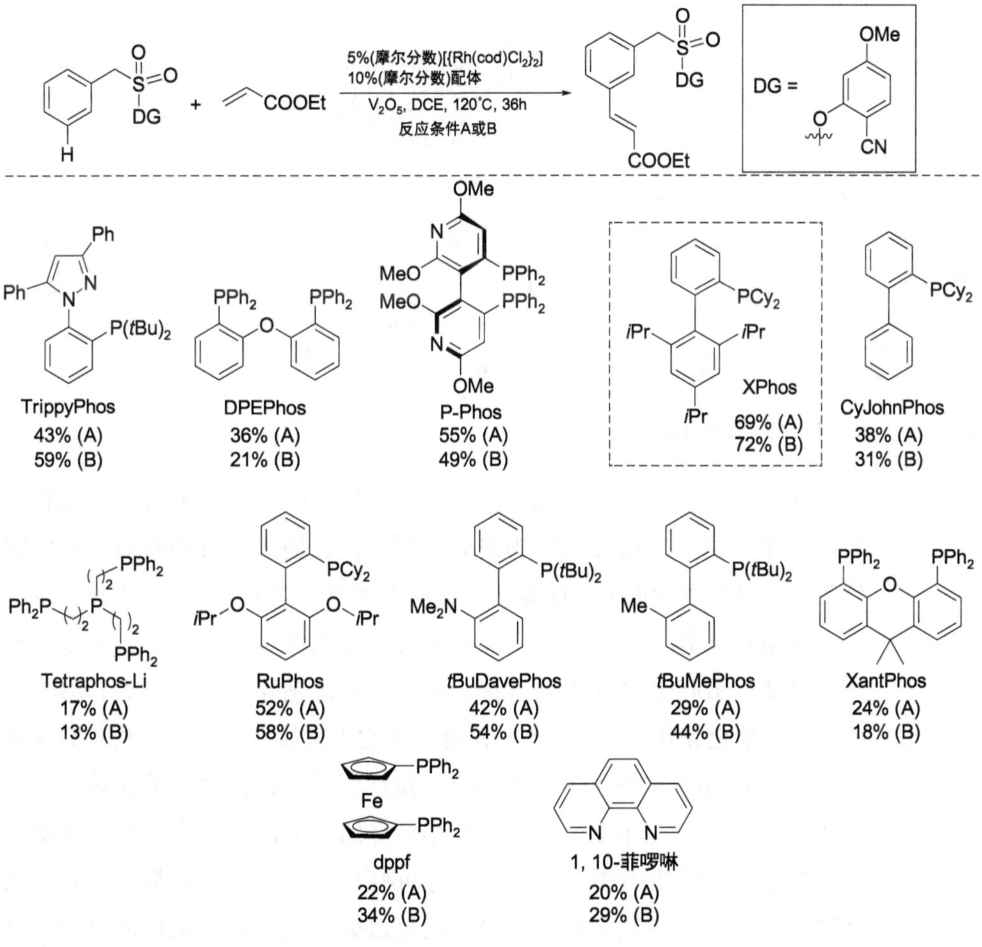

图 3-87　铑催化芳烃的烯基化反应的配体筛选
反应条件A：Cu(CO$_2$CF$_3$)$_2$·xH$_2$O (1eq.)；反应条件B：CuCl$_2$(1eq.), TFA (1eq.)

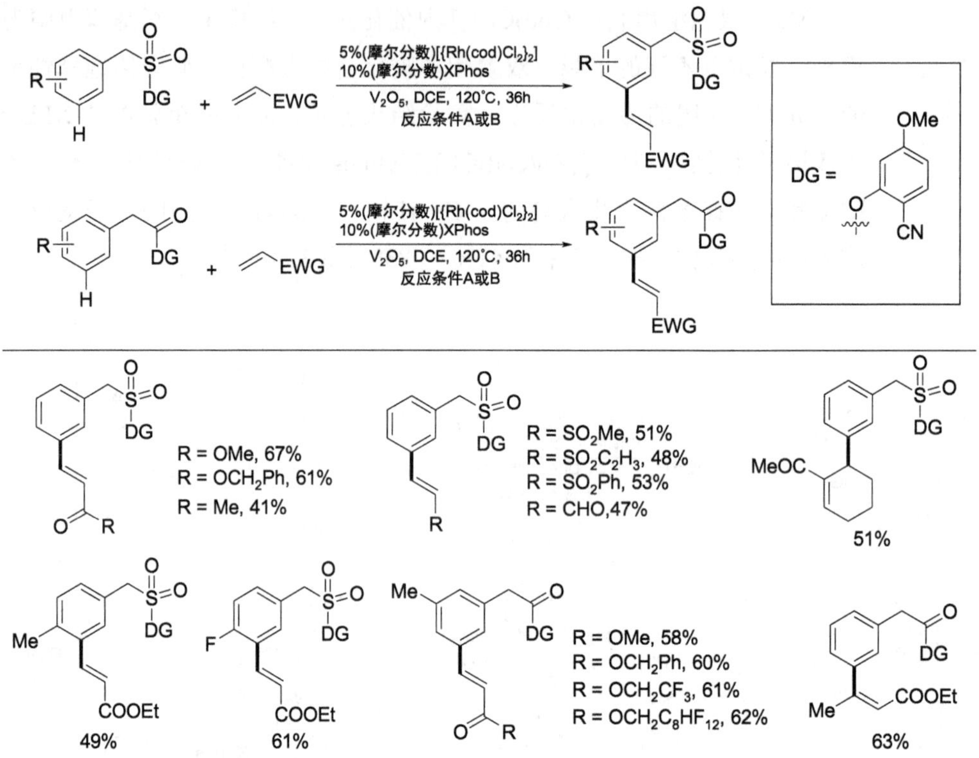

图 3-88 铑催化芳烃的烯基化反应

  发展快速、高效地构建 C—C 键的策略一直以来都是有机合成化学的中心任务之一，这类反应的改进与创新都会极大地改善有机合成的整体效率。通过连续的 C—H 键活化反应构建新的 C—C 键是一类比较理想的合成策略，其中 Catellani 反应是这类策略的典型代表之一，它是一种快速合成多取代芳烃的有效方法。该反应利用钯和 2-降冰片烯(NBE)的协同作用催化碘代芳烃的 o-C—H 键连续发生官能团化反应。周强辉课题组发现 Pd(OAc)$_2$/XPhos/5-降冰片烯-2-羧酸钾盐组成的协同催化体系，可以实现碘代芳烃、环氧丙烷衍生物和烯烃的 Catellani 反应，高效构建一系列多取代芳烃衍生物，产率最高为 96%[115]。其中，几种具有复杂天然产物骨架的手性环氧丙烷衍生物，也可以顺利反应得到相应的产物，产率为 89%～94%（图 3-89）。廉价的 5-降冰片烯-2-羧酸钾盐在这一反应中既是配体又是碱。该方法不仅反应条件温和，而且底物适用范围广，含有羟基、酮、内酯和酯的底物都可以顺利进行反应得到目标产物，同时该方法具有高的化学选择性、高的可扩展性和原子经济性等优点。

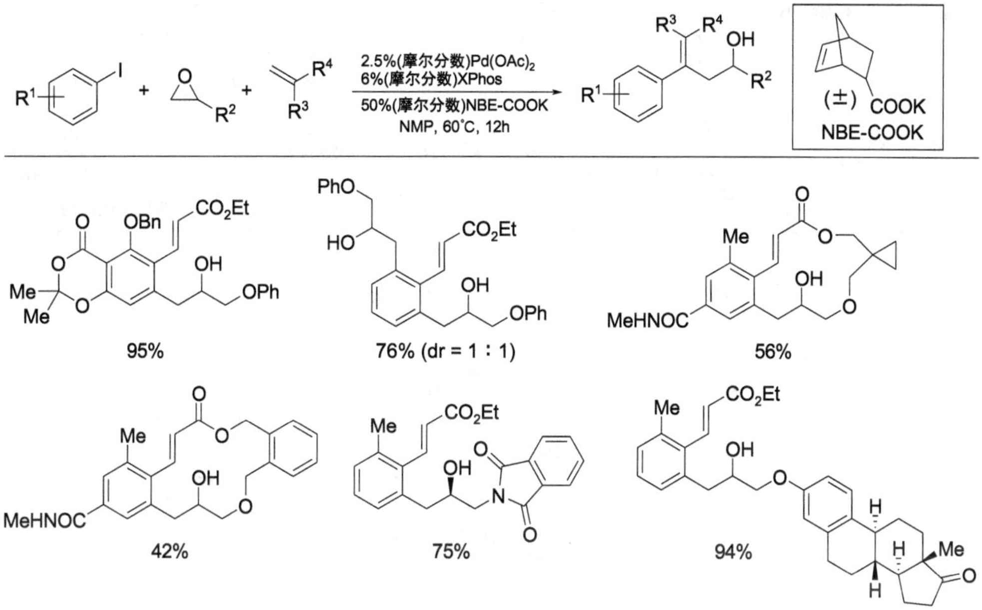

图 3-89 钯催化环氧化物的 Catellani 反应

  联烯具有两个连续的正交双键，中间的碳原子为 sp 杂化。这些结构特征使得联烯化合物具有轴手性，因而可以用于手性材料、手性配体和医药等领域。此外，联烯在环化和环加成反应中表现出很高的反应性，可用于构建复杂的分子。因此，开发出简单、高效的方法合成联烯化合物受到越来越多的关注。Feringa 课题组发现钯可以催化原位生成的联烯基/炔丙基锂与溴代芳烃的交叉偶联反应，高效生成三取代和四取代的联烯化合物[116]。其中，Pd(dba)$_2$/SPhos 催化体系可以实现联烯基锂与溴代芳烃的交叉偶联反应，生成一系列四取代联烯化合物，产率为 46%～93%。XPhos-Pd-G2 为催化剂时，炔丙基锂与溴代芳烃反应生成一系列三取代的联烯化合物，产率为 47%～95%（图 3-90）。

  1,n-烯炔常用于构建生物活性碳/杂环化合物，并且该类化合物可以用作有机材料，因而引起研究者们广泛的关注。特别是 1,3-共轭烯炔和 1,4-烯炔不仅存在于生物活性分子和功能材料中，而且还可以进行多种有机转化反应。Park 课题组发现在室温条件下就可以高效合成 *cis*-1,3-烯炔胺类化合物和 *trans*-1,4-烯炔胺类化合物[117]。Pd(OAc)$_2$/*t*BuBrettPhos 为

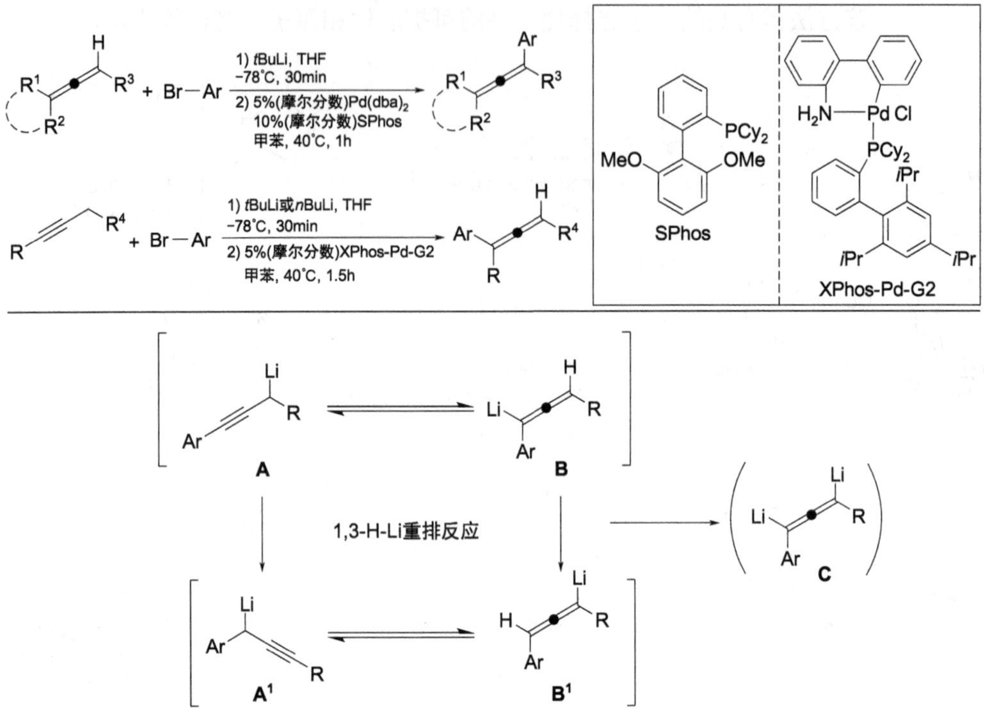

图 3-90　钯催化联烯基锂与溴代芳烃的交叉偶联反应

催化体系时，高区域选择性地催化端炔烃与联烯基胺反应生成一系列 *trans*-1,4-烯炔胺类化合物，产率为 57%～88%（图 3-91）。Pd(OAc)$_2$/**3-92** 为催化体系时，高区域选择性地催化端炔烃与联烯基胺反应生成一系列 *cis*-1,3-烯炔胺类化合物，产率为 63%～94%（图 3-92）。邻位的磺酰基与金属的螯合作用以及膦配体对该反应的区域选择性发挥着至关重要的作用。该反应的底物适用范围广，允许包括具有类固醇、糖类、生物碱、手性和维生素等基团的炔烃进行反应。

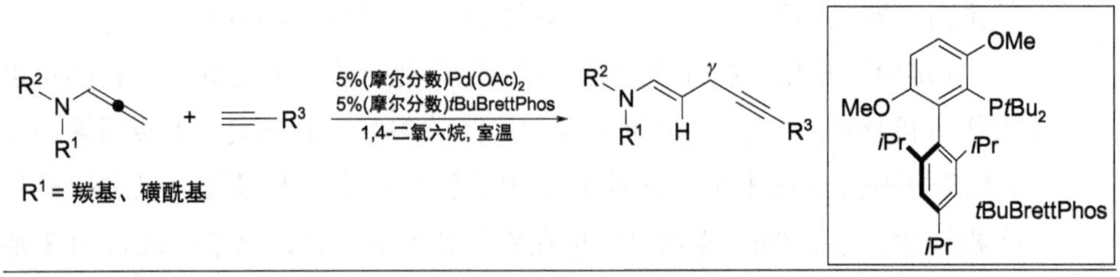

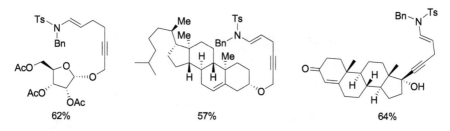

图 3-91 钯催化联烯和端炔的反应生成 1,4-烯炔胺类化合物

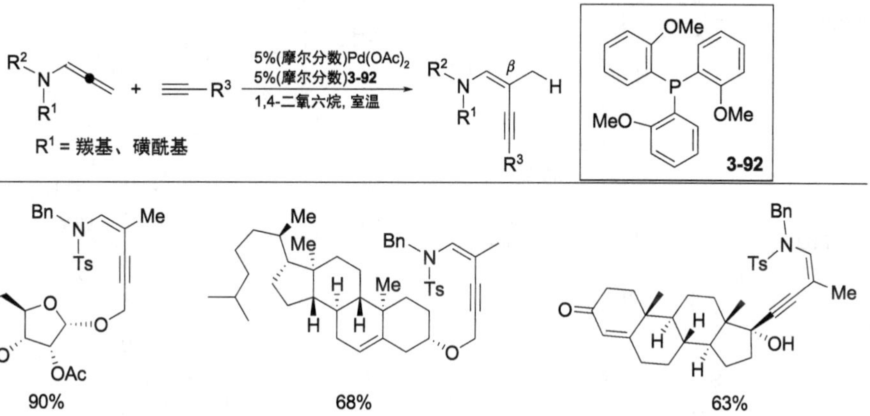

图 3-92 钯催化联烯和端炔的反应生成 1,3-烯炔胺类化合物

  盘状芳环为核心、π-共轭基团为臂的 π-扩展型星型分子具有大的 π-共轭结构、可调谐的自组装性能、增强的电荷传输和荧光性质，使其受到研究者们广泛的关注。尽管人们已经成功构建多种具有盘状芳环核心的星型分子，但是由缺电子的苯并三噻唑和苯并三噁唑组成的 C_3 对称性星型盘状分子的合成仍极具挑战性。Jin 课题组在多次实验后发现 [$Pd_2(dba)_3$]/XPhos 体系与 4-溴噻唑反应能够形成足够稳定的噻唑基钯中间体，其随后连续发生 C—H 键的芳基化反应可高效构建一系列新型的以苯并三噻唑和苯并三噁唑为核心的星型分子，产率为 34%～92%（图 3-93）[118]。这种新型的盘状 π-扩展型星型分子具有可调谐的能级和高的荧光量子产率，使其在光电材料领域中具有潜在的应用价值。

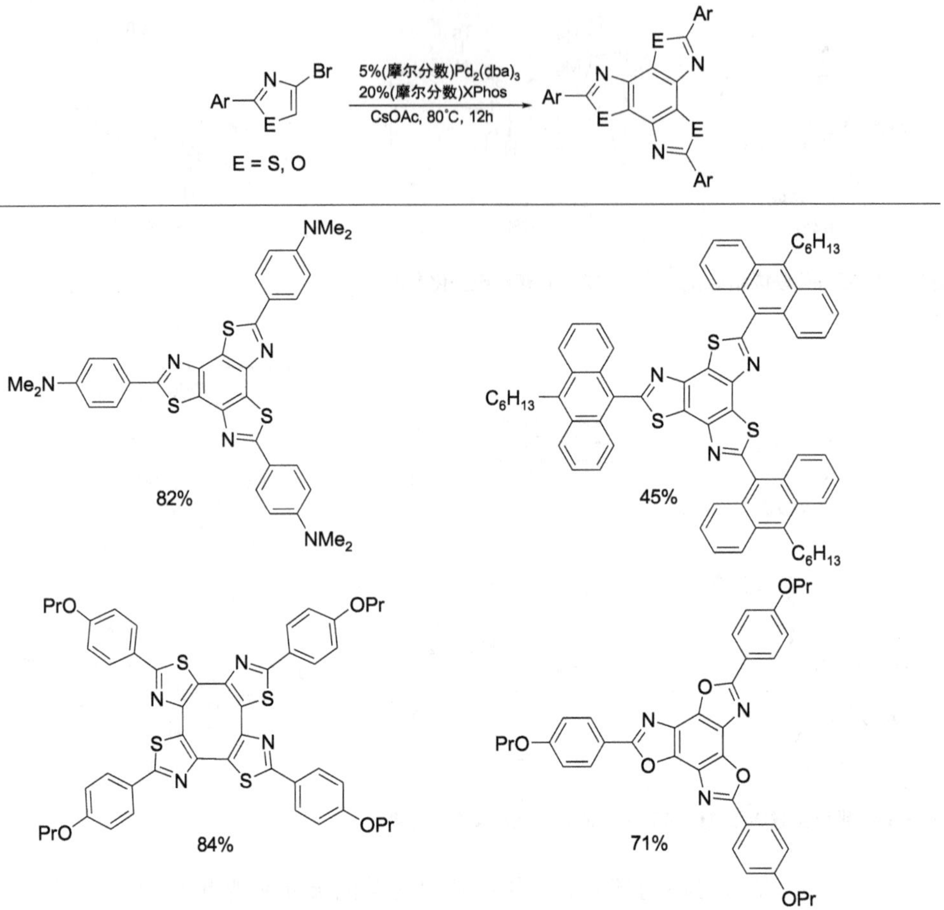

图 3-93 钯催化 C—H 键的连续芳基化反应合成星型苯并三噻唑和苯并三噁唑化合物

炔烃可以参与加成反应、环化反应和复分解反应，它是一类重要的合成中间体。此外，高效合成具有碳碳三键骨架的天然产物一直是有机化学的研究热点之一。因此，开发炔烃的合成方法已成为有机合成的一个重要课题。末端炔烃的氢原子与碱反应后再与特定的亲电试剂进行偶联反应是获得内炔烃的常用方法。烯醇化合物的炔基化反应的难点之一是选择性地进行交叉偶联反应得到内炔烃，并且尽可能地避免碳负离子发生自身偶联反应。Sato 课题组设想 Pd(0) 可以断裂 α-酰氧基酮的 $C(sp^3)$—O 键生成中间体 **3-94**，其随后发生脱羧偶联反应生成内炔化合物。研究发现，[Pd(dba)$_2$]/XPhos 为催化剂，可以高效催化 α-酰氧基酮的脱羧炔基化反应，产率为32%～84%（图3-94）[119]。该方法是少数几例经过C(sp^3)—O键的断裂实现α-酰氧基酮的C—C键交叉偶联反应。该反应中的中间体**3-94**被分离并经过X射线单晶衍射和核磁共振波谱的表征。

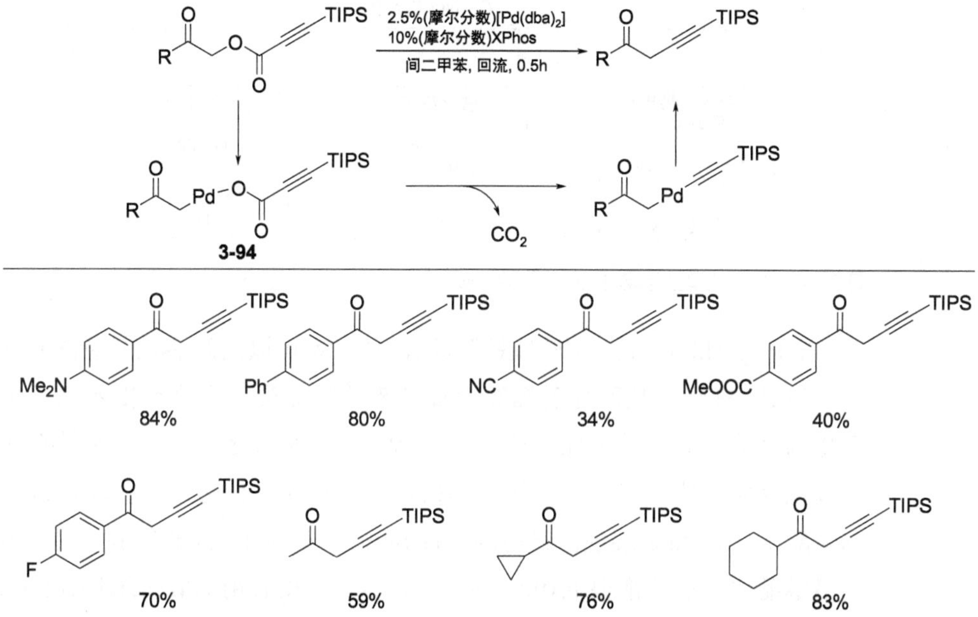

图3-94 钯催化α-酰氧基酮的脱羧炔基化反应

钯催化的Suzuki-Miyaura偶联反应是构建C—C键的常用方法之一，传统的偶联反应使用卤代芳烃作为亲电偶联体，芳基硼酸及其衍生物发挥亲核体的作用。长期以来，研究者们致力于寻找卤代芳烃的等价体，并取得了一些进展，然而这些等价体的制备相对费时费力。相比之下硝基芳烃是十分常见和有用的有机合成砌块，该类化合物合成简单、化学选择性好，不会像合成卤代芳烃时不可避免地得到一卤代物和二卤代物的混合物。此外，当芳环上有其他吸电子取代基时，硝基可以作为离去基团发生亲核取代反应[120]。但是，直接使用硝基芳烃与亲核试剂进行偶联反应鲜有报道。近几年，Yamaguchi课题组发现钯可以断裂C—NO$_2$键形成钯（Ⅱ）中间体，其随后可以与亲核试剂发生Suzuki-Miyaura偶联反应、胺化反应和还原氢化反应（图3-95）。

图 3-95 钯催化硝基芳烃与亲核试剂的反应

Yamaguchi 推测使用钯/联芳基膦配体体系可以同时活化芳烃的 C—NO_2 和 C—H 键，从而显著缩短合成二苯并呋喃类、咔唑类和芴酮类化合物的合成步骤。基于此，选取(2-硝基苯基)苯基醚发生分子内脱硝基芳基化反应生成二苯并呋喃作为模板反应对条件进行筛选，发现联芳基单膦配体 BrettPhos 展现出最高的活性(89%，表 3-2)，其他单膦、双膦和菲咯啉配体的活性都很低(0～24%，表 3-2)。接着用 $Pd(acac)_2$/BrettPhos 催化体系同时活化(2-硝基苯基)苯基醚衍生物的 C—NO_2 和 C—H 键，以中等至良好的产率获得一系列二苯并呋喃类化合物(图 3-96)[121]。

表3-2 钯催化分子内脱硝基芳基化反应的条件筛选

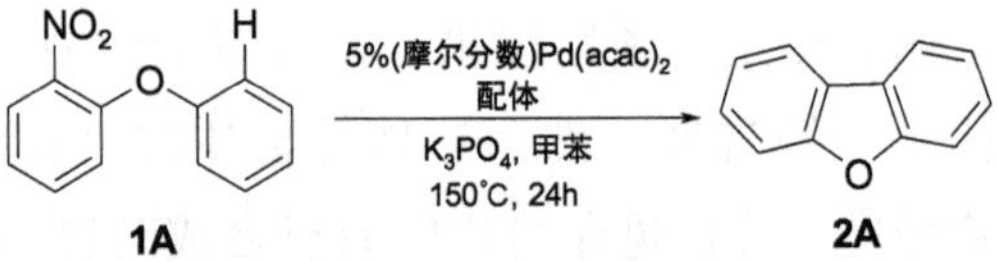

序号	配体 X(摩尔分数)/%	1A 的回收率/%	2A 的产率/%
1	P(nBu)$_3$ (30)	81	0
2	PCy$_3$·HBF$_4$ (30)	95	0
3	dcype (15)	77	0
4	dppp (15)	86	0
5	Xantphos (15)	64	0
6	2,9-dmphen (15)	81	22

续表

序号	配体 X(摩尔分数)/%	**1A** 的回收率 /%	**2A** 的产率 /%
7	phen L1 (15)	53	15
8	phen L2 (15)	50	24
9	BrettPhos (15)	25	50
10	*t*BuBrettPhos (15)	0	54
11	JohnPhos (15)	76	0
12	XPhos (15)	72	0
13	JackiePhos (15)	88	3
14	BrettPhos (12) ①	6	71
15	BrettPhos (12) ②	0	89 (70) ③

2,9-dmphen　　phen L1　　phen L2

BrettPhos：R = Cy

*t*BuBrettPhos：R = *t*Bu

JackiePhos：R =

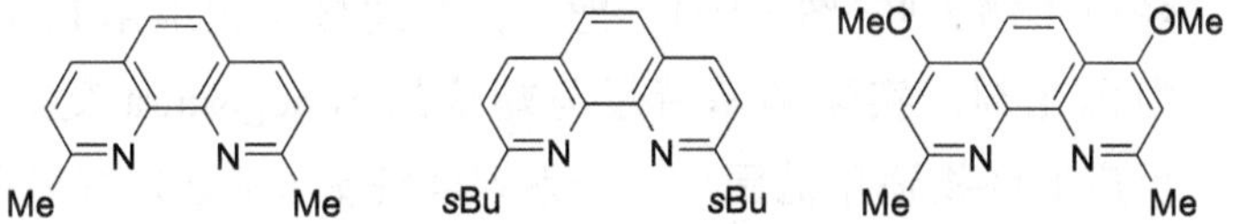

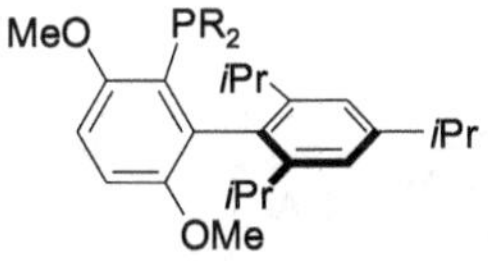

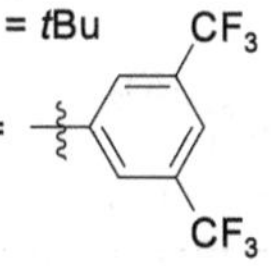

① 甲苯作为溶剂。

② 160℃。

③ 分离产率。

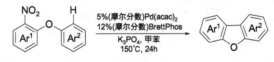

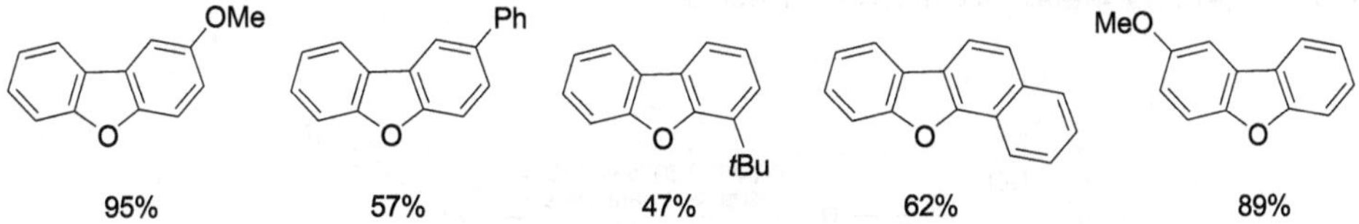

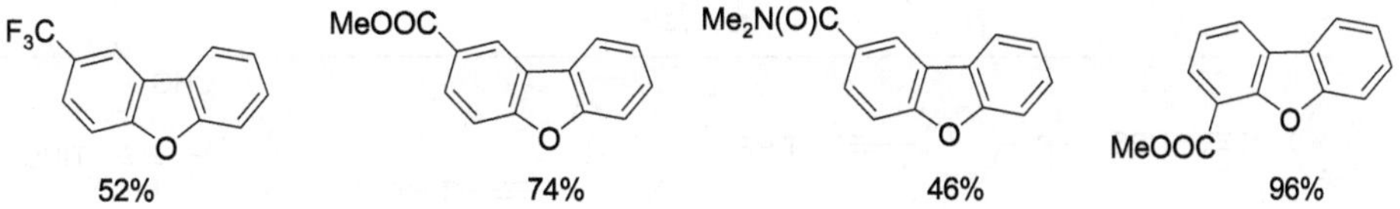

图 3-96　钯催化分子内脱硝基芳基化反应

Mizoroki-Heck 反应是钯催化卤代芳烃与烯烃的交叉偶联反应，是一种有效构建 C—C 键的合成方法。近十年，发现多种芳基亲电试剂可以代替卤代芳烃用于钯催化的 Mizoroki-Heck 反应。目前，含 C—O 键的化合物（如三氟甲基磺酸酯和对甲基苯磺酸酯）是除卤代芳烃之外最常用的芳基亲电试剂。其他芳基亲电试剂如重氮盐（C—N 键）；磺酰氯和噻唑盐（C—S 键）；酰氯、酸酐、酯和酰胺（C—O 键）以及碲盐已经被用于 Mizoroki-Heck 反应。Yamaguchi 课题组首次发现 Pd(acac)$_2$/BrettPhos 体系可以催化硝基芳烃与烯烃的 Mizoroki-Heck 反应[122]。除硝基芳烃外，硝基杂芳烃也适用于该反应。对氟硝基苯、苯乙烯和 3,5-二甲基苯酚在一锅中发生亲核取代（S$_N$Ar）与脱硝基烯基化反应，制备多官能团化的芳烃衍生物 **3-97**（图 3-97）。随后，游劲松课题组用 Pd(en)(NO$_3$)$_2$/BrettPhos 为催化剂，实现硝基芳烃与端炔的 Sonogashira 交叉偶联反应[123]。该反应的底物适用范围广，一系列硅烷基/烷基端炔烃和带有不同取代基的硝基芳烃都可以顺利反应得到相应的偶联产物，产率为 18%～96%（图 3-98）。

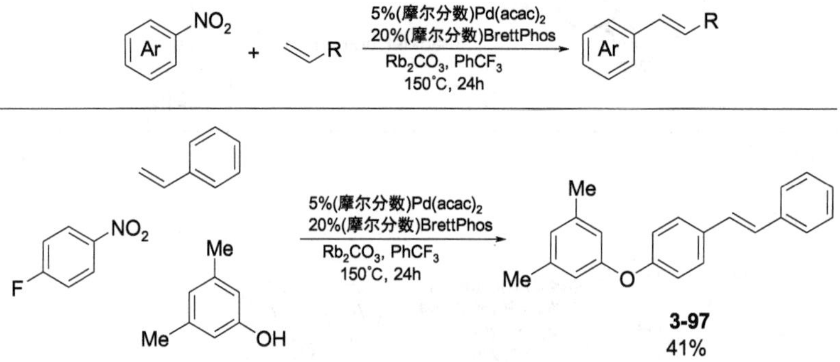

图 3-97　钯催化硝基苯与烯烃的 Mizoroki - Heck 反应

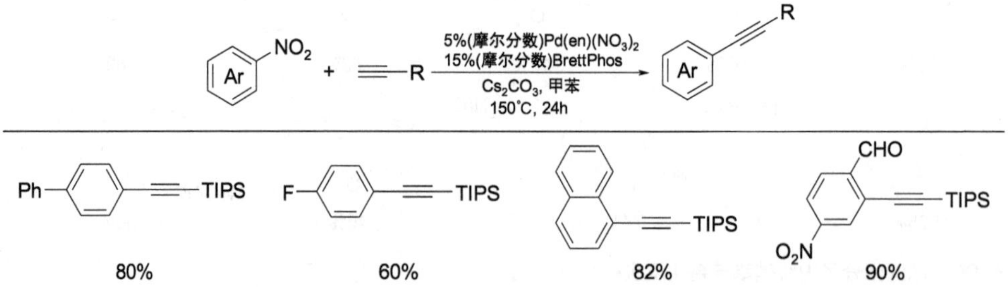

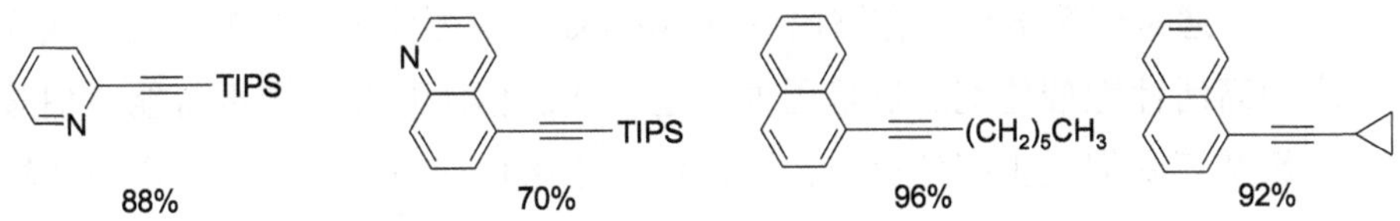

图 3-98 钯催化硝基苯与炔烃的 C—C 偶联反应

3.2.2.2 二烃基联芳基单膦配体用于构建新的 C—N 键

钯催化卤代芳烃与胺的 Buchwald-Hartwig 偶联反应是构建含氮分子最常用的反应之一。经过二十几年的发展,已经设计合成许多高效、高选择性的配体和催化剂,同时开发出具有实用性和普遍性的反应体系。但是,这些反应的适用范围仍然具有局限性,特别是高度官能团化或含有杂环的底物很难进行 C—N 键偶联反应。杂芳烃骨架经常存在于天然产物、药物和其他生物活性分子中,但是五元杂芳胺与卤代芳烃的交叉偶联反应仍然具有挑战性。Buchwald 课题组根据前期的研究成果合成一系列 BrettPhos 类膦配体,其中膦配体 EPhos 可以促进钯催化(杂)芳基胺与卤代杂芳烃进行 C—N 键偶联反应,高效生成一系列 4-芳基氨基噻唑和高度官能团化的 2-芳胺基噁唑衍生物,产率为 71%～97%(图 3-99)[124]。

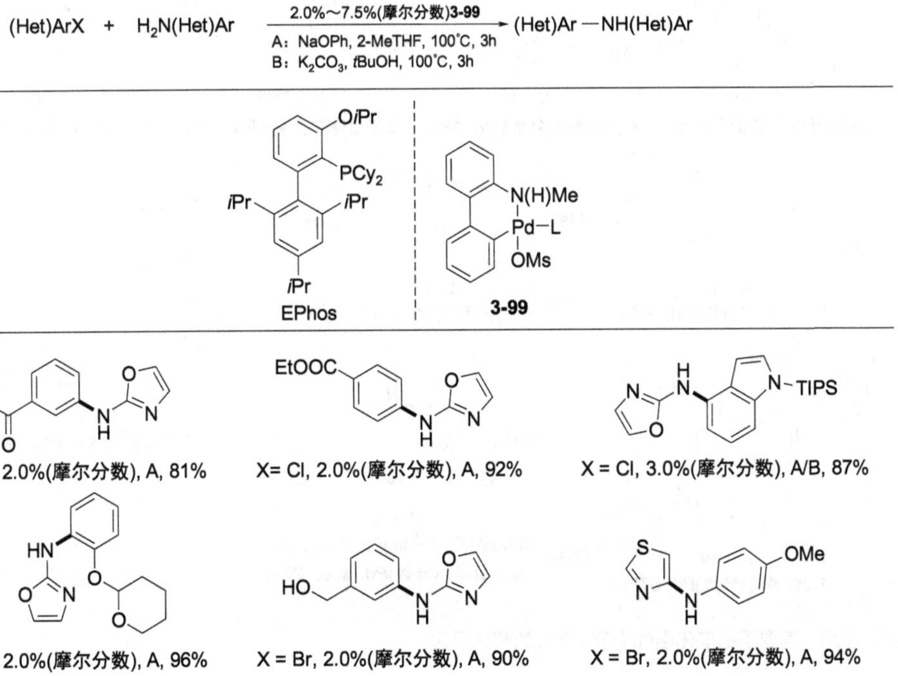

图 3-99 钯催化 2-氨基噁唑与卤代(杂)芳烃的 C—N 交叉偶联反应

通常情况下认为在室温下 BrettPhos 类膦配体不能与钯反应形成稳定的高活性钯催化剂。这是因为在室温下，相比膦配体钯更可能与伯胺和氮杂环底物发生配位反应，因此伯胺与卤代(杂)芳烃的反应需要在较高的温度下进行。相比其他的二烷基联芳基膦配体，GPhos 配体的钯配合物 **OA6** 在室温下就可以高效催化一系列胺亲核试剂与(拟)卤代芳烃的 C—N 键偶联反应，而且催化剂的用量仅需 0.2%～2%(摩尔分数)[125]。例如，4-氨基苯乙酮和 N,N-二乙基-4-溴苯甲酰胺的 C—N 键偶联反应，室温下催化剂的用量为 0.5%(摩尔分数)，产物 **3-100** 的产率为 95%；反应温度为 90℃时，催化剂的用量仅需 0.05%(摩尔分数)，产率仍有 95%（图 3-100）。

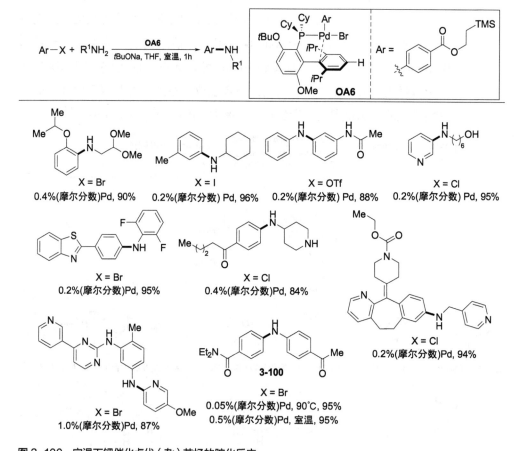

图 3-100　室温下钯催化卤代(杂)芳烃的胺化反应

钯催化的 C—N 键偶联反应是合成复杂结构分子的重要方法。在过去的二十年中，研究者们已经开发出许多配体和前催化剂，在碱性条件下催化(拟)卤代芳烃亲电试剂与胺的 C—N 键偶联反应。但由于胺的 N—H 键酸性较弱，大多数催化体系需要使用强的无机碱，目前还没有钯催化体系使用有机胺作为碱，同时这些已报道的催化体系的反应效率及底物官能团的兼容性都需要进一步的提高。例如，金属烷氧化物和氨基锂等碱性物质对水汽敏感，与羟基、氰基等官能团不兼容，如果换用不溶于有机溶剂的无机碱性物质，如碳酸钾、碳酸铯和磷酸钾等，大量使用时很难使反应体系搅拌均匀，而且反应通常需要使用很大用量的钯催化剂。Buchwald 课题组发现 DBU 为碱时可以促进 C—N 键偶联反应，但底物仅限于一级芳香胺，且需要微波和高温的反应条件。随后，该课题组以三氟甲磺酸对甲基苯基酯和有机胺或酰胺的反应为模板反应，对不同钯催化剂的活性进行比较。在芳基胺、酰胺和伯胺的反应中，DBU 作为碱的效果优于其他弱碱，如三乙胺(TEA)和 DABCO 等。当前催化剂为 **P5** 与 **P6** 时，在室温下反应的产率为 99%；**P2** 和 **P4** 为前催化剂时，仅以中等的产率得到目标产物；**P1** 或 **P3** 为前催化剂时，几乎没有反应。cod(AlPhos-Pd)$_2$ 为前催化剂时，可以促进不同胺类进行 C—N 键偶联反应(表 3-3)。

表3-3　DBU作为碱时，配体对钯催化胺化反应的影响

序号	前催化剂	亲核试剂	温度 /℃	时间	产率 /%
1	**P1**	苯胺	室温	20 min	0
2	**P2**	苯胺	室温	20 min	30
3	**P3**	苯胺	室温	20 min	0
4	**P4**	苯胺	室温	20 min	61
5	**P5**	苯胺	室温	20 min	99
6	**P6**	苯胺	室温	20 min	99
7	cod(AlPhos-Pd)$_2$	苯胺	室温	3 h	99
8	cod(AlPhos-Pd)$_2$	苯甲酰胺	室温	16 h	76

续表

序号	前催化剂	亲核试剂	温度 /°C	时间	产率 /%
9	cod(AlPhos-Pd)$_2$	苯甲酰胺	60	16 h	97
10	cod(AlPhos-Pd)$_2$	苄胺	60	16 h	98

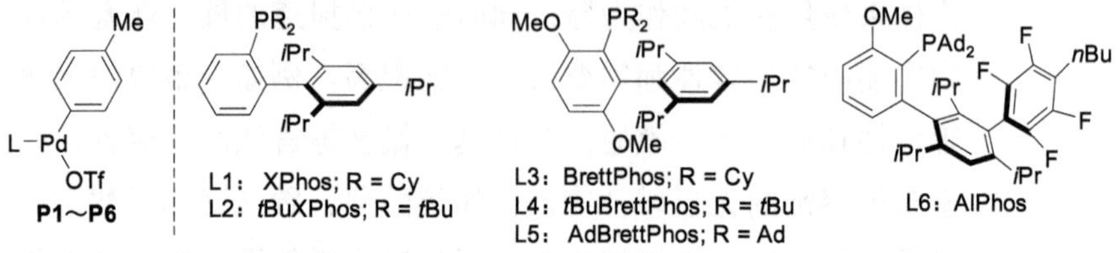

P1~P6

L1: XPhos; R = Cy
L2: tBuXPhos; R = tBu

L3: BrettPhos; R = Cy
L4: tBuBrettPhos; R = tBu
L5: AdBrettPhos; R = Ad

L6: AlPhos

基于上述实验结果，用 DBU 为碱，cod(AlPhos-Pd)$_2$ 为前催化剂，在 60℃条件下可以高效催化一系列（拟）卤代芳烃与多种胺或酰胺进行 C—N 键交叉偶联反应（图 3-101）[126]。该方法底物适用范围广、官能团耐受性强，除了酯基、羟基、硝基、缩酮等官能团，五元、六元杂环化合物以及卤代烷基官能团也可以在该反应条件下很好地兼容，这些官能团在以前报道的反应条件中无法稳定存在。底物中同时存在 Cl 和 OTf 时，N—H 键选择性地与 OTf 反应。该方法的反应条件温和、底物适用性广，具有非常重要的实际应用价值。

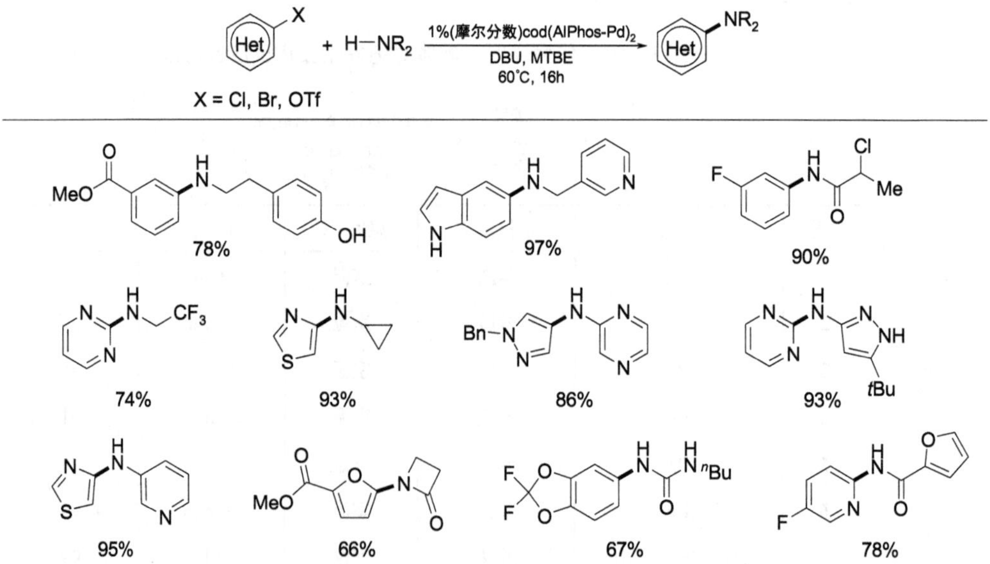

图 3-101 在 DBU 为碱时，钯催化（拟）卤代芳烃的胺化和酰胺化反应

机理研究表明，一方面，膦配体的取代基大小可以调节钯中心的电荷密度，由此影响胺-钯配合物的活性；另一方面，有机碱在三氟甲基磺酸芳基酯与芳基胺的偶联反应中起着重要而又复杂的作用。用 ^{19}F NMR 观测分析在不同有机碱的作用下 C—N 键偶联反应的动力学行为，发现 DBU 为碱时，在苯胺的 C—N 键偶联反应中反应的静止状态为 LPd(DBU)(Ar)X，此时反应被碱抑制。但是，一般情况下根据有机碱与钯的结合能力，增加碱的浓度会对反应速率产生积极或消极的影响。此外，反应中使用的三氟甲基磺酸芳基酯的电子性质直接影响反应速率。电中性的三氟甲基磺酸芳基酯的反应速率最快，而缺电子和富电子的底物反应速率最慢。实验结果显示在反应中与底物胺的亲核性相比，是碱的亲核性决定了反应的决速步骤（图 3-102）[127]。

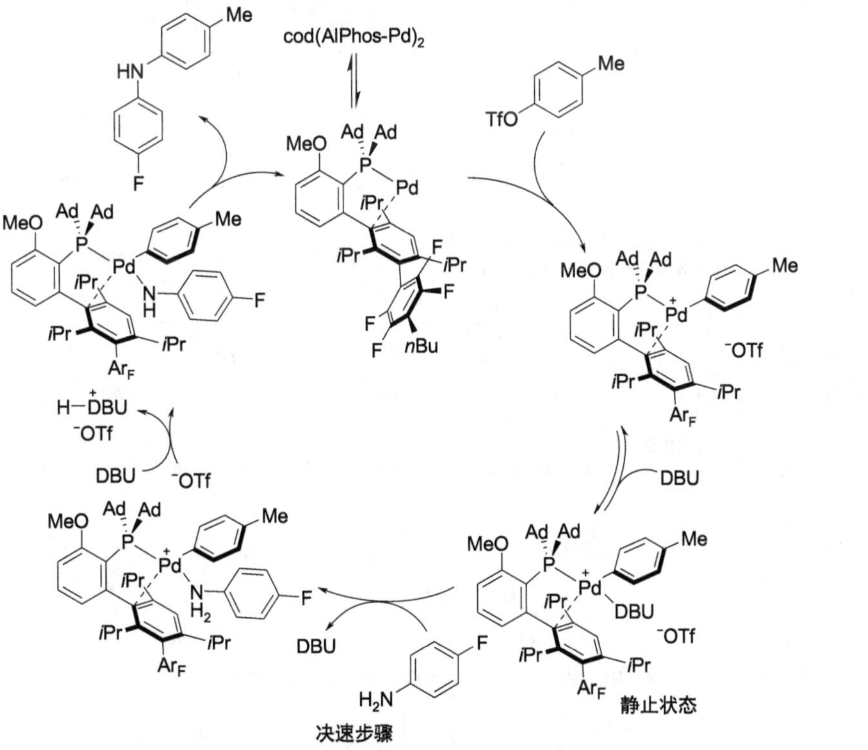

图 3-102 在 DBU 为碱时，钯催化三氟甲磺酸芳基酯胺化反应的催化循环

通常情况下，大位阻的胺很难进行 C—N 键的偶联反应。在温和的反应条件下，钯催化剂 **3-103c** 或 **3-103d** 可以高效催化大位阻的 α,α,α-三

取代基伯胺与一系列卤代(杂)芳烃进行 C—N 键偶联反应[128]。Buchwald 课题组基于反应过程动力学分析，设计合成膦配体 **3-103a**，其钯的配合物 **3-103c** 与胺的反应不是决速步骤。在氯苯的胺化反应中，催化剂 **3-103c** 与氯苯的氧化加成反应是反应的决速步骤；在溴苯的胺化反应中，还原消除反应是反应的决速步骤。在此研究基础上，配体 **3-103b** 被设计合成，把膦的一个苯基换成叔丁基可以显著提高钯催化剂的活性，使催化剂 **3-103c** 不能催化的卤代芳烃都可以高效地进行胺化反应。其中，配体 **3-103b** 是第一例(烷基)芳基联苯基膦配体，与具有类似结构的二烷基联苯基膦配体或二芳基联苯基膦配体相比，**3-103b** 具有更高的活性（图 3-103）。

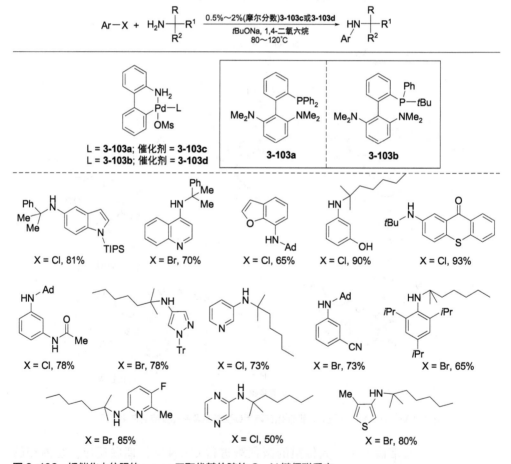

图 3-103　钯催化大位阻的 α,α,α-三取代基伯胺的 C—N 键偶联反应

Clark 课题组用 Pd$_2$(dba)$_3$/Me$_4$-*t*Bu-XPhos 催化 2-氯-3-氨基吡啶与一级酰胺进行反应，实现一锅法合成咪唑 [4,5-*b*] 吡啶类化合物[129]。该反应首先进行 C—Cl 键与酰胺的 C—N 键偶联反应，随后再在原位发生环化和脱氢反应生成目标产物。该反应立体选择性好，含有各种取代基的 2-氯-3-氨基吡啶都能顺利进行反应得到相应的目标产物（图 3-104）。

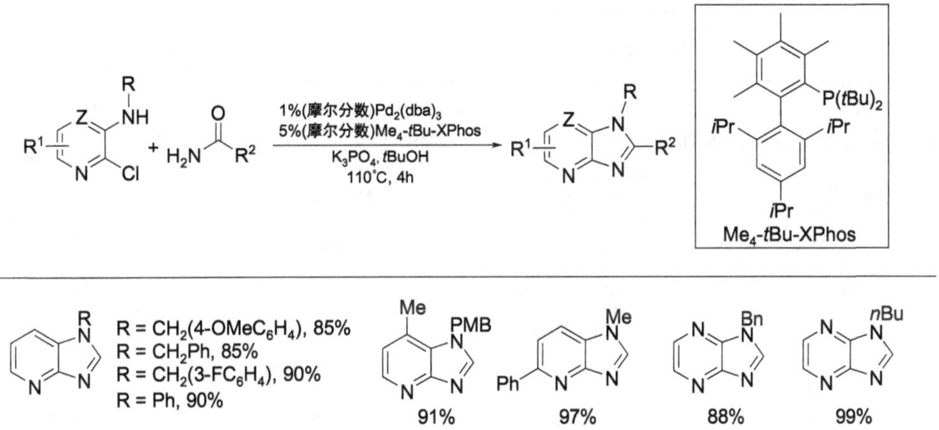

图 3-104 咪唑 [4,5-*b*] 吡啶类化合物的合成

随后的研究发现 *t*BuBrettPhos 为配体时，钯可以高效催化多氯嘧啶衍生物和甲硫基氯嘧啶进行胺化反应生成 2-氨基嘧啶衍生物[130]。在（杂）芳基胺与 5-取代基二氯嘧啶和 5-取代基三氯嘧啶的胺化反应中，配体 *t*BuBrettPhos 增加了钯催化剂 **3-105** 的选择性，极高区域选择性地生成 2-氨基嘧啶衍生物。多数的二烷基胺进行反应时，只生成 2-氨基化产物。对于 5-位上没有取代基的氯嘧啶，如 2-氯-4-甲硫基嘧啶衍生物进行反应时，只生成 2-氨基化产物（图 3-105）。

2016 年，Marques 课题组用 Pd$_2$(dba)$_3$/XPhos 催化邻氨基溴苯与烯丙基溴化合物连续发生 C—N 键偶联反应与 Heck 偶联反应，高效生成一系列 4-取代、5-取代、6-取代和 7-取代氮杂吲哚类化合物（图 3-106）[131]。当使用不同的烯基溴化物时，可得到不同取代基的氮杂吲哚类化合物。

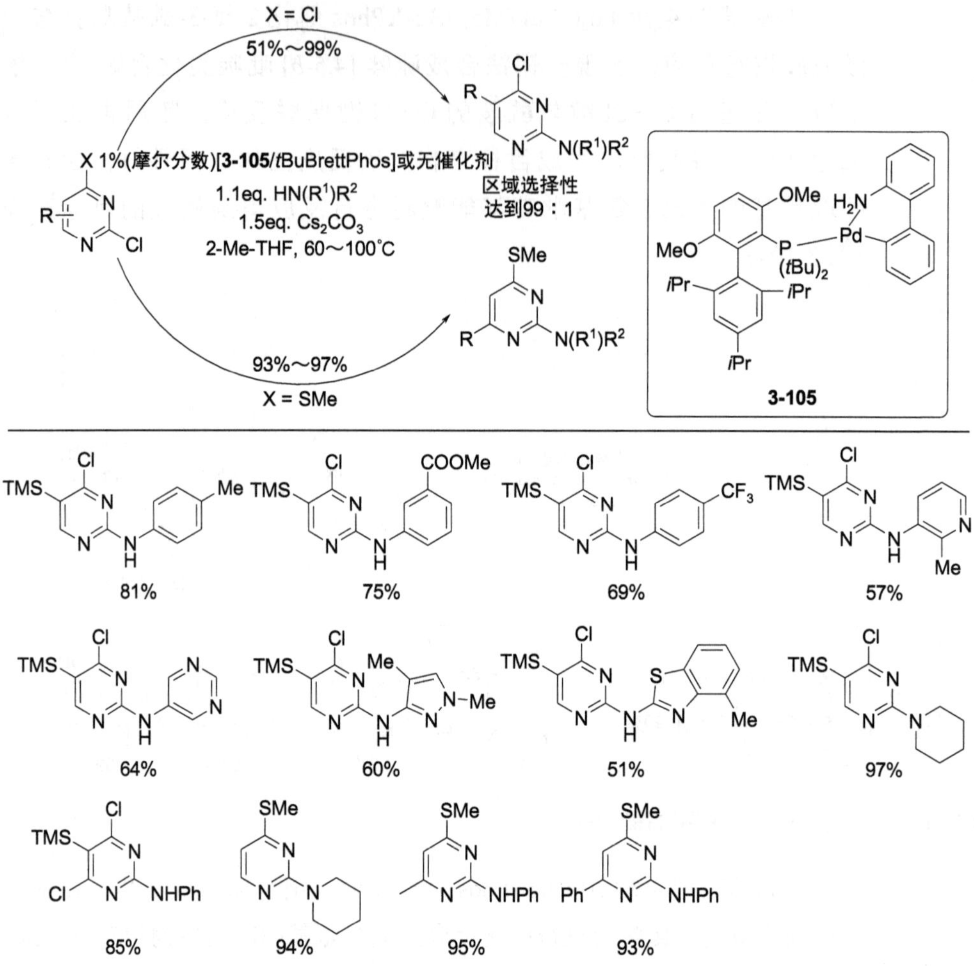

图 3-105 2-氨基嘧啶衍生物的合成

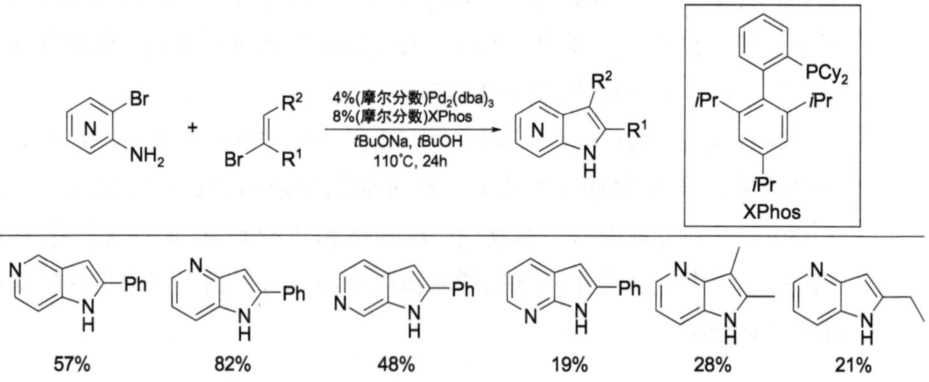

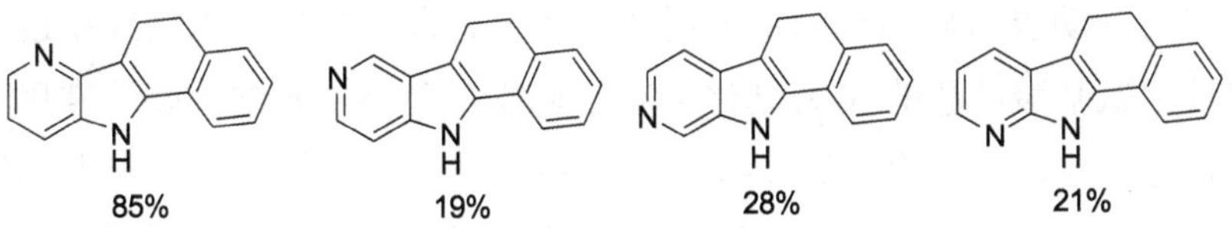

图 3-106 4-取代、5-取代、6-取代和 7-取代氮杂吲哚类化合物的合成

Mazet 课题组发现膦配体为 CPhos 时，可以促进钯催化 2,3-二氢呋喃与溴代芳胺连续进行 C—C 和 C—N 键交叉偶联反应，一锅法高效构建结构复杂的呋喃吲哚衍生物[132]。该方法不仅操作简单，而且具有较高的官能团耐受性。研究发现，如果先进行钯催化的 Heck 反应，简单的前体仅需经过两步即可实现复杂分子的构建，从而高选择性地获得多杂环化合物 (图 3-107)。

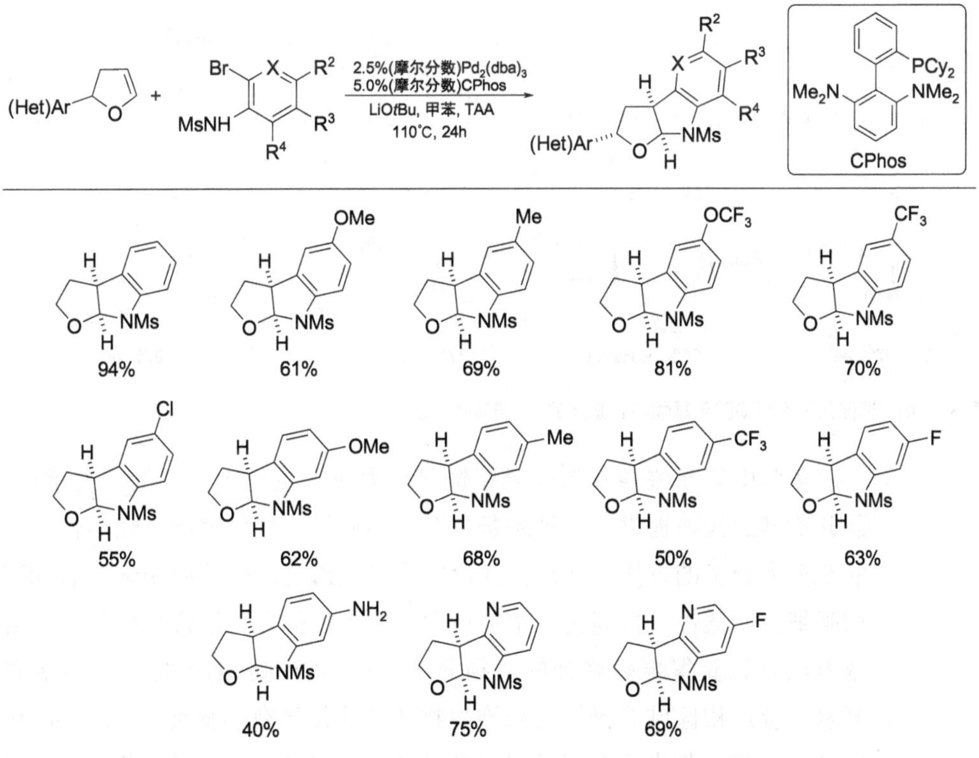

图 3-107 呋喃吲哚衍生物的合成

天然氨基酸衍生物广泛应用于医药、农药和化学生物学等领域。其中，将 N-芳基氨基酸或酯引入肽和蛋白质中对化学生物学的发展非常重

要，它将推动蛋白质结构和功能研究的发展。亲核芳基取代反应和过渡金属催化氨基酸或酯的 N-芳基化反应是制备 N-芳基氨基酸或酯的常用方法。但是，这些方法会导致 α-手性中心的部分或完全消旋化。在温和的反应条件下，**3-105** 或 **3-108** 可以高效促进氨基酸酯与三氟甲基磺酸芳基酯的 N-芳基化反应，反应过程中只有少量的氨基酸酯发生了消旋化反应。具有甲基、叔丁基及苄基酯的 α-氨基酸酯和 β-氨基酸酯都适用于该反应，产率最高为 97%，ee 值最高为 99%（图 3-108）[133]。

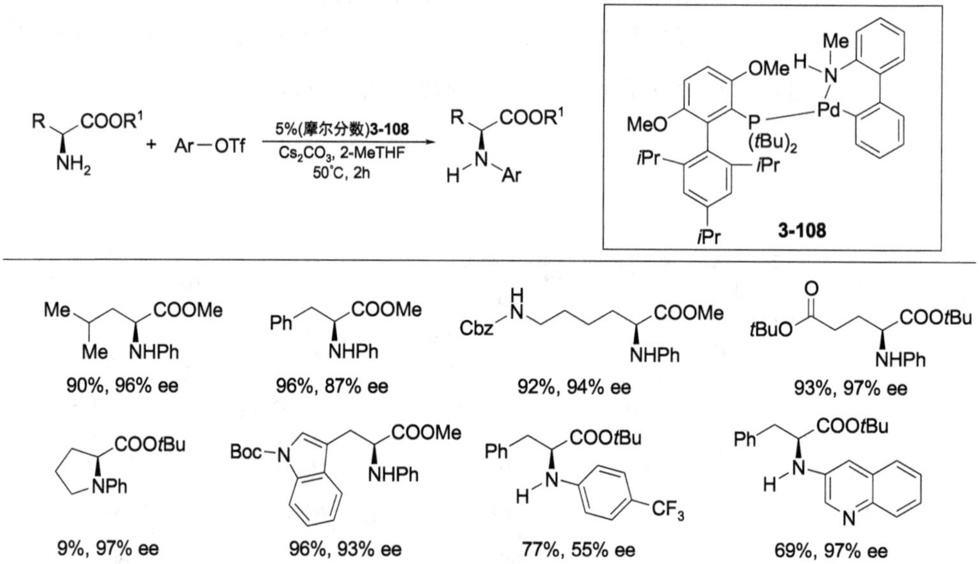

图 3-108 钯催化三氟甲磺酸芳基酯与氨基酸的 N-芳基化反应

多肽中氨基酸残基的化学修饰已成为研究生物大分子的重要手段。肽共价键的构建提供了一种制备具有亲和探针、生色团或药物活性结构的新型大分子的方法。此外，共价修饰可以通过延长肽的循环半衰期和增强细胞通透性，提高具有生物活性肽的治疗能力。结合生物和化学合成方法可以获得更多修饰的生物分子。在不降解肽的前提下获得具有高水平位点和区域选择性的修饰生物分子非常具有挑战性。Pentelute 和 Buchwald 课题组发现在弱碱 NaOPh 存在的条件下，赖氨酸的氨基在室温下就可以与芳基溴化钯（Ⅱ）配合物反应构建新的 C—N 键。当膦配体为 tBuXPhos 配体、AdBrettPhos 配体和 tBuBrettPhos 配体时，反应效果较好（表 3-4）。该方法对赖氨酸的选择性通常高于其他含有亲核侧链的氨基酸，并适用于有机化合物（包括复杂药物分子）与肽复合物的 C—N 键偶联反应，而且也成功地应用于环肽的合成[134]。

表3-4 未保护肽中赖氨酸氨基的芳基化反应条件筛选

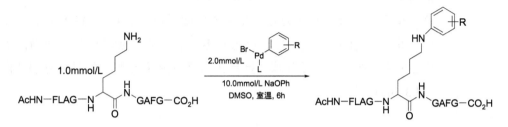

序号	L	R	产率/%
1	RuPhos	4-OMe	0
2	XPhos	4-OMe	0
3	tBuXPhos	4-OMe	93
4	BrettPhos	4-OMe	1
5	tBuBrettPhos	4-OMe	94
6	AdBrettPhos	4-OMe	79
7	tBuBrettPhos	4-CO_2Me	18
8	BrettPhos	4-CO_2Me	71

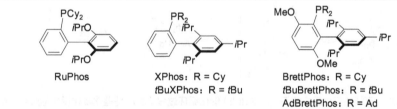

3.2.2.3 二烃基联芳基单膦配体用于构建新的 C—F 键

有机氟化合物具有独特的生物特性，因此广泛应用于医药和农药。研究发现，在药物分子中引入氟原子，常常可以增强药物的结合力、改变理化性质、提高药物的代谢稳定性和选择性，从而提高药效。氟代芳烃的传统合成方法，例如 Balz-Schiemann 反应和 Halex 工艺，通常需要苛刻的反应条件而且官能团耐受性差。近二十年，氟代芳烃的合成方法取得了重大进展，过渡金属常被用于实现具有挑战性的 C—F 键形成反应。一方面，对于钯催化的氟化反应亲电性氟源将钯中心氧化为 Pd(Ⅲ)

或 Pd(Ⅳ)，通过还原消除反应促进 C—F 键的形成。另一方面，实验和 DFT 研究已经确定通过 Pd(0) 氧化成 Pd(Ⅱ) 的过程很难形成 Ar—F 键。例如，简单的三芳基膦为配体时，$L_nPd(Ⅱ)(Ar)F$ 配合物为稳定的氟桥联二聚体，它不容易分解成三配位的"T 型"单金属配合物，而这些单金属配合物被认为是发生还原消除反应生成 C—F 键的关键中间体。此外，$L_nPd(Ⅱ)(Ar)F$ 配合物的热分解不会生成氟代芳烃产物，相反会发生重排反应生成联苯、具有 P—F 键的新化合物以及其他分解产物（图 3-109）[135]。

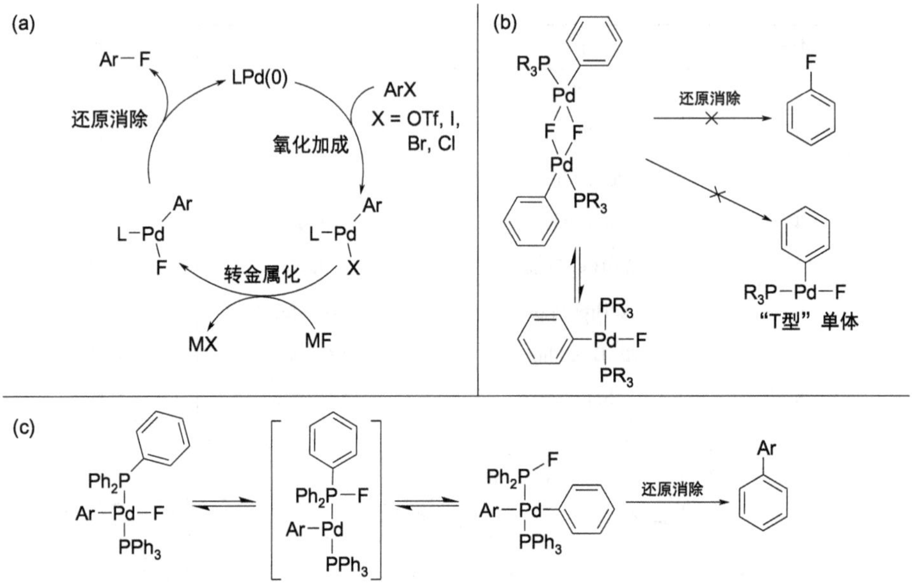

图 3-109 可能的氟化反应的 Pd(0)/Pd(Ⅱ) 催化循环过程（a）；钯催化氟化反应的难点（b）；$L_2Pd(Ar)F$ 配合物的热分解过程（c）

  Yandulov 课题组发现在过量的 *t*BuXPhos 配体存在条件下，加热二聚钯配合物 **3-110a** (R=NO$_2$) 溶液会生成对氟硝基苯，产率为 10%。进一步研究发现，当芳环上的 R 为 H、CH$_3$ 和 OMe 时，配合物 **3-110a** 不稳定，在过量的 *t*BuXPhos 配体存在条件下不能使其热分解生成相应的氟代芳烃[136]。这些研究说明，$L_nPd(Ⅱ)(Ar)F$（L 为膦配体）很难发生还原消除反应生成 C—F 键。在此基础上，Buchwald 课题组发现大位阻的联芳基膦配体 BrettPhos 可以抑制钯形成二聚体，得到单金

属钯配合物 **3-110b**，该配合物的结构经过 X 射线单晶衍射的确认。随后，加热配合物 **3-110b** 的甲苯溶液会发生还原消除反应生成氟代芳烃。[(cod)Pd(CH$_2$TMS)$_2$]/ BrettPhos 为催化体系可以实现 4-溴-3-甲基苯腈的氟化反应，产率为 74%（图 3-110）[137]。但是，该方法的适用范围窄，只有缺电子的底物可以高效进行反应生成相应的氟代芳烃。

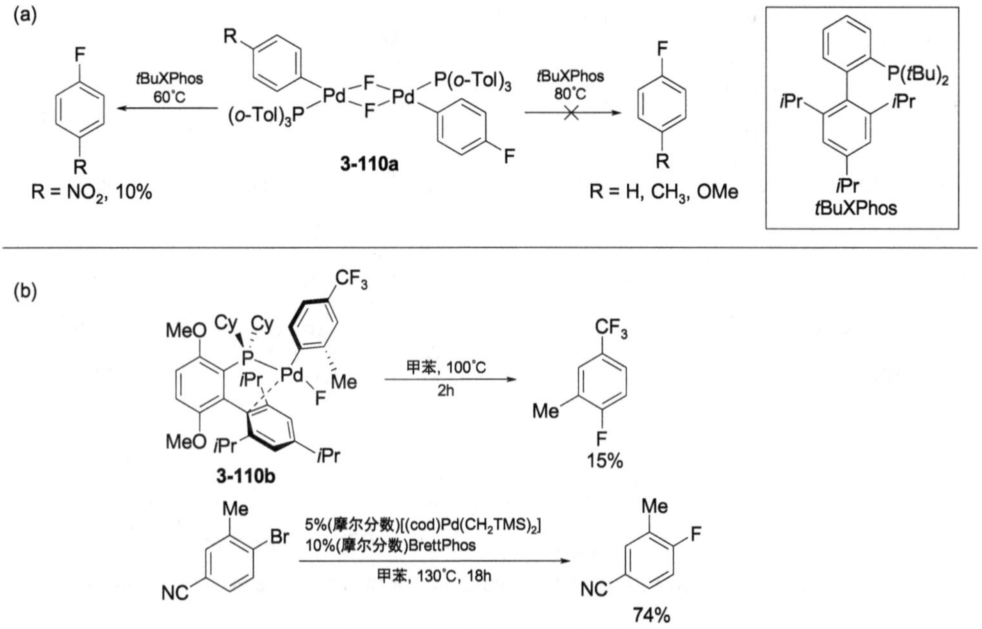

图 3-110 在 tBuXPhos 配体存在条件下热分解配合物 L$_n$Pd(Ⅱ)(Ar)F

钯催化芳烃的氟化反应会生成区域异构体副产物，可能是在催化循环过程中有钯苯炔中间体生成，这降低了目标产物的收率，而且从这些异构体中提纯出目标产物很困难甚至不可能分离得到纯净的产物。此外，需要较高的温度才能实现底物的转化形成 C—F 键。为了解决这些问题，Buchwald 课题组设计合成膦配体 AlPhos，显著提高了钯的活性，在室温下可以促进溴代芳烃或芳基三氟甲基磺酸酯进行氟化反应，高区域选择性地生成氟化物（异构体的位置选择性大于 100∶1），产率为 81%～98%（图 3-111）[138]。

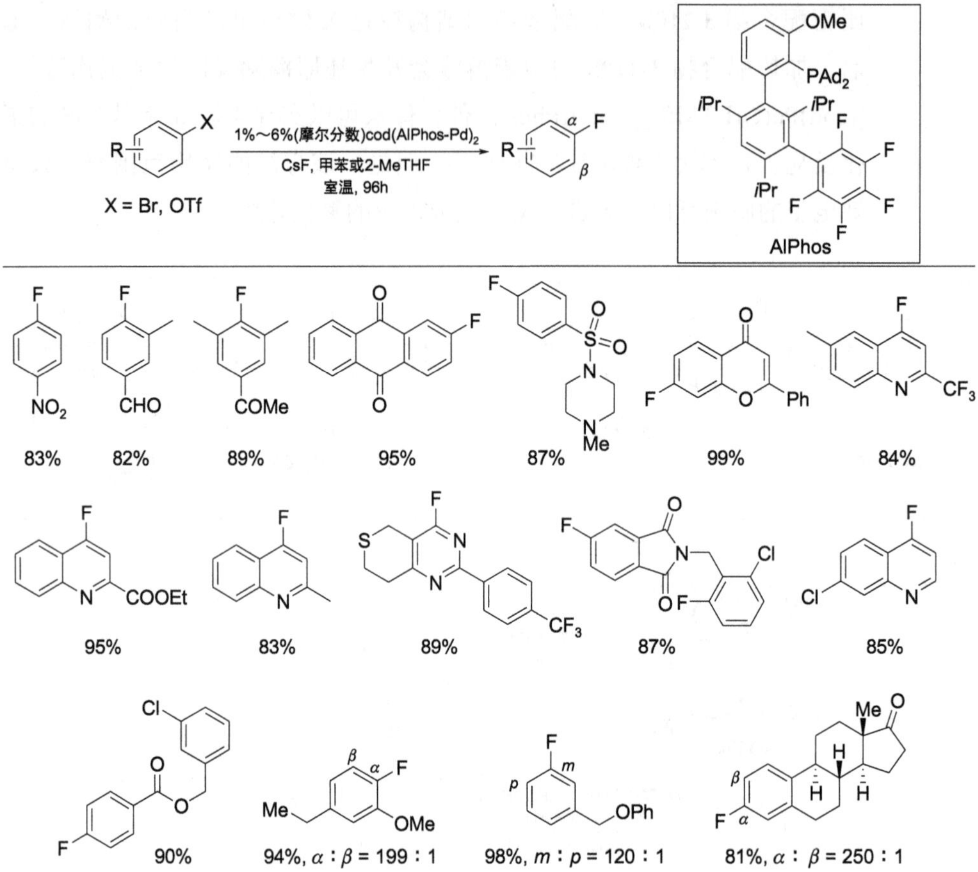

图 3-111 钯催化溴代芳烃或芳基三氟甲基磺酸酯的氟化反应

　　基于前期的研究，Buchwald 课题组系统研究了溴代五元杂环的取代基对氟化反应的影响，发现膦配体 AlPhos 可以促进钯催化溴代五元杂环进行氟化反应，高效生成氟代五元杂环化合物[139]。该催化体系主要适用于催化缺电子和邻位有取代基的苯并[b]噻吩、邻位有取代基的苯并[b]呋喃和高活性的 2-溴-1,3-唑的氟化反应，反应的最高产率为 94%。该反应的适用范围较窄，尤其是溴代唑类化合物很难进行反应（图 3-112）。

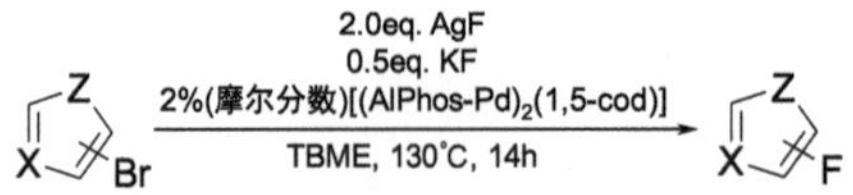

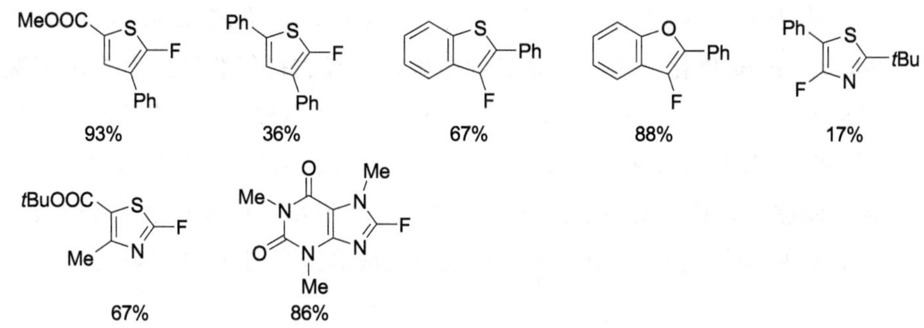

图3-112 钯催化溴代五元杂环进行氟化反应

三氟甲基是一种重要的含氟官能团，将该官能团引入药物分子中常会显著改变母体分子的脂溶性，增强分子的代谢稳定性，并对其生物活性如药物的吸收、分布以及给体-受体的相互作用造成影响。基于以上特殊性质，近半个世纪以来关于三氟甲基化试剂和反应的研究一直是有机化学和药物化学的重要研究课题之一。Loh课题组利用氟具有亲核加成的性质，用[(cinnamyl)PdCl]$_2$为催化剂(cinnamyl=苯丙烯基)，XPhos为配体，在AgF的作用下诱导 gem-二氟烯烃进行芳基化反应制备出一系列1,1,1-三氟-2-芳基烷烃衍生物[140]。相比其他氟化反应，该反应的优点是碘代芳烃会与AgF反应原位生成α-三氟甲基苄基银亲核偶联试剂，反应中不需要使用强碱，反应条件更加温和(图3-113)。

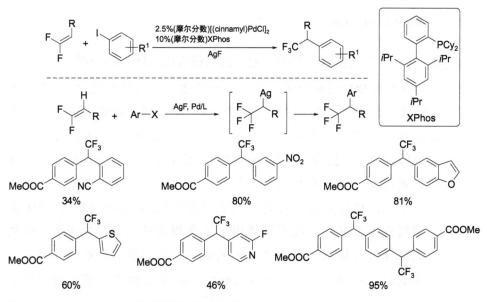

图3-113 1,1,1-三氟-2-芳基烷烃衍生物的合成

基于 Loh 课题组的研究发现，Malcolmson 课题组用 [(cinnamyl)PdCl]$_2$/XPhos 催化二氟-2-氮杂二烯与碘代芳烃进行偶联反应生成 α-三氟甲基苄基胺[141]。研究发现膦配体 XPhos 不仅可以提高钯的催化活性，还可以促进 AgF 与二氟氮杂二烯发生反应，生成 α-三氟甲基氮杂烯丙基银亲核偶联剂。这一关键的活性中间体会进一步发生转金属化反应生成活性的钯中间体，再与碘代芳烃进行反应生成目标产物（图 3-114）。

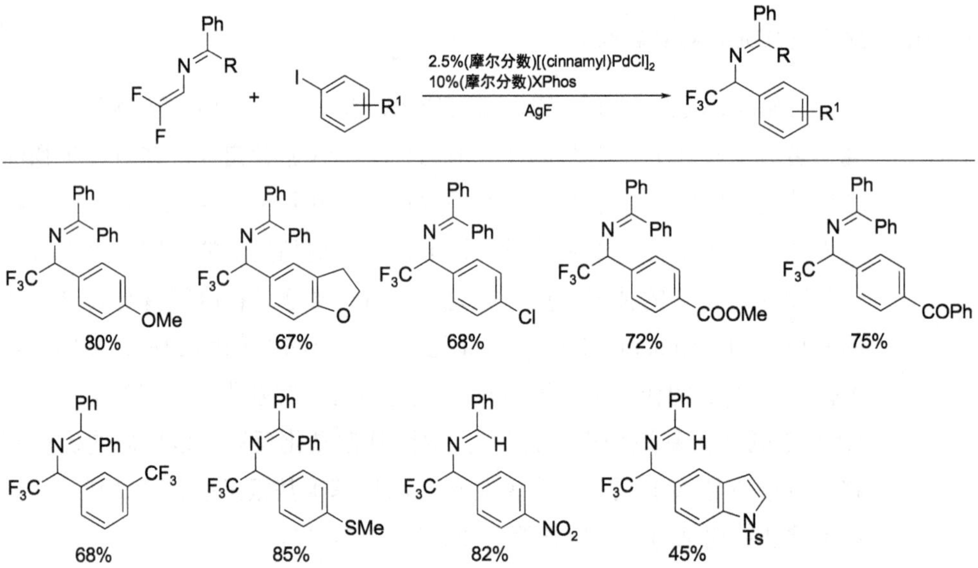

图 3-114 α-三氟甲基苄基胺的合成

3.2.2.4 二烃基联芳基单膦金配合物在催化反应中的应用

金催化合成反应是近二十年来有机合成研究的热点之一。[LAu]$^+$ 与碳碳三键配位，随后亲核试剂反向进攻炔烃，有效地进行多种官能团化反应 [图3-115(a)]。一方面，由于 L-Au-炔配合物的线型结构使亲核试剂进行反向进攻时受到空间环境的限制，因此将炔插入配体和亲核试剂之间非常具有挑战性。另一方面，除了少数例外，大多数均相金催化反应的催化剂用量至少需要 0.5%（摩尔分数）。由于黄金的高成本，这些反应不可能用于工业规模的生产。基于此，研究者们想通过大幅度提高金催化剂的活性，从而显著降低其用量，扩大金的应用范围。其中，配体的设计是提高过渡金属催化活性的关键。具有刚性和扩展性框架配体的官能团接近亲核试剂，彼此之间存在相互作用，因此亲核试剂能够直接进攻被金催化剂活化的碳碳三键[图3-115(b)]。骨架的刚性将使过渡态的熵损失最小化，并且配体中的定向基团足够柔性，使其具有广泛的适用性。这一策略有望将最初的亲核反应从分子间的过程转化为拟分子内的过程，这可能会加速随后的转化反应。与平面Pd(Ⅱ)配合物相比，二配位金(Ⅰ)配合物具有线型结构，因此用于金催化反应的配体与钯催化反应的配体不同。在(1,1′-联苯)-2-膦骨架的基础上，选用大位阻的1-金刚烷基(Ad)会限制P—C2键的旋转，线型的L-Au-炔配合物的轴应平行并均匀地悬挂于苯环旁边，因此被金(Ⅰ)活化的炔处于芳环的下半部分。如果膦配体苯环上的官能团足够靠近活化的炔烃，则可通过氢键相互作用或质子稳定作用引导中性的亲核分子以拟分子内的形式反向进攻活性的炔烃[图3-115(c)]。

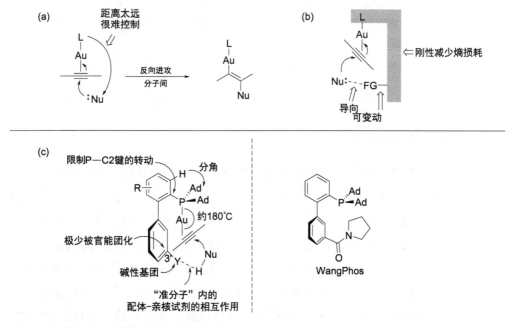

图3-115 金活化炔与亲核试剂反应的形式

基于此，张立明课题组设计合成一系列(1,1′-联苯)-2-二(1-金刚烷基)膦配体，称为WangPhos膦配体[图3-115(c)]。WangPhos膦配体的3′-(1-吡咯烷基)羰基与羧基有氢键作用，这使WangPhosAuNTf$_2$有极高的催化活性，可以高效催化羧酸和炔烃的加成反应，TON值为

99000。DFT 计算结果证实酰胺基团通过氢键引导羧酸进攻炔烃。此外，WangPhosAuNTf₂ 可以高效催化脂肪炔烃的水合反应以及炔烃的氢胺化反应。例如，WangPhosAuNTf₂ 催化 1-己炔的水合反应，TON 值为 10000；催化 1-十二炔与苯胺的氢胺化反应的 TON 值为 3900（图 3-116）。这些结果证实催化剂 WangPhosAuNTf₂ 的适用性很广 [142]。

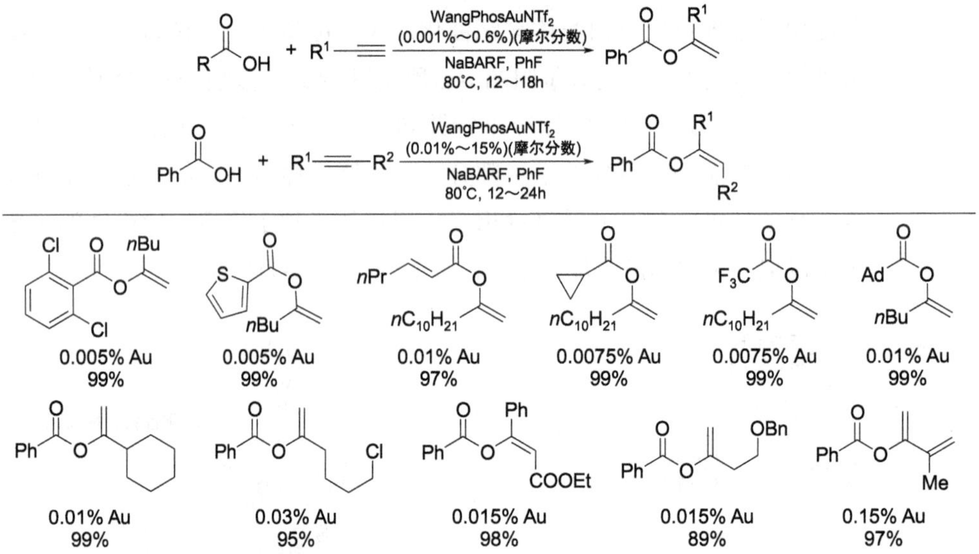

图 3-116 金催化炔与羧酸的反应

乙烯基叠氮化合物是合成活性生物碱和氮杂环化合物的中间体，也是合成活性乙烯基硝基苯和高价值 2H-叠氮化合物的前体。它们很容易与有机金属试剂反应生成金属亚胺；在加热或光照的条件下会形成新的 C—C 键；与自由基反应会生成亚氨基自由基。相比其他合成方法，金属催化炔烃与 HN₃（即叠氮酸）的 1,2-加成反应可以更加简单有效地获得乙烯基叠氮化合物，该方法仅需一步反应而且符合原子经济性的要求。商用的 TMSN₃ 和醇反应可以原位生成叠氮酸，从而降低了反应的危险性。WangPhos 的金（Ⅰ）配合物可以高效催化炔烃、TMSN₃ 和醇反应生成一系列乙烯基叠氮化合物，产率为 78%～95%。对于末端炔烃，在无溶剂和 40℃条件下，只需 0.1%～2%（摩尔分数）的催化剂就可以高效催化反应。对于内炔烃，需要 2%～5%（摩尔分数）的催化剂，但在室温条件下就可以完成催化反应（图 3-117）[143]。JohnPhos 和 WangPhos 配体的电子性质和空间结构相似，但是 WangPhos 配体的 3'-酰氨基表现得像一个碱催化剂，它可以促进 HN_3 进攻炔烃。

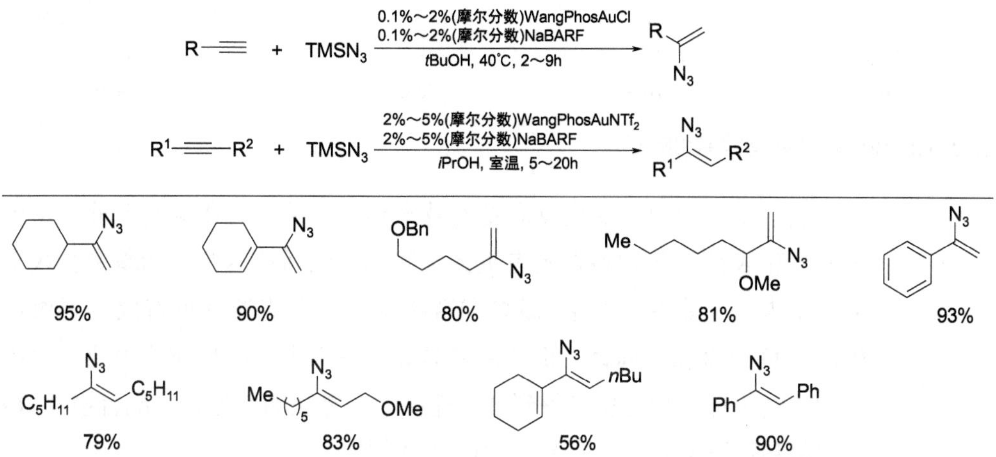

图 3-117 金催化炔反应生成叠氮化合物

WangPhos 膦配体属于双功能配体，它可以使炔基金(Ⅰ)中间体克服固有的线型特征，实现配体与亲核试剂或底物的协同作用。同时，配体的 P—C2 键的旋转也会受到 Ad 基团的限制。WangPhosAuCl/NaBARF[NaBARF 为四(3,5-二(三氟甲基)苯基)硼酸钠] 为催化体系，2-萘基酚为亲核试剂，由于羟基与 WangPhos 膦配体的酰氨基之间有弱的相互作用，在室温下就可以促进炔烃的氢芳基化反应。此外，这种配体与底物的相互作用也有助于阻止 O-烯基化加成产物的生成。该方法的适用性广，芳基炔烃和脂肪炔烃都可以顺利进行反应，产率为 72% ~ 95%（图 3-118）[144]。

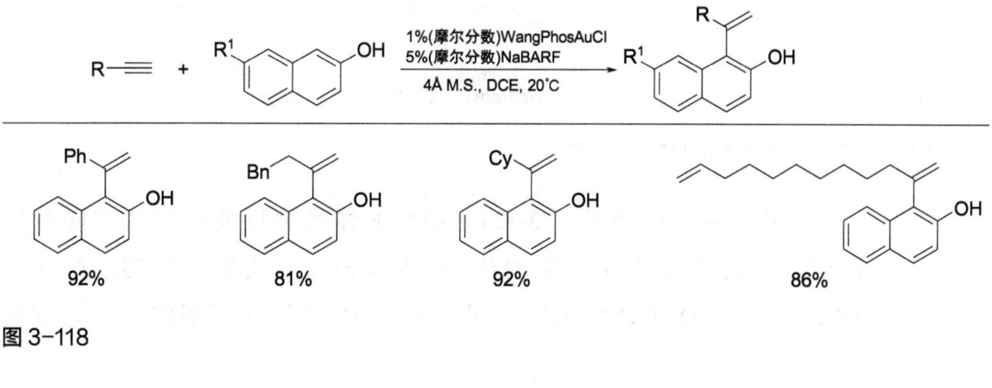

图 3-118

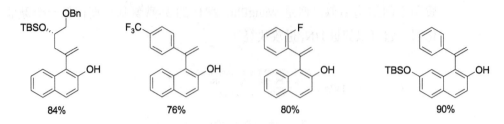

图 3-118 金催化端炔的氢芳基化反应

近十年，均相金催化反应受到越来越多的关注。在这些金催化反应中分离和表征了各种各样的有机金中间体，包括烷基金、烯基金、炔基金、金卡宾、金炔/烯烃/联烯配合物等。张立明课题组首次实现原位生成 σ-联烯金属中间体，促使炔烃与非质子亲电试剂反应，由此产生的炔醇，经历环异构化反应得到硅基迁移的二氢呋喃衍生物。配合物 **3-119** 的叔氨基是该反应成功的关键（图 3-119）[145]。

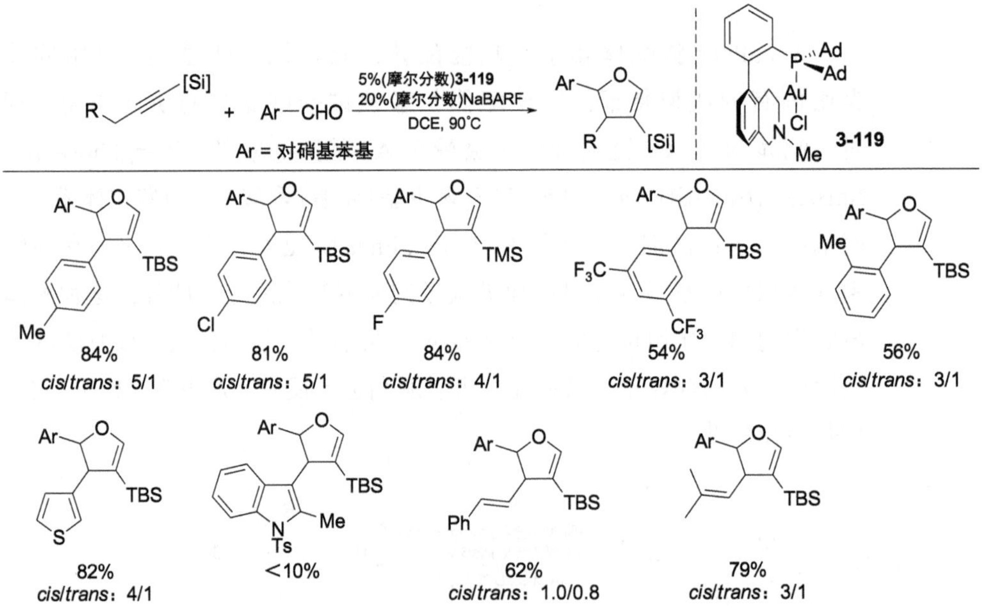

图 3-119 金催化醛的炔丙基化/环异构化反应

此外，相同的条件下 **3-119**/NaBARF 体系会促使炔醇发生硅基迁移反应，高选择性地快速构建 3-硅基-4,5-二氢呋喃衍生物，产率为 50%～92%。DFT 计算表明，配合物 **3-119** 的氨基和配体的空间位阻使过渡态具有中等水平的能垒，从而实现一个新的1,2-硅烷基迁移和5-endo-dig 环化的协同过程(图3-120)[146]。

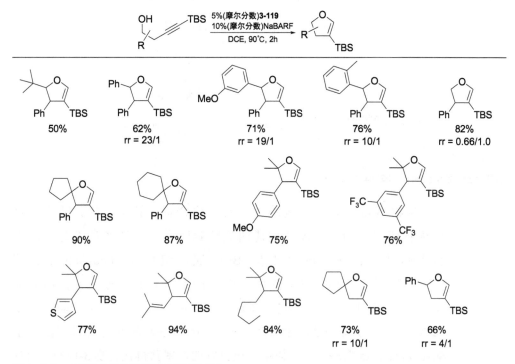

图3-120 金催化炔醇的硅烷基迁移环化反应

富电子的呋喃具有很高的反应性，因而不稳定，很难被合成并用于有机合成反应。**3-119** 为催化剂时，可使炔基酰胺直接发生环异构化反应生成富电子的2-氨基呋喃衍生物。随后，这些富电子的呋喃会原位与 N-苯基马来酰亚胺发生 Diels-Alder 反应、质子迁移和芳构化反应，高效构建一系列官能团化的苯胺衍生物，产率为 75%～97%(图3-121)[147]。

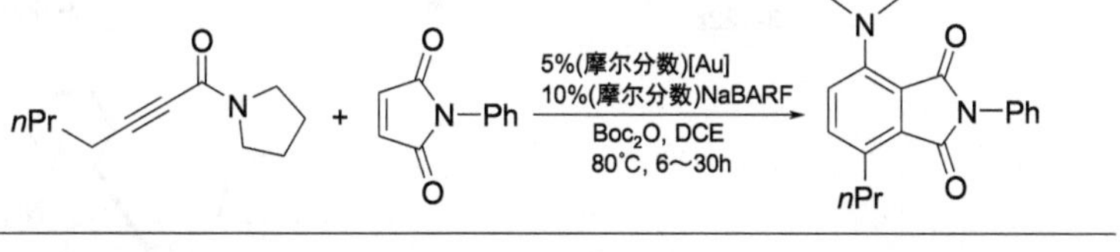

图3-121

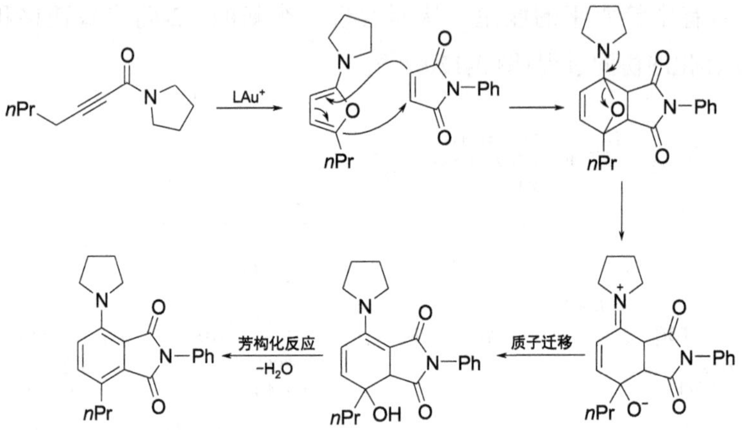

图 3-121　金催化炔基酰胺环异构化反应

  生物碱是一大类含氮的碱性有机化合物。其中，单萜吲哚生物碱具有药理作用。可控地构建四氢吲哚嗪骨架、苯胺吡咯骨架或季碳中心是该合成领域的难点。Blanc课题组用JohnPhosAuNTf$_2$为催化剂，实现化合物 **3-122a** 的环异构化-磺酰基迁移串联反应，高效构建 1,2,4-三取代吡咯基磺酸酯 **3-122b**，产率为 54%～96%。随后，用Pd(XPhos)$_2$Cl$_2$ 为催化剂，使 1,2,4-三取代吡咯基磺酸酯与芳基硼酸发生Suzuki-Miyaura 偶联反应，以中等至良好的产率获得化合物 **3-122c**，用其作为底物再经过多步反应实现天然产物 **3-122d** 的合成（图 3-122）[148]。在此研究的基础上，发现 JohnPhosAuNTf$_2$ 可以催化化合物 **3-123a** 转化为双环吲哚嗪和吡咯并 [1,2-*a*] 氮杂䓬类生物碱。该反应经过环异构化/磺酰基迁移/环化过程有效构建新的 C—N、O—S 和 C—C 键（图 3-123）[149]。

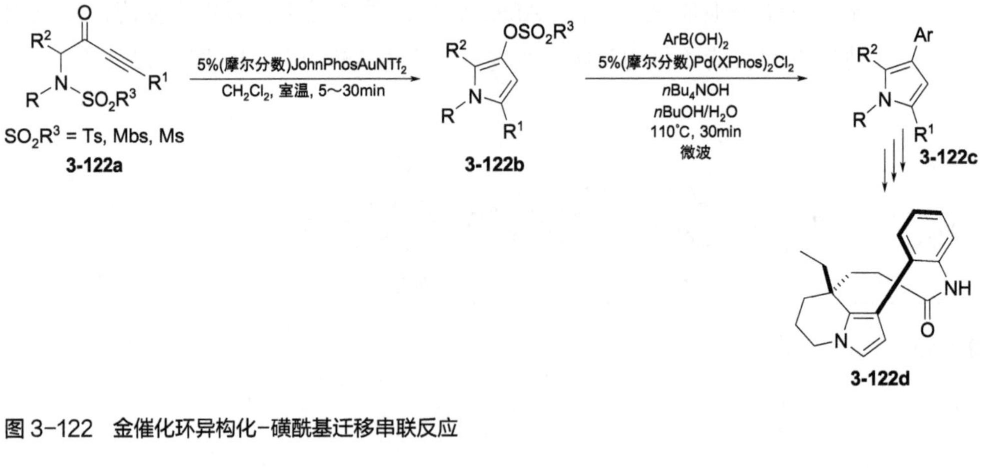

图 3-122　金催化环异构化-磺酰基迁移串联反应

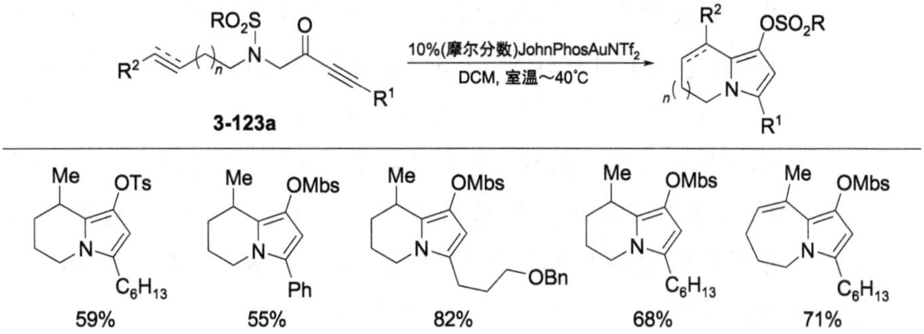

图 3-123 金催化双环吲哚嗪和吡咯并 [1,2-a] 氮杂䓬的合成

Koenigs 课题组用 XPhosAuCl/NaBARF 为催化剂，实现末端炔烃与咔唑的氢胺化反应，高区域选择性地制备乙烯基咔唑衍生物，产率最高为 92%[150]。一方面，该方法的反应条件温和，无需使用额外的碱，可以在室温下促进多种芳香族和脂肪族炔烃进行氢胺化反应。另一方面，通过对乙烯基咔唑的光物理性质研究发现，这些化合物具有显著的荧光特性（图 3-124）。

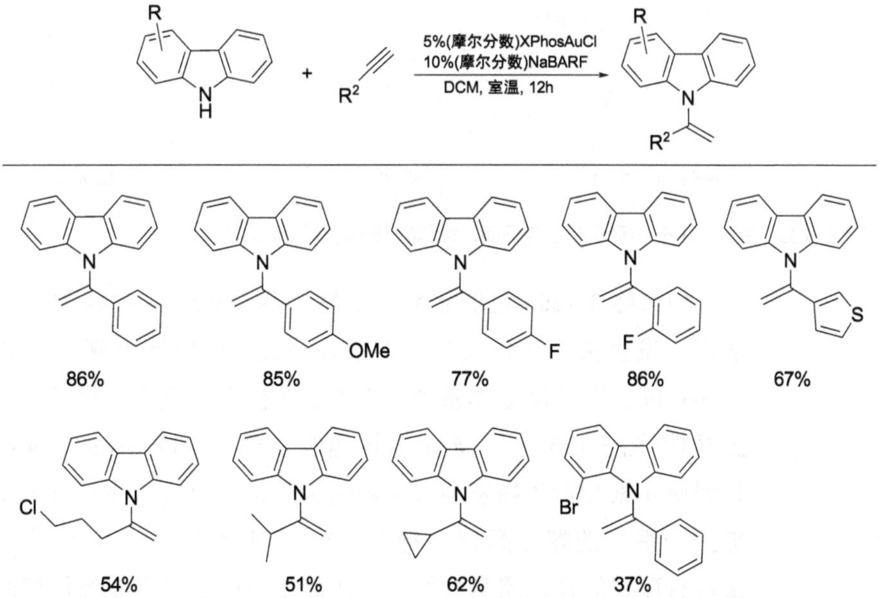

图 3-124 金催化炔烃的咔唑化反应

高阶环加成反应是一种特别的合成策略，可用于合成多种中型多

环骨架化合物。已证实环庚三烯酮及其衍生物在 [4+2]、[4+6]、[6+3]、[6+4]、[6+6]、[8+2] 和 [8+3] 的高阶环加成反应中是多功能的 4π、6π 或 8π 合成子，它们是合成生物活性分子和天然产物的重要骨架。tBuXPhosAuCl/AgSbF$_6$ 体系可以催化环庚三烯酮与环丙烷基联烯酮的 [8+4] 环加成反应，在温和的反应条件下经过环异构化/1,2-卡宾转移/开环串联反应构建一系列 7,7,5-稠合三环化合物，产率为 16%～82%（图 3-125）[151]。

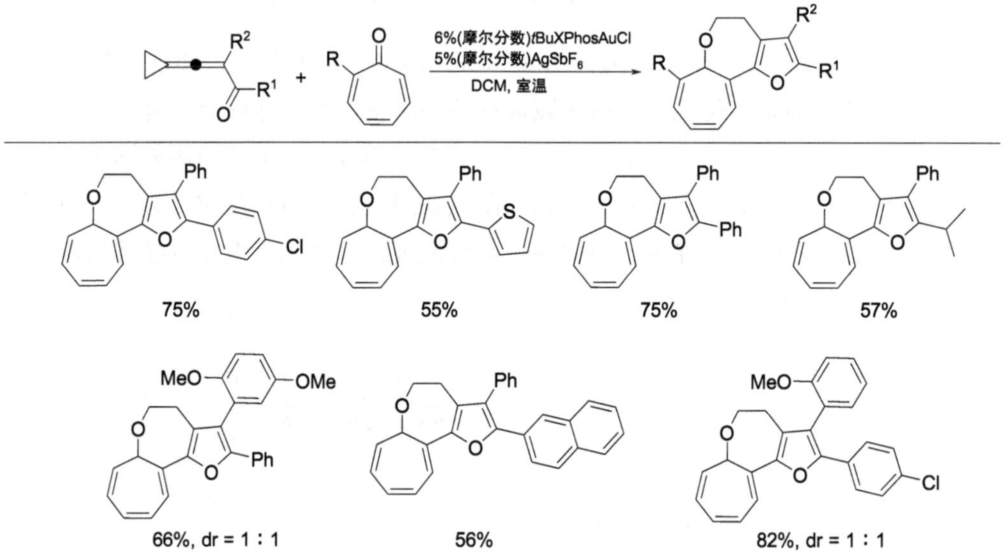

图 3-125　金催化 1,4-全碳偶极子与环庚三烯酮的 [8+4] 环加成反应

配合物 **3-126a** 为催化剂，促使 N-丙炔色胺和色氨酸衍生物在含水溶液中发生去芳构化反应，以中等至良好的收率得到一系列螺环化合物 **3-126b**。在该反应体系中，水的加入提高了反应的化学选择性和区域选择性（图 3-126）[152]。游书力课题组发现 JohnPhosAuCl/AgNTf$_2$ 体系可以促使 β-萘酚衍生物发生分子内的去芳构化反应，在空气中反应就可以得到一系列的螺环酮化合物 **3-127**，产率为 76%～99%[153]。该合成方法具有良好的官能团耐受性，操作简单并可以用于克级规模的合成反应（图 3-127）。

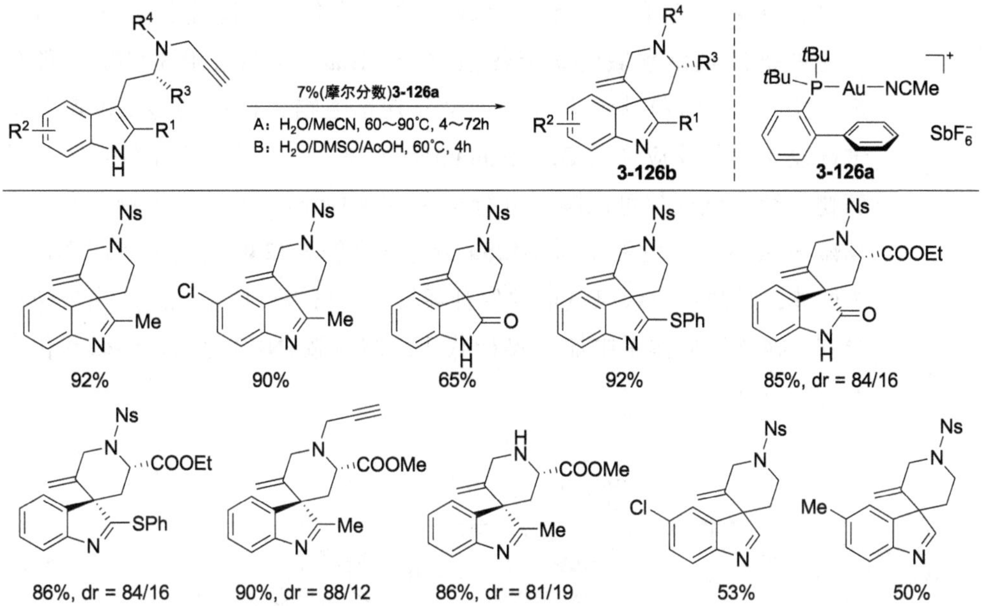

图 3-126　金催化 N-丙炔色胺和色氨酸衍生物的螺环化反应

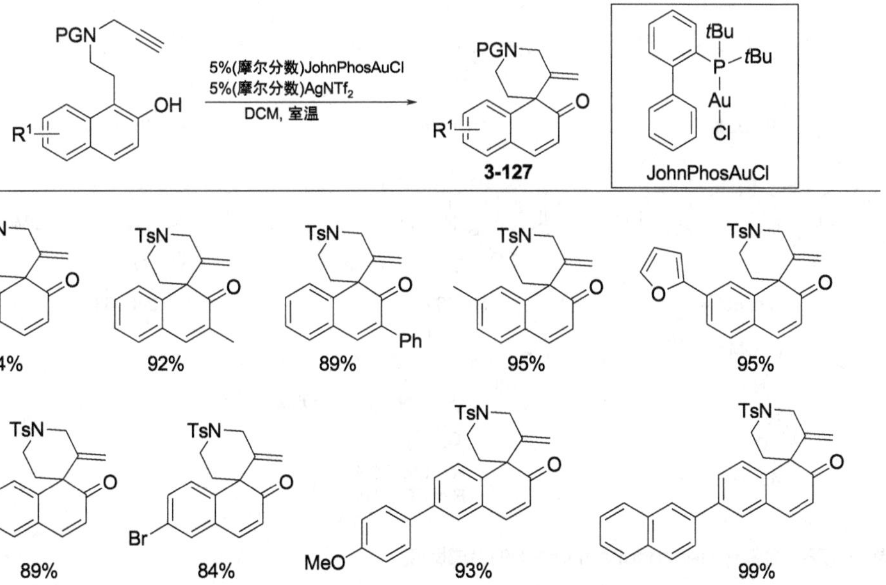

图 3-127　金催化 β-萘酚衍生物的分子内的去芳构化反应

　　Benzosultam 是一类具有多种生物活性的磺胺类化合物，已被用于治疗高血压（布林佐胺）、内皮素受体拮抗剂或非甾体抗炎药（如吡罗昔康）。

发展出温和、简单和高效的合成方法构建多官能团化的 Benzosultam 衍生物仍然是该领域的研究热点之一。Blanc 课题组用 **3-128a** 为催化剂，使 *N*-(2-炔基)-苯磺酰基氮杂环丁烷衍生物 **3-128b** 与醇或吲哚亲核试剂发生环化反应合成 Benzosultam 衍生物。该方法的适用性广，各种底物和亲核试剂都可以顺利进行反应生成 Benzosultam 衍生物，产率为 18%～98%[154]。金催化剂 **3-128a** 会与化合物 **3-128b** 反应生成螺环铵盐中间体，其随后与亲核试剂发生开环反应，再进行质子化反应生成目标产物。在该反应体系中加入 *N*-碘代丁二酰亚胺 (NIS) 可以得到碘代化产物 (图 3-128)。

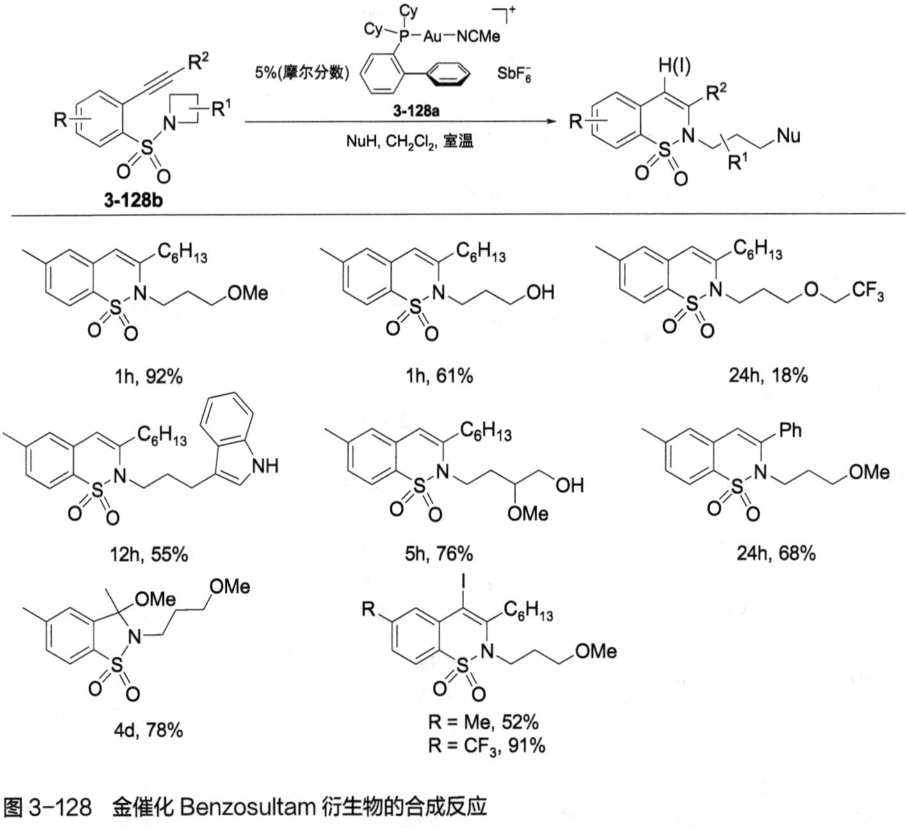

图 3-128 金催化 Benzosultam 衍生物的合成反应

双吲哚生物碱及其类似物具有广泛多样的药理活性，例如，已知的天然产物星状孢菌素具有潜在的药用性。施敏课题组开发了一种通过配体控制的金催化双(吲哚)-1,3-二炔化合物的区域选择性串联环化反应。JohnPhosAuNTf$_2$为催化剂时，双(吲哚)-1,3-二炔化合物发生串联环异构化反应，以中等至良好的产率得到吲哚稠七元环衍生物。BrettPhosAuNTf$_2$为催化剂时，双(吲哚)-1,3-二炔化合物选择性地生成五元杂环双(吲哚)衍生物(图 3-129)[155]。控制实验和 DFT 计算的结果显示配体的空间位阻显著影响着金(Ⅰ)催化剂的选择性。

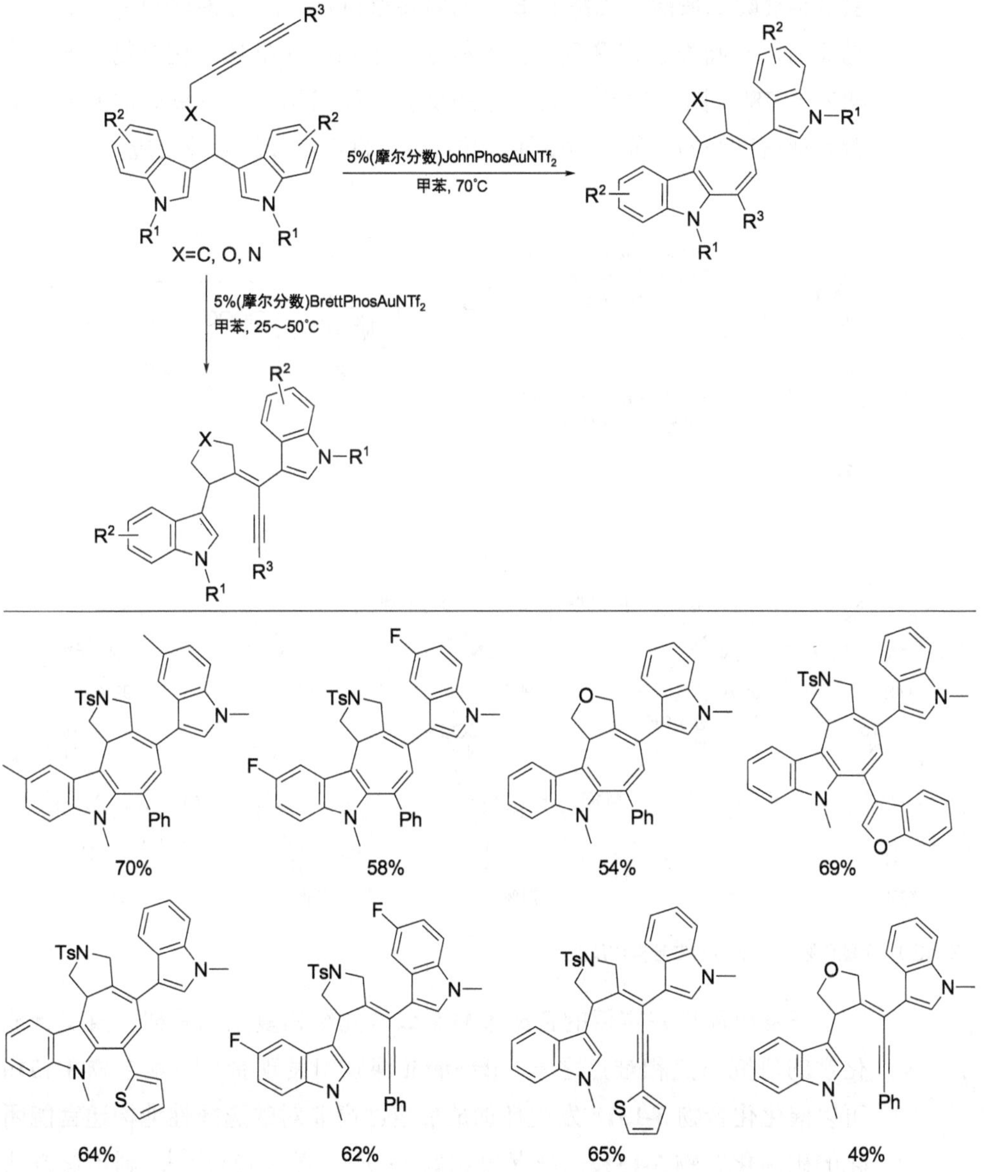

图 3-129 金催化双(吲哚)-1,3-二炔的区域选择性串联环异构化反应

游书力课题组利用金催化吲哚衍生物的去芳构化反应，高效构建一系列螺环类吲哚和吲哚啉螺环化合物。JohnPhosAuCl/AgOMs 为催化剂，底物 **3-130** 中的 R^3 基团不为氢时，通过金催化炔烃的氢官能团化反应促进吲哚发生分子内去芳构化反应，得到一系列螺环类吲哚化合物，产率为 84%～99%。随后发现在相同的催化体系中，2,6-二甲基-1,4-二氢-3,5-吡啶二羧酸二乙酯 (HEH) 为氢转移试剂，底物 **3-130** 中的 R^3 基团是氢时，它将发生串联反应高效构建一系列吲哚啉螺环化合物，产率为 62%～78%（图 3-130）[156]。该方法反应条件温和，具有良好的产率，同时表现出良好的官能团耐受性，并且可以进行克级的合成反应。

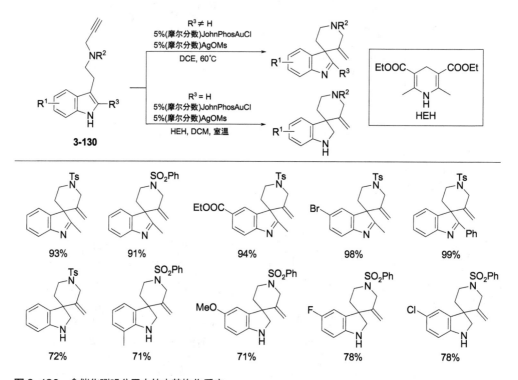

图 3-130 金催化吲哚分子内的去芳构化反应

开发出简单并实用的合成策略有效构建结构复杂的骨架一直是合成化学的研究热点和难点之一。Barriault 课题组发现金（I）配合物 **3-131a** 可以催化化合物 **3-131b** 发生环加成反应，高非对映选择性地构建官能团化的碳环化合物 **3-131c**，产率为 61%～96%（图 3-131）[157]。利用该方法以 3,5-己二烯醇为初始原料，仅需 11 步就可以得到天然产物 **3-131d**。

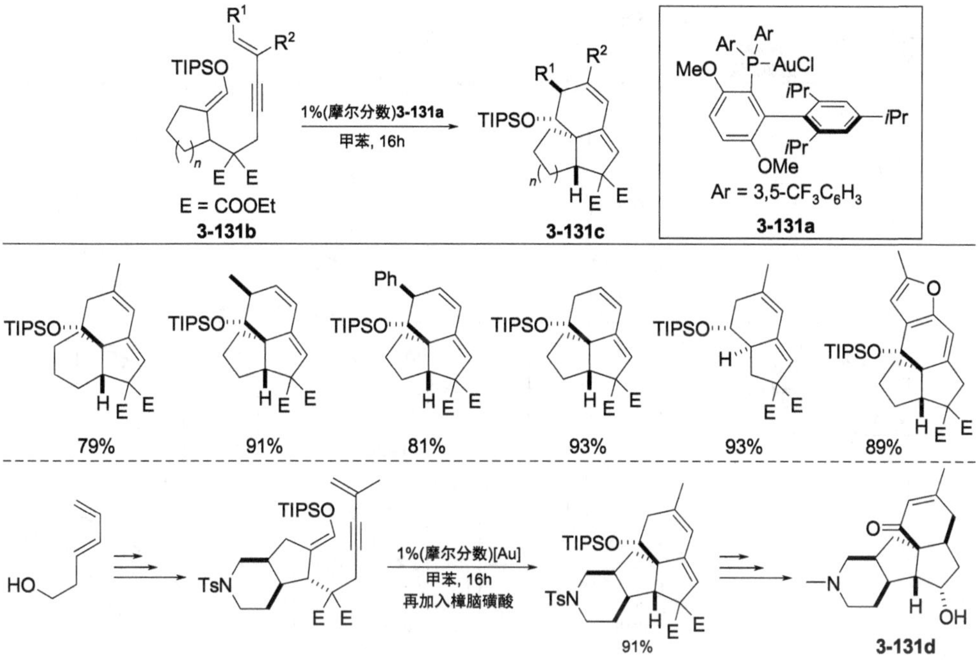

图 3-131 金催化化合物 **3-131b** 的环加成反应

卤代炔基化反应是同时引入卤素原子和炔基单元的有效方法。Haberhauer 课题组发现 [JohnPhosAu(NCMe)]SbF$_6$ 可以催化卤代芳香炔烃和内炔烃发生加成反应，以中等至良好的收率获得顺式加成产物卤代共轭烯炔烃，产率最高为 90%[158]。量子化学计算揭示内炔烃无论进攻卤代炔基的哪一个碳都会形成相同的烯炔产物。^{13}C 标记实验证实该反应通过两条途径进行：一种是通过形成氯阳离子，随后发生芳基转移（路径 A）；另一种是通过 1,3-氯迁移稳定乙烯基阳离子（路径 B）（图 3-132）。

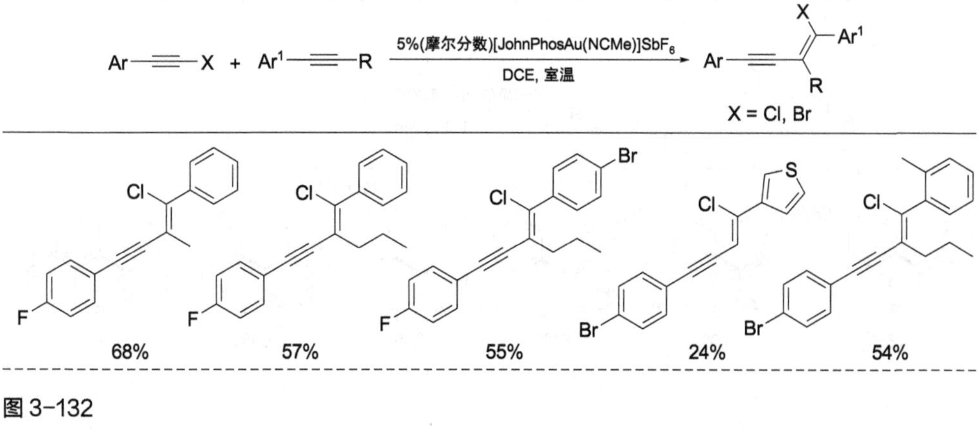

图 3-132

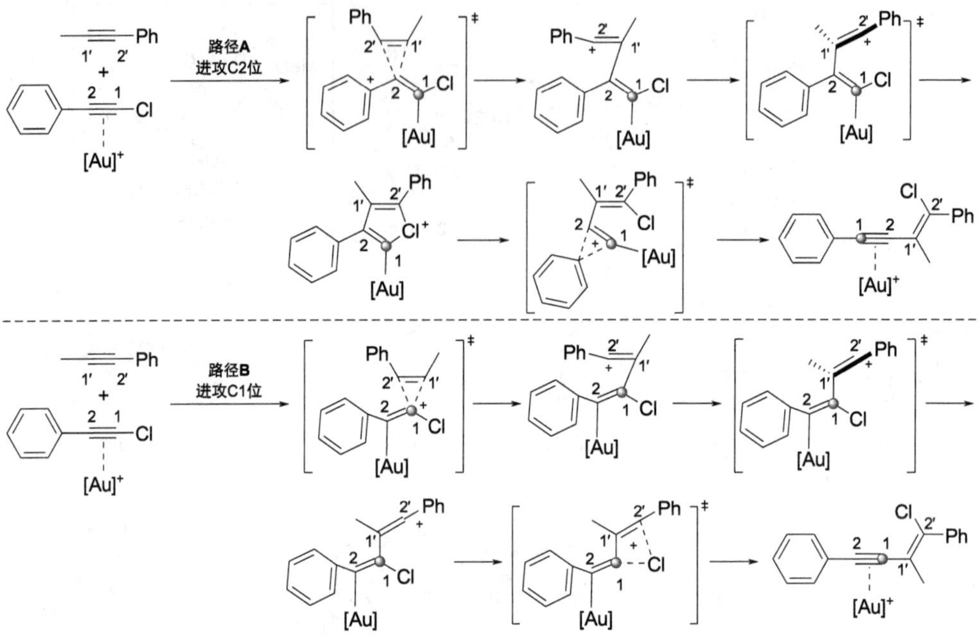

图 3-132　金催化芳香炔烃的卤代炔基化反应

  Topczewski 课题组首次发现金（Ⅰ）可以催化脱羧偶联反应。tBuXPhosAuNTf$_2$ 为催化剂时，可实现（杂）芳基羧酸盐与碘代芳烃的脱羧偶联反应，产率为 14%～93%（图 3-133）[159]。该反应可以在特定的位置发生，克服了金催化氧化偶联反应的局限性。（杂）芳基羧酸盐的反应性与场效应参数相关。tBuXPhosAuNTf$_2$ 与芳基羧酸钠反应得到脱羧中间体 **3-133**，其结构得到 X 射线单晶衍射的表征，随后将其与碘代芳烃反应得到脱羧偶联产物。这说明芳基羧酸金会发生脱羧反应生成金（Ⅰ）阳离子，其会与碘代芳烃进行氧化反应，DFT 计算的结果也支持该推论。

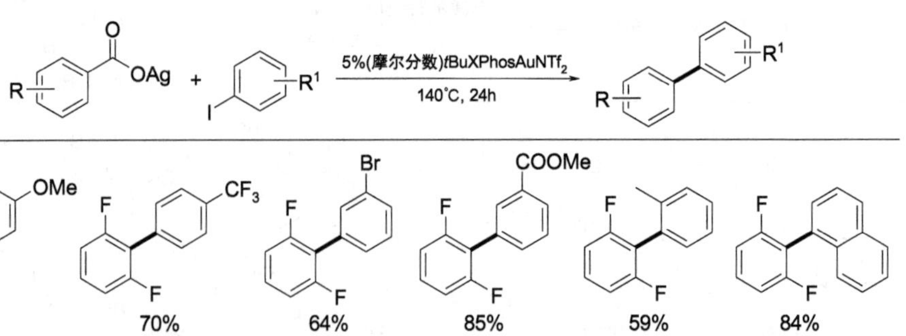

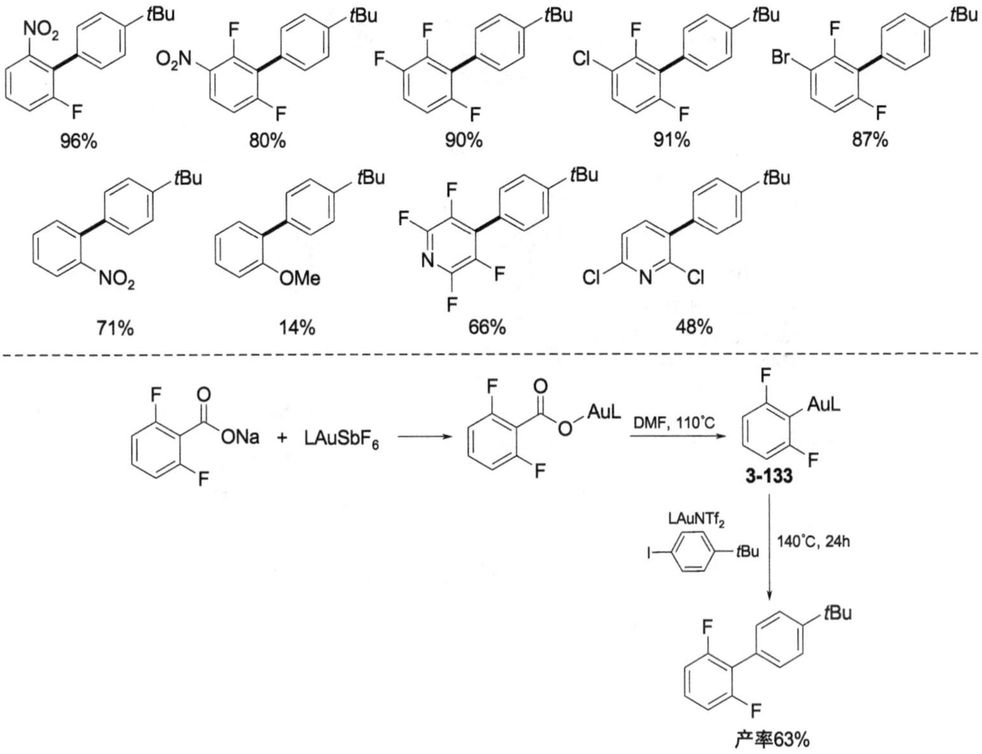

图 3-133　金催化碘代芳烃的脱羧偶联反应

3.2.2.5　二烃基联芳基单膦配体用于其他催化反应

芳基硫醚化合物已经广泛应用于医药和农业等领域。金属催化硫醇和（拟）卤代芳烃的 C—S 键交叉偶联反应，已经成为合成这类化合物的常用方法之一。尽管单膦配体在钯催化的 C—C、C—N、C—O、C—F 和 C—CF$_3$ 键交叉偶联反应中表现出极高的活性，但它们极少被应用于 C—S 键交叉偶联反应。由于硫醇和硫醇盐会与后过渡金属配位形成较稳定的配合物，因而使用稳定的双膦金属螯合物催化 C—S 键交叉偶联反应，这些双膦配体被认为可以降低亲核硫醇对金属催化剂活性的影响。Buchwald 课题组发现单膦钯配合物 **3-134a** 或 **3-134b** 为催化剂时，在室温下就可以高效催化各种溴代（杂）芳烃与芳香和脂肪硫醇的 C—S 键交叉偶联反应。该方法的适用范围广，含有氨基、氰基和羟基等官能团的底物都可以进行反应，高效得到相应的硫醚化合物，产率为 80%～99%（图 3-134）[160]。对机理研究发现，硫醇取代钯催化剂中膦配体的能力与配体的体积或硫的亲核性无关。

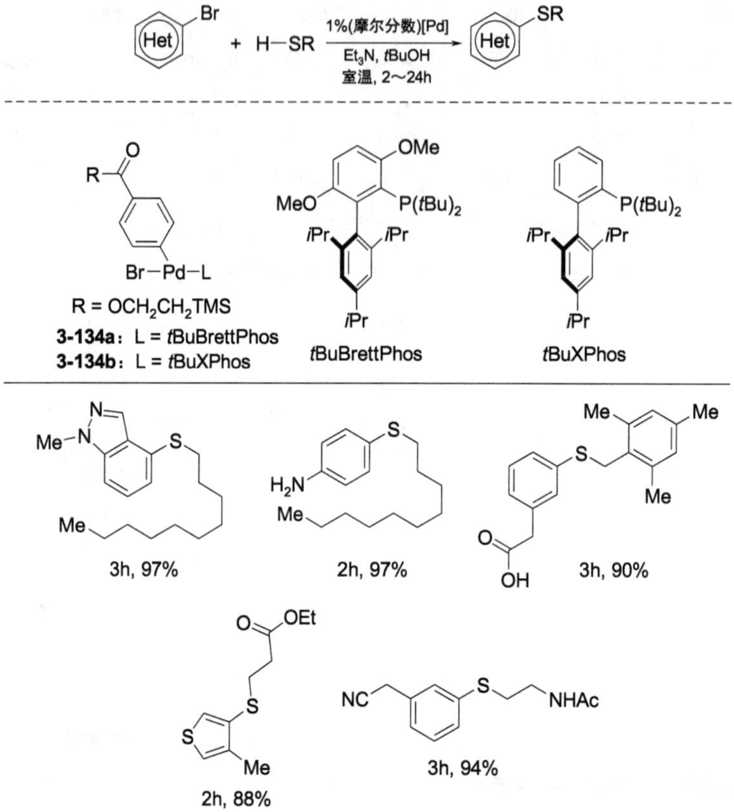

图 3-134　钯催化 C—S 键交叉偶联反应

醚($R\text{-}O\text{-}R^1$)，特别是烷基芳基醚骨架大量存在于天然产物、药物和农药分子中。开发出简单、通用的合成方法，一直是该领域的研究重点。传统合成方法(如：Williamson 醚合成法和 Mitsunobu 反应等)的底物适用范围窄。近二十年来，研究者们发现过渡金属催化反应可以解决这些限制。特别是钯催化的脂肪醇 O-芳基化已经成为研究重点之一。然而，最好的结果往往只能通过活化卤代芳烃实现，而且在许多情况下需要高温条件才能发生反应。在钯催化 C—O 键交叉偶联反应中，含有 β-氢的醇和惰性卤代芳烃(即富电子卤代芳烃)的反应最具挑战性。钯催化卤代芳烃和醇的 C—O 键交叉偶联反应的机理如图 3-135 所示。相比钯催化 C—N 键交叉偶联反应的类似过程，反应中间体 [L_nPd^{II}(Ar)(alkoxide)] (alkoxide= 醇盐)的还原消除过程很慢，因此易发生 β-氢消除反应，导致卤代芳烃被还原生成芳烃。尽管该类反应的研究已取得了一些进展，但仍需发展出更有效的配体用于钯催化 C—O 键偶联反应。

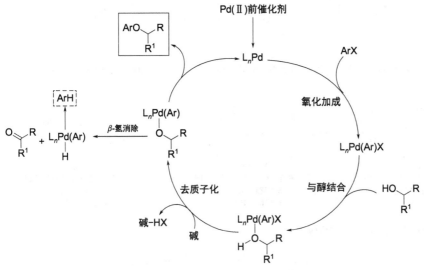

图 3-135　钯催化二级醇与卤代芳烃的 C—O 键交叉偶联反应的机理

Buchwald 课题组发现催化剂 **3-136c** 和 **3-136d** 可以在温和的反应条件下高效催化伯醇的 C—O 键交叉偶联反应，产率为 56%～92%[161]。配体 **3-136a** 可以促进钯催化一些含有杂环的醇与高活性的卤代杂芳烃进行 C—O 键偶联反应。此外，配体 **3-136b** 可以显著提高钯的催化活性，使低活性的底物进行反应（图 3-136）。后续的研究发现 **3-136d** 为催化剂时，可以实现氯代（杂）芳烃与醇的 C—O 键交叉偶联反应。该反应只需 1.2 当量的醇，在室温或 40℃下就可以反应，产率为 53%～98%[162]。

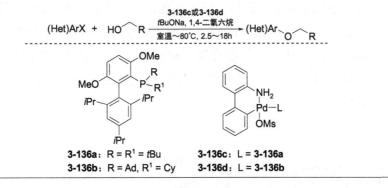

图 3-136

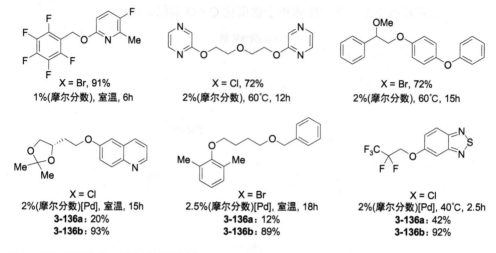

图 3-136 钯催化 C—O 键交叉偶联反应

3.2.3 非手性 2,3-二氢苯并 [d][1,3] 氧杂膦烷配体的应用

膦配体 SPhos 中的 PCy_2 基团与芳环通过碳碳单键相连,可以自由旋转,与金属中心配位时会有多个构象异构体生成。具有大位阻和刚性结构的磷杂环配体不存在这种旋转,磷原子只会定向与金属发生配位。苯并氧杂五元膦烷是刚性、稳定、又容易修饰的结构单元,基于此类骨架的膦配体具有成为优势配体的潜力,而且苯并氧杂膦烷配体一般是在室温、空气中稳定的固体,便于工业化的应用和操作。汤文军课题组设计合成一系列具有独特的空间结构和电子性质的 2,3-二氢苯并 [d][1,3] 氧杂磷杂茂配体,它们在金属催化偶联反应中展现出极高的活性和选择性(图 3-137)。本节只介绍非手性 2,3-二氢苯并 [d][1,3] 氧杂膦烷配体的应用。

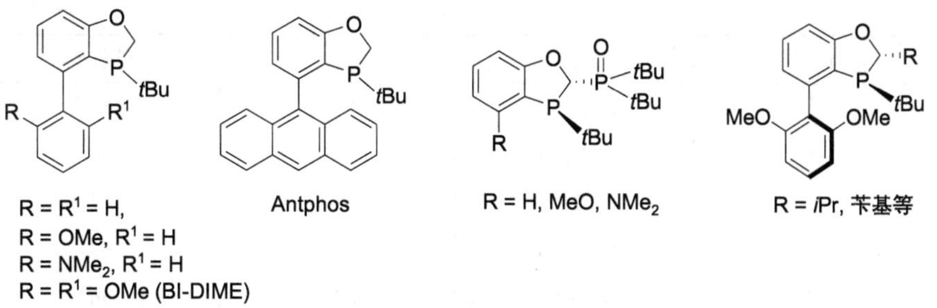

R = R¹ = H,
R = OMe, R¹ = H
R = NMe₂, R¹ = H
R = R¹ = OMe (BI-DIME)

Antphos

R = H, MeO, NMe₂

R = *i*Pr, 苄基等

图 3-137 非手性 2,3-二氢苯并 [*d*][1,3] 氧杂磷杂茂配体

大位阻联芳基骨架不仅存在于很多重要的天然产物中，而且它也是提高配体活性和选择性的关键骨架，因此研究大位阻联芳基化合物的合成非常重要。钯催化的 Suzuki-Miyaura 交叉偶联反应可以高效构建联芳基化合物，但是具有较大空间位阻的底物很难进行反应，例如 2,4,6-三取代基芳基卤代物很难与 2,4,6-三取代基芳基硼酸进行 C—C 键交叉偶联反应。2000 年，汤文军课题组[163-165]设计合成一系列非手性 3-叔丁基-4-芳基-2,3-二氢苯并 [*d*][1,3] 氧杂膦烷配体。随后该课题组用 Pd(OAc)₂ 为前催化剂，使用不同的膦配体催化 2,4-二甲氧基溴苯和 2,4,6-三异丙基苯硼酸的 Suzuki-Miyaura 交叉偶联反应。实验结果显示碱对反应的影响很大，当 BI-DIME 为配体，*t*BuONa 为碱时，反应的产率最高为 97%；NaHCO₃、KF、TEA、DBU 或 DABCO 为碱时，基本没有目标产物生成；CsF、K₂CO₃、Na₂CO₃、K₃PO₄ 或 NaOH 为碱时，目标产物的产率为 20%～60%。此外，相比其他常用的膦配体，BI-DIME 展现出最高的活性，当 SPhos、RuPhos、XPhos、dppf、PCy₃、P(*t*Bu)₃ 或 PPh₃ 为配体时，目标产物的产率仅有 1%～22%（表 3-5）。

表3-5 配体和碱对大位阻底物的Suzuki–Miyaura交叉偶联反应的影响

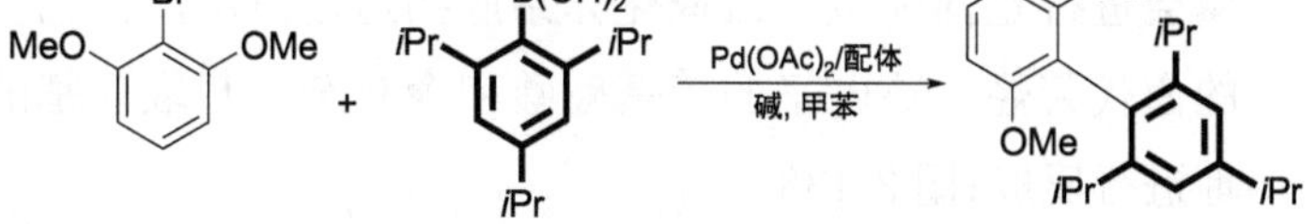

序号	配体	碱	产率 /%
1	BI-DIME	NaHCO₃	<1
2	BI-DIME	KF	<1

续表

序号	配体	碱	产率/%
3	BI-DIME	CsF	33
4	BI-DIME	K$_2$CO$_3$	20
5	BI-DIME	Na$_2$CO$_3$	47
6	BI-DIME	K$_3$PO$_4$	60
7	BI-DIME	NaOH	56
8	BI-DIME	tBuONa	97
9	BI-DIME	TEA	<1
10	BI-DIME	DBU	1
11	BI-DIME	DABCO	<1
12	SPhos	tBuONa	4
13	RuPhos	tBuONa	5
14	XPhos	tBuONa	3
15	dppf	tBuONa	22
16	PCy$_3$	tBuONa	10
17	P(tBu)$_3$	tBuONa	<1
18	PPh$_3$	tBuONa	3

膦配体 BI-DIME 极大地提高了钯的催化活性，钯的用量仅需 0.002%～1%(摩尔分数)，就可以高效催化大空间位阻的 2,4,6-三取代基芳基硼酸与邻位有取代基的溴代芳烃进行偶联反应，生成相应的联芳基化合物。例如，催化邻溴甲苯与 2-苯基苯硼酸的 Suzuki-Miyaura 交叉偶联反应仅需 0.002%(摩尔分数)的钯催化剂，产率为 98%；催化大位阻的 2,4,6-三甲基溴苯与 2,4,6-三异丙基苯硼酸的 Suzuki-Miyaura 交叉偶联反应仅需 1%(摩尔分数)的钯催化剂，产率为 97%。与二烃基芳基膦配体相比，该类膦配体具有不同的空间和电子性质，而且配体中的磷原子与金属会进行定向配位。该催化体系底物适用范围广，包括空间上极端受阻的卤代芳烃、缺电子的芳基硼酸和含有杂芳基取代基的底物都可以顺利地进行反应(图 3-138)。

1,1'-联萘-2,2'-二醇(BINOL)类有机催化剂被越来越多地用于催化多种有机转化反应，并且已经被证明仅需简单的操作和温和的反应条件就可以催化不对称合成反应，而且对底物的官能团耐受性强。值得注意

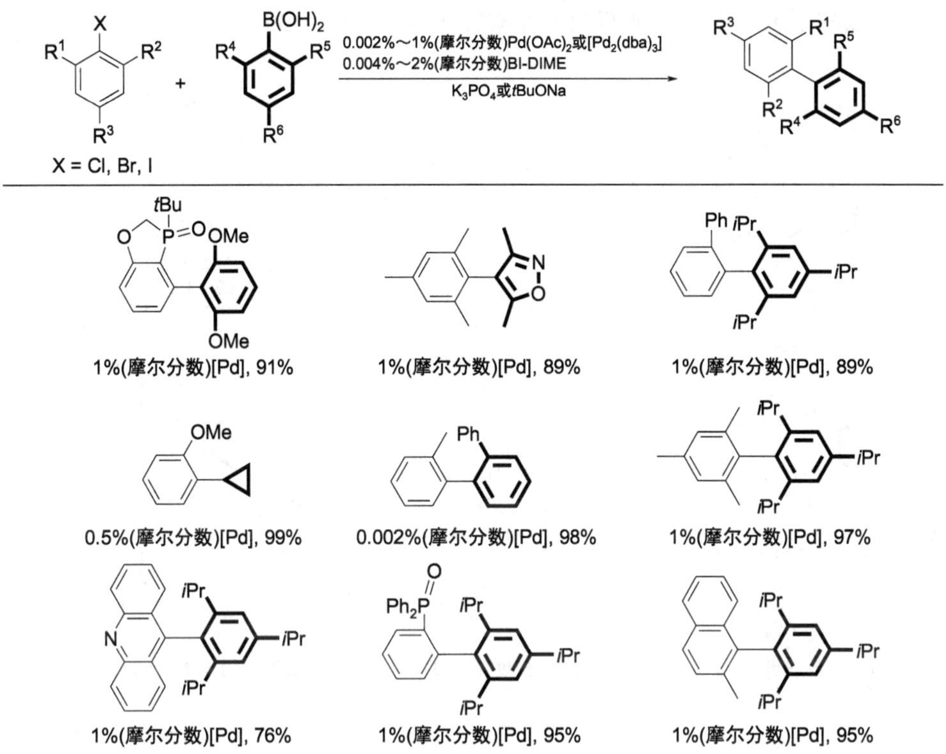

图 3-138 钯催化大空间位阻的底物进行 Suzuki-Miyaura 交叉偶联反应

的是，通过改变 3-位和 3′-位的取代基可以调节 BINOL 化合物的空间位阻和电子性质，从而显著影响其催化活性和选择性。尽管 3,3′-双芳基化 BINOL 在对映选择性反应中的使用量已经呈现出指数增长，但是它们的合成策略仍然是使用醚保护的 3,3′-双硼酸或 3,3′-二卤代 BINOL 的 Suzuki-Miyaura 交叉偶联反应，然后对偶联产物进行脱保护反应生成 3,3′-双芳基化 BINOL 衍生物。此外，为了获得较高的转化率，反应通常需要使用较高用量的催化剂和较长的反应时间，因此这些合成方法不适用于大规模的生产应用。Haddad 课题组[166]发现在温和的反应条件下 Pd(OAc)$_2$/ BI-DIME 体系可以直接催化 3,3′-二溴-BINOL 与芳基硼酸进行 Suzuki-Miyaura 交叉偶联反应高效合成一系列 3,3′-双芳基化 BINOL 衍生物，产率为 77%～99%。该体系仅需 0.5%(摩尔分数)的催化剂就可以在室温下高效催化反应，而且催化剂的用量可以降低至 0.05%(摩尔分数)。该方法可以用于 10g 级的合成反应。目标化合物 3,3′-双芳基化 BINOL 可以与 POCl₃ 反应生成新的手性膦酸化合物(图 3-139)。

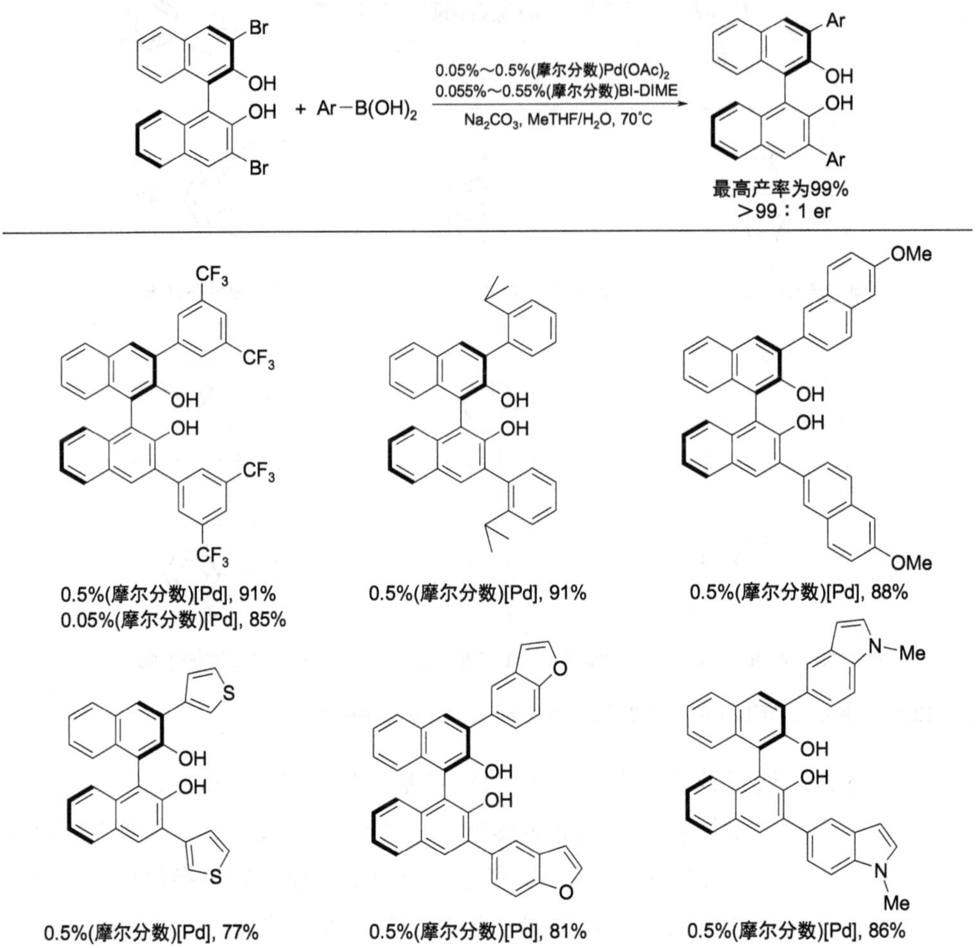

图 3-139 钯催化 3,3′-二溴代 BINOL 的 Suzuki-Miyaura 交叉偶联反应

芳基-烷基的 Suzuki-Miyaura 交叉偶联反应被越来越多地用于复杂天然产物和药物分子的全合成。尽管该反应已经被大量研究，但是由于烷基中存在 β-氢原子，芳基-烷基的 Suzuki-Miyaura 交叉偶联反应会发生还原副反应和异构化副反应，从而使反应体系变得复杂，尤其是 2,6-双取代基仲烷基芳烃的合成非常具有挑战性。汤文军课题组设计合成的膦配体 **3-140a** 和 **3-140b** 成功地抑制了大位阻的卤代芳烃和烷基硼酸的异构化和还原反应，使钯高效催化 2,6-双取代基溴代芳烃与仲烷基硼酸进行交叉偶联反应(图 3-140)[167]。

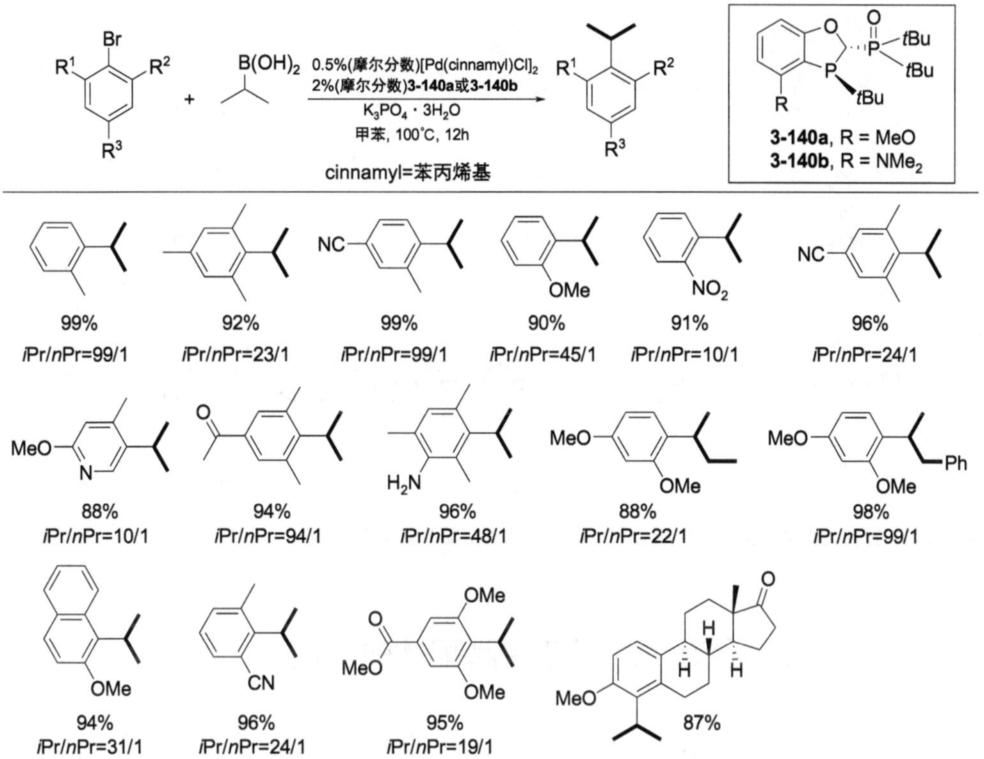

图 3-140 钯催化 2,6-双取代基溴代芳烃与仲烷基硼酸的 Suzuki-Miyaura 交叉偶联反应

除了上述反应之外，BI-DIME 配体还可用于其他钯催化反应。如钯的用量仅需 0.05%(摩尔分数)就可以高效催化各种卤代(杂)芳烃与胺(包括大位阻的芳基胺和烷基胺)进行 C—N 键偶联反应 [图3-141(a)][168]。此外，汤文军课题组在前期研究的基础上设计合成了膦配体 Antphos，此配体可以使 Bedford Pd 高效催化各种大位阻的溴代芳烃进行 C—B 键偶联反应 [图3-141(b)][169]。

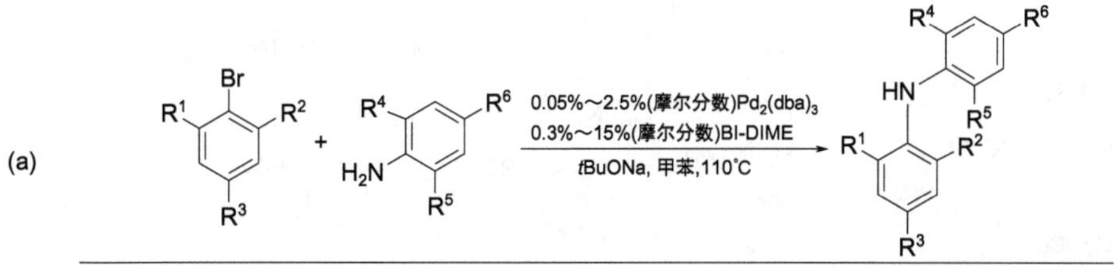

图 3-141

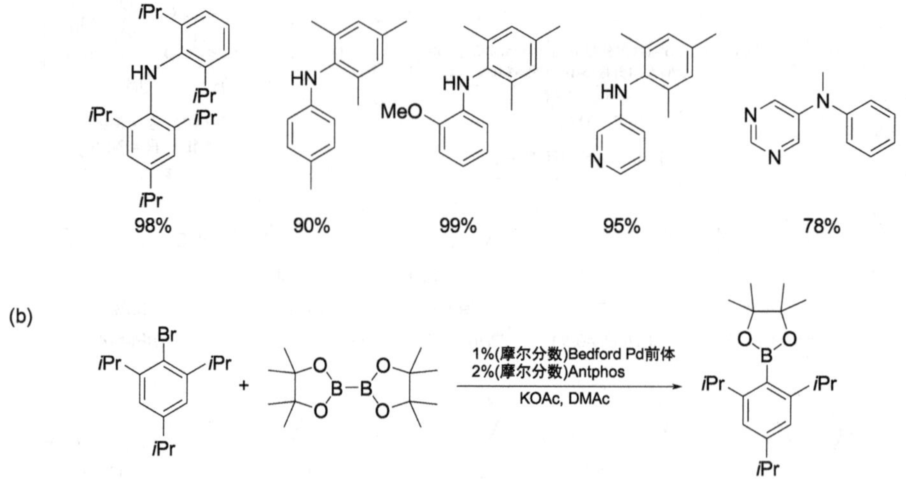

图 3-141 钯催化大位阻卤代芳烃的 C—N 和 C—B 键交叉偶联反应

3.2.4 含氮杂环骨架单膦配体的应用

含氮骨架膦配体具有很多优点。首先，含氮化合物种类繁多，很多含氮化合物可以商业购买。其次，该类配体的骨架较容易修饰，容易对配体的电子效应和空间结构进行调控。其中，Stradiotto 课题组合成的邻氨基膦配体和邝福儿课题组设计合成的氮杂环基膦配体，在金属催化的 C—C、C—N 和 C—O 键等偶联反应中展现出与其他类型膦配体不同的催化性质（图 3-142）。邝福儿课题组设计合成的吲哚基膦配体在钯催化 C—C 键的交叉偶联反应、胺化反应以及 C—H 键的活化反应中展现出极高的反应活性。

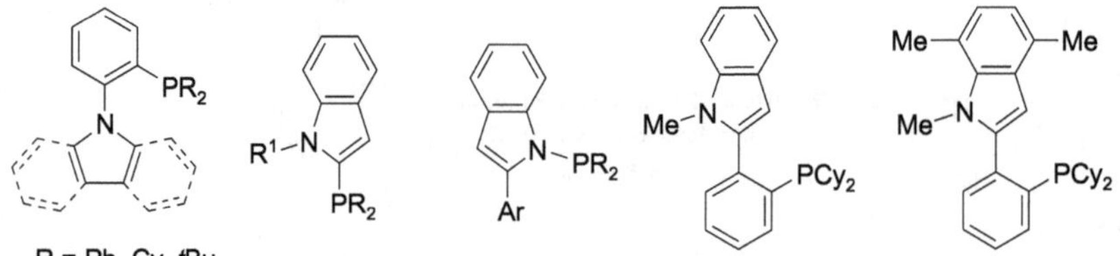

R = Ph, Cy, tBu
R^1 = C(O)NiPr$_2$, CO$_2$tBu, SO$_2$Ph, Me

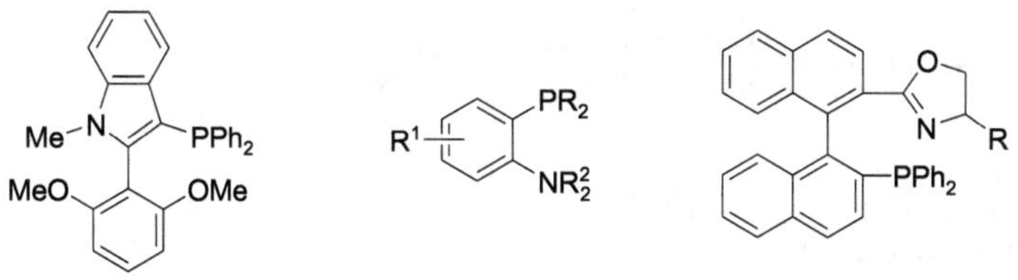

图 3-142　含氮骨架膦配体

3.2.4.1　含氮杂环骨架单膦配体用于钯催化 C—N 键的偶联反应

Stradiotto 课题组发现邻氨基膦配体 Mor-DalPhos 可以显著提高钯的催化活性，使其可以在较温和的条件下高效催化氯代芳烃与氨进行 C—N 键偶联反应，生成一系列伯胺（图 3-143）[5, 170]。在相同的条件下，[Pd(cinnamyl)Cl]₂/ Mor-DalPhos 可以高效催化氯代芳烃与肼进行 C—N 键偶联反应，随后再加入苯甲醛，一锅法制备腙类化合物（图 3-144）[171]。

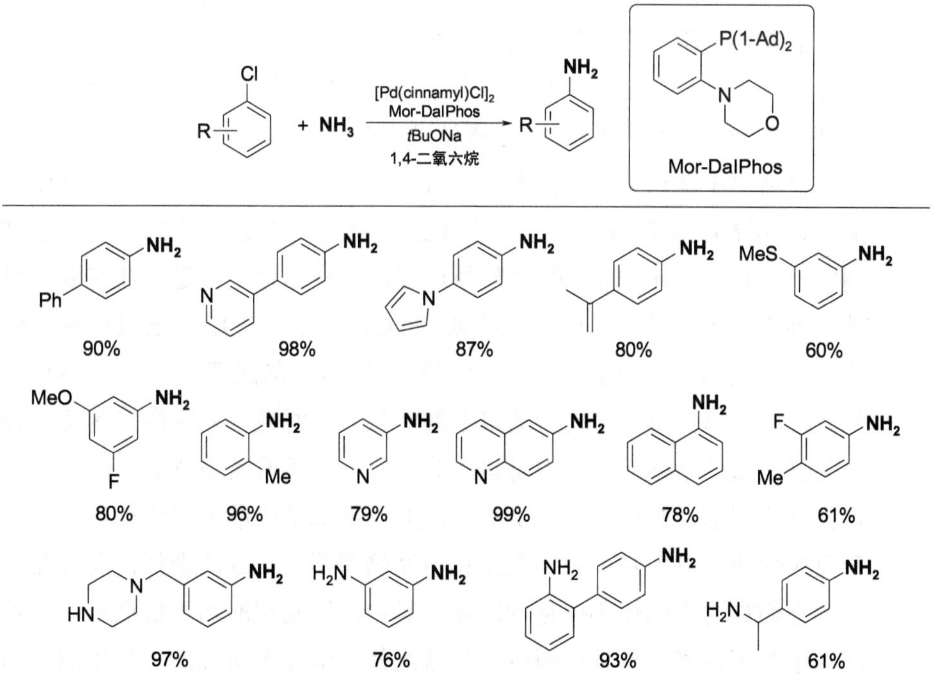

图 3-143　钯催化氯代芳烃的胺化反应

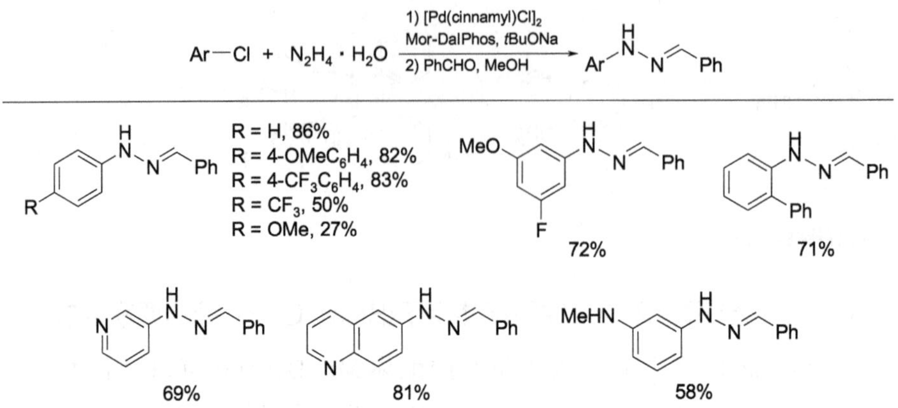

图 3-144 钯催化氯代芳烃与肼的偶联反应

  经过几十年的发展，钯催化的交叉偶联反应已经成为现代有机合成中最常用的策略之一。其中，卤代芳烃是使用最多的底物之一，但是一些特定结构的卤代芳烃可能很难获得。此外，非商品化的卤代芳烃的合成可能需要多步反应、苛刻的反应条件以及会产生不必要的副产物。相比之下，芳基/烯基磺酸酯是一类非常有价值的底物，用酚或羰基烯酸酯即可制备，它们可以区域选择性地形成芳基和1-烯基亲电子体。此外，自然界中普遍存在酚类和羰基化合物，用其制备的芳基/烯基磺酸酯可以用于合成药物。其中，芳基三氟甲基磺酸酯是最常用的亲电试剂之一，它拥有比溴代/碘代芳烃更好的反应活性。但是，在室温、碱性条件下，即使是使用弱碱性物质（如 Cs_2CO_3、K_3PO_4），三氟甲基磺酸酯也很容易分解。此外，大多数芳基三氟甲基磺酸酯是液体，不易提纯。近十几年，研究发现芳基氟磺酸酯和芳基对氟苯基磺酸酯等可以替代芳基三氟甲基磺酸酯，但是这些替代方案仍面临着成本高、纯化难或毒性高等问题。相比之下，由廉价的对甲基苯基磺酰氯和甲基磺酰氯与酚反应生成的对甲基苯基磺酸酯和甲基磺酸酯是很好的选择，而且在常温下它们是易于纯化和保存的固体。其中，甲基磺酸酯不仅稳定，而且比对甲基苯基磺酸酯更加廉价。随着配体和催化剂研究的不断进展，相比卤代芳烃和其他磺酸酯类化合物，甲基磺酸酯往往是更好的亲电试剂（图 3-145）[172]。

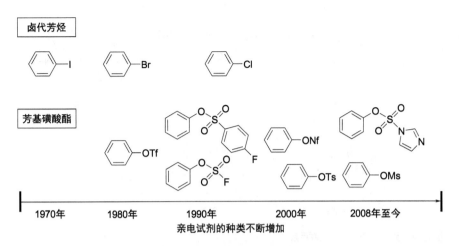

图 3-145 用于交叉偶联反应的卤代芳烃和芳基磺酸酯亲电试剂

邝福儿课题组用 Pd(OAc)$_2$ 为催化剂，**3-146** 为配体，高效催化亚砜亚胺化合物与芳基磺酸酯的 C—N 键交叉偶联反应。该催化体系底物适用范围广，含有羰基、硝基、氰基和杂环等基团的底物都可以顺利进行反应（图 3-146）[173]。当 Pd(OAc)$_2$ 为催化剂，**3-147** 为配体时，可以实现三氟甲基磺酸对叔丁基苯基酯与苯肼的 C—N 键偶联反应，产率为 80%。基于此，邝福儿课题组进一步对钯源和膦配体进行筛选，发现 Pd(TFA)$_2$ 为催化剂，**3-147** 为配体时，反应的产率最高。使用该催化体系可以催化一系列含有供电子和吸电子基团的底物进行反应，高效构建 N,N-二芳基肼衍生物，反应的最高产率为 95%（图 3-147）[174]。

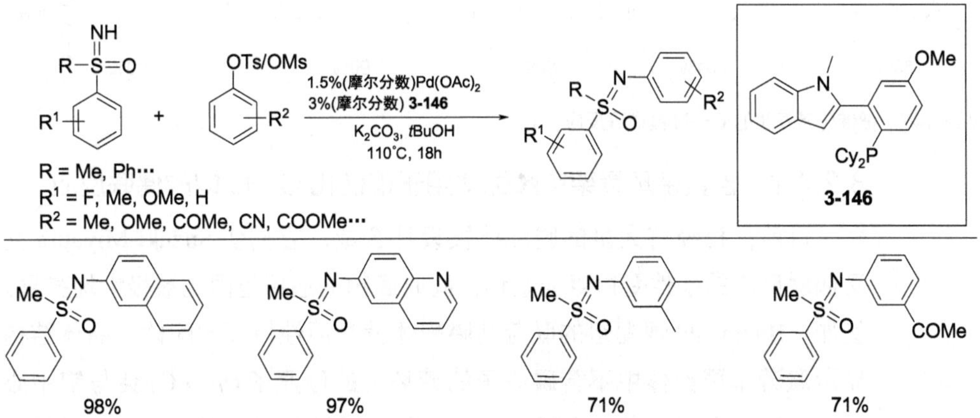

图 3-146

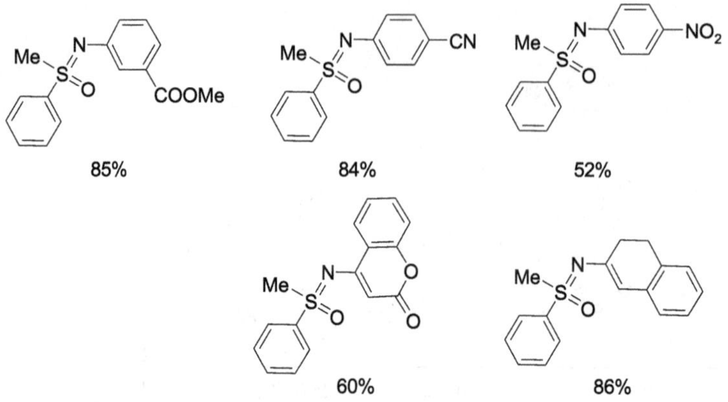

图 3-146 钯催化亚砜亚胺的 C—N 键偶联反应

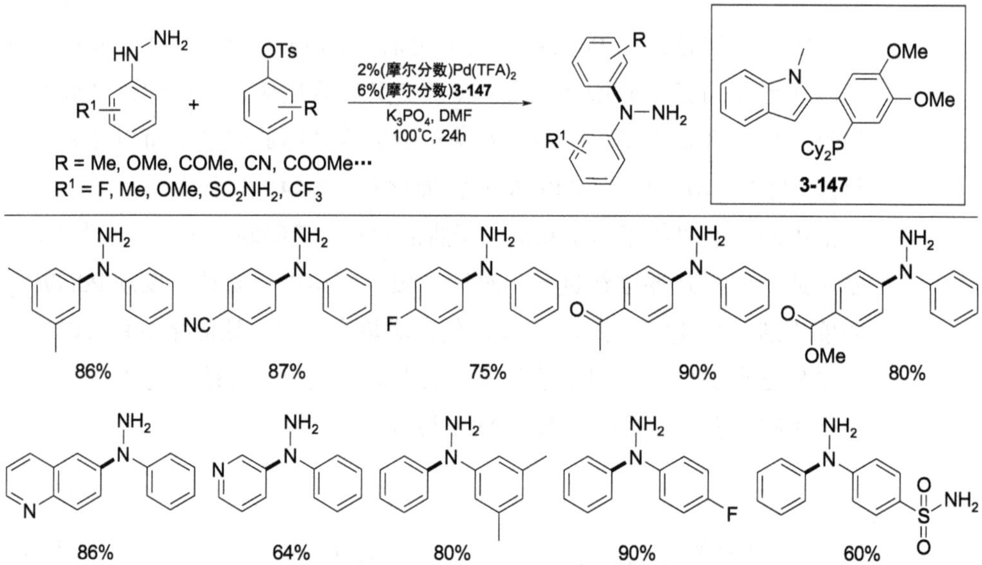

图 3-147 钯催化芳基肼的 C—N 键偶联反应

3.2.4.2 含氮杂环骨架单膦配体用于钯催化 C—C 键的偶联反应

目前，已经有大量的膦配体被设计合成，它们使 Suzuki-Miyaura 交叉偶联反应的条件变得更加温和，同时底物的适用范围也被极大地扩展。例如，Buchwald 课题组的联芳基膦配体就是活性极高的配体。晶体结构显示联芳基膦配体中不含磷原子的芳环上的碳原子 (ipso-C) 会与钯中心配位。研究发现，在催化循环中配体和金属具有这种配位模式可以促进氧化加成反应。Stradiotto 课题组的吗啉基-P,N 型配体的下端有一个柔性杂环，它会与钯中心发生 sp^3-N-Pd 配位（图 3-148）。基于此，邝福儿课题组设计合成膦配体 **3-149**，当下端是平面刚性的咔唑基团时可以促进还原消除反应，同时在催化循环过程中 sp^2-N 会与钯中心有一个弱配位，从而增加催化剂的寿命。用 Pd(OAc)$_2$ 为催化剂，**3-149** 为配体，仅需 0.02%～0.2%（摩尔分数）的催化剂，就可以高效催化低活性的邻位具有取代基的氯代芳烃和芳基硼酸进行 Suzuki-Miyaura 交叉偶联反应，高效构建大位阻的联芳基化合物。研究发现磷原子上的取代基对配体的活性影响巨大，在该反应中具有—P(tBu)$_2$ 或—PEt$_2$ 的配体都不具有活性，而有—PCy$_2$ 和—P(iPr)$_2$ 的配体具有活性（图 3-149）[175]。

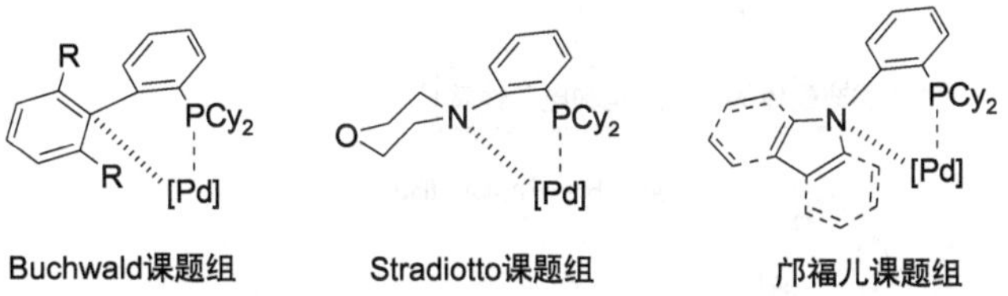

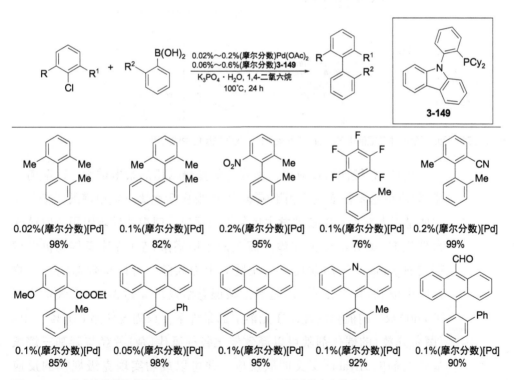

图 3-148 钯催化 Suzuki-Miyaura 交叉偶联反应中膦配体与钯中心的配位方式

图 3-149 咔唑基膦配体在钯催化 Suzuki-Miyaura 交叉偶联反应中的应用

在已报道的膦配体中,具有 N—P 键的配体非常少,N—P 键会使磷原子具有一个独特的富电子 σ-供体性质。2007 年,邝福儿课题组设计合成了一系列具有 N—P 键的吲哚基膦配体,该类配体不仅易于合成,而且在固体时或溶液中都对空气稳定。具有 N—P 键的吲哚基膦配体在钯催化的氯代(杂)芳烃的 Suzuki-Miyaura 交叉偶联反应中展现出很高的活性,它使钯催化剂的用量仅需 0.02%～1%(摩尔分数)(图 3-150)。实验结果显示吲哚 2-位的取代基对配体的活性发挥着至关重要的作用,位于下端的基团不仅增加了配体的空间体积,而且可能使配体与金属中心具有金属-芳烃 π 相互作用[176]。

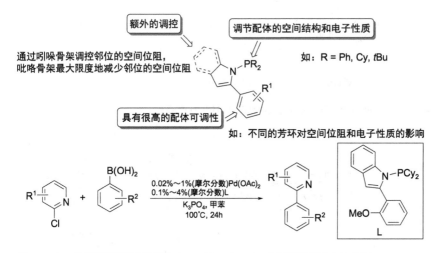

图 3-150 吲哚基膦配体在钯催化 Suzuki-Miyaura 交叉偶联反应中的应用

在 C—C 键偶联反应中,卤代芳烃是最常用的亲电试剂。磺酸芳基酯(如对甲基苯基磺酸酯和甲磺酸酯)的反应活性比三氟甲磺酸酯低,这主要是因为它们与钯较难发生氧化加成反应。邝福儿课题组用 Pd(OAc)$_2$ 为催化剂,CM-phos 为配体,高效催化甲磺酸(杂)芳基酯与有机硅试剂的 Hiyama 交叉偶联反应。在反应中加入酸,可以有效抑制副产物酚的生成[图3-151(a)][177]。随后,该课题组发现配体 **3-151** 极大地提高了 Pd(OAc)$_2$ 的催化活性,在无溶剂的条件下,只需要使用 0.05%～1%(摩尔分数)的催化剂就可以高效催化各种氯代(杂)芳烃与芳基三烷氧基硅试剂的 Hiyama 交叉偶联反应,并可以成功实现克级规模的反应[图3-151(b)][178]。

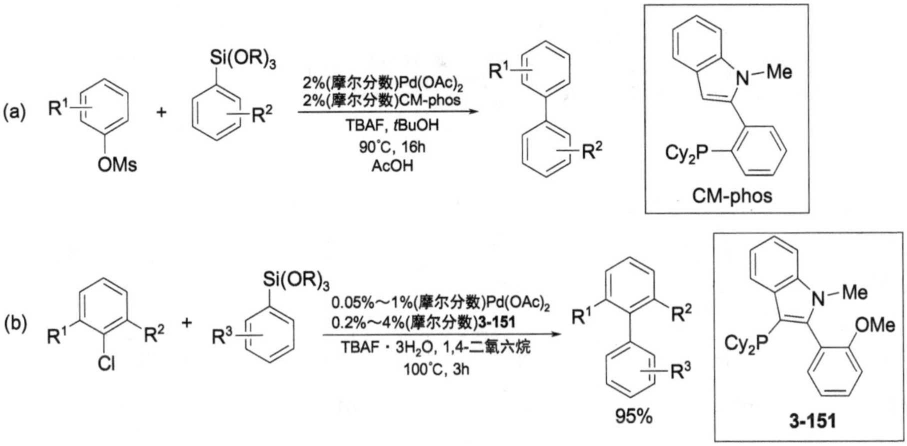

图3-151 吲哚基膦配体在钯催化Hiyama交叉偶联反应中的应用

雷爱文和邝福儿课题组发现Pd(OAc)$_2$为前催化剂,PhMezole-Phos为配体时,只需要0.025%～0.1%(摩尔分数)的催化剂就可以实现噁唑类化合物的烯基化反应,产率最高为98%。该催化体系应用范围广,官能团耐受性强,大位阻的底物和小位阻的对甲苯磺酸乙烯酯可以成功进行偶联反应(图3-152)[179]。随后发现CM-phos配体可以显著提高Pd(OAc)$_2$的活性,使其高效催化氧化吲哚衍生物的C3—H键的芳基化反应。该催化体系仅需0.5%(摩尔分数)的催化剂,而且底物适用范围广,具有羰基和氨基等官能团的底物都可以顺利进行反应,产率最高为97%(图3-153)[180]。

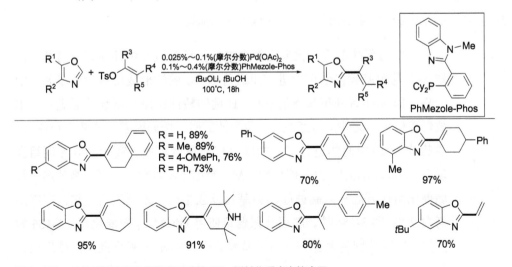

图3-152 N,P型膦配体在钯催化噁唑的C2-烯基化反应中的应用

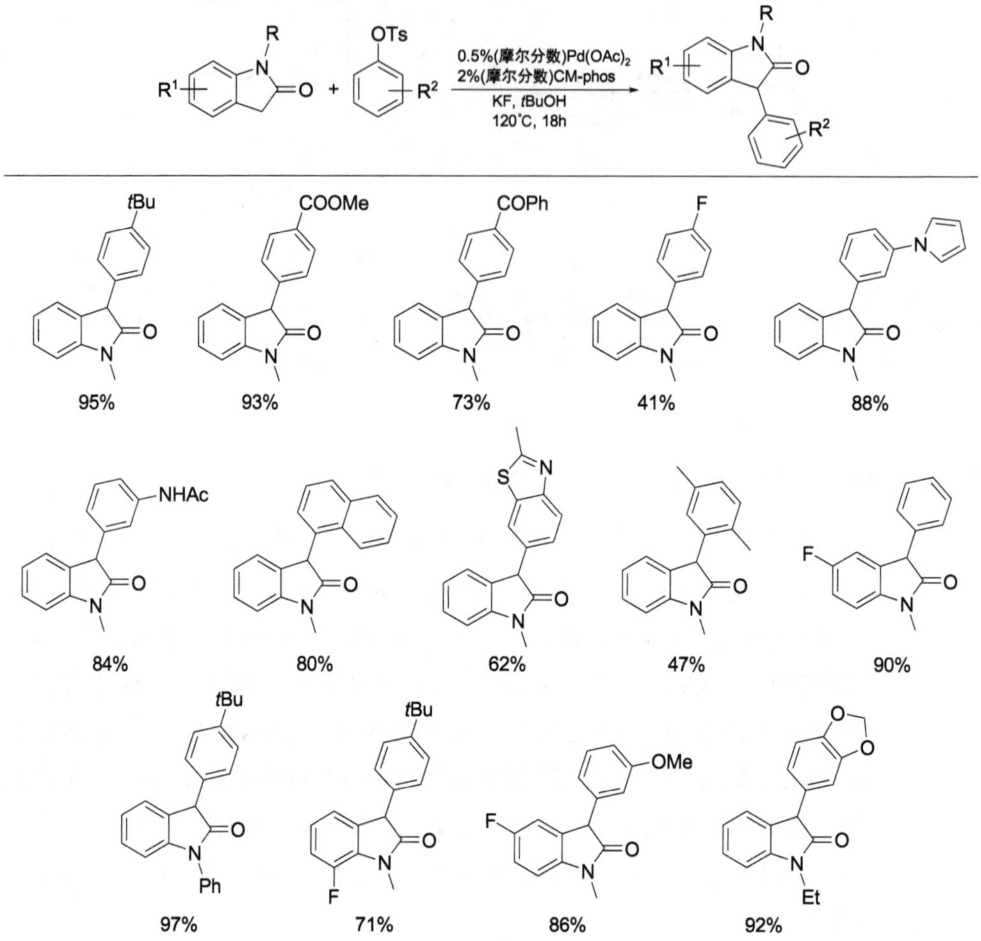

图 3-153　N,P 型膦配体在钯催化氧化吲哚的 α-芳基化反应中的应用

　　催化丙酮的单芳基化反应很难进行。反应过程中即使丙酮过量，产物 α-芳基甲基酮仍然可以进一步进行 C—C 键的形成反应生成多芳基混合物，同时 α-芳基甲基酮的 α-C—H 键的酸性比原料更强从而更容易形成烯醇化物。此外，当底物为小位阻的酮时，例如丙酮，关键的芳基(烯醇盐)Pd(Ⅱ)中间体进行还原消除反应时速度较慢。Stradiotto 课题组发现 [Pd(cinnamyl)Cl]₂ 为前催化剂，Mor-DalPhos 为配体，可以高效选择性地催化卤代芳烃与丙酮进行 α-芳基化反应生成一系列酮衍生物，产率最高为 98%(图 3-154)[4]。邝福儿课题组使用 Pd(OAc)₂ 为催化剂，**3-155** 为配体，实现磺酸芳基酯与(杂)芳基酮化合物的 α-芳基化反应，该反应只

需使用 0.25%～2.5%(摩尔分数)的催化剂,而且底物适用范围广,产率最高为 95%(图 3-155)。机理研究发现反应成功的关键在于大空间位阻的催化剂促进了 C(Ar)—OMs 键与钯的氧化加成反应[181]。

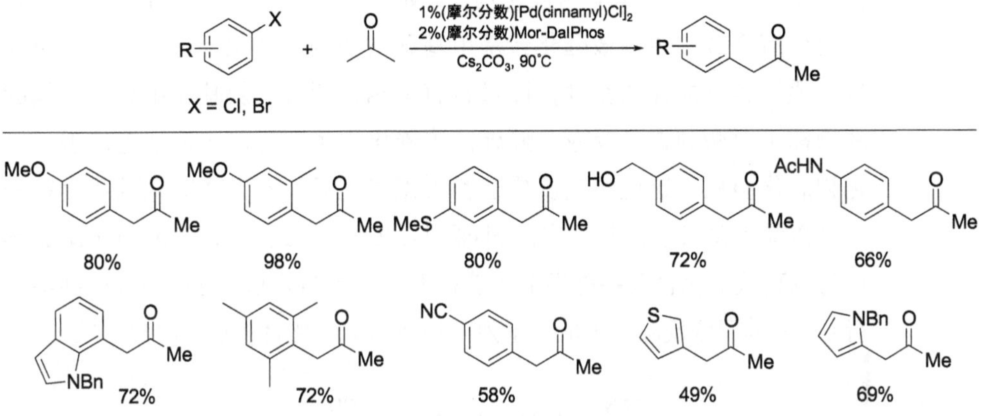

图 3-154 钯催化丙酮的 α-芳基化反应

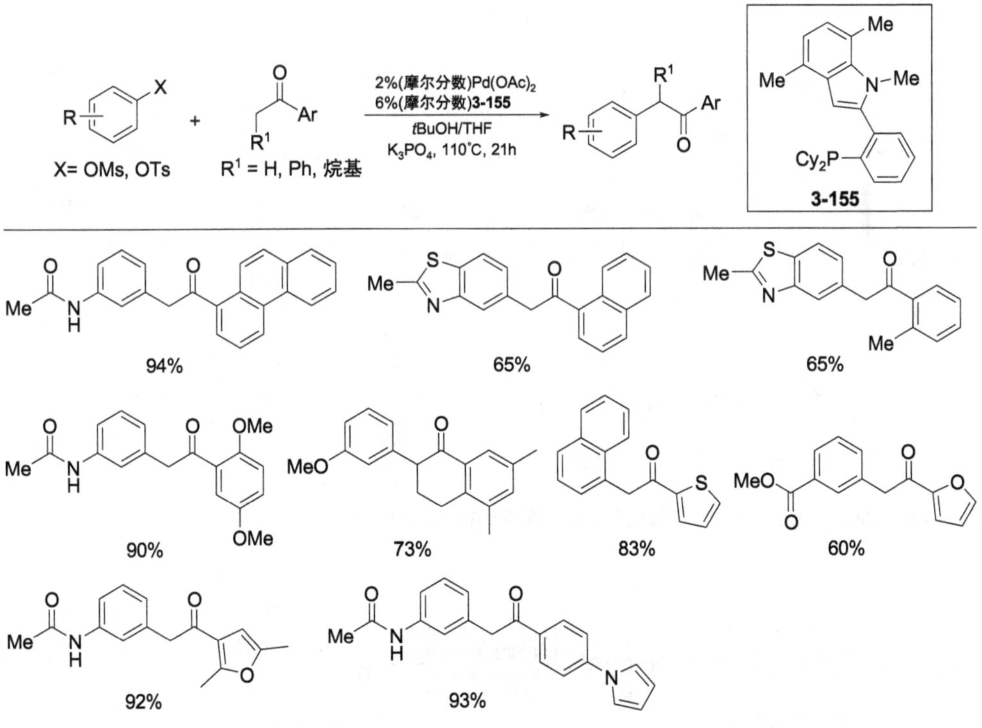

图 3-155 钯催化酮的 α-芳基化反应

3.2.4.3 含氮杂环骨架单膦配体用于催化其他反应

氮杂环基膦配体不仅在钯催化的 C—N 和 C—C 键交叉偶联反应中表现出极高的活性，而且还可以促进钯催化磺酸芳基酯的氰基化和膦酰基化等反应。用 Pd(OAc)$_2$ 为催化剂，CM-phos 为配体，可以在水和叔丁醇的混合溶剂或水中高效催化芳基甲基磺酸酯的氰基化反应。该反应不仅具有很好的官能团耐受性，而且含有硝基、酯基、羰基和杂环等基团的底物都可以顺利进行反应。此外，该催化体系还可以一锅法连续进行氰化和胺化反应。这说明该反应在引入氰基之后，不需要对氰基化合物进行分离就可直接引入其他官能团（图 3-156）[182]。此外，Pd(OAc)$_2$/CM-phos 还可以高效催化含有各种供电子基和吸电子基的芳基磺酸酯与亚磷酸酯进行 C—P 键偶联反应，生成一系列芳基亚膦酸酯化合物（图 3-157）[183]。

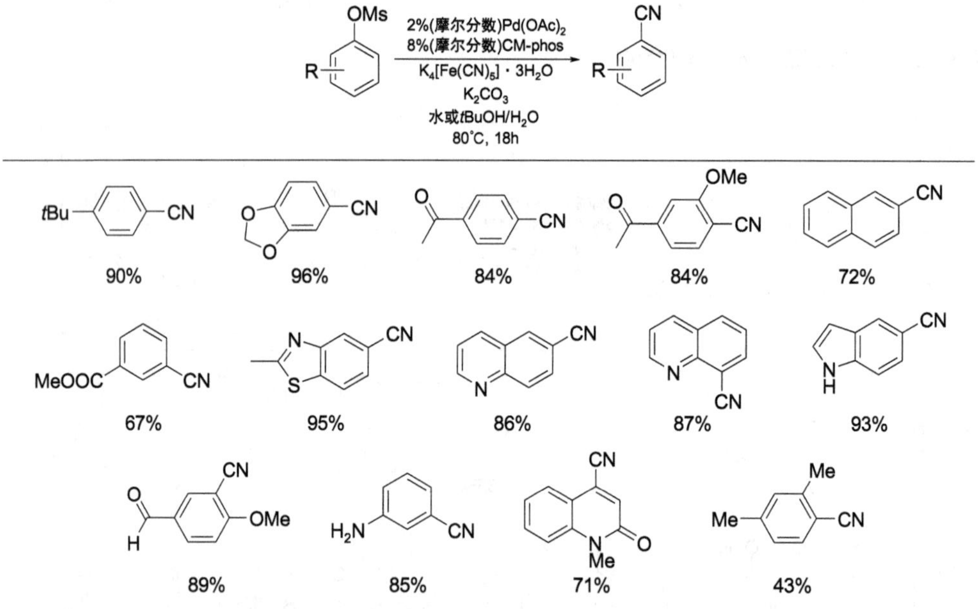

图 3-156 CM-phos 配体促进钯催化芳基甲基磺酸酯的氰基化反应

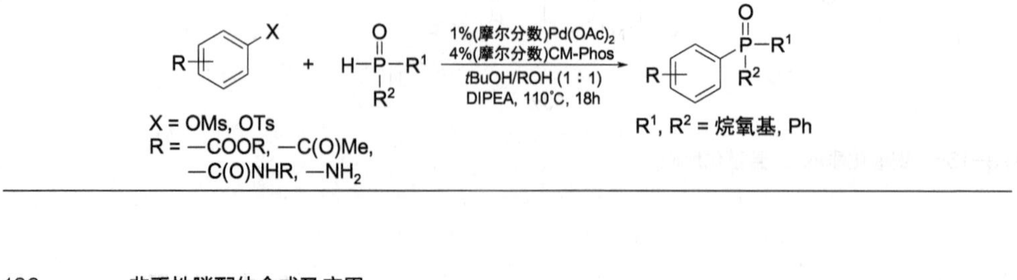

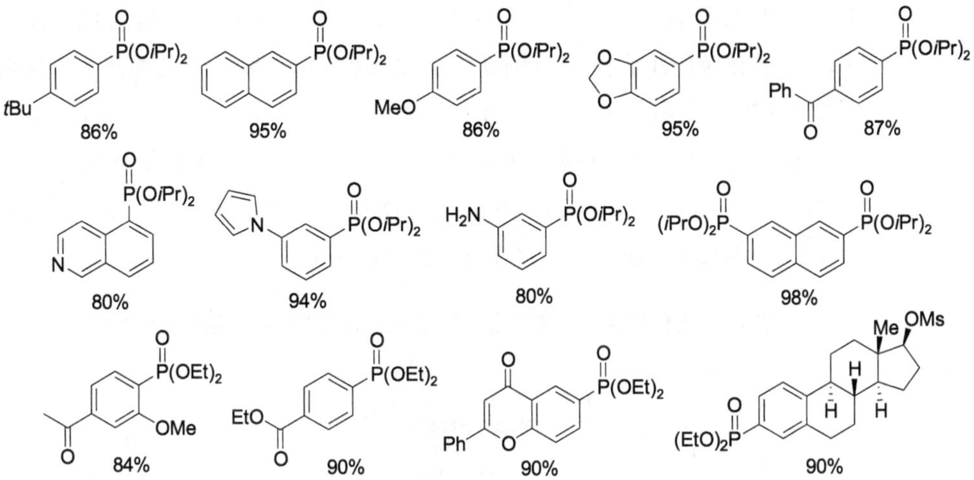

图 3-157 CM-phos 配体促进钯催化芳基甲基磺酸酯的 C—P 键偶联反应

3.2.5　2-(2,3,4,5-四乙基环戊二烯基)苯基单膦配体的应用

具有很强配位能力的膦和环戊二烯基片段组成的(环戊二烯基)苯基膦配体(图 3-158)可以改变钯的活性，使其可以断裂仲胺的 $C(sp^3)$—N 键，活化吡咯和吲哚的 α-$C(sp^2)$—H 键，促进 C—N 键的交叉偶联反应，生成各种氮杂环化合物。此外，(环戊二烯基)苯基膦铬配合物可以活化氮气生成 $Cr(I)$-N_2 配合物。在 $C(sp^3)$—N 键和氮气的活化反应中，(环戊二烯基)苯基膦配体比常用的三烃基膦配体和二烃基联芳基膦配体展现出更高的活性。

图 3-158　(环戊二烯基)苯基膦配体

3.2.5.1　2-(2,3,4,5-四乙基环戊二烯基)苯基单膦配体用于合成氮杂环化合物

C—N 键的断裂反应在有机合成中具有重要的意义，但是通常情况

下它很难被断裂，尤其是仲胺中的 $C(sp^3)$—N 键极难被金属活化。2012年，席振峰课题组合成了首例新型 2-(2,3,4,5-四乙基环戊二烯基)苯基膦配体 **3-159**，然后将其用于钯催化 (3Z,5Z)-3,6-二溴-4,5-二乙基-3,5-辛二烯与吡咯的反应（图 3-159）。配体对该反应发挥着至关重要的作用。常用的 PPh$_3$、Xantphos、XPhos、SPhos 或 DavePhos 为配体时，产率都低于 35%；当 **3-159** 为配体时，产率为 75%（表 3-6）。

表3-6　钯催化烯基二溴化合物与胺反应构建吡咯化合物的条件筛选

序号	配体	碱	产率[①]/%
1	—	tBuOLi	0
2	PPh$_3$	tBuOLi	32
3	Xantphos	tBuOLi	0
4	XPhos	tBuOLi	18
5	SPhos	tBuOLi	29
6	DavePhos	tBuOLi	16
7	L1	tBuOLi	75 (62[②])
8	L2	tBuOLi	52
9	L3	tBuOLi	0
10	L4	tBuOLi	38
11	L1	tBuONa	0
12	L1	tBuOK	0
13	L1	K$_3$PO$_4$	14
14	L1	Cs$_2$CO$_3$	0

① GC 产率。
② 分离产率。

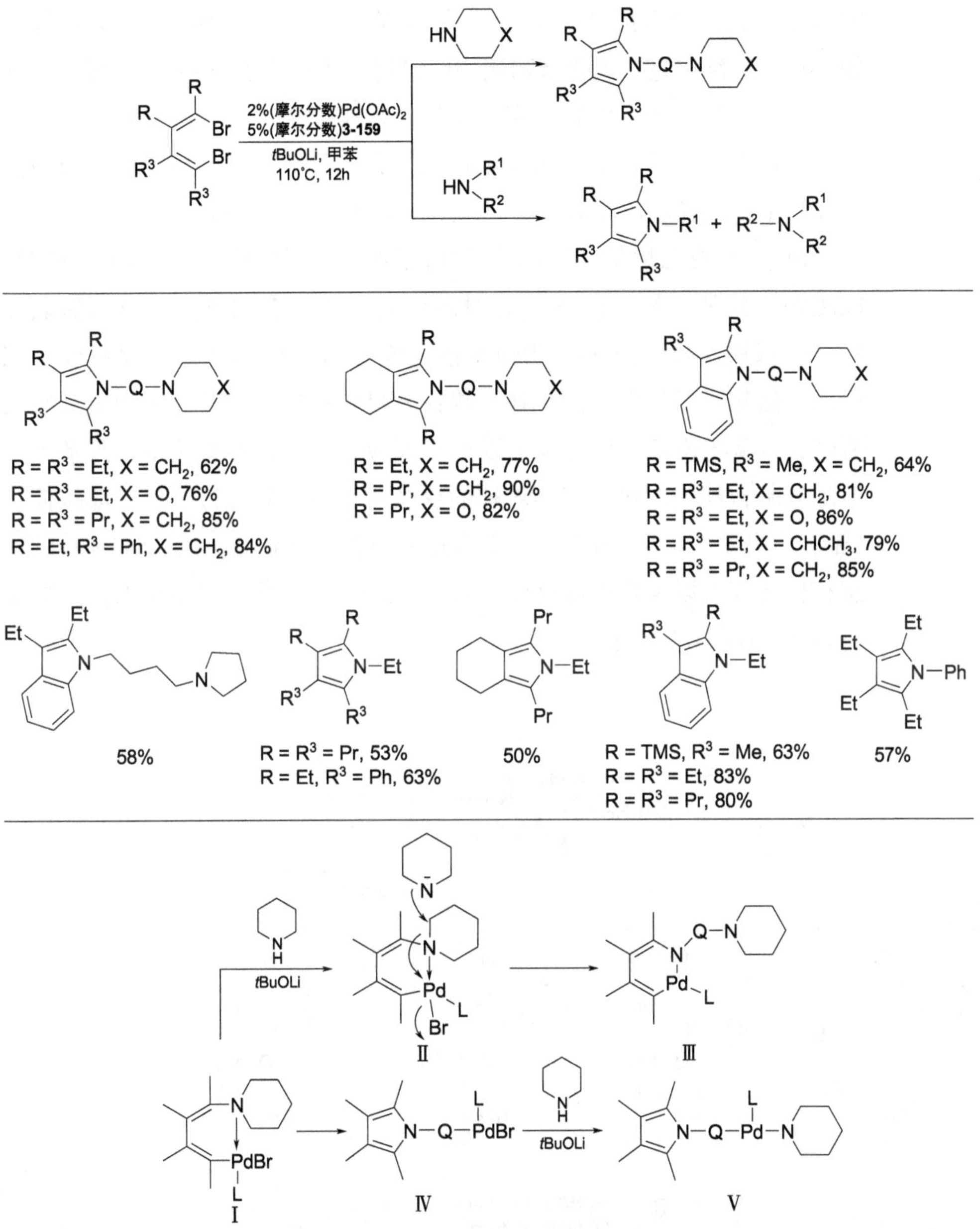

图 3-159　钯催化烯基/芳基二溴化合物反应高效构建吡咯和吲哚衍生物

2-(2,3,4,5-四乙基环戊二烯基)苯基膦配体 **3-159** 可以显著提高钯的催化活性，使其可以高效地断裂仲胺的 C(sp³)—N 键，然后与烯基/芳基二溴化合物反应构建新的 C(sp²)—N 和 C(sp³)—N 键，生成一系列吡咯和吲哚衍生物，产率最高为90%[7]。该反应可能经过两种路径得到目标产物，第一种路径是二溴化合物和仲胺经过一个氧化加成／胺化／氧化加成过程形成中间体Ⅰ，哌啶阴离子亲核进攻中间体Ⅰ生成六元环钯中间体Ⅲ，随后发生还原消除反应生成产物。另一种路径中间体Ⅰ转变成中间体Ⅳ和Ⅴ，再经过还原消除反应得到目标产物(图3-159)。

由于(环戊二烯基)苯基膦配体可以促进钯活化仲胺的$C(sp^3)$—N键，$Pd(OAc)_2$为催化剂，**3-159**为配体时，可以催化多组分底物进行偶联反应，一锅法高效合成 N-取代吲哚衍生物[图3-160(a)][184]。该反应涉及三或四个底物进行偶联反应，各种碘代芳烃包括环状和非环状的氨基碘代芳烃、1-溴-2-碘苯衍生物都可以进行反应。此外，连有烷基、芳基或三甲基硅基官能团的对称和非对称的炔烃也可以顺利进行反应。环状仲胺(哌啶、吗啉、4-甲基哌啶、1-甲基哌啶和2-甲基哌啶等)以及非环状的仲胺和伯胺都可以高效进行反应，生成相应的 N-取代吲哚衍生物，产率最高为95%[图3-160(b)]。

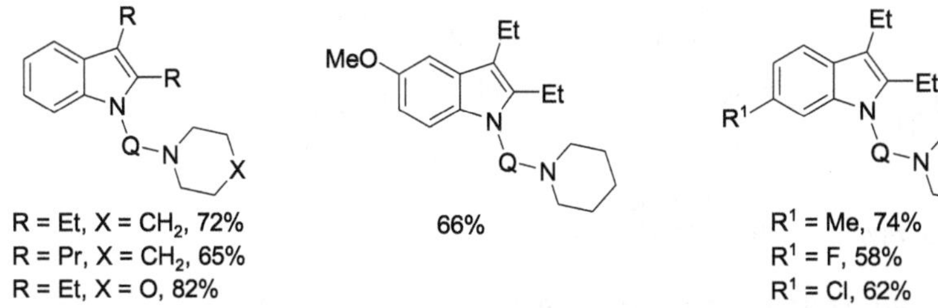

R = Et, X = CH₂, 72%
R = Pr, X = CH₂, 65%
R = Et, X = O, 82%

66%

R¹ = Me, 74%
R¹ = F, 58%
R¹ = Cl, 62%

图 3-160 *N*-取代吲哚衍生物的合成

基于前期的研究，席振峰课题组发现用 Pd(OAc)₂/3-159 可以活化吡咯和吲哚的 α-C(sp²)—H 键，促使烯基二溴衍生物与吡咯或吲哚进行反应生成一系列多取代吲哚嗪衍生物 [图3-161(a)]。在该反应中，(环戊二烯基)苯基膦配体 3-159 比其他类型的膦配体表现出更高的活性。随后发现，改变底物的结构会发生不同类型的反应[185]。Pd(OAc)₂/3-159 催化 1,4-二溴-1,3-丁二烯和 2,5-二取代基吡咯进行反应，可以高效生成一系列环戊[*c*]吡啶衍生物。在该反应中，丁二烯骨架的一个末端碳插入吡咯环的 C=C 键中，导致扩环和丁二烯上的烷基或芳基发生 1,2-迁移反应 [图3-161(b)][186]。

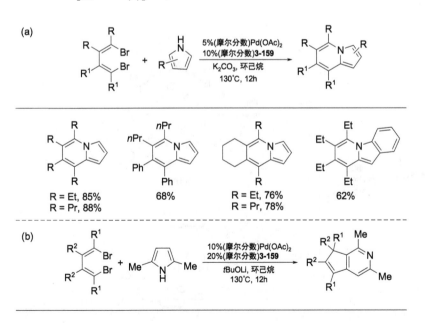

图 3-161

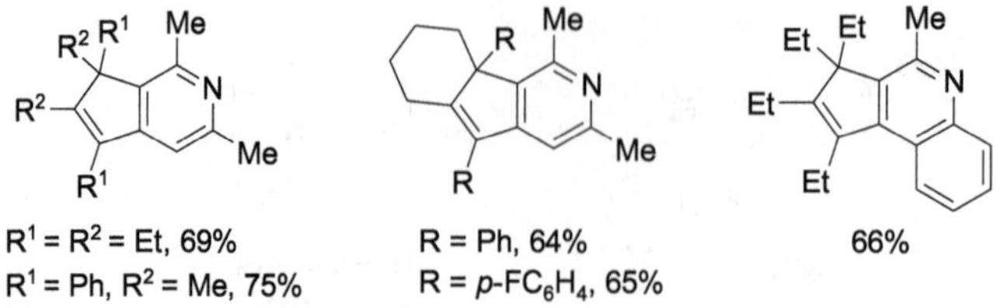
R¹ = R² = Et, 69%
R¹ = Ph, R² = Me, 75%
R = Ph, 64%
R = p-FC6H4, 65%
66%

图 3-161 多取代吲哚嗪衍生物和环戊 [c] 吡啶衍生物的合成

3.2.5.2 2-(2,3,4,5-四乙基环戊二烯基)苯基单膦配体用于金属活化氮气的反应

过渡金属活化氮气是最具挑战性的研究课题之一。配体在金属活化氮气的反应中发挥着至关重要的作用。席振峰课题组合成的 2-(2,3,4,5-四乙基环戊二烯基)苯基膦铬配合物，在碱性条件下可以活化氮气生成三核铬(Ⅰ)配合物 **3-162a** 和双核铬(Ⅰ)配合物 **3-162b**。随后，在氮气中将它们与过量的 K、Rb 或 Cs 进行还原反应分别得到配合物 **3-162c**、**3-162d** 和 **3-162e**。其中，配合物 **3-162c** 还可以与等当量的 Me_3SiCl 进行反应生成配合物 **3-162f**，它是铬催化还原氮气反应的关键中间体之一(图 3-162)[187]。

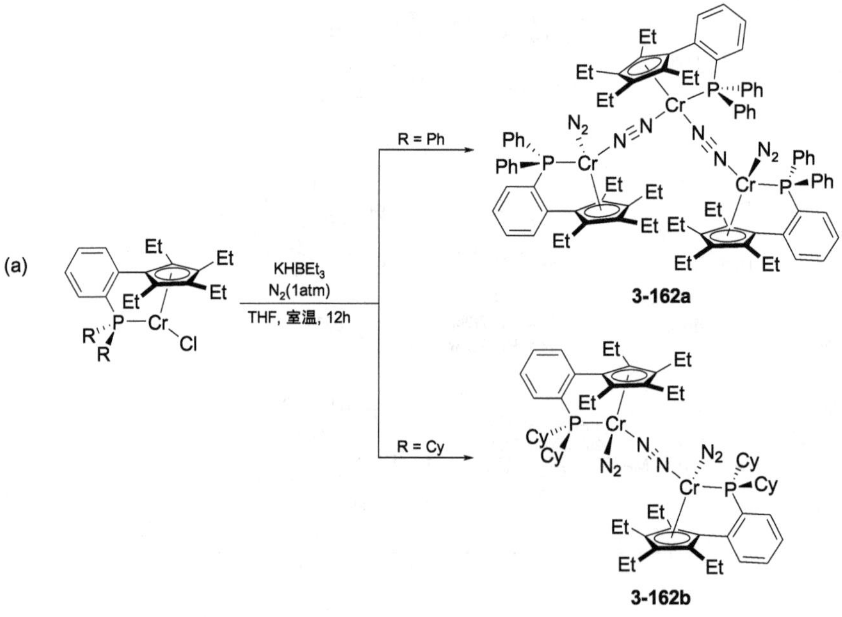
(a)
KHBEt3
N2(1atm)
THF, 室温, 12h
R = Ph
R = Cy
3-162a
3-162b

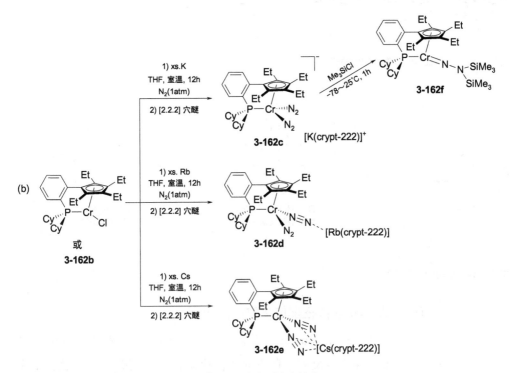

图 3-162 （环戊二烯基）苯基膦配体在金属活化氮气反应中的应用

3.2.6 茚基膦配体的应用

茚是由苯环与环戊二烯骈合而成，可以与许多过渡金属反应形成稳定的半夹心或夹心金属配合物。相比环戊二烯，茚及其衍生物与金属具有更多的配位模式，它们是研究金属配合物结构和反应性质的理想配体（图 3-163）[188]。此外，茚基膦配体还具有茚基效应，这使其被大量应用于金属有机化学。茚基效应是指 η^5-茚基金属配合物在进行配体的置换反应时，反应速率要明显地高于类似的 η^5-环戊二烯基金属配合物。这一性质使其可以改善茚基金属配合物的反应性质和催化活性。因此，茚基膦配体与金属反应时不仅会生成结构独特的金属配合物，并在金属催化反应中表现出极高的催化活性。目前，常用的茚基膦配体有 1-膦基-2-*N*,*N*-二甲基氨基茚和 2-芳基-3-茚基膦，结构如图 3-164 所示。

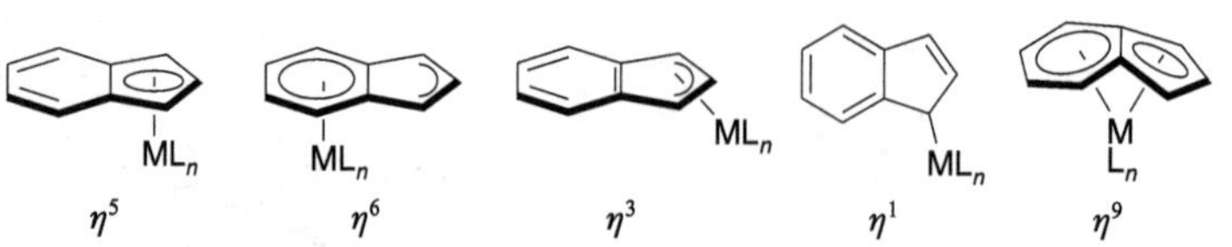

图 3-163 茚基金属配合物的配位模式

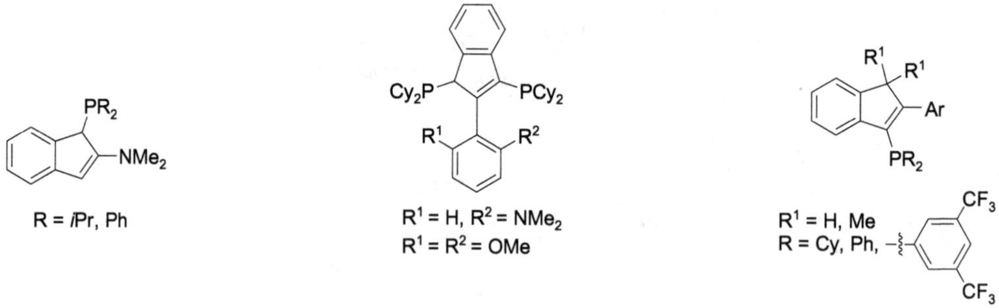

图 3-164 常用的茚基膦配体

3.2.6.1 茚基膦配体在配位化学中的应用

近十几年，Stradiotto 课题组将 1-膦基-2-N,N-二甲基氨基茚化合物与钌、铑和铱等金属反应，在不同的反应条件下得到新型的中性、阳离子型或两性离子型的后过渡金属配合物。例如，1-二异丙基膦基-2-N,N-二甲基氨基茚配体与 (Cp*RuCl)$_4$ 反应，在不同的反应条件下可以得到各种配位不饱和的中性、阳离子型和两性离子型的 Cp*Ru(k^2-P,N) 配合物，以及配位饱和的中性和两性离子型的 Cp*Ru(k^2-P,卡宾) 配合物（图 3-165）[189]。

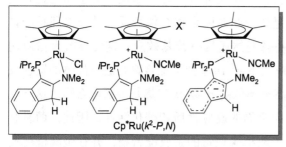
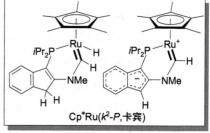

图 3-165 Cp*Ru(k^2-P,X)(X=N,卡宾) 配合物

Stradiotto 课题组发现配位不饱和的配合物 **3-166a** 会发生可逆的 α-H 消除反应生成配位饱和的 Cp*Ru(k^2-P, 卡宾) 配合物 **3-166b**，还可以与 CO、PMe$_3$ 和 HPPh$_2$ 等供体发生配位反应生成配位饱和的钌配合物，此外它还可以活化 Si—H 和 B—H 键，因而可以用于催化烯烃的硅氢化反应和硼氢化反应(图 3-166)[189]。

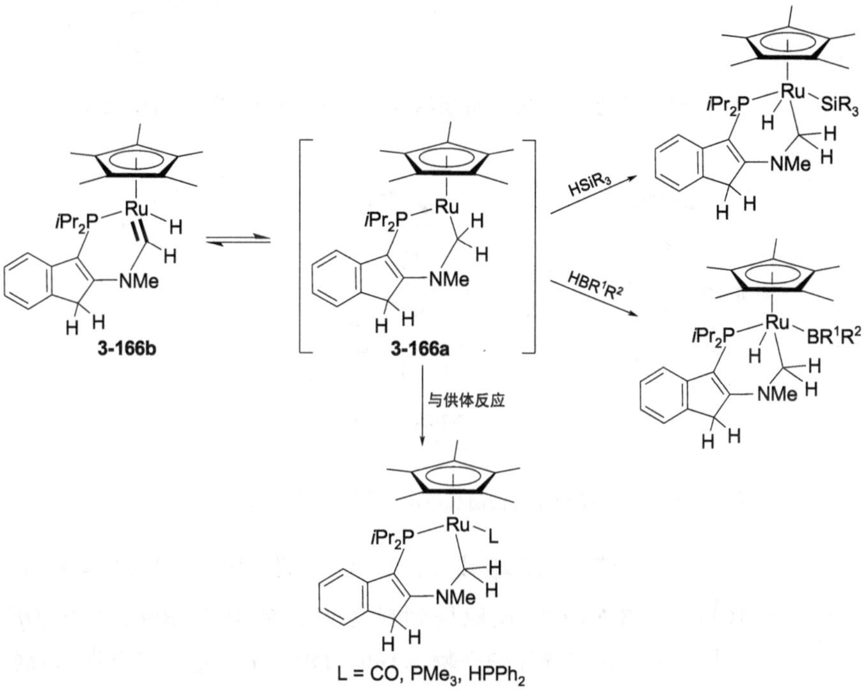

图 3-166　配合物 **3-166a** 的反应性

配位不饱和的中性、阳离子型和两性离子型的 Cp*Ru(k^2-P,N) 配合物可以催化烯烃和 CCl$_4$ 的原子转移自由基加成反应。该催化反应受到 1-膦基-2-N,N-二甲基氨基茚的电荷、磷原子的取代基、辅助配体以及抗衡阴离子的影响。其中，配合物 **3-167** 展现出最高的活性，用量仅需 0.05%～0.33%(摩尔分数)就可以高效催化烯烃与 CCl$_4$ 的原子转移自由基加成反应，产率最高为 99%(图 3-167)[190]。

当两性离子型配合物 (L)M(k^2-P,N) (M = Rh, Ir) 的辅助配体是环辛二烯时，在四氢呋喃和水的混合溶液中加热至 60℃，反应 48h 后膦配体的 C—N 键会断裂形成 C—O 键，生成中性的配合物 (cod)M(k^2-P,O)。其中，

配合物 **3-168b** 可以高效地催化烯烃的氢化反应(图 3-168)[191]。

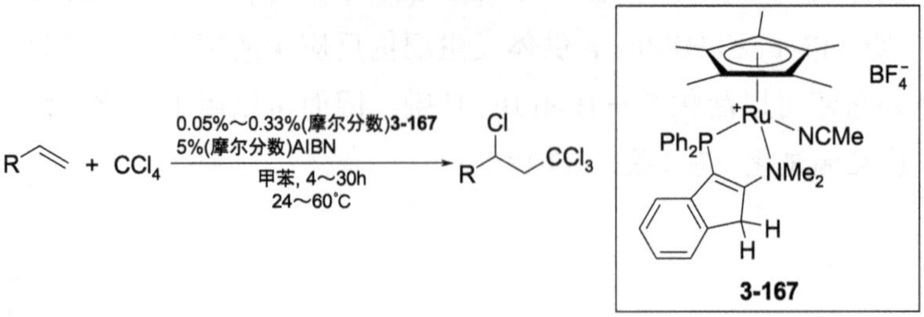

图 3-167 配合物 **3-167** 催化烯烃与 CCl_4 的原子转移自由基加成反应

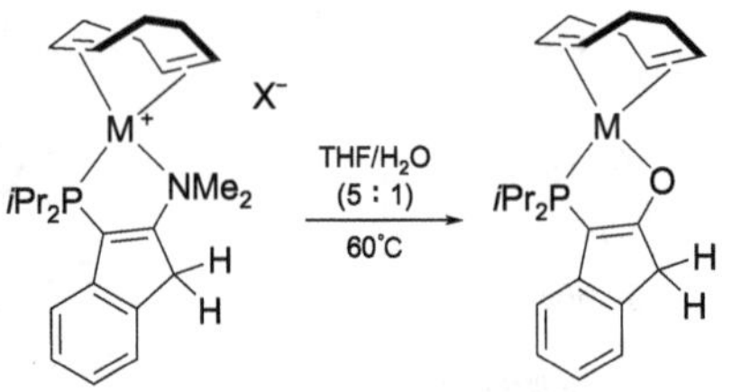

图 3-168 两性离子型配合物 $(cod)M(k^2$-P, $N)$ 的反应性

由于茚上有环戊二烯基片段，Baird 课题组将 1-鏻基茚与 [CpRu(MeCN)₃]PF₆ 反应得到具有夹心结构的 $[Ru(\eta^5$-$C_5H_5)(\eta^5$-PHIN)]PF₆ (PHIN = 1-鏻基茚) 配合物 **3-169**。DFT 计算显示配合物 **3-169** 的 PHIN—Ru 键能约为 20 kcal/mol，比 $[Ru(\eta^5$-$C_5H_5)(\eta^6$-$C_6H_6)]^+$ 配合物的苯—Ru 键的键能要大(图 3-169)[192]。

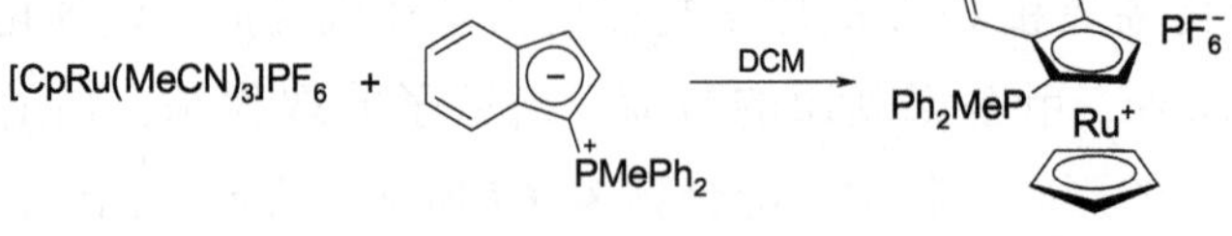

图 3-169 $[Ru(\eta^5$-$C_5H_5)(\eta^5$-PHIN)]PF₆ 配合物的合成

余广鳌课题组发现 2-芳基-3-茚基膦与 $Ru_3(CO)_{12}$ 反应会得到一些结构特殊的钌配合物。膦配体的 2-取代基和溶剂影响配体与钌的配位反应。当 2-取代基为苯基，对二甲苯为溶剂时，配体与 $Ru_3(CO)_{12}$ 反应生成结构

独特的双钌配合物 $(\mu^2\text{-}\eta^1\text{:}\eta^3\text{-}2\text{-}Ph\text{-}3\text{-}Cy_2PC_9H_4)Ru_2(CO)_6$；庚烷为溶剂时，得到三钌配合物 $(\mu_3\text{-}\eta^1\text{:}\eta^2\text{:}\eta^5\text{-}2\text{-}Ph\text{-}3\text{-}Cy_2PC_9H_4)Ru_3(CO)_8$。当 2-取代基为均三甲基苯基，对二甲苯为溶剂时，配体与 $Ru_3(CO)_{12}$ 反应得到双钌配合物 $(\mu^2\text{-}\eta^1\text{:}\eta^3\text{-}2\text{-}mesityl\text{-}3\text{-}Cy_2PC_9H_4)Ru_2(CO)_6$（mesityl= 均三甲基苯基）；庚烷为溶剂时，得到三钌配合物 $[\mu\text{-}2\text{-}mesityl\text{-}(3\text{-}Cy_2PC_9H_5)](\mu_2\text{-}CO)Ru_3(CO)_9$。2-取代基为蒽基时，配体与 $Ru_3(CO)_{12}$ 在庚烷中回流反应得到双钌配合物 $[\mu_2\text{-}\eta^3\text{:}\eta^3\text{-}2\text{-}(9\text{-}anthracenyl)\text{-}3\text{-}Cy_2PC_9H_6]Ru_2(CO)_5$（anthracenyl= 蒽基）。2-取代基为吡啶基时，配体与 $Ru_3(CO)_{12}$ 在庚烷中回流反应得到三钌配合物 $[\mu_2\text{-}\eta\text{-}2\text{-}(2\text{-}pyridinyl)\text{-}3\text{-}Cy_2PC_9H_6]Ru_3(CO)_9$（pyridinyl= 吡啶基）（图 3-170）[193,194]。

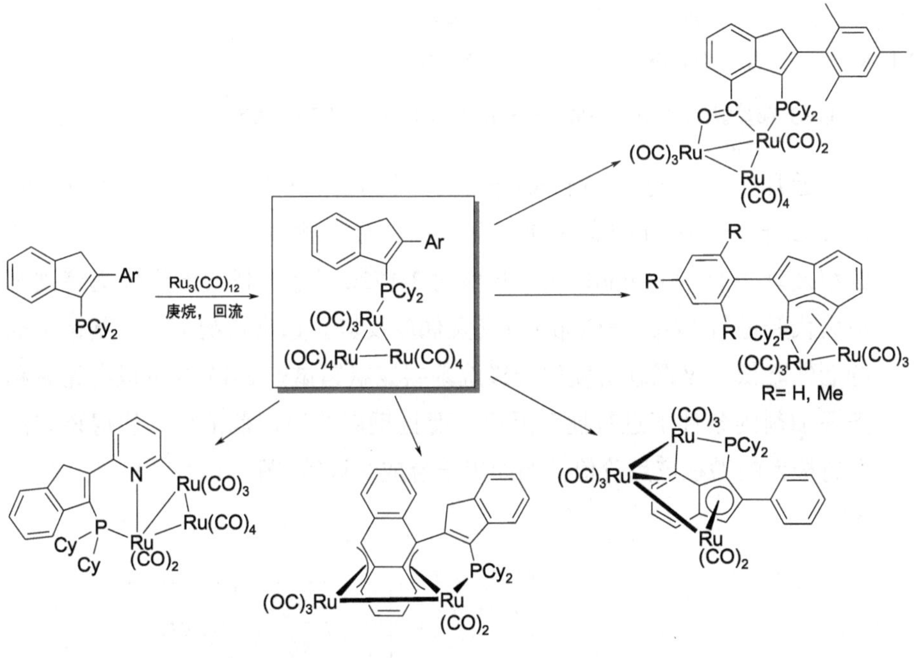

图 3-170 2-芳基-3-茚基膦化合物与 $Ru_3(CO)_{12}$ 的反应

3.2.6.2 茚基膦配体在钯催化偶联反应中的应用

余广鳌课题组发现 2-芳基-3-茚基膦在钯催化的 C—C 和 C—N 键偶联反应中展现出极高的催化活性。通过改变 2-取代基可以显著改变茚基膦的活性。例如，当 2-取代基为 3-甲基苯基时，配体 **3-171a** 可以高效催化氯代芳烃与芳基硼酸进行 Suzuki-Miyaura 交叉偶联反应；当 2-

取代基为 3,4-二甲基苯基时，配体 **3-171b** 可以高效催化 2-氯噻吩与芳基硼酸进行反应[195]。此外，配体为 **3-171c** 时，钯催化剂的用量仅需要 0.02%～0.05%（摩尔分数）就可以高效催化各种氯代（杂）芳烃与芳基硼酸进行 Suzuki-Miyaura 交叉偶联反应，生成相应的联苯类化合物（图 3-171）[196]。

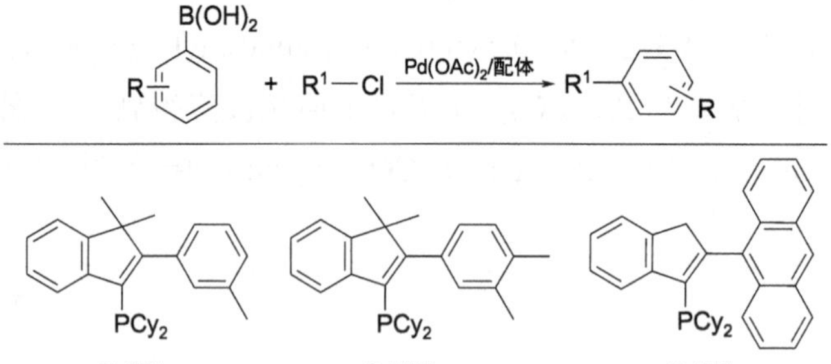

图 3-171　2-芳基-3-茚基膦化合物用于钯催化的 Suzuki-Miyaura 交叉偶联反应

近几十年，与 $C(sp^2)$—$C(sp^2)$ 键交叉偶联反应相比，$C(sp^3)$—$C(sp^3)$ 键和 $C(sp^3)$—$C(sp^2)$ 键交叉偶联反应仍然具有挑战性。2019 年，肖斌课题组发现催化剂为 $Pd(dba)_2$，配体为 **3-172a**，可以高效催化烷基锗试剂与卤代烃进行 $C(sp^3)$—$C(sp^2)$ 键交叉偶联反应。通常情况下，烷基锗试剂的活性略低。该课题组发现一级烷基碳笼状锗试剂 **3-172b** 可以在无碱和无添加剂的条件下进行偶联反应，而且反应的适用范围广，使得该方法具有极大的潜在应用价值，例如用于合成装订肽（图 3-172）[197]。

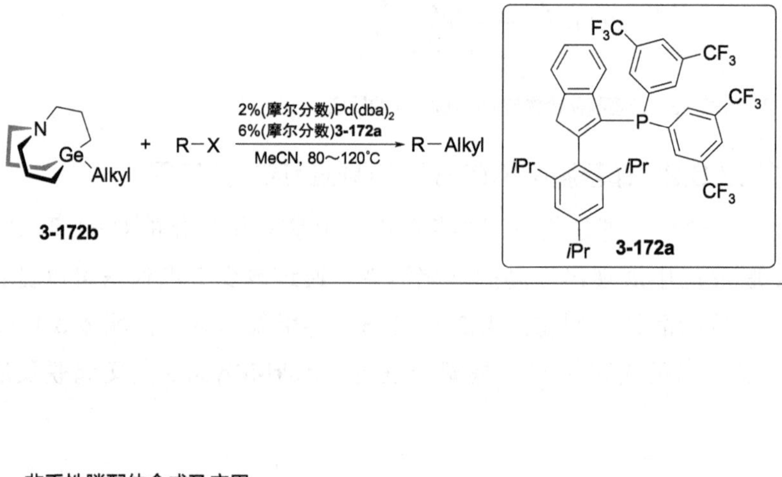

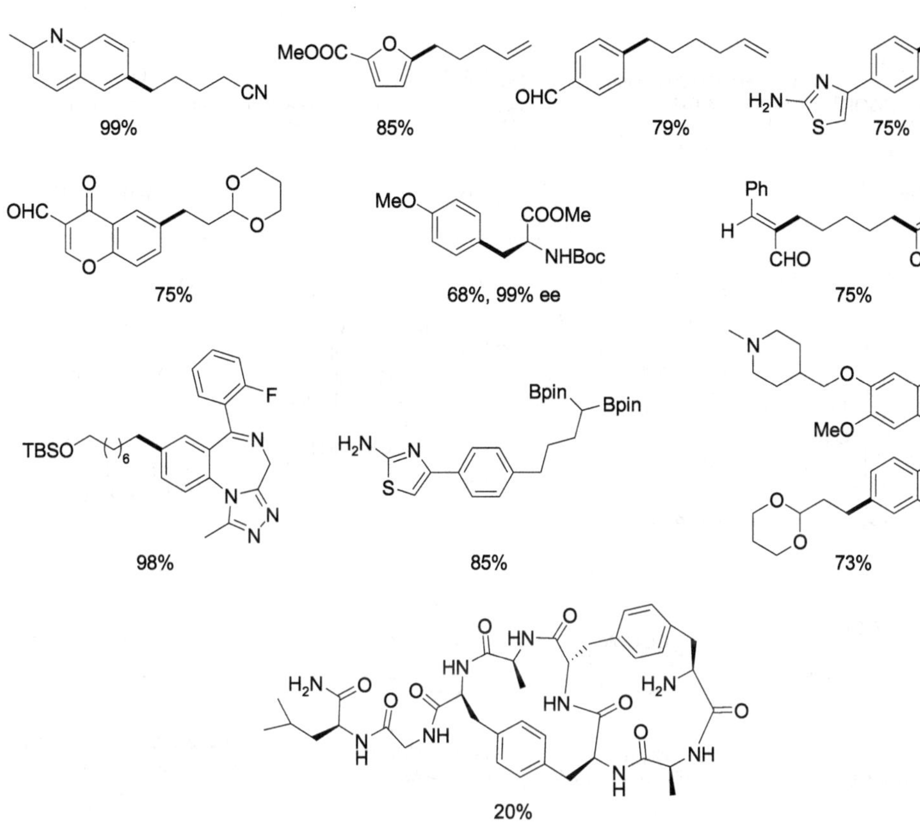

图 3-172 钯催化烷基锗试剂与卤代烃的 C(sp³)—C(sp²) 键交叉偶联反应

钯催化氧烯丙基与烯烃的 [3+2] 环加成反应已经被研究了三十年。目前，因为在动力学上更容易形成 C—O 键，因此 [3+2] 环加成反应会涉及 C—O 键的还原消除反应。资伟伟课题组发现 CpPd(cinnamyl) 为前催化剂，茚基膦为配体时，LiOTf 会促使化合物 **3-173c** 与 1,3-二烯发生环加成反应[198]。该反应的特点是终止步骤为 C—C 键的形成反应，因此产物为碳环而不是氧杂环。**3-173a** 为膦配体时，化合物 **3-173c** 与 1,3-二烯发生 [3+2] 环加成反应得到产物 **3-173d**；**3-173b** 为配体时，则发生 [4+3] 环加成反应得到产物 **3-173e**。DFT 计算显示配体 **3-173a** 与底物之间的色散力相互作用是发生 [3+2] 环加成反应的关键；**3-173b** 为配体时，钯中心与底物之间的作用以及钯与配体 **3-173b** 之间的空间排斥作用使环加成反应更倾向于经历 [4+3] 途径。

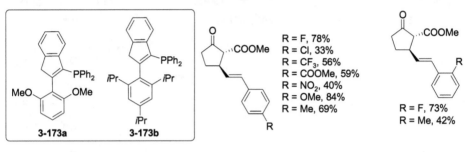

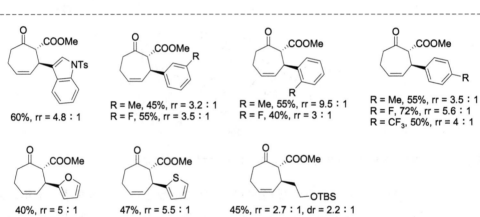

图 3-173 钯催化 1,3-二烯的环加成反应

参考文献

[1] Tolman C A. Steric effects of phosphorus ligands in organometallic chemistry and homogeneous catalysis. Chemical Reviews, 1977, 77(3): 313-348.

[2] Martin R, Buchwald S L. Palladium-catalyzed Suzuki-Miyaura cross-coupling reactions employing dialkylbiaryl phosphine ligands. Accounts of Chemical Research, 2008, 41(11): 1461-1473.

[3] Bryant D J, Zakharov L N, Tyler D R. Synthesis and study of a dialkylbiaryl phosphine ligand; lessons for rational ligand design. Organometallics, 2019, 38(17): 3245-3256.

[4] Hesp K D, Lundgren R J, Stradiotto M. Palladium-catalyzed mono-arylation of acetone with aryl halides and tosylates. Journal of the American Chemical Society, 2011, 133(14): 5194-5197.

[5] Lundgren R J, Sappong-Kumankumah A, Stradiotto M. A highly versatile catalyst system for the cross-coupling of aryl chlorides and amines. Chemistry-A European Journal, 2010, 16(6): 1983-1991.

[6] So C M, Yeung C C, Lau C P, Kwong F Y. A new family of tunable indolylphosphine ligands by one-pot assembly and their applications in Suzuki-Miyaura coupling of aryl chlorides. The Journal of Organic Chemistry, 2008, 73(19): 7803-7806.

[7] Geng W, Zhang W X, Hao W, Xi Z. Cyclopentadiene-phosphine/palladium-catalyzed cleavage of C—N bonds in secondary amines: Synthesis of pyrrole and indole derivatives from secondary amines and alkenyl or aryl dibromides. Journal of the American Chemical Society, 2012, 134 (50): 20230-20233.

[8] Stradiotto M, Cipot J, McDonald R. A catalytically active, charge-neutral Rh(Ⅰ) zwitterion featuring a P,N-substituted "naked" indenide ligand. Journal of the American Chemical Society, 2003, 125(19): 5618-5619.

[9] Yan M Q, Yuan J, Pi Y X, Liang J H, Liu Y, Wu Q G, Luo X, Liu S H, Chen J, Zhu X L, Yu G A. Pd-indenyl-diphosphine: An effective catalyst for the preparation of triarylamines. Organic Biomolecular Chemistry, 2016, 14(2): 451-454.

[10] Koshti V, Gaikwad S, Chikkali S H. Contemporary avenues in catalytic P—H bond addition reaction: A case study of hydrophosphination. Coordination Chemistry Reviews, 2014: 265, 52-73.

[11] Rosenberg L. Mechanisms of metal-catalyzed hydrophosphination of alkenes and alkynes. ACS Catalysis, 2013, 3(12): 2845-2855.

[12] Routaboul L, Toulgoat F, Gatignol J, Lohier J F, Norah B, Delacroix O, Alayrac C, Taillefer M, Gaumont A C. Iron-salt-promoted highly regioselective α and β hydrophosphination of alkenyl arenes. Chemistry -A European Journal, 2013, 19(27): 8760-8764.

[13] Hu H, Cui C. Synthesis of calcium and ytterbium complexes supported by a tridentate imino-amidinate ligand and their application in the intermolecular hydrophosphination of alkenes and alkynes. Organometallics, 2012, 31(3): 1208-1211.

[14] Yuan J, Hu H, Cui C. N-heterocyclic carbene-ytterbium amide as a recyclable homogeneous precatalyst for hydrophosphination of alkenes and alkynes, Chemistry-A European Journal, 2016, 22(16): 5778-5785.

[15] Ghebreab M B, Bange C A, Waterman R. Intermolecular zirconium-catalyzed hydrophosphination of alkenes and dienes with primary phosphines. Journal of the American Chemical Society, 2014, 136(26): 9240-9243.

[16] Kuninobu Y, Yoshida T, Takai K. Palladium-catalyzed synthesis of dibenzophosphole oxides via intramolecular dehydrogenative cyclization. The Journal of Organic Chemistry, 2011, 76(18): 7370-7376.

[17] Feng C G, Ye M, Xiao K J, Li S, Yu J Q. Pd(Ⅱ)-catalyzed phosphorylation of aryl C—H bonds. Journal of the American Chemical Society, 2013, 135(25): 9322-9325.

[18] Jing C, Chen X, Sun K, Yang Y, Chen T, Liu Y, Qu L, Zhao Y, Yu B. Copper-catalyzed C4-H regioselective phosphorylation/trifluoromethylation of free 1-naphthylamines. Organic Letters, 2019, 21(2): 486-489.

[19] Pan J, Zhao R, Guo J, Ma D, Xia Y, Gao Y, Xu P, Zhao Y. Three-component 3-(phosphoryl) methylindoles synthesis from indoles, H-phosphine oxides and carbonyl compounds under metal-free

conditions. Green Chemistry, 2019, 21(4): 792-797.

[20] Xiong B, Li M, Liu Y, Zhou Y, Zhao C, Goto M, Yin S F, Han L B. Stereoselective synthesis of phosphoryl-substituted phenols. Advanced Synthesis & Catalysis, 2014, 356(4): 781-794.

[21] Yang J, Chen T, Han L B. C—P Bond-forming reactions via C—O/P—H cross-coupling catalyzed by nickel. Journal of the American Chemical Society, 2015, 137(5): 1782-1785.

[22] Chen Y R, Duan W L. Silver-mediated oxidative C—H/P—H functionalization: An efficient route for the synthesis of benzo[b]phosphole oxides. Journal of the American Chemical Society, 2013, 135(45): 16754-16757.

[23] Li J, Zhang W W, Wei X J, Hao W J, Li G, Tu S J, Jiang B. Synthesis of tribenzo[b,e,g]phosphindole oxides via radical bicyclization cascades of o-arylalkynylanilines. Organic Letters, 2017, 19(17): 4512-4515.

[24] Hu G, Gao Y, Zhao Y. Copper-catalyzed decarboxylative C—P cross-coupling of alkynyl acids with H-phosphine oxides: a facile and selective synthesis of (E)-1-alkenylphosphine oxides. Organic Letters, 2014, 16(17): 4464-4467.

[25] Gao Y, Lu G, Zhang P, Zhang L, Tang G, Zhao Y. A Cascade phosphinoylation/cyclization/desulfonylation process for the synthesis of 3-phosphinoylindoles. Organic Letters, 2016, 18(6): 1242-1245.

[26] Guo H M, Zhou Q Q, Jiang X, Shi D Q, Xiao W J. Catalyst- and oxidant-free desulfonative C—P couplings for the synthesis of phosphine oxides and phosphonates. Advanced Synthesis & Catalysis, 2017, 359(23): 4141-4146.

[27] Zhao D, Nimphius C, Lindale M, Glorius F. Phosphoryl-related directing groups in rhodium(III) catalysis: A general strategy to diverse P-containing frameworks. Organic Letters, 2013, 15(17): 4504-4507.

[28] Unoh Y, Satoh T, Hirano K, Miura M. Rhodium(III)-catalyzed direct coupling of arylphosphine derivatives with heterobicyclic alkenes: A concise route to biarylphosphines and dibenzophosphole derivatives. ACS Catalysis, 2015, 5(11): 6634-6639.

[29] Hu X H, Yang X F, Loh T P. Selective alkenylation and hydroalkenylation of enol phosphates through direct C—H functionalization. Angewandte Chemie International Edition, 2015, 54(51): 15535-15539.

[30] Yang Y, Qiu X, Zhao Y, Mu Y, Shi Z. Palladium-catalyzed C—H arylation of indoles at the C7 position. Journal of the American Chemical Society, 2016, 138(2): 495-498.

[31] Ma Y N, Li S X, Yang S D. New approaches for biaryl-based phosphine ligand synthesis via P=O directed C—H functionalizations. Accounts of Chemical Research, 2017, 50(6): 1480-1492.

[32] Li C, Qiang X Y, Qi Z C, Cao B, Li J Y, Yang S D. Pd-Catalyzed Heck-type reaction: Synthesizing highly diastereoselective and multiple aryl-substituted P-ligands. Organic Letters, 2019, 21(17): 7138-7142.

[33] Lou Q X, Niu Y, Qi Z C, Yang S D. Ir(III)-Catalyzed C—H functionalization of triphenylphosphine oxide toward 3-aryl oxindoles. The Journal of Organic Chemistry, 2020, 85(22): 14527-14536.

[34] Gui Y Y, Sun L, Lu Z P, Yu D G. Photoredox sheds new light on nickel catalysis: from carbon-carbon to carbon-heteroatom bond formation. Organic Chemistry Frontiers, 2016, 3: 522-526.

[35] Luo K, Yang W C, Wu L. Photoredox catalysis in organophosphorus chemistry. Asian Journal of Organic Chemistry, 2017, 6(4): 350-367.

[36] Cai B G, Xuan J, Xiao W J. Visible light-mediated C—P bond formation reactions. Science Bulletin, 2019, 64(5): 337-350.

[37] Xuan J, Zeng T T, Chen J R, Lu L Q, Xiao W J. Room temperature C—P bond formation enabled by merging nickel catalysis and visible-light-induced photoredox catalysis. Chemistry-A European Journal, 2015, 21(13): 4962-4965.

[38] Liao L L, Gui Y Y, Zhang X B, Shen G, Liu H D, Zhou W J, Li J, Yu D G. Phosphorylation of alkenyl and aryl C—O bonds via photoredox/nickel dual catalysis. Organic Letters, 2017, 19(14): 3735-3738.

[39] Zhu D L, Jiang S, Wu Q, Wang H, Chai L L, Li H Y, Li H X. Visible-light-induced nickel-catalyzed P(O)—C(sp^2) coupling using thioxanthen-9-one as a photoredox catalysis. Organic Letters, 2021,

23(1): 160-165.
[40] Liu W Q, Lei T, Zhou S, Yang X L, Li J, Chen B, Sivaguru J, Tung C H, Wu L Z. Cobaloxime catalysis: Selective synthesis of alkenylphosphine oxides under visible light. Journal of the American Chemical Society, 2019, 141(35): 13941-13947.
[41] Quint V, Morlet-Savary F, Lohier J F, Lalevée J, Gaumont A C, Lakhdar S. Metal-free, visible light-photocatalyzed synthesis of benzo[b]phosphole oxides: Synthetic and mechanistic investigations. Journal of the American Chemical Society, 2016, 138(23): 7436-7441.
[42] Liu L, Dong J, Yan Y, Yin S F, Han L B, Zhou Y. Photoredox-catalyzed decarboxylative alkylation/cyclization of alkynylphosphine oxides: a metal-and oxidant-free method for accessing benzo[b] phosphole oxides. Chemical Communications, 2019, 55: 233-236.
[43] Yoo W J, Kobayashi S. Hydrophosphinylation of unactivated alkenes with secondary phosphine oxides under visible-light photocatalysis. Green Chemistry, 2013, 15: 1844-1848.
[44] Luo K, Chen Y Z, Yang W C, Zhu J, Wu L. Cross-coupling hydrogen evolution by visible light photocatalysis toward $C(sp^2)$—P formation: Metal-free C—H functionalization of thiazole derivatives with diarylphosphine oxides. Organic Letters, 2016, 18(3): 452-455.
[45] Yuan J, To W P, Zhang Z Y, Yue C D, Meng S, Chen J, Liu Y, Yu G A, Che C M. Visible-light-promoted transition-metal-free phosphinylation of heteroaryl halides in the presence of potassium tert-butoxide. Organic Letters, 2018, 20(24): 7816-7820.
[46] Zeng H, Dou Q, Li C J. Photoinduced transition-metal-free cross-coupling of aryl halides with H-phosphonates. Organic Letters, 2019, 21(5): 1301-1305.
[47] Stankevič M, Pietrusiewicz K M. An expedient reduction of sec-phosphine oxides to sec-phosphine-boranes by $BH_3 \cdot SMe_2$. Synlett, 2003, 7:1012-1016.
[48] Sowa S, Stankevič M, Szmigielska A, Małuszyńska H, Kozioł A E, Pietrusiewicz K M. Reduction of functionalized tertiary phosphine oxides with BH_3. The Journal of Organic Chemistry, 2015, 80(3): 1672-1688.
[49] Provis-Evans C B, Emanuelsson E A C, Webster R L. Rapid metal-free formation of free phosphines from phosphine oxides. Advanced Synthesis & Catalysis, 2018, 360(20): 3999-4004.
[50] Li Y, Lu L Q, Das S, Pisiewicz S, Junge K, Beller M. Highly chemoselective metal-free reduction of phosphine oxides to phosphines. Journal of the American Chemical Society, 2012, 134(44): 18325-18329.
[51] Li Y, Das S, Zhou S, Junge K, Beller M. General and selective copper-catalyzed reduction of tertiary and secondary phosphine oxides: convenient synthesis of phosphines. Journal of the American Chemical Society, 2012, 134(23): 9727-9732.
[52] Schirmer M L, Jopp S, Holz J, Spannenberg A, Werner T. Organocatalyzed reduction of tertiary phosphine oxides. Advanced Synthesis & Catalysis, 2016, 358(1): 26-29.
[53] Li P, Wischert R, Métivier P. New and mild reduction of phosphine oxides with phosphites to access phosphines. Angewandte Chemie International Edition, 2017, 56(50): 15989-15992.
[54] Buonomo J A, Eiden C G, Aldrich C C. Chemoselective reduction of phosphine oxides by 1,3-diphenyl-disiloxane. Chemistry-A European Journal, 2017, 23(58): 14434-14438.
[55] Qiu X, Wang M, Zhao Y, Shi Z. Rhodium(Ⅰ)-catalyzed tertiary phosphine directed C—H arylation: Rapid construction of ligand libraries. Angewandte Chemie International Edition, 2017, 56(25): 7233-7237.
[56] Wang D, Dong B, Wang Y, Qian J, Zhu J, Zhao Y, Shi Z. Rhodium-catalysed direct hydroarylation of alkenes and alkynes with phosphines through phosphorous-assisted C—H activation. Nature Communications, 2019, 10: 3539.
[57] Zhang Z, Roisnel T, Dixneuf P H, Soulé J F. Rh(Ⅰ)-catalyzed P(Ⅲ)-directed C—H bond alkylation: Design of multifunctional phosphines for carboxylation of aryl bromides with carbon dioxide. Angewandte Chemie International Edition, 2019, 58(40): 14110-14114.
[58] Wang D, Zhao Y, Yuan C, Wen J, Zhao Y, Shi Z. Rhodium(Ⅱ)-catalyzed dehydrogenative silylation of biaryl-type monophosphines with hydrosilanes. Angewandte Chemie International Edition, 2019,

58(36): 12529-12533.

[59] Wen J, Wang D, Qian J, Wang D, Zhu C, Zhao Y, Shi Z. Rhodium-catalyzed P^{III}-directed ortho-C—H borylation of arylphosphines. Angewandte Chemie International Edition, 2019, 58(7): 2078-2082.

[60] Fukuda K, Iwasawa N, Takaya J. Ruthenium-catalyzed ortho C—H borylation of arylphosphines. Angewandte Chemie International Edition, 2019, 58(9): 2850-2853.

[61] Wright S E, Richardson-Solorzano S, Stewart T N, Miller C D, Morris K C, Daley C J A, Clark T B. Accessing ambiphilic phosphine boronates through C—H borylation by an unforeseen cationic iridium complex. Angewandte Chemie International Edition, 2019, 58(9), 2834-2838.

[62] Borah A J, Shi Z. Rhodium-catalyzed, remote terminal hydroarylation of activated olefins through a long-range deconjugative isomerization. Journal of the American Chemical Society, 2018, 140(19): 6062-6066.

[63] Qiu X, Deng H, Zhao Y, Shi Z. Rhodium-catalyzed, P-directed selective C7 arylation of indoles. Science Advances, 2018, 4(12): eaau6468.

[64] Luo X, Yuan J, Yue C D, Zhang Z Y, Chen J, Yu G A, Che C M. Synthesis of peri-substituted (naphthalen-1-yl)phosphine ligands by rhodium(I)-catalyzed phosphine-directed C—H arylation. Organic Letters, 2018, 20(7): 1810-1814.

[65] Zhang Z Y, Zhang X, Yuan J, Yue C D, Meng S, Chen J, Yu G A, Che C M. Transition-metal-catalyzed regioselective functionalization of monophosphino-o-carboranes. Chemistry-A European Journal, 2020, 26(22): 5037-5050.

[66] Lee Y H, Morandi B. Transition metal-mediated metathesis between P—C and M—C bonds: Beyond a side reaction. Coordination Chemistry Reviews, 2019, 386: 96-118.

[67] Kwong F Y, Chan K S. Synthesis of biaryl P,N ligands by novel palladium-catalyzed phosphination using triarylphosphines: catalytic application of C—P activation. Organometallics, 2000, 19(11): 2058-2060.

[68] Kwong F Y, Chan K S. A novel synthesis of atropisomeric P,N ligands by catalytic phosphination using triarylphosphines. Organometallics, 2001, 20(12): 2570-2578.

[69] Cao J, Huang X, Wu L. Nickel-catalyzed manipulation of tertiary phosphines via highly selective C—P bond cleavage. Chemical Communications, 2013, 49: 7747-7749.

[70] Baba K, Tobisu M, Chatani N. Palladium-catalyzed direct synthesis of phosphole derivatives from triarylphosphines through cleavage of carbon-hydrogen and carbon-phosphorus bonds. Angewandte Chemie International Edition, 2013, 52(45): 11892-11895.

[71] Baba K, Tobisu M, Chatani N. Palladium-catalyzed synthesis of six-membered benzofuzed phosphacycles via carbon-phosphorus bond cleavage. Organic Letters, 2015, 17(1): 70-73.

[72] Zhou Y, Gan Z, Su B, Li J, Duan Z, Mathey F. Intramolecular, Pd/Cu-Co-catalyzed P—C bond cleavage and addition onto an alkyne: A route to benzophospholes. Organic Letters, 2015, 17(22): 5722-5724.

[73] Lian Z, Bhawal B N, Yu P, Morandi B. Palladium-catalyzed carbon-sulfur or carbon-phosphorus bond metathesis by reversible arylation. Science, 2017, 356(6342): 1059-1063.

[74] Tang W, Capacci A G, Wei X, Li W, White A, Patel N D, Savoie J, Gao J J, Rodriguez S, Qu B, Haddad N, Lu B Z, Krishnamurthy D, Yee N K, Senanayake C H. A general and special catalyst for Suzuki-Miyaura coupling processes. Angewandte Chemie International Edition, 2010, 49(34): 5879-5883.

[75] Rodriguez S, Qu B, Haddad N, Reeves D C, Tang W, Lee H, Krishnamurthy D, Senanayake C H. Oxaphosphole-based monophosphorus ligands for palladium catalyzed amination reactions. Advanced Synthesis & Catalysis, 2011, 353(4): 533-537.

[76] Rodriguez J, Dhanjee H H, Buchwald S L. Amphiphilic biaryl monophosphine ligands by regioselective sulfonation. Organic Letters, 2021, 23(3): 777-780.

[77] Wagen C C, Ingoglia B T, Buchwald S L. Unexpected formation of hexasubstituted arenes through a 2-fold palladium-mediated ligand arylation. The Journal of Organic Chemistry, 2019, 84(19): 12672-12679.

[78] You Z, Higashida K, Iwai T, Sawamura M. Phosphinylation of non-activated aryl fluorides through

nucleophilic aromatic substitution at the boundary of concerted and stepwise mechanisms. Angewandte Chemie International Edition, 2021, 60(11): 5778-5782.

[79] Song L C, Xu K K, Han X F, Zhang J W. Synthetic and structural studies of 2-acylmethyl-6-R-difunctionalized pyridine ligand-containing iron complexes related to [Fe]-hydrogenase. Inorganic Chemistry, 2016, 55(3): 1258-1269.

[80] Song L C, Zhu L, Hu F Q, Wang Y X. Studies on chemical reactivity and electrocatalysis of two acylmethyl(hydroxymethyl)pyridine ligand-containing [Fe]-hydrogenase models (2-COCH$_2$-6-HOCH$_2$C$_5$H$_3$N)Fe(CO)$_2$L (L = η^1-SCOMe, η^1-2-SC$_5$H$_4$N). Inorganic Chemistry, 2017, 56(24): 15216-15230.

[81] Song L C, Gu Z C, Zhang W W, Li Q L, Wang Y X, Wang H F. Synthesis, structure, and electrocatalysis of butterfly [Fe$_2$SP] cluster complexes relevant to [FeFe]-hydrogenases. Organometallics, 2015, 34(16): 4147-4157.

[82] Fleckenstein C A, Plenio H. Sterically demanding trialkylphosphines for palladium-catalyzed cross coupling reactions-alternatives to PtBu$_3$. Chemical Society Reviews, 2010, 39: 694-711.

[83] Schilz M, Plenio H. A guide to sonogashira cross-coupling reactions: The influence of substituents in aryl bromides, acetylenes, and phosphines. The Journal of Organic Chemistry, 2012, 77(6): 2798-2807.

[84] Chen L, Ren P, Carrow B P. Tri(1-adamantyl)phosphine: Expanding the boundary of electron-releasing character available to organophosphorus compounds. Journal of the American Chemical Society, 2016, 138(20): 6392-6395.

[85] Ahmed E A M A, Suliman A M Y, Gong T J, Fu Y. Palladium-catalyzed stereoselective defluorination arylation/alkenylation/alkylation of *gem*-difluorinated cyclopropanes. Organic Letters, 2019, 21(14): 5645-5649.

[86] Ladd C L, Charette A B. Access to cyclopropyl-fused azacycles via a palladium-catalyzed direct alkenylation strategy. Organic Letters, 2016, 18(23): 6046-6049.

[87] Chang Y H, Peng W L, Chen I C, Hsu H Y, Wu Y K. Palladium-catalyzed α-arylation of indolin-3-ones. Chemical Communications, 2020, 56: 4660-4663.

[88] Liu X Y, Che C M. A highly efficient and selective Au^I-catalyzed tandem synthesis of diversely substituted pyrrolo[1,2-*a*]quinolines in aqueous media. Angewandte Chemie International Edition, 2008, 47(20): 3805-3810.

[89] Wu K J, Dai L X, You S L. Palladium(0)-catalyzed dearomative arylation of indoles: convenient access to spiroindolenine derivatives. Organic Letters, 2012, 14(14): 3772-3775.

[90] Liu X Y, Li C H, Che C M. Phosphine gold (I)-catalyzed hydroamination of alkenes under thermal and microwave-assisted conditions. Organic Letters, 2006, 8(13): 2707-2710.

[91] Wang M Z, Wong M K, Che C M. Gold(I)-catalyzed intermolecular hydroarylation of alkenes with indoles under thermal and microwave-assisted conditions. Chemistry-A European Journal, 2008, 14(27): 8353-8364.

[92] Yamamoto K, Yoshikawa Y, Ohue M, Inuki S, Ohno H, Oishi S. Synthesis of triazolo- and oxadiazolopiperazines by gold(I)-catalyzed domino cyclization: application to the design of a mitogen activated protein (MAP) kinase inhibitor. Organic Letters, 2019, 21(2): 373-377.

[93] Qi J, Teng Q, Thirupathi N, Tung C H, Xu Z. Diastereoselective synthesis of polysubstituted spirocyclopenta[*c*]furans by gold-catalyzed cascade reaction. Organic Letters, 2019, 21(3): 692-695.

[94] Zhou W, Voituriez A. Gold(I)-catalyzed synthesis of highly substituted 1,4-dicarbonyl derivatives via sulfonium [3,3]-sigmatropic rearrangement. Organic Letters, 2021, 23(1): 247-252.

[95] Lu X L, Lyu M Y, Peng S S, Wong H N C. Gold(I)-catalyzed tandem cycloisomerization of 1,5-enyne ethers by hydride transfer. Angewandte Chemie International Edition, 2018, 57(35): 11365-11368.

[96] Zhu C, Li S, Luo M, Zhou X, Niu Y, Lin M, Zhu J, Cao Z, Lu X, Wen T, Xie Z, Schleyer P V R, Xia H. Stabilization of anti-aromatic and strained five-membered rings with a transition metal. Nature Chemistry, 2013, 5(8): 698-703.

[97] Zhu C, Zhu J, Zhou X, Zhu Q, Yang Y, Wen T B, Xia H. Isolation of an eleven-atom polydentate carbon-chain chelate obtained by cycloaddition of a cyclic osmium carbyne with an alkyne.

Angewandte Chemie International Edition, 2018, 57(12): 3154-3157.

[98] Zhu C, Xia H. Carbolong chemistry: a story of carbon chain ligands and transition metals. Accounts of Chemical Research, 2018, 51(7): 1691-1700.

[99] Zhuo Q, Lin J, Hua Y, Zhou X, Shao Y, Chen S, Chen Z, Zhu J, Zhang H, Xia H. Multiyne chains chelating osmium via three metalcarbon σ bonds. Nature Communications, 2017, 8: 1912.

[100] Zhuo Q, Zhang H, Hua Y, Kang H, Zhou X, Lin X, Chen Z, Lin J, Zhuo K, Xia H. Constraint of a ruthenium-carbon triple bond to a five-membered ring. Science Advances, 2018, 4(6): eaat0336.

[101] Zhu C, Zhou X, Xing H, An K, Zhu J, Xia H. σ-Aromaticity in an unsaturated ring: osmapentalene derivatives containing a metallacyclopropene unit. Angewandte Chemie International Edition, 2015, 54(10): 3102-3106.

[102] Zhu C, Yang Y, Luo M, Yang C, Wu J, Chen L, Liu G, Wen T, Zhu J, Xia H. Stabilizing two classical antiaromatic frameworks: demonstration of photoacoustic imaging and the photothermal effect in metalla-aromatics. Angewandte Chemie International Edition, 2015, 54(21): 6181-6185.

[103] Zhu C, Wu J, Li S, Yang Y, Zhu J, Lu X, Xia H. Synthesis and characterization of a metallacyclic framework with three fused five-membered rings. Angewandte Chemie International Edition, 2017, 56(31): 9067-9071.

[104] Lin Q, Li S, Lin J, Chen M, Lu Z, Tang C, Chen Z, He X, Chen J, Xia H. Synthesis and characterization of photothermal osmium carbolong complexes. Chemistry-A European Journal, 2018, 24(33): 8375-8381.

[105] Zhu C, Yang C, Wang Y, Lin G, Yang Y, Wang X, Zhu J, Chen X, Lu X, Liu G, Xia H. CCCCC pentadentate chelates with planar Möbius aromaticity and unique properties. Science Advances, 2016, 2(8): e1601031.

[106] Maiti D, Fors B P, Henderson J L, Nakamura Y, Buchwald S L. Palladium-catalyzed coupling of functionalized primary and secondary amines with aryl and heteroaryl halides: Two ligands suffice in most cases. Chemical Science, 2011, 2(1): 57-68.

[107] Ruiz-Castillo P, Buchwald S L. Applications of palladium-catalyzed C—N cross-coupling reactions. Chemical Reviews, 2016, 116(19): 12564-12649.

[108] Wolfe J P, Singer R A, Yang B H, Buchwald S L. Highly active palladium catalysts for Suzuki coupling reactions. Journal of the American Chemical Society, 1999, 121(41): 9550-9561.

[109] Yang Y, Buchwald S L. Ligand-controlled palladium-catalyzed regiodivergent Suzuki-Miyaura cross-coupling of allylboronates and aryl halides. Journal of the American Chemical Society, 2013, 135(29): 10642-10645.

[110] Luo Z. J., Zhao H. Y, Zhang X. Highly selective Pd-catalyzed direct C—F bond arylation of polyfluoroarenes. Organic Letters, 2018, 20(9): 2543-2546.

[111] Li B X, Le D N, Mack K A, McClory A, Lim N K, Cravillion T, Savage S, Han C, Collum D B, Zhang H, Gosselin F. Highly stereoselective synthesis of tetrasubstituted acyclic all-carbon olefins via enol tosylation and Suzuki-Miyaura coupling. Journal of the American Chemical Society, 2017, 139(31): 10777-10783.

[112] Ariki Z T, Maekawa Y, Nambo M, Crudden C M. Preparation of quaternary centers via nickel-catalyzed Suzuki-Miyaura cross-coupling of tertiary sulfones. Journal of the American Chemical Society, 2018, 140(1): 78-81.

[113] Yuen O Y, Leung M P, So C M, Sun R WY, Kwong F Y. Palladium-catalyzed direct arylation of polyfluoroarenes for accessing tetra-ortho-substituted biaryls: Buchwald-type ligand having complementary -PPh$_2$ moiety exhibits better efficiency. The Journal of Organic Chemistry, 2018, 83(16): 9008-9017.

[114] Bera M, Agasti S, Chowdhury R, Mondal R, Pal D, Maiti D. Rhodium-catalyzed meta-C—H functionalization of arenes. Angewandte Chemie International Edition, 2017, 56(19): 5272-5276

[115] Cheng H G, Wu C, Chen H, Chen R, Qian G, Geng Z, Wei Q, Xia Y, Zhang J, Zhang Y, Zhou Q. Epoxides as alkylating reagents for the Catellani reaction. Angewandte Chemie International Edition, 2018, 57(13): 3444-3448.

[116] Mateos-Gil J, Mondal A, Reis M C, Feringa B L. Synthesis and functionalization of allenes by direct Pd-catalyzed organolithium cross-coupling. Angewandte Chemie International Edition, 2020, 59(20): 7823-7829.

[117] Pradhan T R, Kim H W, Park J K. Regiodivergent synthesis of 1,3- and 1,4-enynes through kinetically favored hydropalladation and ligand-enforced carbopalladation. Angewandte Chemie International Edition, 2018, 57(31): 9930-9935.

[118] Xu Z, Oniwa K, Kikuchi H, Bao M, Yamamoto Y, Jin T, Terada M. Pd-catalyzed consecutive C—H-arylation-triggered cyclotrimerization: synthesis of star-shaped benzotristhiazoles and benzotrisoxazoles. Chemistry-A European Journal, 2018, 24(36): 9041-9050.

[119] Doi R, Yabuta A, Sato Y. Palladium-catalyzed decarboxylative alkynylation of α-acyloxyketones by $C(sp^3)$—O bond cleavage. Chemistry-A European Journal, 2019, 25(23): 5884-5888.

[120] Yadav M R, Nagaoka M, Kashihara M, Zhong R L, Miyazaki T, Sakaki S, Nakao Y. The Suzuki-Miyaura coupling of nitroarenes. Journal of the American Chemical Society, 2017, 139(28): 9423-9426.

[121] Asahara K K, Okita T, Saito A N, Muto K, Nakao Y, Yamaguchi J. Pd-catalyzed denitrative intramolecular C-H arylation. Organic Letters, 2019, 21(12): 4721-4724.

[122] Okita T, Asahara K K, Muto K, Yamaguchi J. Palladium-catalyzed Mizoroki-Heck reaction of nitroarenes and styrene derivatives. Organic Letters, 2020, 22(8): 3205-3208.

[123] Feng B, Yang Y, You J. Palladium-catalyzed denitrative Sonogashira-type cross-coupling of nitrobenzenes with terminal alkynes. Chemical Communications, 2020, 56: 790-793.

[124] Olsen E P K, Arrechea P L, Buchwald S L. Mechanistic insight leads to a ligand which facilitates the palladium-catalyzed formation of 2-(hetero)arylaminooxazoles and 4-(hetero)arylaminothiazoles. Angewandte Chemie International Edition, 2017, 56(35): 10569-10572.

[125] McCann S D, Reichert E C, Arrechea P L, Buchwald S L. Development of an aryl amination catalyst with broad scope guided by consideration of catalyst stability. Journal of the American Chemical Society, 2020, 142(35): 15027-15037.

[126] Dennis J M, White N A, Liu R Y, Buchwald S L. Breaking the base barrier: an electron-deficient palladium catalyst enables the use of a common soluble base in C—N coupling. Journal of the American Chemical Society, 2018, 140(13): 4721-4725.

[127] Dennis J M, White N A, Liu R Y, Buchwald S L. Pd-Catalyzed C—N coupling reactions facilitated by organic bases: mechanistic investigation leads to enhanced reactivity in the arylation of weakly binding amines. ACS Catalysis, 2019, 9(5): 3822-3830.

[128] Ruiz-Castillo P, Blackmond D G, Buchwald S L. Rational ligand design for the arylation of hindered primary amines guided by reaction progress kinetic analysis. Journal of the American Chemical Society, 2015, 137(8): 3085-3092.

[129] Rosenberg A J, Zhao J, Clark D A. Synthesis of imidazo[4,5-b]pyridines and imidazo[4,5-b]pyrazines by palladium catalyzed amidation of 2-chloro-3-amino-heterocycles. Organic Letters, 2012, 14(7): 1764-1767.

[130] Smith S M, Buchwald S L. Regioselective 2-amination of polychloropyrimidines. Organic Letters, 2016, 18(9): 2180-2183.

[131] Pires M J D, Poeira D L, Purificação S I, Marques M M B. Synthesis of substituted 4-, 5-, 6-, and 7-azaindoles from aminopyridines via a cascade C—N cross-coupling/heck reaction. Organic Letters, 2016, 18(13): 3250-3253.

[132] Bizet V, Borrajo-Calleja G M, Besnard C, Mazet C. Direct access to furoindolines by palladium-catalyzed intermolecular carboamination. ACS Catalysis, 2016, 6(10): 7183-7187.

[133] King S M, Buchwald S L. Development of a method for the N-arylation of amino acid esters with aryl triflates. Organic Letters, 2016, 18(16): 4128-4131.

[134] Lee H G, Lautrette G, Pentelute B L, Buchwald S L. Palladium-mediated arylation of lysine in unprotected peptides. Angewandte Chemie International Edition, 2017, 56(12): 3177-3181.

[135] Sather A C, Buchwald S L. The evolution of Pd^0/Pd^{II}-catalyzed aromatic fluorination. Accounts of

Chemical Research, 2016, 49(10): 2146-2157.

[136] Yandulov D V, Tran N T, Aryl-fluoride reductive elimination from Pd(Ⅱ): feasibility assessment from theory and experiment. Journal of the American Chemical Society, 2007, 129(5): 1342-1358.

[137] Fors B P, Watson D A, Biscoe M R, Buchwald S L. A highly active catalyst for Pd-catalyzed amination reactions: cross-coupling reactions using aryl mesylates and the highly selective monoarylation of primary amines using aryl chlorides. Journal of the American Chemical Society, 2008, 130(41): 13552-13554.

[138] Sather A C, Lee H G, Rosa V Y D L, Yang Y, Müller P, Buchwald S L. A fluorinated ligand enables room-temperature and regioselective Pd-catalyzed fluorination of aryl triflates and bromides. Journal of the American Chemical Society, 2015, 137(41): 13433-13438.

[139] Milner P J, Yang Y, Buchwald S L. In-depth assessment of the palladium-catalyzed fluorination of five-membered heteroaryl bromides. Organometallics, 2015, 34(19): 4775-4780.

[140] Tang H J, Lin L Z, Feng C, Loh T P. Palladium catalyzed fluoroarylation of gem-difluoroalkenes. Angewandte Chemie International Edition, 2017, 56(33): 9872-9876.

[141] Daniel P E, Onyeagusi C I, Ribeiro A A, Li K, Malcolmson S J. Palladium-catalyzed synthesis of α-trifluoromethyl benzylic amines via fluoroarylation of gem-difluoro-2-azadienes enabled by phosphine-catalyzed formation of an azaallyl-silver intermediate. ACS Catalysis, 2019, 9(1): 205-210.

[142] Wang Y, Wang Z, Li Y, Wu G, Cao Z, Zhang L. A general ligand design for gold catalysis allowing ligand-directed anti-nucleophilic attack of alkynes. Nature Communications, 2014, 5: 3470-3478.

[143] Li X, Liao S, Wang Z, Zhang L. Ligand-accelerated gold-catalyzed addition of in situ generated hydrazoic acid to alkynes under neat conditions. Organic Letters, 2017, 19(14): 3687-3690.

[144] Li T, Yang Y, Luo B, Li B, Zong L, Kong W, Yang H, Cheng X, Zhang L. A Bifunctional ligand enables gold-catalyzed hydroarylation of terminal alkynes under soft reaction conditions. Organic Letters, 2020, 22(15): 6045-6049.

[145] Li T, Zhang L. Bifunctional biphenyl-2-ylphosphine ligand enables tandem gold-catalyzed propargylation of aldehyde and unexpected cycloisomerization. Journal of the American Chemical Society, 2018, 140(50): 17439-17443.

[146] Li T, Yang Y, Li B, Bao X, Zhang L. Gold-catalyzed silyl-migrative cyclization of homopropargylic alcohols enabled by bifunctional biphenyl-2-ylphosphine and DFT studies. Organic Letters, 2019, 21(19): 7791-7794.

[147] Li X, Ma X, Wang Z, Liu P N, Zhang L. Bifunctional phosphine ligand enabled gold-catalyzed alkynamide cycloisomerization: access to electron-rich 2-aminofurans and their Diels-Alder adducts. Angewandte Chemie International Edition, 2019, 58(48): 17180-17184.

[148] Sirindil F, Weibel J M, Pale P, Blanc A. Total synthesis of rhazinilam through gold-catalyzed cycloisomerization-sulfonyl migration and palladium-catalyzed Suzuki-Miyaura coupling of pyrrolyl sulfonates. Organic Letters, 2019, 21(14): 5542-5546.

[149] Sirindil F, Golling S, Lamare R, Weibel J M, Pale P, Blanc A. Synthesis of indolizine and pyrrolo[1,2-a]azepine derivatives via a gold(Ⅰ)-catalyzed three-step cascade. Organic Letters, 2019, 21(22): 8997-9000.

[150] Jana S, He F, Koenigs R M. Gold-catalyzed carbazolation reactions of alkynes. Organic Letters, 2020, 22(12): 4873-4877.

[151] Zhang S, Xie R, Tang A, Chen P, Zhao Z, Miao M, Ren H. Gold(Ⅰ)-catalyzed [8+4] cycloaddition of 1,4-all-carbon dipoles with tropone. Organic Letters, 2020, 22(8): 3056-3061.

[152] Sabat N, Soualmia F, Retailleau P, Benjdia A, Berteau O, Guinchard X. Gold-catalyzed spirocyclization reactions of N-propargyl tryptamines and tryptophans in aqueous media. Organic Letters, 2020, 22(11): 4344-4349.

[153] Ding L, Wu W T, Zhang L, You S L. Construction of spironaphthalenones via gold-catalyzed intramolecular dearomatization reaction of β-naphthol derivatives. Organic Letters, 2020, 22(15): 5861-5865.

[154] Pertschi R, Weibel J M, Pale P, Blanc A. Benzosultam synthesis by gold(Ⅰ)-catalyzed ammonium formation/nucleophilic substitution. Organic Letters, 2019, 21(14): 5616-5620.

[155] Zhang Y-Y, Wei Y, Shi M. Gold(Ⅰ)-catalyzed and ligand-controlled regioselective cascade cycloisomerizations of bis(indolyl)-1,3-diynes and a mechanistic explanation. Organic Letters, 2019, 21(19): 7799-7803.

[156] Wu W T, Ding L, Zhang L, You S L. Gold-catalyzed intramolecular dearomatization reactions of indoles for the synthesis of spiroindolenines and spiroindolines. Organic Letters, 2020, 22(4): 1233-1238.

[157] McGee P, Bétournay G, Barabé F, Barriault L. A 11-steps total synthesis of magellanine through a gold(Ⅰ)-catalyzed dehydro Diels-Alder reaction. Angewandte Chemie International Edition, 2017, 56(22): 6280-6283.

[158] Kreuzahler M, Haberhauer G. Gold(Ⅰ)-catalyzed haloalkynylation of aryl alkynes: two pathways, one goal. Angewandte Chemie International Edition, 2020, 59(24): 9433-9437.

[159] Daley R A, Morrenzin A S, Neufeldt S R, Topczewski J J. Gold catalyzed decarboxylative cross-coupling of iodoarenes. Journal of the American Chemical Society, 2020, 142(30): 13210-13218.

[160] Xu J, Liu R Y, Yeung C S, Buchwald S L. Monophosphine ligands promote Pd-catalyzed C—S cross-coupling reactions at room temperature with soluble bases. ACS Catalysis, 2019, 9(7): 6461-6466.

[161] Zhang H, Ruiz-Castillo P, Buchwald S L. Palladium-catalyzed C—O cross-coupling of primary alcohols. Organic Letters, 2018, 20(6): 1580-1583.

[162] Zhang H, Ruiz-Castillo P, Schuppe A W, Buchwald S L. Improved process for the palladium-catalyzed C—O cross-coupling of secondary alcohols. Organic Letters, 2020, 22(14): 5369-5374.

[163] Tang W, Capacci A G, Wei X, Li W, White A, Patel N D, Savoie J, Gao J J, Rodriguez S, Qu B, Haddad N, Lu B Z, Krishnamurthy D, Yee N K, Senanayake C H. A general and special catalyst for Suzuki-Miyaura coupling processes. Angewandte Chemie International Edition, 2010, 49(34): 5879-5883.

[164] Zhao Q, Li C, Senanayake C H, Tang W. An efficient method for sterically demanding Suzuki-Miyaura coupling reactions. Chemistry-A European Journal, 2013, 19(7): 2261-2265.

[165] Patel N D, Rivalti D, Buono F G, Chatterjee A, Qu B, Braith S, Desrosiers J N, Rodriguez S, Sieber J D, Haddad N, Fandrick K R, Lee H, Yee N K, Busacca C A, Senanayake C H. Effective BI-DIME ligand for Suzuki-Miyaura cross-coupling reactions in water with 500 ppm palladium loading and triton X. Asian Journal of Organic Chemistry, 2017, 6(9): 1285-1291.

[166] Qu B, Haddad N, Rodriguez S, Sieber J D, Desrosiers J N, Patel N D, Zhang Y, Grinberg N, Lee H, Ma S, Ries U J, Yee N K, Senanayake C H. Ligand-accelerated stereoretentive Suzuki-Miyaura coupling of unprotected 3,3′-dibromo-BINOL. The Journal of Organic Chemistry, 2016, 81(3): 745-750.

[167] Rodriguez S, Qu B, Haddad N, Reeves D C, Tang W, Lee H, Krishnamurthy D, Senanayake C H. Oxaphosphole-based monophosphorus ligands for palladium catalyzed amination reactions. Advanced Synthesis & Catalysis, 2011, 353(4): 533-537.

[168] Li C, Chen T, Li B, Xiao G, Tang W. Efficient synthesis of sterically hindered arenes bearing acyclic secondary alkyl groups by Suzuki-Miyaura cross-couplings. Angewandte Chemie International Edition, 2015, 54(12): 3792-3796.

[169] Tang W, Keshipeddy S, Zhang Y, Wei X, Savoie J, Patel N D, Yee N K, Senanayake C H. Efficient monophosphorus ligands for palladium-catalyzed Miyaura borylation. Organic Letters, 2011, 13(6): 1366-1369.

[170] Lundgren R J, Peters B D, Alsabeh P G, Stradiotto M. A P,N-Ligand for palladium-catalyzed ammonia arylation: Coupling of deactivated aryl chlorides, chemoselective arylations, and room temperature reactions. Angewandte Chemie International Edition, 2010, 49(24), 4071-4074.

[171] Lundgren R J, Stradiotto M. Palladium-catalyzed cross-coupling of aryl chlorides and tosylates with hydrazine. Angewandte Chemie International Edition, 2010, 49(46): 8686-8690.

[172] So C M, Kwong F Y. Palladium-catalyzed cross-coupling reactions of aryl mesylates. Chemical

Society Reviews, 2011, 40(10): 4963-4972.

[173] Yang Q, Choy P Y, Zhao Q, Leung M P, Chan H S, So C M, Wong W T, Kwong F Y. Palladium-catalyzed N-arylation of sulfoximines with aryl sulfonates. The Journal of Organic Chemistry, 2018, 83(18): 11369-11376.

[174] Huang Y, Choy P Y, Wang J, Tse M K, Sun R W Y, Chan A S C, Kwong F Y. Palladium-catalyzed monoarylation of arylhydrazines with aryl tosylates. The Journal of Organic Chemistry, 2020, 85(22): 14664-14673.

[175] To S C, Kwong F Y. Highly efficient carbazolyl-derived phosphine ligands: application to sterically hindered biaryl couplings. Chemical Communications, 2011, 47: 5079-5081.

[176] So C M, Lau C P, Kwong F Y. Easily accessible and highly tunable indolyl phosphine ligands for Suzuki-Miyaura coupling of aryl chlorides. Organic Letters, 2007, 9(15): 2795-2798.

[177] So C M, Lee H W, Lau C P, Kwong F Y. Palladium-indolylphosphine-catalyzed Hiyama cross-coupling of aryl mesylates. Organic Letters, 2009, 11(2): 317-320.

[178] Yuen O Y, So C M, Man H W, Kwong F Y. A general palladium-catalyzed Hiyama cross-coupling reaction of aryl and heteroaryl chlorides. Chemistry-A European Journal, 2016, 22(19): 6471-6476.

[179] Fu W C, Wu Y, So C M, Wong S M, Lei A, Kwong F Y. Catalytic direct C2-alkenylation of oxazoles at parts per million levels of palladium/PhMezole-Phos complex. Organic Letters, 2016, 18(20): 5300-5303.

[180] Duan J, Kwong F Y. A palladium-catalyzed α-arylation of oxindoles with aryl tosylates. The Journal of Organic Chemistry, 2017, 82(12): 6468-6473.

[181] Fu W C, So C M, Yuen O Y, Lee I T C, Kwong F Y. Exploiting aryl mesylates and tosylates in catalytic mono-α-arylation of aryl- and heteroarylketones. Organic Letters, 2016, 18(8): 1872-1875.

[182] Yeung P Y, So C M, Lau C P, Kwong F Y. A mild and efficient palladium-catalyzed cyanation of aryl mesylates in water or tBuOH/water. Angewandte Chemie International Edition, 2010, 49(47): 8918-8922.

[183] Fu W C, So C M, Kwong F Y. Palladium-catalyzed phosphorylation of aryl mesylates and tosylates. Organic Letters, 2015, 17(23): 5906-5909.

[184] Hao W, Geng W, Zhang W X, Xi Z. Palladium-catalyzed one-pot three- or four-component coupling of aryl iodides, alkynes, and amines through C—N bond cleavage: Efficient synthesis of indole derivatives. Chemistry-A European Journal, 2014, 20(9): 2605-2612.

[185] Hao W, Wang H, Ye Q, Zhang W X, Xi Z. Cyclopentadiene-phosphine/palladium-catalyzed synthesis of indolizines from pyrrole and 1,4-dibromo-1,3-butadienes. Organic Letters, 2015, 17(22), 5674-5677.

[186] Yin J, Ye Q, Hao W, Du S, Gu Y, Zhang W X, Xi Z. Formation of cyclopenta[c]pyridine derivatives from 2,5-disubstituted pyrroles and 1,4-dibromo-1,3-butadienes via pyrrole ring one-carbon expansion. Organic Letters, 2017, 19(1), 138-141.

[187] Yin J, Li J, Wang G X, Yin Z B, Zhang W X, Xi Z. Dinitrogen functionalization affording chromium hydrazido complex. Journal of the American Chemical Society, 2019, 141(10): 4241-4247.

[188] McGlinchey M J, Stradiotto M. η^1-Indenyl derivatives of transition metal and main group elements: Synthesis, characterization and molecular dynamics. Coordination Chemistry Reviews, 2001, 219-221 (7): 311-378.

[189] Rankin M A, MacLean D F, McDonald R, Ferguson M J, Lumsden M D, Stradiotto M. Probing the dynamics and reactivity of a stereochemically nonrigid Cp*Ru(H)(k^2-P,carbene) complex. Organometallics, 2009, 28 (1): 74-83.

[190] Lundgren R J, Rankin M A, McDonald R, Stradiotto M. Neutral, cationic, and zwitterionic ruthenium(II) atom transfer radical addition catalysts supported by P,N-substituted indene or indenide ligands. Organometallics, 2008, 27(2): 254-258.

[191] Cipot J, McDonald R, Stradiotto M. A rare example of efficient alkene hydrogenation mediated by a neutral iridium(I) complex under mild conditions. Organometallics, 2006, 25(1): 29-31.

[192] Fowler K G, Littlefield S L, Baird M C, Budzelaar P H M. Synthesis, structures, and properties of

the phosphonium-1-indenylide (PHIN) ligands 1-$C_9H_6PPh_3$, 1-$C_9H_6PMePh_2$, and 1-$C_9H_6PMe_2Ph$ and of the corresponding ruthenium(Ⅱ) complexes [Ru(η^5-C_5H_5)(η^5-PHIN)]PF_6. Organometallics, 2011, 30(22): 6098-6107.

[193] Yuan J, Han Z J, Peng H, Pi Y X, Chen Y, Liu S H, Yu G A. Indenyl ruthenium complexes with an unusual η^3 coordination mode. Organometallics, 2014, 33(24): 7325-7328.

[194] Meng T, Yuan J, Han Z J, Luo X, Wu Q G, Liu S H, Chen J, Yu G A. Novel dinuclear and trinuclear ruthenium clusters derived from 2-aryl-substituted indenylphosphines via C—H bond cleavage. Applied Organometallic Chemistry, 2016 31(8): e3670.

[195] Lian Z Y, Yuan, J, Yan M Q, Liu Y, Luo X, Wu Q G, Liu S H, Chen J, Zhu X L, Yu G A. 2-Aryl-indenylphosphine ligands: design, synthesis and application in Pd-catalyzed Suzuki-Miyaura coupling reactions. Organic Biomolecular Chemistry, 2016, 14(42): 10090-10094.

[196] Yan M Q, Yuan J, Lan F, Zeng S H, Gao M Y, Liu S H, Chen J, Yu G A. An active catalytic system for Suzuki-Miyaura cross-coupling reactions using low levels of palladium loading. Organic Biomolecular Chemistry, 2017, 15(18): 3924-3929.

[197] Xu M Y, Jiang W T, Li Y, Xu Q H, Zhou Q L, Yang S, Xiao B. Alkyl carbagermatranes enable practical palladium-catalyzed sp^2-sp^3 cross-coupling. Journal of the American Chemical Society, 2019, 141(18): 7582-7588.

[198] Chai W, Zhou Q, Ai W, Zheng Y, Qin T, Xu X, Zi W. Lewis-acid-promoted ligand-controlled regiodivergent cycloaddition of Pd-oxyallyl with 1,3-dienes: reaction development and origins of selectivities. Journal of the American Chemical Society, 2021, 143 (9): 3595-3603.

4

含膦双齿配体

4.1 含膦双齿配体的合成
4.2 含膦双齿配体的应用

Synthesis and Applications of Achiral Phosphine Ligands

相比单膦配体，含有两个磷原子的双齿配体（又称双膦配体）可以与金属形成结构更加稳定的环金属配合物，使其具有更高的催化活性和选择性。通过改变连接两个磷原子的基团，可以调控双膦配体的刚性和两个磷原子之间的距离，从而影响磷原子与金属的配位，改变 P-M-P 的角度，影响金属配合物的催化性质和光电性质。常用的非手性双膦配体有双（二烃基膦基）烷烃、二茂铁基双膦配体和 Xantphos 双膦配体等（图 4-1）。

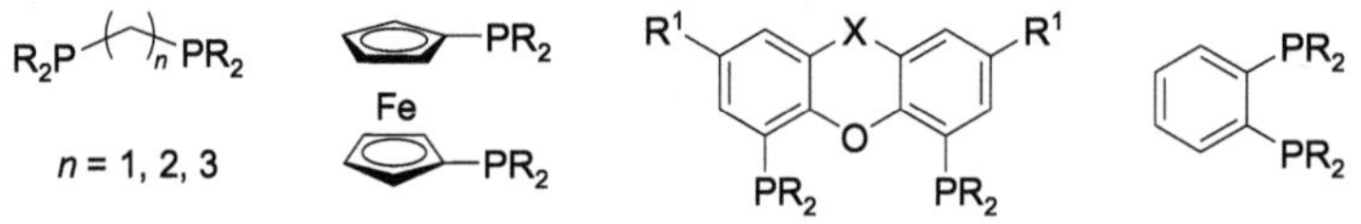

图 4-1 常用的非手性双膦配体

4.1 含膦双齿配体的合成

4.1.1 亲核取代反应构建含膦双齿配体

亲核碳试剂与 P—Cl 键的取代反应是构建含膦双齿配体最常用的方法。例如，将 4 当量的格氏试剂或烃基锂试剂与双（二氯膦基）甲烷反应生成双（二烃基膦基）甲烷配体（图 4-2）。

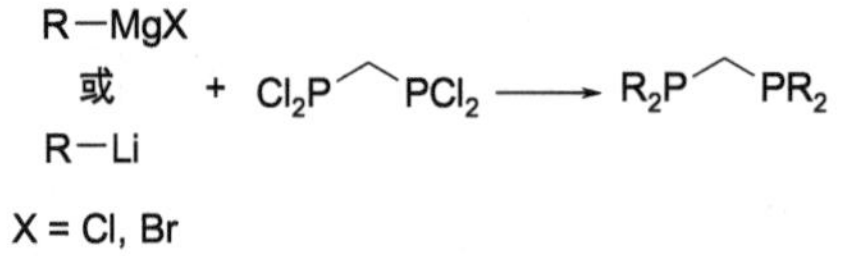

图 4-2 双（二烃基膦基）甲烷配体的合成

4.1.1.1 非手性二茂铁基双膦配体的合成

合成二茂铁基膦配体的方法是先将二茂铁与烃基锂反应生成锂盐，

然后与烃基氯化膦反应生成二茂铁基双膦化合物。例如，将二茂铁与正丁基锂和四甲基乙二胺(TMEDA)反应得到四甲基乙二胺二茂铁双锂配合物，再将其与 2 当量的二烃基氯化膦反应生成 1,1′-双(二烃基膦)二茂铁(图 4-3)[1]。

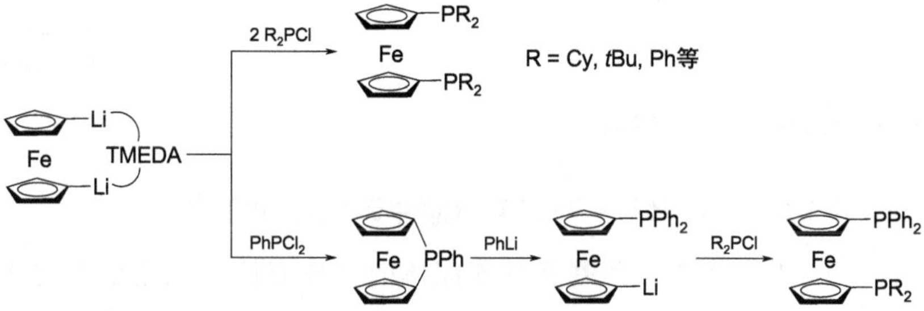

图 4-3　1,1′-双(二烃基膦)二茂铁的合成

碘化亚铜为催化剂时，二茂铁基腙化合物可以与二烃基膦氧化物发生 C—P 交叉偶联反应生成二茂铁基膦氧化物，膦氧化物与三氯硅烷和三乙胺发生还原反应生成二茂铁基膦化合物。该单膦化合物可以与叔丁基锂反应，再与二烃基氯化膦反应生成 Josiphos 型二茂铁基双膦化合物(图 4-4)[2]。

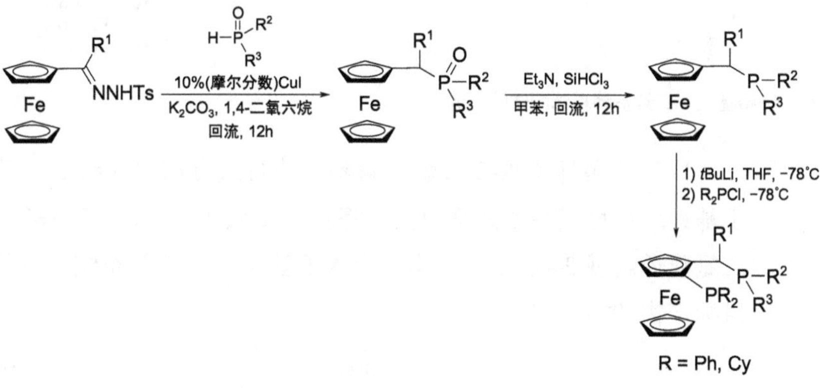

图 4-4　Josiphos 型二茂铁基双膦化合物的合成

4.1.1.2　Xantphos 双膦配体的合成

由于 5-位上是氧原子，因此氧杂环类蒽芳烃在低温条件下，与 nBuLi 或 sBuLi 的反应仅在 4-位和 6-位上进行，高产率生成双锂盐。然

后，将双锂盐与二烃基氯化膦进行反应得到相应的 Xantphos 双膦配体（图 4-5）[3,4]。

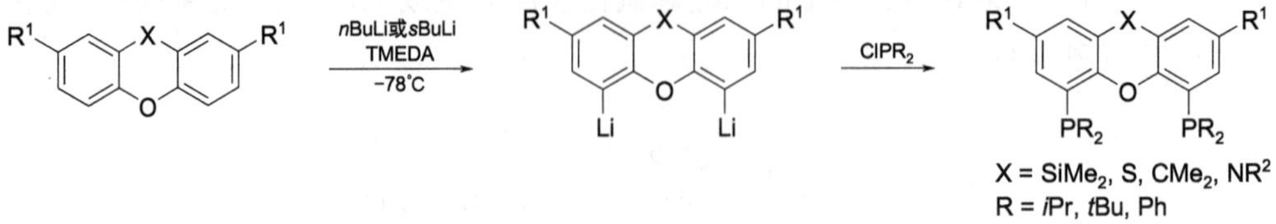

图 4-5 Xantphos 双膦配体的合成

4.1.1.3　1-膦基-2-二芳基膦基苯配体的合成

1-膦基-2-二芳基膦基苯配体的合成方法为先用钯催化 2-溴碘苯与 CgPH 进行 C—P 键偶联反应生成 2-溴-膦金刚烷基苯中间体，然后将其与正丁基锂反应生成芳基锂，再与二烃基氯化膦进行反应得到目标产物（图 4-6）。这类双膦配体的合成成本低，而且它们对空气稳定[5]。

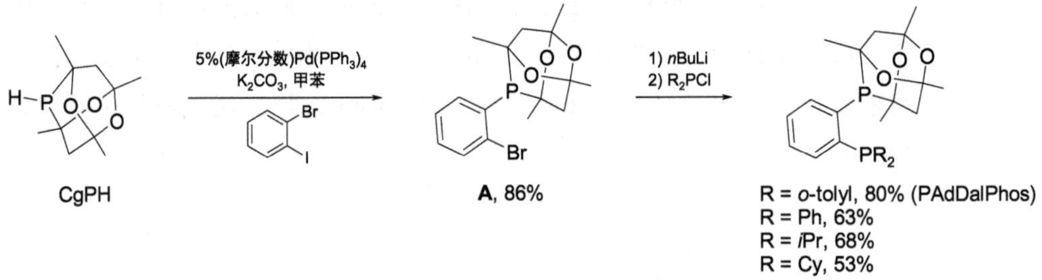

图 4-6　1-膦基-2-二芳基膦基苯配体的合成

1-二氮杂环磷基-2-二烃基膦基苯的合成方法为先将 2-溴苯基膦与正丁基锂进行反应生成芳基锂，再将其与 2-氯-1,3-二(均三甲苯基)-1,3,2-二氮磷烯烃或 2-溴-1,3-二(均三甲苯基)-1,3,2-二氮杂烷烃进行反应生成目标产物（图 4-7）[6]。

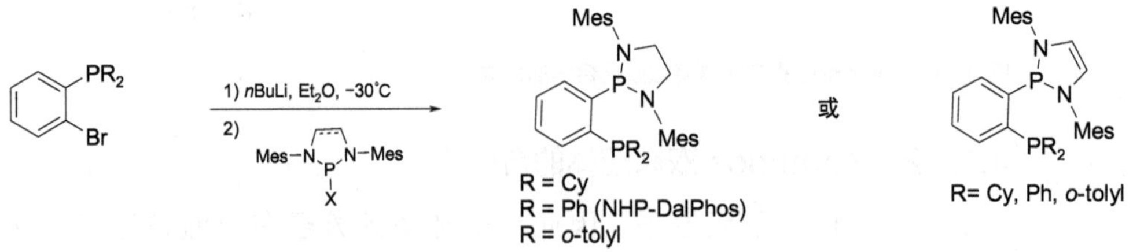

图 4-7　1-二氮杂环磷基-2-二烃基膦基苯的合成

4.1.2 金属催化炔烃的膦氢化反应构建含膦双齿配体

Oshima 和 Yorimitsu 课题组用 CuI 为催化剂，高效、高选择性地催化膦基炔烃与 $HPPh_2$ 反应生成 (Z)-1,2-二(二苯基膦基)芳基烯烃衍生物(图 4-8)[7]。机理研究显示 CuI 与 $HPPh_2$ 反应形成不稳定的配合物 $CuI·HPPh_2$，$CuI·HPPh_2$ 与 Cs_2CO_3 反应形成 Cu—P 键。因此，铜催化膦基炔烃的膦氢化反应的机理可能是：首先，$HPPh_2$、CuI 和 Cs_2CO_3 反应形成 Cu—P 键；随后，炔烃插入 Cu—P 键中形成烯基铜化合物；最后，烯基铜化合物与另一分子的 $HPPh_2$ 发生质子化反应生成膦氢化产物和 Cu—P 键。

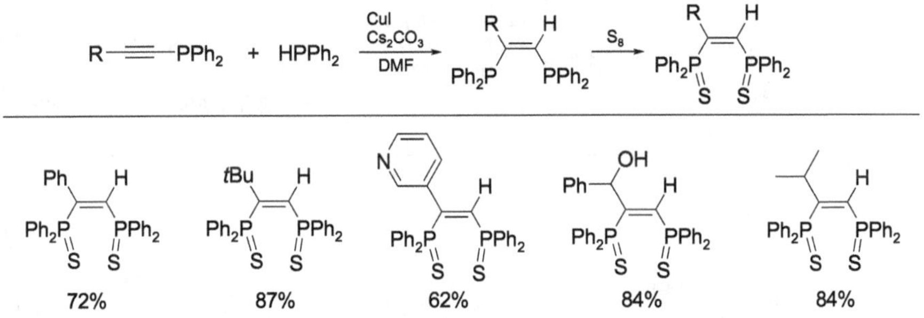

图 4-8 铜催化膦基炔烃的膦氢化反应

双膦配体在金属有机化学和均相催化反应中是最常用的双齿配体之一。但是，金属催化炔烃的双膦氢化反应很难生成 1,2-二膦基乙烷类衍生物。一方面，因为烯基膦的位阻和电子效应，其很难进一步发生膦氢化反应生成双膦化产物。另一方面，双膦化合物具有比单膦化合物更强的螯合作用，会与活性的金属形成很强的配位键导致金属催化剂失去活性。Nakazawa 课题组用 $CpFe(CO)_2Me$ 为催化剂，在无溶剂的条件下首次实现金属催化芳基端炔与 $HPPh_2$ 的双膦氢化反应，高效制备出 1,2-二膦基乙烯类衍生物，产率最高为 95%(图 4-9)[8]。反应中可能的活性中间体 $CpFe(CO)(PPh_2)$ 不会与 $HPPh_2$ 或双膦产物形成稳定的配合物，催化剂的活性不会降低。

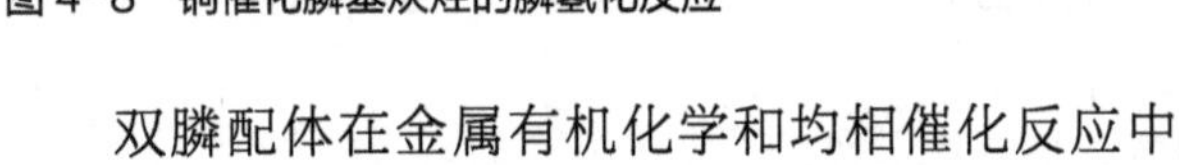

图 4-9 铁催化炔烃的双膦氢化反应

崔春明课题组用 CuCl$_2$/ItBu 为催化剂，在无溶剂和110℃的条件下实现烷基和芳基端炔的双膦氢化反应，选择性地合成了1,2-双(二苯基膦基)乙烷类衍生物，产率最高为96%(图4-10)[9]。机理研究发现 CuCl$_2$、ItBu 和苯乙炔会发生还原反应生成 (ItBu)Cu(CCPh) 和 1,4-二苯基-1,3-丁二炔；CuCl$_2$、ItBu 和 HPPh$_2$ 反应生成 [(ItBu)Cu(PPh$_2$)]$_3$ 和 Ph$_2$P—PPh$_2$。(ItBu)Cu(CCPh) 和 [(ItBu)Cu(PPh$_2$)]$_3$ 都可以催化炔烃的双膦氢化反应。其中，配合物 [(ItBu)Cu(PPh$_2$)]$_3$ 很可能是催化反应的关键活性中间体，这是第一例结构得到确证的氮杂环卡宾膦基铜(Ⅰ)配合物。

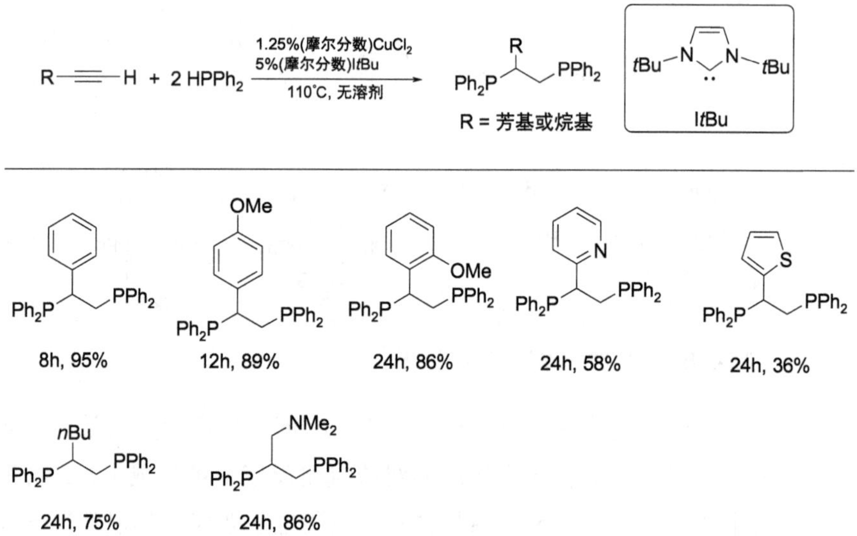

图 4-10 铜催化炔烃的双膦氢化反应

4.1.3 光催化策略构建含膦双齿配体

Miura 课题组发现 Ir(ppy)$_3$ 可见光诱导 Me$_3$SiPPh$_2$ 与烯烃或茚反应生成双(二苯基膦基)乙烷衍生物 [图4-11(a)][10]。此外，该催化体系可以促进具有挑战性的脂肪烯烃和 β-取代苯乙烯进行双膦氢化反应。Ir(ppy)$_3$ 为光催化剂时，还可以高效、高区域选择性地可见光诱导 (Ph$_2$P)$_2$ 与 1,4-丁二烯反应生成 1,4-双(二苯基膦基)-2-丁烯衍生物，该反应的关键是加入

N-溴代丁二酰亚胺(NBS)或BrPPh$_2$[图 4-11(b)]$^{[11]}$。

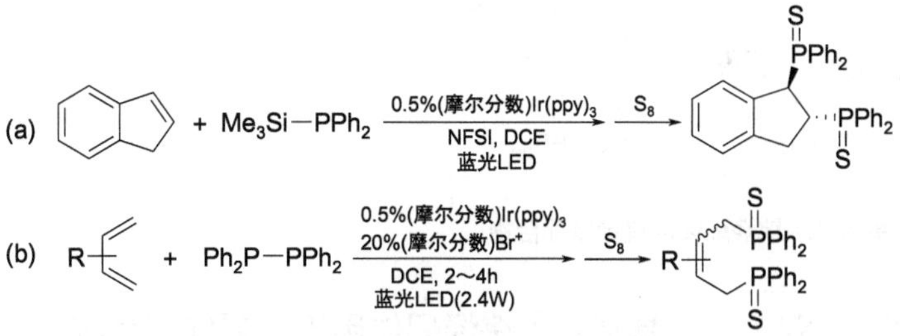

图 4-11 Ir(ppy)$_3$ 光催化烯烃的双膦氢化反应

Waterman 课题组发现 [CpFe(CO)$_2$]$_2$ 可以高效催化芳基乙炔的双膦氢化反应，首次实现铁可见光催化芳基端炔的双膦氢化反应，产率最高为92%(图 4-12)。此外，[CpFe(CO)$_2$]$_2$ 也可在常规加热的条件下，高效催化芳基端炔的双膦氢化反应生成 1,2-双(二苯基膦基)乙烷类衍生物，产率最高为 99%$^{[12]}$。

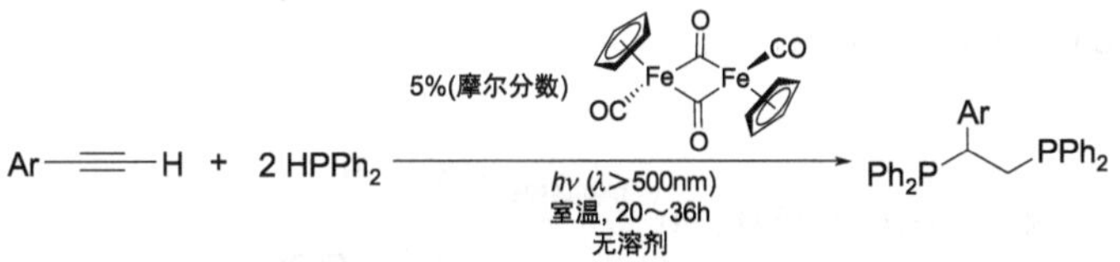

图 4-12 铁光催化炔烃的双膦氢化反应

4.2
含膦双齿配体的应用

4.2.1 双（二烃基膦基）烷烃配体的应用

双(二烃基膦基)烷烃配体是最简单的双膦配体。该类双膦配体可以与金属反应形成稳定的环金属配合物和双膦桥连双核金属配合物，这些金属配合物具有独特的光电性质和催化性质（图 4-13）。

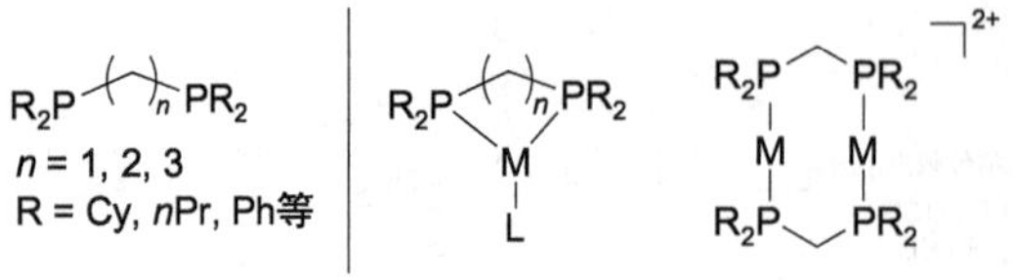

R_2P PR_2
n = 1, 2, 3
R = Cy, nPr, Ph等
M
L
2+

图 4-13　双（二烃基膦基）烷烃配体及其金属配合物

4.2.1.1　双（二烃基膦基）烷烃配体用于金属催化反应

韩立彪课题组发现钯可以催化 P(O)—H 键与炔烃的加成反应，高效、高选择性生成一系列烯基膦氧化合物。其中，亚磷酸酯、二烃基膦氧化物和次磷酸都可以进行反应生成相应的马氏加成产物。反应中钯催化剂发挥着至关重要的作用，不同的磷试剂需要使用不同的钯催化剂。亚磷酸二酯与炔烃的磷酰基氢化反应的催化剂为 $Pd_2(dba)_3$/dppp [dppp = 1,3-二(二苯基膦基)丙烷]；二烃基膦氧化物与炔烃的磷酰基氢化反应的催化剂为 $Pd_2(dba)_3$/dppp/$Ph_2P(O)OH$；次磷酸与炔烃的磷酰基氢化反应的催化剂为 Pd $(PPh_3)_4$（图 4-14）[13]。

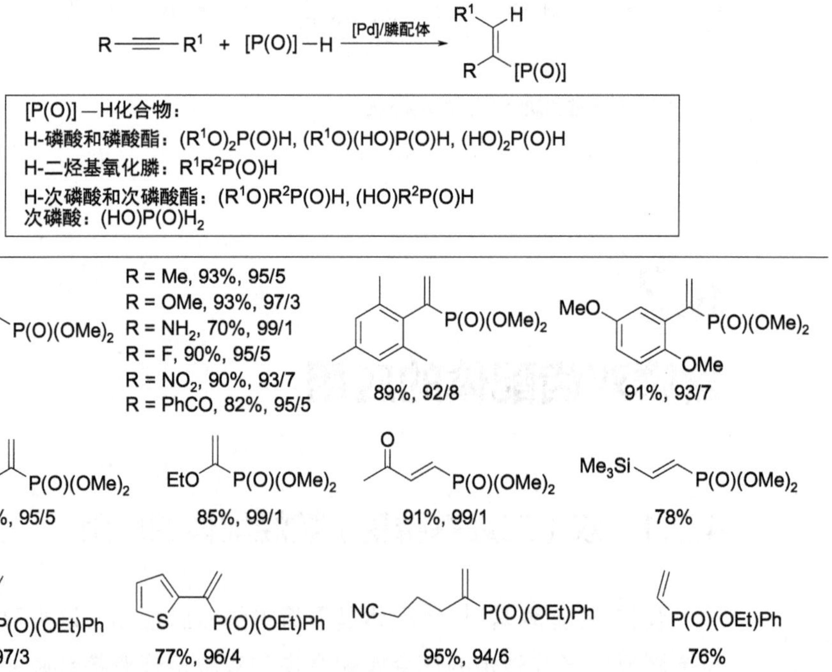

R—≡—R¹ + [P(O)]—H
[Pd]/膦配体
[P(O)]—H化合物：
H-磷酸和磷酸酯：(R¹O)₂P(O)H, (R¹O)(HO)P(O)H, (HO)₂P(O)H
H-二烃基氧化膦：R¹R²P(O)H
H-次磷酸和次磷酸酯：(R¹O)R²P(O)H, (HO)R²P(O)H
次磷酸：(HO)P(O)H₂
R = Me, 93%, 95/5
R = OMe, 93%, 97/3
R = NH₂, 70%, 99/1
R = F, 90%, 95/5
R = NO₂, 90%, 93/7
R = PhCO, 82%, 95/5
P(O)(OMe)₂
89%, 92/8
91%, 93/7
82%, 95/5
85%, 99/1
91%, 99/1
78%
P(O)(OEt)Ph
91%, 97/3
77%, 96/4
95%, 94/6
76%

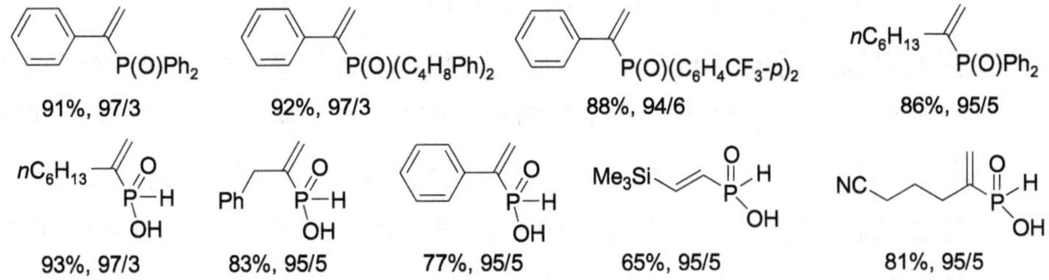

图4-14 钯催化 P(O)—H 键与炔烃的加成反应

支志明课题组发现双膦桥连双核金(Ⅰ)配合物 [Au$_2$(Ph$_2$PCH$_2$PPh$_2$)$_2$]$^{2+}$ 具有独特的光物理和光化学性质,该类金属配合物不仅结构稳定,具有较长的激发态寿命和强的还原电势,而且还有空的配位点,这使其可以与底物发生键合,从而光诱导活化 C—X 键,这些性质使其在光催化领域中具有极大的潜在应用价值[14-16]。[Au$_2$(Ph$_2$PCH$_2$PPh$_2$)$_2$]$^{2+}$ 可以高效光催化钌和铱光催化剂难以活化的卤代烷烃与 C—H 键进行光氧化还原反应。基于此,Barriault[17,18] 和 Hashmi[19,20] 课题组分别用 [Au$_2$(Ph$_2$PCH$_2$PPh$_2$)$_2$]$^{2+}$ 为光催化剂,实现光催化卤代烷烃与 C—H 键的 C—C 键偶联反应。该催化体系适用范围广,一级、二级和三级卤代烷烃都可以顺利进行反应,生成相应的偶联产物(图4-15)。

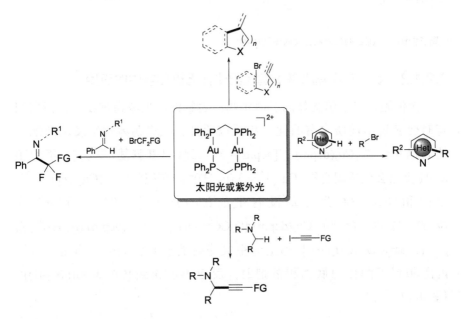

图4-15 [Au$_2$(Ph$_2$PCH$_2$PPh$_2$)$_2$]$^{2+}$ 光催化卤代烷烃与 C—H 键的偶联反应

大位阻的碳硼烷类配体不仅对热稳定，而且显示出独特的电子效应。因而可以使用该类配体调节金属配合物的发光性质和分子间的相互作用。近几年，支志明课题组发现单阴离子双（二苯基膦基）巢型碳硼烷可以显著提高铜（I）配合物的稳定性，并使金属配合物的吸收光谱发生红移，延长其激发态寿命，提高其荧光量子产率，改变金属的光氧化还原性质[21,22]。其中，两性离子型铜（I）配合物 Cu(dppnc)(NN) 可以高效光催化活化 C—H 键发生氧化脱氢偶联反应（图 4-16）[22]。

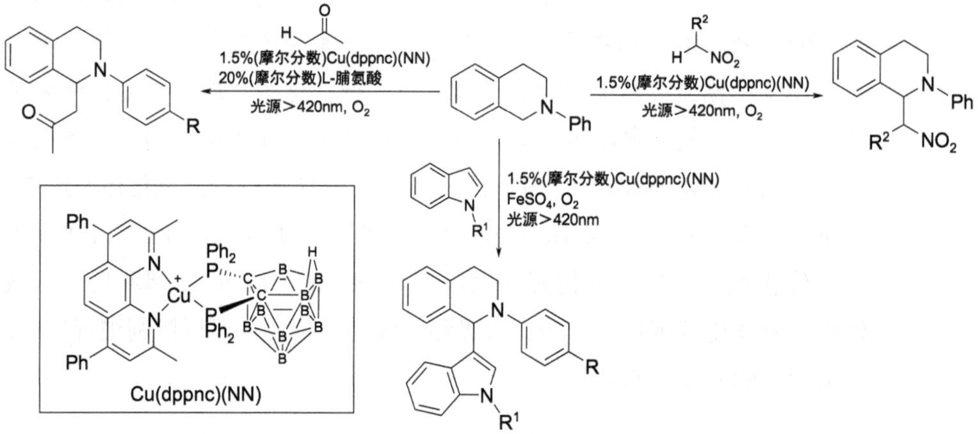

图 4-16　两性离子型铜（I）配合物在光催化反应中的应用

4.2.1.2　双（二烃基膦基）烷烃配体在无机化学中的应用

大位阻富电子膦配体的过渡金属配合物的配位数通常较低，但它们有时会表现出前所未有的性质和反应活性。支志明课题组发现两配位的双铜配合物 $[Cu_2(dcpm)_2]^{2+}$[dcpm = 双（二环己基膦基）甲烷]、甲醇和 KOH 反应会生成配合物 $[Cu_3(dcpm)_3(\mu_3\text{-}H)]^{2+}$。在空气中，$[Cu_2(dcpm)_2]^{2+}$、甲醇和 $NH_3 \cdot H_2O$ 反应却没有生成 $[Cu_3(dcpm)_3(\mu_3\text{-}H)]^{2+}$，而是得到羧酸盐配合物 $[Cu_2(dcpm)_2(O_2CCH_2OH)]^+$。$[Cu_3(dcpm)_3(\mu_3\text{-}H)]^{2+}$ 和 $[Cu_2(dcpm)_2(O_2CCH_2OH)]^+$ 都是对空气稳定的抗磁性固体。但是，当异丙醇和叔丁醇作为底物和溶剂时，反应不能得到 $[Cu_3(dcpm)_3(\mu_3\text{-}H)]^{2+}$（图 4-17）[23]。

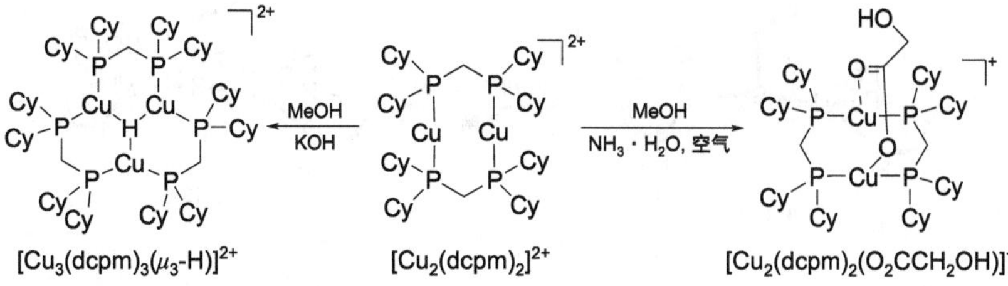

图 4-17 双铜（I）配合物与甲醇的反应

氢化酶是一种天然酶，它能在多种微生物中催化氢分子发生可逆转化反应。氢化酶可以分为三大类：[NiFe]、[FeFe] 和 [Fe] 酶。在这三种酶中，[NiFe] 氢化酶在自然界中分布最为广泛，其结构最先经过 X 射线单晶衍射分析的表征。宋礼成课题组用简便的方法制备了一系列新的 [NiFe] 氢化酶。双膦镍配合物 [R(CH$_2$PPh$_2$)$_2$]NiCl$_2$ (R = MeN, CH$_2$, nil)、(dppv)(CO)$_2$Fe(pdt) [dppv = 1,2-C$_2$H$_2$(PPh$_2$)$_2$, pdt = 1,3-丙二酸] 和 NaBF$_4$ 反应得到配合物 {[R(CH$_2$PPh$_2$)$_2$]Ni(pdt)Fe(CO)$_2$(dppv)}(BF$_4$)$_2$，其与 Me$_3$NO·2H$_2$O 反应生成配合物 {[R(CH$_2$PPh$_2$)$_2$]Ni(pdt)(μ-OH)Fe(CO)(dppv)}(BF$_4$)。二氧化碳与配合物 {[R(CH$_2$PPh$_2$)$_2$]Ni(pdt)(μ-OH)Fe(CO)(dppv)}(BF$_4$) 反应会生成配合物 {[R(CH$_2$PPh$_2$)$_2$]Ni(pdt)Fe(CO)(t-OCO$_2$H)(dppv)}(BF$_4$)，其再与甲醇反应生成 {[R(CH$_2$PPh$_2$)$_2$]Ni(pdt)Fe(CO)(t-OCO$_2$Me)(dppv)}(BF$_4$)（图 4-18）[24]。其中，**4-19a** 与 HBF$_4$·Et$_2$O 反应会生成中间体 **4-19b**，其脱去一分子水生成中间体 **4-19c**，它可以活化氢气生成新的配合物 **4-19d**（图 4-19）[25]。

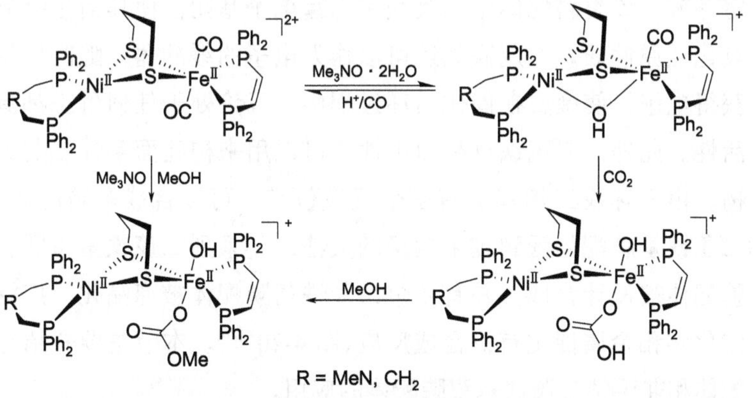

图 4-18 官能团化的双硫镍铁氢化酶的合成

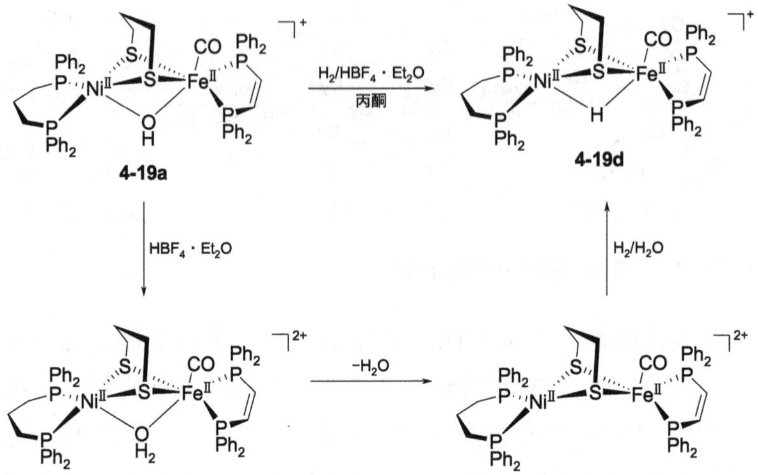

图 4-19 双硫镍铁氢化酶活化氢气的反应

4.2.2 非手性二茂铁基双膦配体的应用

"夹心结构"的二茂铁是历史上首个金属茂基配合物，其结构相对稳定又易于官能团化，而且该类配合物还具有低毒性、芳香性和独特的电化学性质，因而被广泛应用于金属催化反应、医药和材料等领域。其中，二茂铁基膦配体具有较为刚性的骨架，化学性质稳定，可以在空气中稳定存放。该类膦配体中二茂铁基为富电子基团，使其衍生物具有较好的氧化还原性质。二茂铁基还可以作为电子的缓冲器，随时提供电子或者获得电子，使金属在催化循环过程中，无论处于任何价态都具有很高的活性。此外，二茂铁具有面手性，可以用来构建面手性二茂铁基膦化合物。由于环戊二烯基上有多个反应位点，可以合成多膦配体。基于此，二茂铁基膦配体受到越来越多的关注，一系列二茂铁基单膦、双膦和多膦配体被设计合成，并有多个二茂铁基膦配体被商品化，广泛应用于配位化学和金属催化有机合成反应(图 4-20)[26]。本节主要介绍 Qphos 单膦配体和非手性二茂铁基双膦配体的应用。

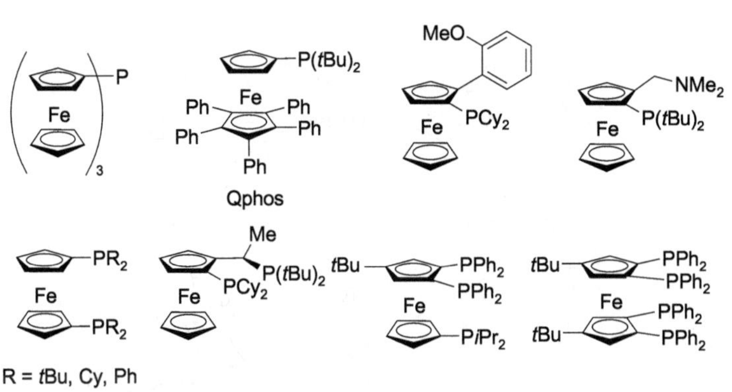

图 4-20 非手性二茂铁基膦配体

4.2.2.1 Qphos 配体在偶联反应中的应用

通常情况下，β-芳基醛化合物的合成需要使用价格较高的三氟芳基酯作为底物，高沸点、高极性和高毒性的六甲基磷酰三胺为溶剂。Walsh 课题组发现 Pd(OAc)$_2$/QPhos 体系可以在四氢呋喃中高效催化环丙醇类化合物与溴代芳烃反应生成 β-芳基醛化合物，产率为 59%～98%。在催化循环中，原位反应生成的 Pd(0) 与溴代芳烃、环丙醇类化合物和三乙胺反应，经过 β-碳消除反应生成烯醇钯中间体。由于 QPhos 是一个单齿膦配体，因此醛羰基很可能与钯配位。随后，经过还原消除反应生成目标产物和 Pd(0) 催化剂（图 4-21）[27]。

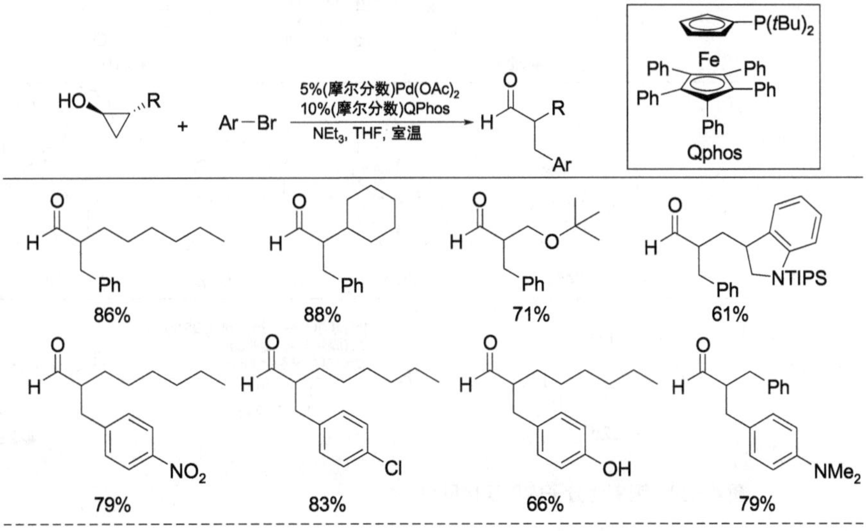

图 4-21

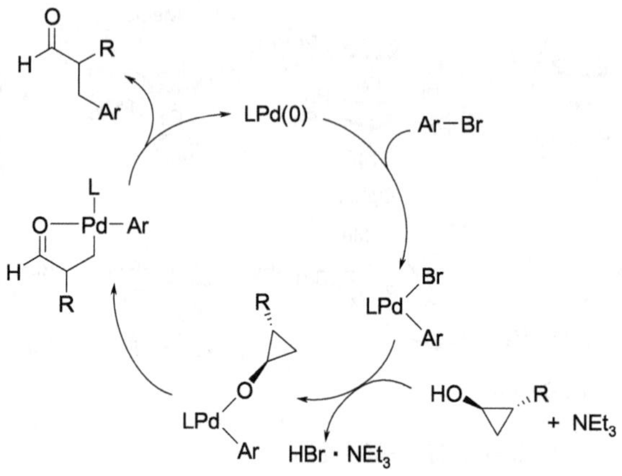

图 4-21 钯催化环丙醇与溴代芳烃的反应

Lautens 课题组发现钯可以催化双碘代芳烃化合物进行分子内碳碘化反应。[Pd(QPhos)$_2$] 为催化剂，QPhos 为配体时，**4-22a** 化合物只进行分子内碳碘化反应生成产物 **4-22b**。[Pd(crotyl)QPhosCl](crotyl=2-丁烯基)为催化剂，QPhos 为配体时，**4-22c** 化合物和烯烃会发生分子内碳碘化反应和 Heck 交叉偶联反应，高效生成一系列烯基杂环化合物 **4-22d**（图 4-22）[28]。

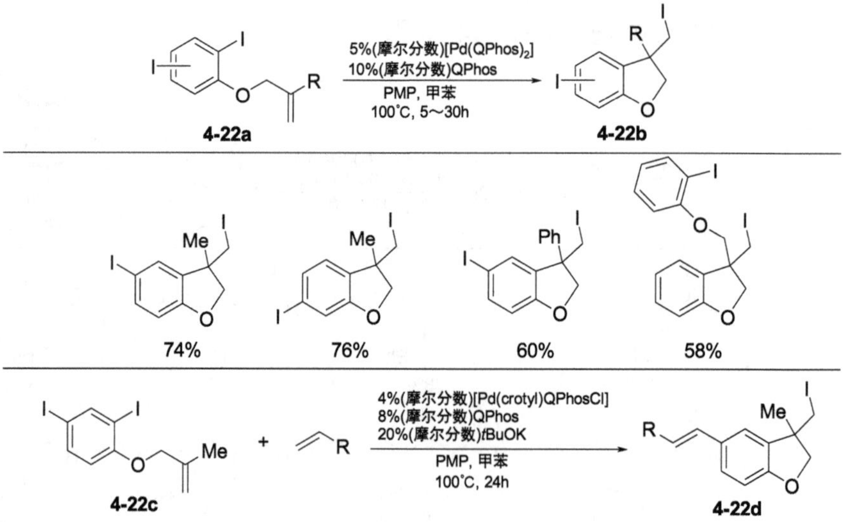

图 4-22 钯催化分子内碳碘化反应

快速构建杂环骨架非常具有挑战性，利用多米诺反应能够同时构建多个新键，有效制备稠杂环化合物。2014年，Lautens课题组发现钯配合物 **4-23a** 为催化剂时，会促使 **4-23b** 和 **4-23c** 发生分子间的多米诺反应。两个底物的C—I键经过钯环化中间体和一系列的C—H键活化反应有效构建三个新的C—C键，获得一系列稠杂环化合物（图4-23）[29]。

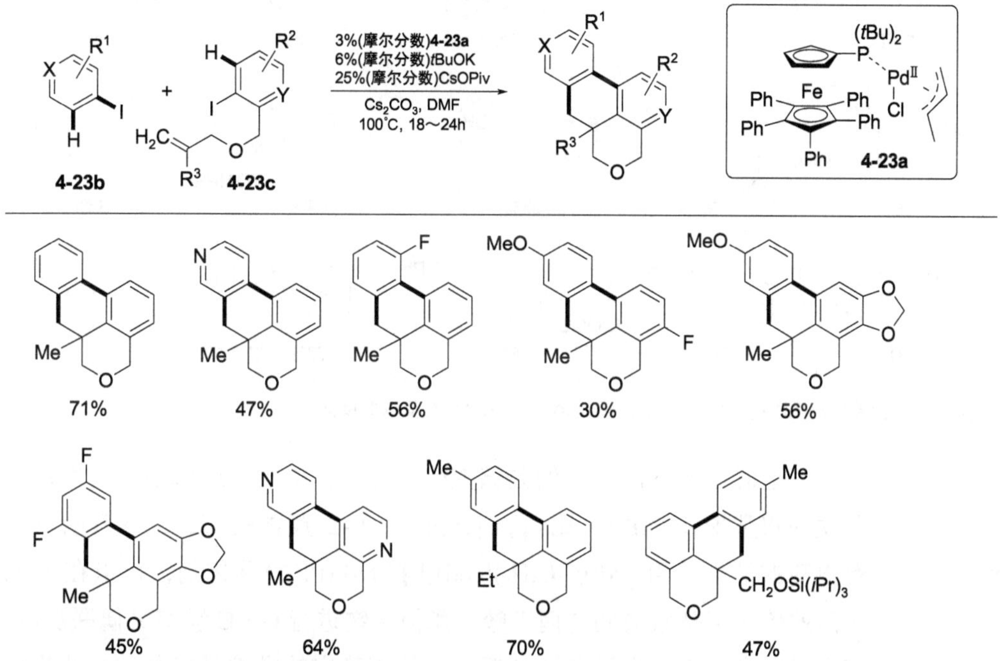

图4-23 钯催化碘代芳烃的多米诺反应

4.2.2.2 二茂铁基双膦配体在C—C键交叉偶联反应中的应用

二茂铁基双膦配体已经被广泛应用于各种金属催化反应。通过改变二茂铁基双膦配体中磷原子的取代基可以调节配体的空间位阻和电子性质，从而改变金属的催化活性和选择性。目前，该类配体主要被应用于催化各种交叉偶联反应。Lipshutz课题组用 dtbpf/PdCl$_2$[dtbpf = 1,1'-双(二叔丁基膦)二茂铁配体]为催化剂，在室温下高效催化含有β-氢原子、酯基和氰基等官能团的卤代烯烃和(杂)芳基格氏试剂进行Kumada-Corriu交叉偶联反应，高选择性地生成 *E*-或 *Z*-烯烃衍生物（图4-24）[30]。

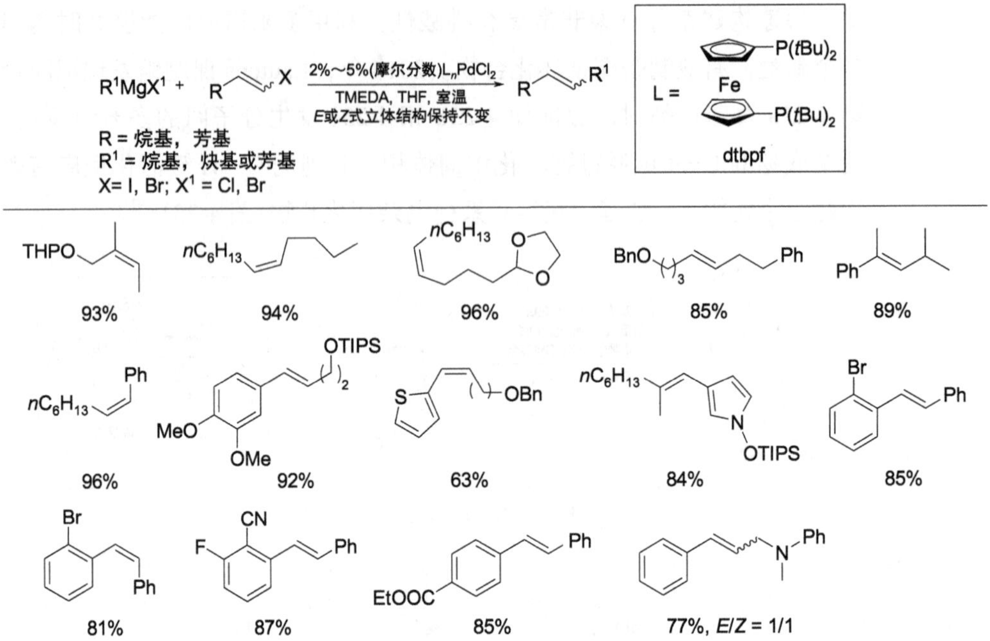

图 4-24 钯催化格氏试剂与卤代烯烃的 Kumada-Corriu 交叉偶联反应

在钯催化苄基碳酸酯的亲核取代反应中，Kuwano 课题组[31]发现二茂铁基双膦配体 DiPrPF 比 dppf [dppf = 1,1′-二茂铁基-二(二苯基膦)]具有更高的活性。用 [Pd(η^3-C$_3$H$_5$)(cod)]BF$_4$/DiPrPF 为催化剂，可以在 30℃下高效催化苄基碳酸酯与丙二酸二酯衍生物进行 C—C 键交叉偶联反应，产率最高为 99%。在该催化体系中，热不稳定的吡啶基甲基碳酸酯也可以顺利进行反应。机理研究发现，室温下活性中间体 [(DiPrPF)Pd(0)] 会与苄基碳酸酯反应，生成中间体 [(η^3-苄基)Pd(Ⅱ)] 或 [(η^1-苄基)Pd(Ⅱ)]，随后亲核试剂会优先与中间体 [(η^3-苄基)Pd(Ⅱ)] 反应生成目标产物（图 4-25）。

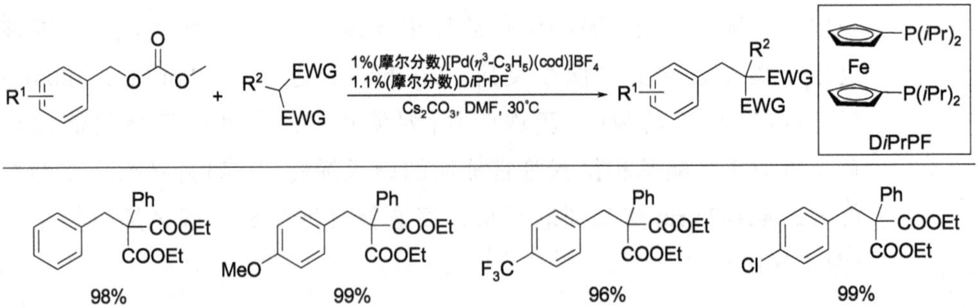

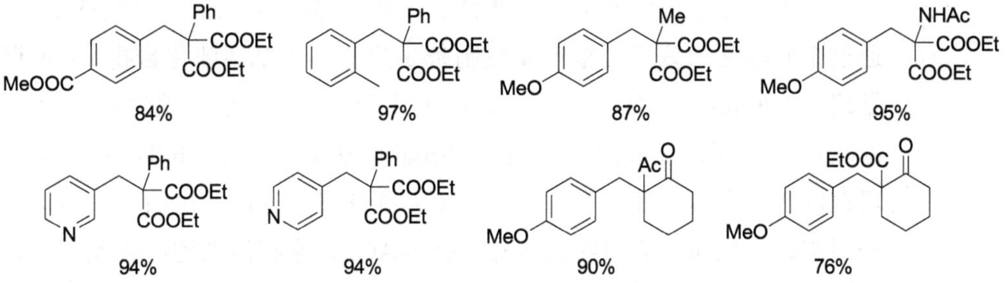

图 4-25　钯催化苄基碳酸酯与丙二酸二酯衍生物的 C—C 键交叉偶联反应

异香豆素是许多天然产物和生物活性分子的关键骨架结构。3,4-二取代异香豆素具有多种生物活性，如抗真菌、抗肿瘤、抗菌、抗炎和抗癌等性质。其中，3-氨基异香豆素可以用作降低胆固醇和治疗动脉硬化等疾病的药物，因此这些化合物的合成一直是研究者们关注的焦点。常俊标课题组用 Pd(dppf)Cl·CH$_2$Cl$_2$ 为催化剂，实现 2-碘芳香酸与炔基酰胺的环化反应，高效构建了一系列 3,4-二取代异香豆素，产率为 33%～95%。在该催化循环中，2-碘芳香酸与炔基酰胺反应有效构建新的 C—O 键和 C—C 键，并表现出优异的区域选择性和官能团耐受性（图 4-26）[32]。

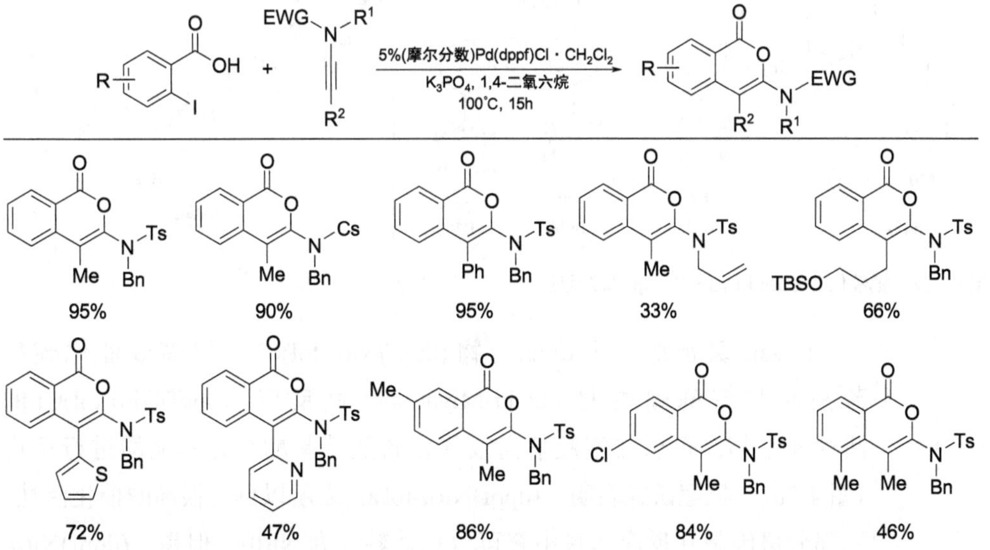

图 4-26　3,4-二取代异香豆素衍生物的合成

四嗪化合物已经被应用于炸药、金属-有机框架和天然产物的合成。通过金属催化偶联反应很难高效制备 3-芳基-6-甲基四嗪化合物。Fox 课题组用 Pd(dppf)Cl$_2$ 为催化剂，Ag$_2$O 为中介，高效实现 3-硫烷基-6-甲基四嗪 b-Tz 与芳基硼酸的 Liebeskind-Srogl 偶联反应。底物 b-Tz 易于制备，可在温和的反应条件下与各种(杂)芳基硼酸进行反应。用该方法可以高产率制备官能团化的四嗪化合物探针 MAGL，它在活细胞中表现出良好的选择性(图 4-27)[33]。

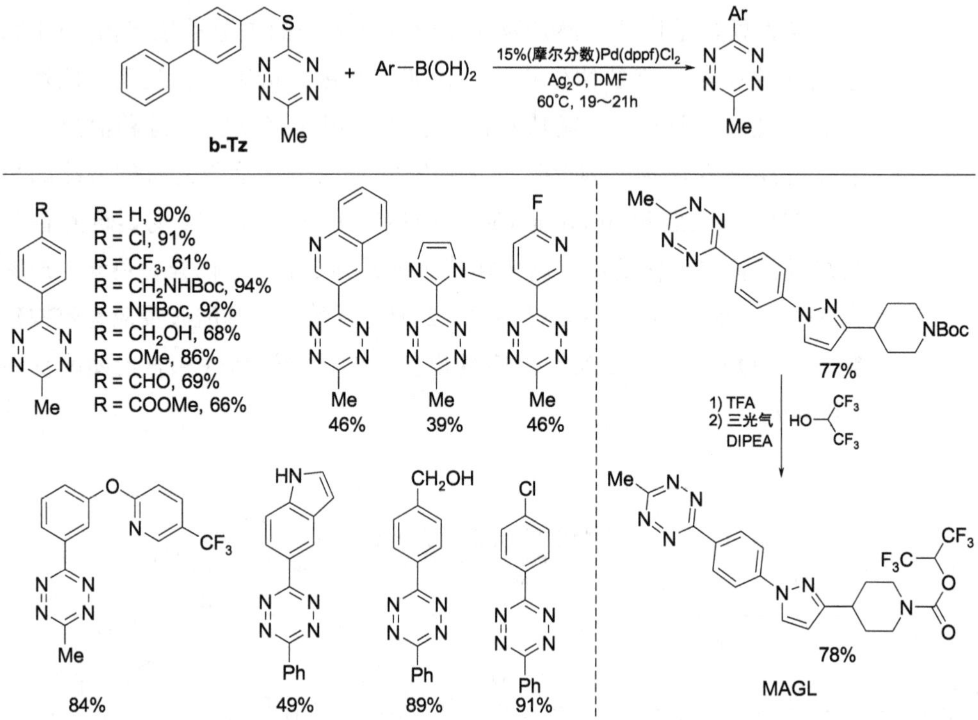

图 4-27　钯催化 Liebeskind - Srogl 偶联反应

Hazari 课题组发现镍配合物 (dppf)Ni(*o*-tol)Cl 可以高效催化硫酸芳基酯与芳基硼酸的 Suzuki-Miyaura 偶联反应。(dppf)Ni(*o*-tol)Cl 的活性非常高，可以在室温下高效催化硫酸芳基酯与芳基硼酸进行反应(图 4-28)。机理研究表明，(dppf)Ni(*o*-tol)Cl 之所以具有很高的催化活性，一部分原因是在反应体系中它可以快速转化为 Ni(0)。但是，(dppf)Ni(*o*-tol)Cl 的还原反应除了生成 Ni(0)，还会生成 Ni(Ⅰ)配合物 (dppf)NiCl。

(dppf)NiCl 仅在高温下具有催化活性，且它的活性不如 (dppf)Ni(o-tol)Cl，因此要尽可能抑制 Ni(Ⅰ) 配合物的形成。机理研究表明，在催化反应中 (dppf)Ni(o-tol)Cl 或 (dppf)Ni(Ar)(sulfamate) (sulfamate = 氨基磺酸酯) 与 Ni(0) 反应都会生成 Ni(Ⅰ)。Ni(0)/Ni(Ⅱ) 的循环促进这个反应，Ni(Ⅰ) 的生成不利于催化循环 (图 4-29)[34]。随后，该课题组合成一系列的 Ni(Ⅰ) 配合物 (dppf)NiAr，它们也可以催化硫酸芳基酯的 Suzuki-Miyaura 偶联反应。在催化循环中 (dppf)NiAr 可能不稳定，会分解生成高活性的 Ni(0) 中间体。实验结果显示，芳基取代基的体积越小，(dppf)NiAr 的分解速度越快；芳基取代基的体积较大时，Ni(Ⅱ) 配合物较难与 Ni(0) 发生反应[35]。

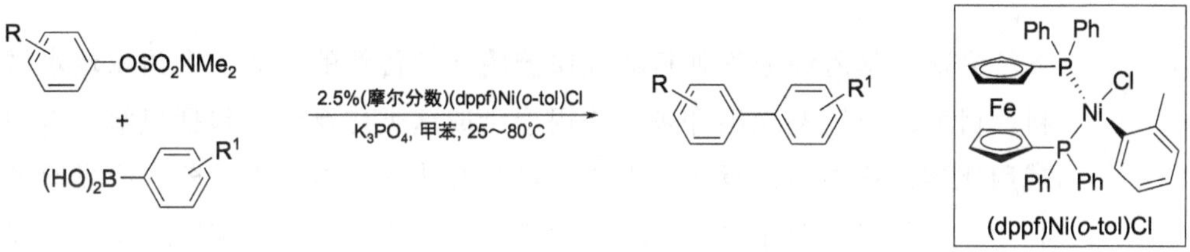

图 4-28 镍催化硫酸芳基酯的 Suzuki - Miyaura 偶联反应

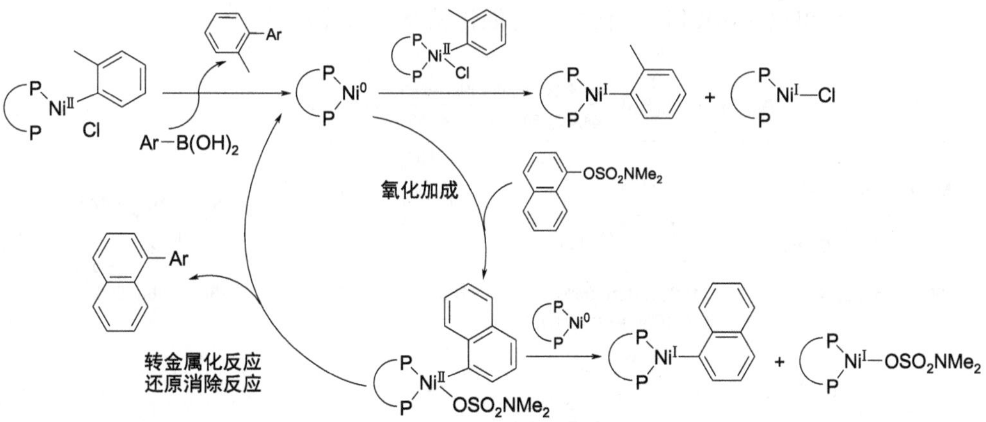

图 4-29 镍催化硫酸芳基酯的 Suzuki - Miyaura 偶联反应的机理

Hazari 课题组发现二茂铁基双膦镍配合物 (dcypf)Ni(2-ethylphenyl)(Br) [dcypf = 1,1'-二茂铁基 -二(二环己基膦)，ethylphenyl = 2-乙基苯基]，可以高效催化各种芳基碳酸酯与芳基硼酸进行 Suzuki-Miyaura 偶联反应。

4 含膦双齿配体

机理研究显示 (dcypf)Ni(2-ethylphenyl)(Br) 之所以具有很高的催化活性是因为 dcypf 与镍金属中心反式配位，因而 Ni(Ⅱ) 可以更加快速地发生还原反应生成零价镍活性中间体。此外，配体 dcypf 最大限度地抑制了活性中间体 Ni(0) 与惰性的 Ni(Ⅱ) 配合物发生歧化反应，生成惰性的 Ni(Ⅰ) 配合物（图 4-30）[36]。

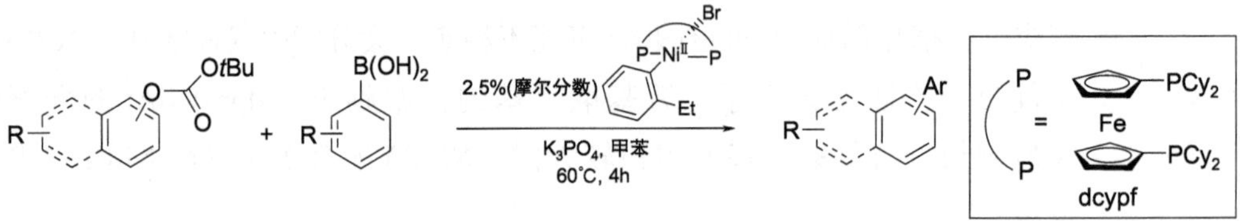

图 4-30　镍催化芳基碳酸酯与芳基硼酸的 Suzuki-Miyaura 偶联反应

全氟烷基芳烃因其独特的性质被用于制备新的药物、农药和疏水材料。目前，已经发展出许多方法用于合成这类化合物，包括热解、电解或用化学试剂与芳烃反应。但是，这些方法的反应条件苛刻，而且原子利用效率较低。(dppf)Ni(o-tol)Cl 对空气和水稳定，易于保存，Beller 课题组用其为催化剂，实现(杂)芳烃的全氟烷基化反应，高效合成一系列全氟烷基芳烃，产率为 34% ～ 96%（图 4-31）。控制实验揭示前催化剂 (dppf)Ni(o-tol)Cl 的活化反应为催化循环的决速步骤[37]。

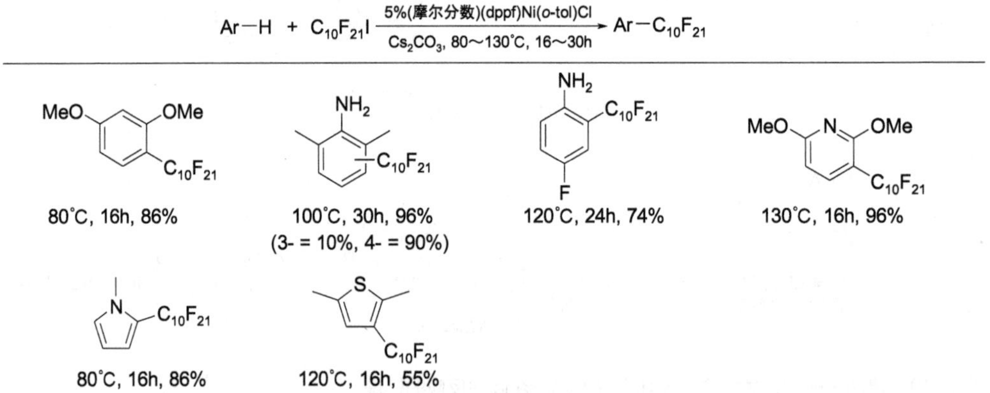

图 4-31　镍催化（杂）芳烃的全氟烷基化反应

Punji 课题组开发了一种有效的方法合成 2-芳基吲哚和吲哚衍生物。用廉价易得的 Ni(OAc)$_2$ 为催化剂，dppf 为配体，LiHMDS 为碱，在无溶剂的条件下，促使低活性的氯代芳烃与吲哚和吡咯进行区域选择性的C2-芳基化反应，高效生成一系列2-芳基吲哚衍生物，产率为41%～92%（图4-32）。该催化体系的适用范围广，连有各种供电子和吸电子基团（如卤素、醚基和氨基）的氯代芳烃、吡咯和吲哚化合物都可以顺利进行反应[38]。

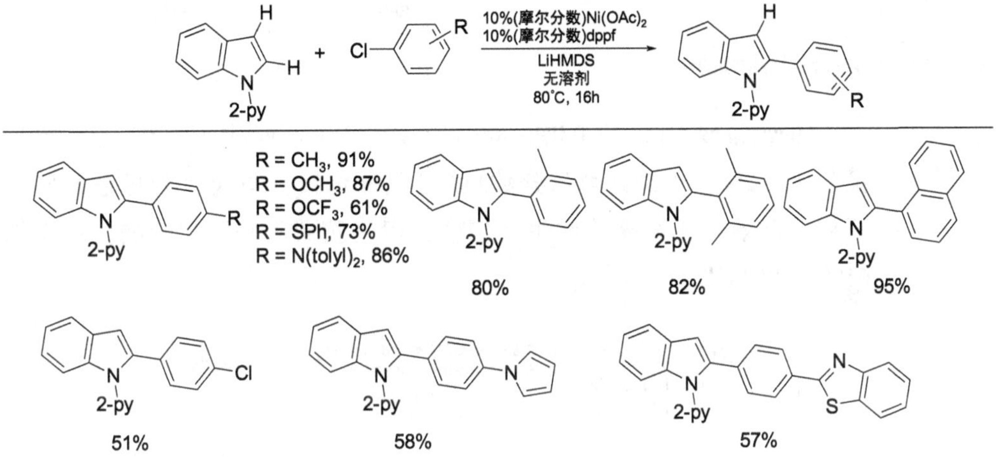

图4-32 镍催化吲哚化合物的C2-芳基化反应

4.2.2.3 二茂铁基双膦配体在C—N键交叉偶联反应中的应用

Stradiotto课题组使用[Pd(cinnamyl)Cl]$_2$/CyPF-tBu为催化剂，可以高效催化2-溴苯炔衍生物与氨进行交叉偶联/炔烃胺化反应，合成2-芳基吲哚衍生物（图4-33）。相同的反应条件下，很难发生反应的甲胺和肼也可以顺利进行反应，生成相应的吲哚衍生物。在该反应中，二茂铁基双膦配体CyPF-tBu比二烃基联芳基膦配体、含氮骨架膦配体和大体积的三烷基膦配体具有更高的活性[39]。

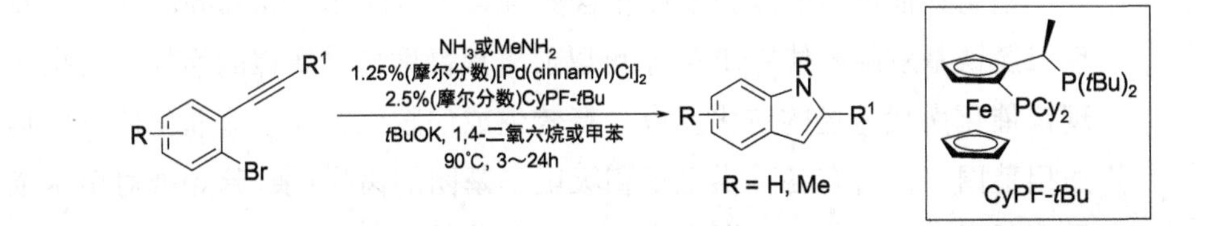

图4-33

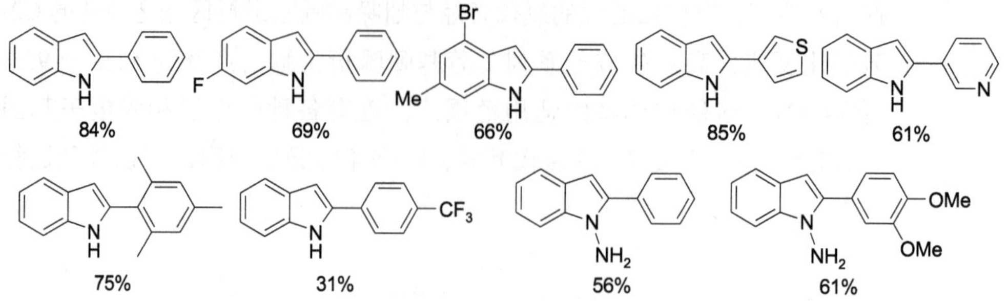

图 4-33 2-芳基吲哚衍生物的合成

Hartwig 课题组用 Pd[P(o-tol)$_3$]$_2$/CyPF-tBu 为催化剂，催化剂的用量仅需 0.2%～0.5%(摩尔分数)就可以催化铵盐与卤代芳烃进行胺化反应，高效、高选择性地生成伯胺、甲基胺或乙基胺化合物，产率为 61%～99%(图 4-34)[40]。

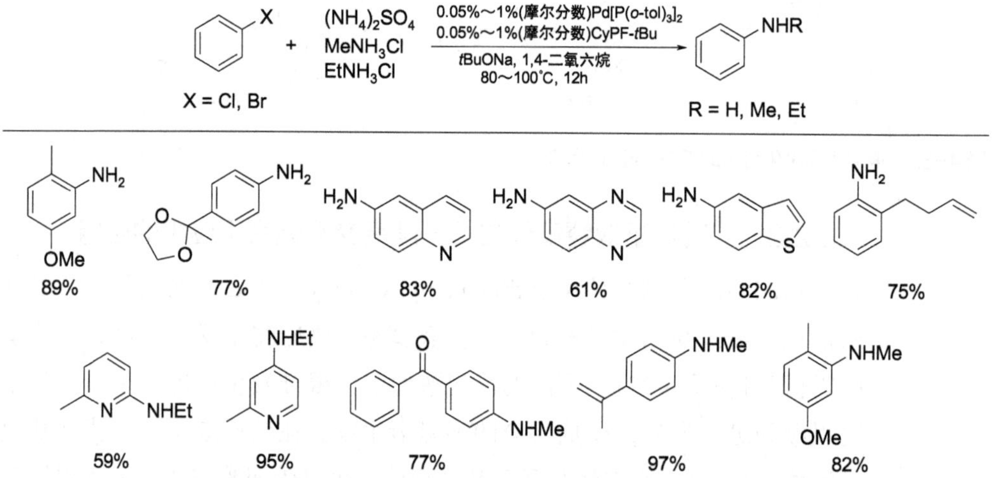

图 4-34 钯催化卤代芳烃的胺化反应

相比其他常用的双膦配体和含氮骨架单膦配体，Stradiotto 课题组发现二茂铁基双膦配体 CyPF-Cy 可以显著提高廉价金属镍的活性，首次实现镍催化卤代芳烃的胺化反应，高效生成伯胺化合物。该催化体系底物适用范围广，含有各种供电子和吸电子基团的卤代(杂)芳烃或对甲基磺酸酯基亲电试剂都可以顺利进行反应。此外，配合物 [CyPF-Cy]NiCl$_2$ 被证实也可以催化该类反应(图 4-35)[41]。

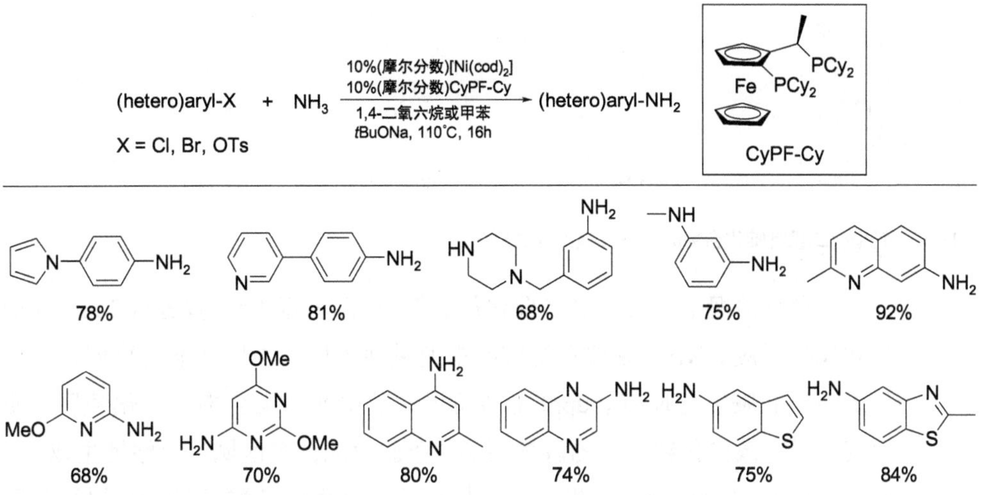

图 4-35 镍催化卤代芳烃的胺化反应

(hetero)aryl=(杂)芳基

Young 课题组发现 Pd(OAc)$_2$/dppf 体系可以高区域选择性地催化 2,4-二氯吡啶的 2-Cl 与酰胺进行 C—N 键偶联反应。该反应的底物适用范围很广，含有各种取代基的酰胺和二氯吡啶都可以顺利进行反应，获得一系列官能团化的杂环化合物，产率为 70%～97%（图 4-36）。在增加催化剂和酰胺用量的条件下，单酰胺基化产物可以与另一个分子的酰胺进行反应，高效生成双酰胺基化产物[42]。

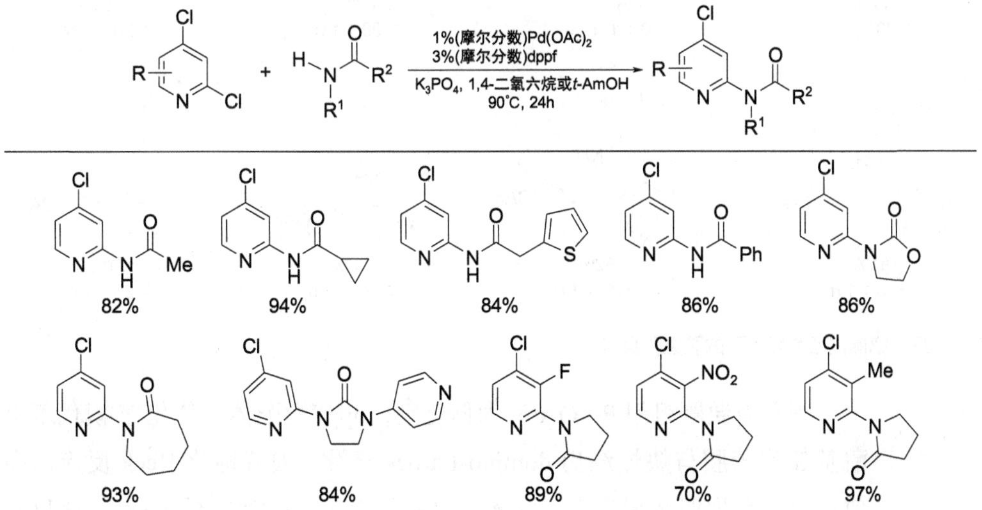

图 4-36

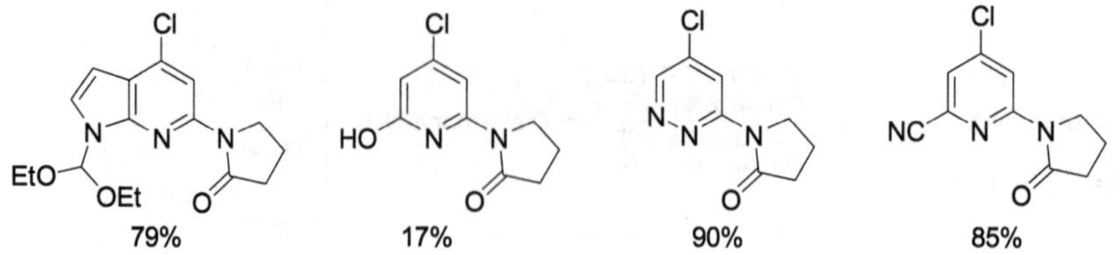

图 4-36 钯催化二氯吡啶化合物的 C—N 键的偶联反应

通常情况下，阳离子铱催化剂会促使乙酸烯丙酯与胺进行 Tsuji-Trost 胺氢化反应。Krische 课题组首次报道碱性条件下中性铱配合物催化乙酸烯丙酯的胺氢化反应。dppf 配体可以调节中性铱配合物的催化性质，使其可以高效催化线型的乙酸烯丙酯与苄胺反应，高区域选择性地生成 1,3-氢胺化产物（图 4-37）。机理研究显示反应过程中乙酸基导向金属活化碳碳双键，促使其与胺发生反应，该过程快速并可逆[43]。

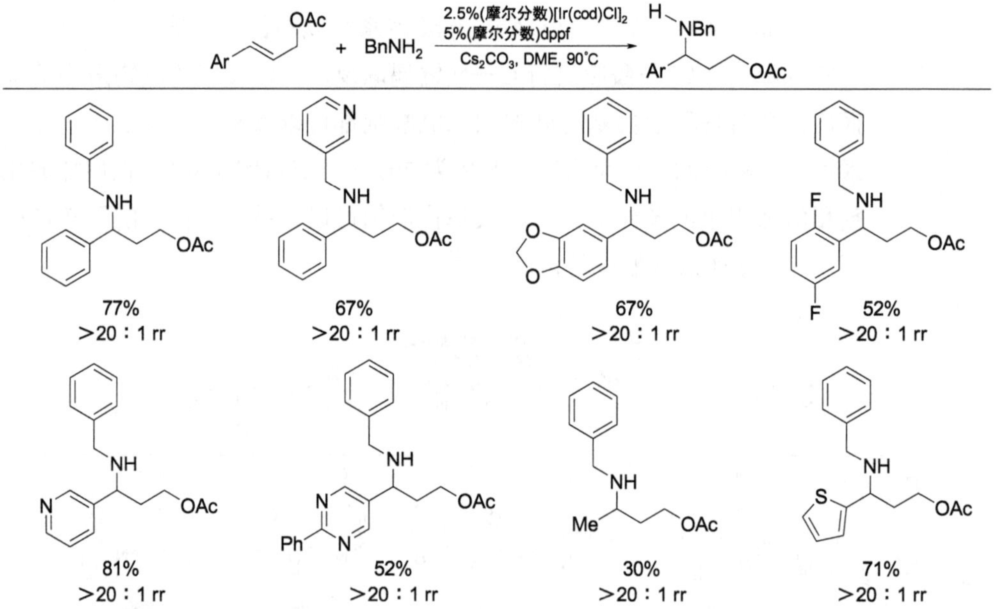

图 4-37 钯催化乙酸烯丙酯的胺氢化反应

贾义霞课题组用 Pd(OAc)$_2$ 为催化剂，dppf 为配体，催化 N-溴代苯甲酰基邻碘苯胺与炔烃经历 domino-Larock 环化/去芳构化 Heck 反应，高效构建一系列四环吲哚啉衍生物，产率为 25%～93%（图 4-38）。该反应为制备四环吲哚啉衍生物提供了一种高效而直接的策略，只需一步反应就可以构建三个新的化学键和两个新的环，具有各种供电子和吸电子基团的底物都可以顺利进行反应[44]。

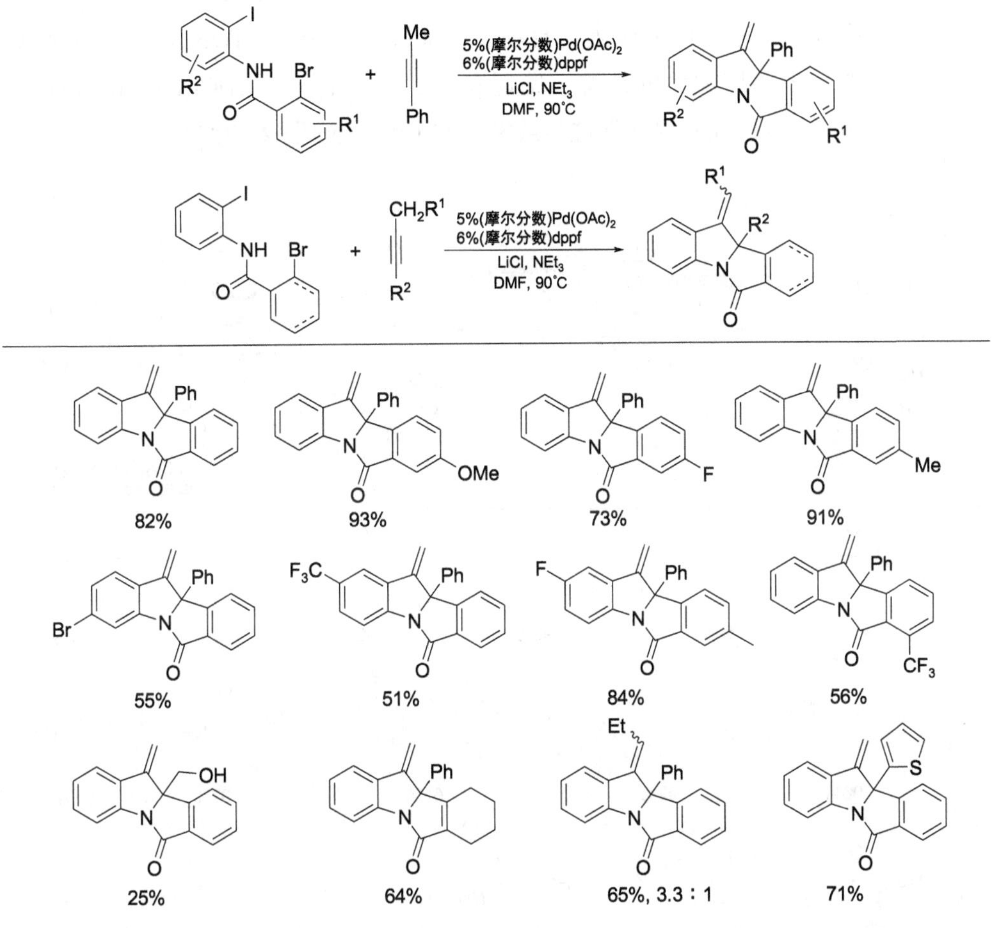

图4-38 钯催化 N-溴代苯甲酰基邻碘苯胺与炔烃的反应

4.2.2.4 二茂铁双膦配体在其他反应中的应用

水合反应通常在双相溶剂(水和有机溶剂)体系中进行，然而大多数过渡金属催化剂在水中不稳定。氰基的水合反应是制备酰胺最简单和直接的方法。已报道的金属催化氰基的水合反应往往需要使用很高的温度(70～180℃)和较大用量的催化剂，尤其是大位阻的腈类化合物很难发生水合反应，例如2-羟基-2-甲基丙腈。2018年，Grubbs课题组在研究铂催化氰基的水合反应时，发现廉价易得的dppf比其他商品化的膦配体和噁唑啉配体具有更好的催化活性。随后发现二茂铁基双膦铂配合物 [(dppf)Pt(PMe$_2$OH)Cl]OH 具有极高的催化活性,催化剂的用量仅需 0.1%～0.5%(摩尔分数),就可以在 40℃下高效催化腈或氰醇进行水合反应生成相应的酰胺类化合物,产率最高为 98%,TON 值最高为 5930。进一步调控配体的结构,发现 [(dppf^{furanyl})Pt(PMe$_2$OH)Cl]OH (furanyl= 呋喃基) 可以在室温下促进腈或氰醇的水合反应(图 4-39)[45]。

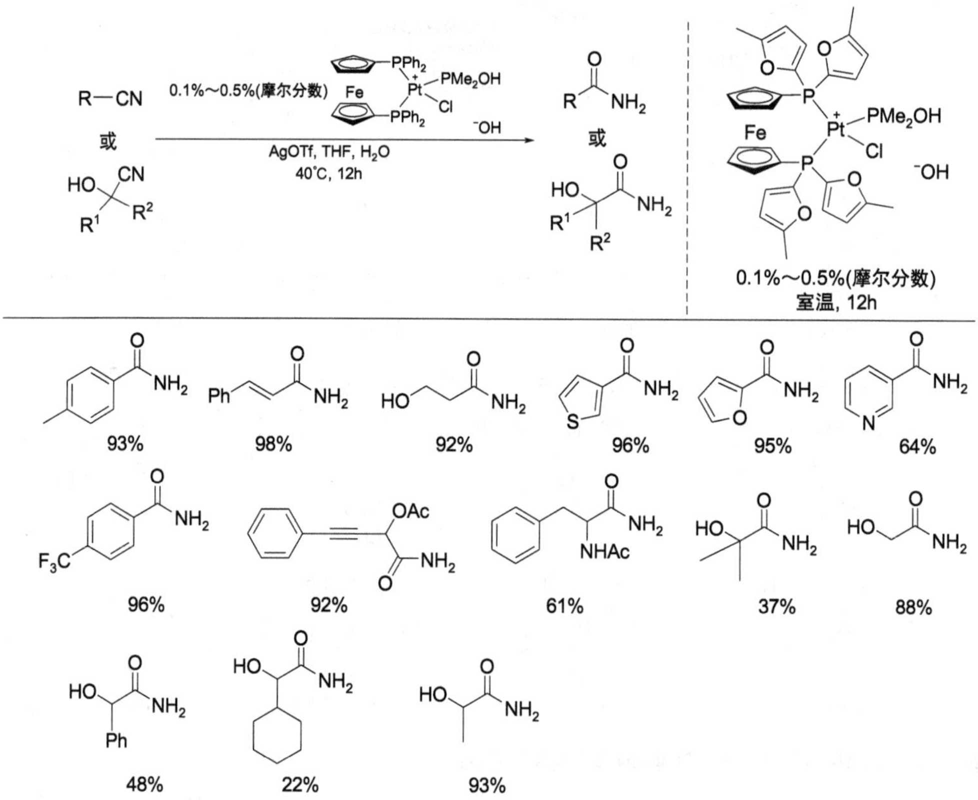

图 4-39 铂催化氰基的水合反应

  烯基硫化物常被用作烯醇化合物的替代物和 Michael 受体,它也是制备四元和五元环状化合物的中间体。因此,在过去十年中,人们大力发展烯基硫化物的合成方法。Fernández-Rodríguez 课题组用 Pd$_2$(dba)$_3$ 为催化剂,dppf 为配体,LiHMDS 为碱,高效催化卤代烯烃与硫醇的 C—S 键交叉偶联反应。这种合成方法仅需极低用量的催化剂 [0.01%～0.25%(摩尔分数)],就可以高效催化多种脂肪族和(杂)芳香族硫醇与溴代烯烃反应生成一系列烯基硫醚化合物，产率为 55%～98%（图 4-40）。该方法的适用范围很广，包括大空间位阻的烷基和芳基硫醇，以及 R^1、R^2 和 R^3 都为取代基的溴代烯烃衍生物都可以顺利进行反应[46]。

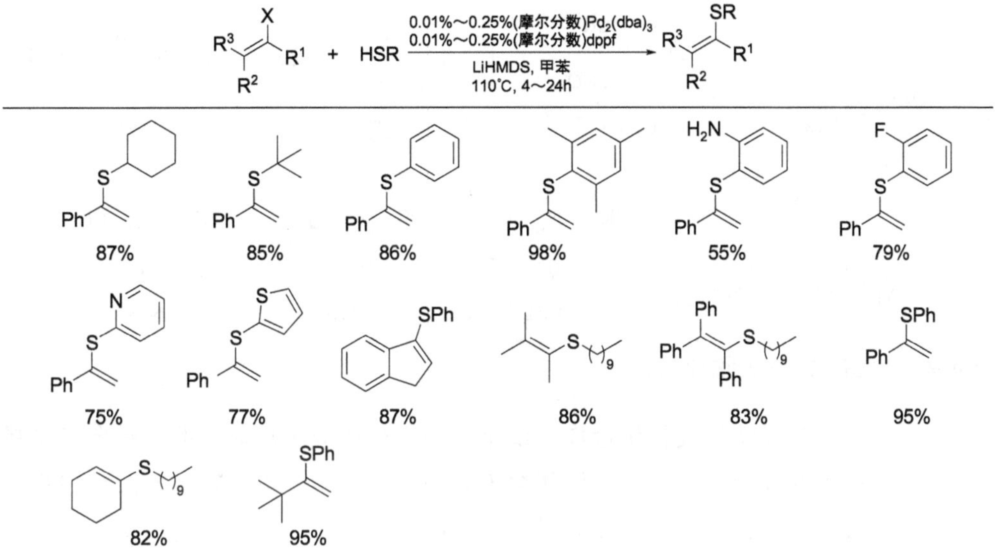

图 4-40　钯催化卤代烯烃的 C—S 键偶联反应

芳基腈是有机材料、天然产物、药物和农药中常见的结构单元，它们还可以作为合成杂环、酰胺、胺、羧酸、醛、酮和醇的前体。刘元红课题组首次发现镍催化卤代芳烃的氰化反应。该方法用毒性较小的 $Zn(CN)_2$ 作为氰源，廉价的 $NiCl_2·6H_2O$ 为前催化剂，dppf 为配体，在温和的反应条件下可以催化各种具有挑战性的氯代（杂）芳烃发生氰化反应，产率为 50%～95%（图 4-41）。初步的机理研究表明，镍配合物 $(dppf)Ni(2\text{-}CH_3C_6H_4)Cl$ 是反应的中间产物，并表现出很高的催化活性[47]。

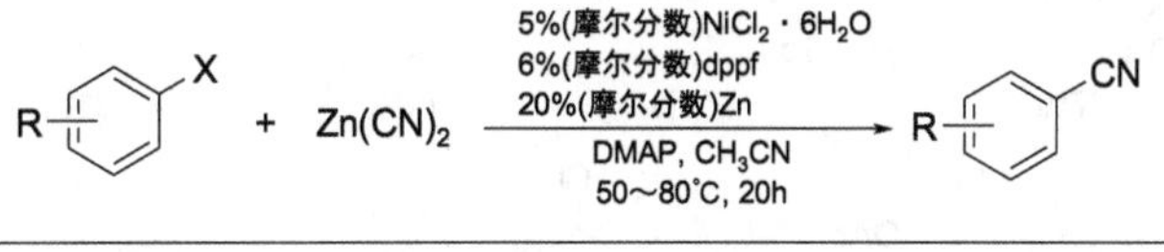

图 4-41

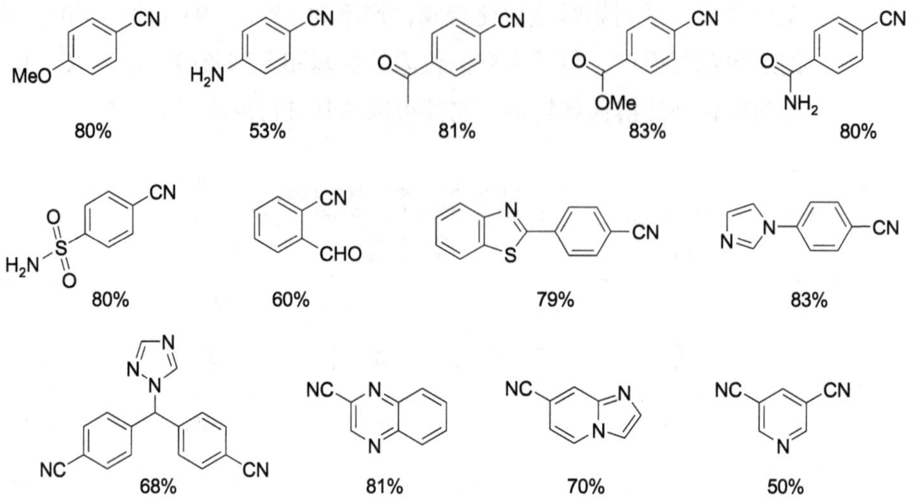

图 4-41 镍催化卤代芳烃的氰化反应

二茂铁基双膦化合物不仅是一类高效的双膦配体，而且其自身也是一类铁催化剂，它可以促使烯丙基卤代物发生单电子转移反应生成烯丙基自由基。童晓峰课题组[48]用 dppf 为催化剂，实现烯丙基卤代物的原子转移自由基环化反应，高效生成六元或七元氮杂环衍生物。该反应底物适用范围广，丙炔氯代物也可以顺利进行原子转移自由基环化反应，生成环外烯烃化合物 (图 4-42)。

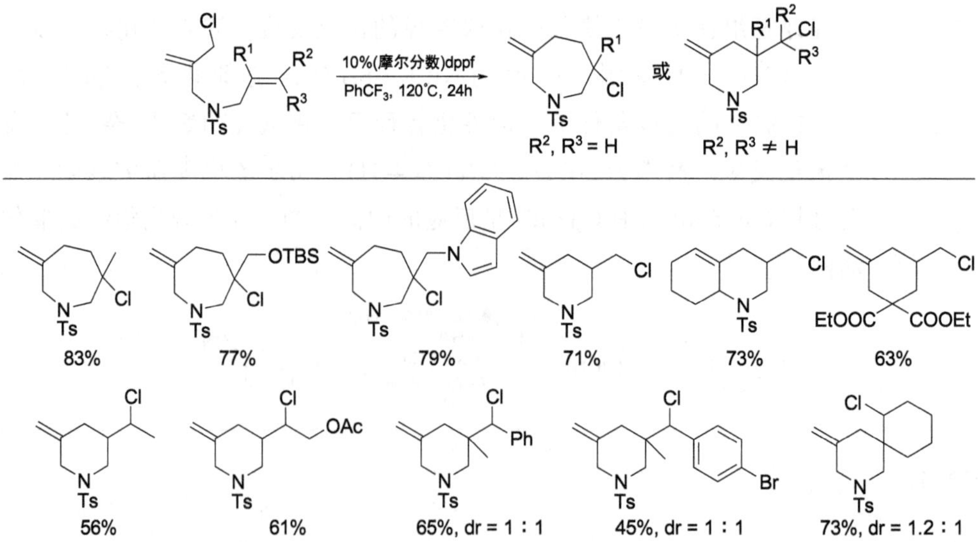

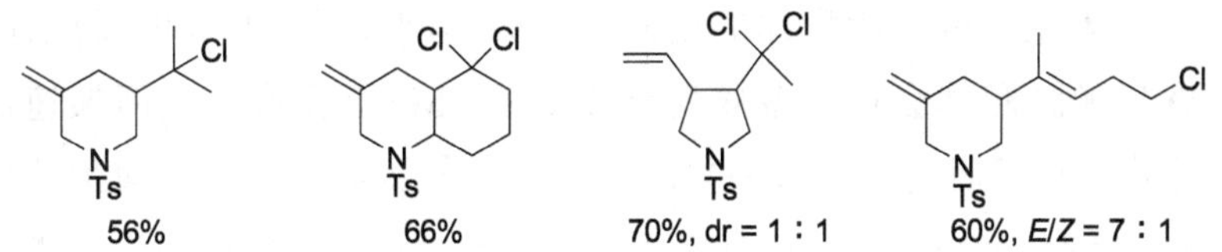

图 4-42 dppf 催化烯丙基卤代物的环化反应

陈弓课题组用 dppf 作为单电子转移反应的催化剂，Cs_2CO_3 为碱，实现噁唑类化合物的芳基化反应。该反应提供一种简单、高效的方法制备 2-芳基噁唑类化合物，产率为 60% ～ 85%（图 4-43）。整个反应机理可能是一个碱促进芳香自由基取代反应。DFT 计算表明 dppf 会与 Cs_2CO_3 反应形成配合物，从而提高其单电子转移还原能力，促进碘代芳烃反应生成芳基自由基[49]。

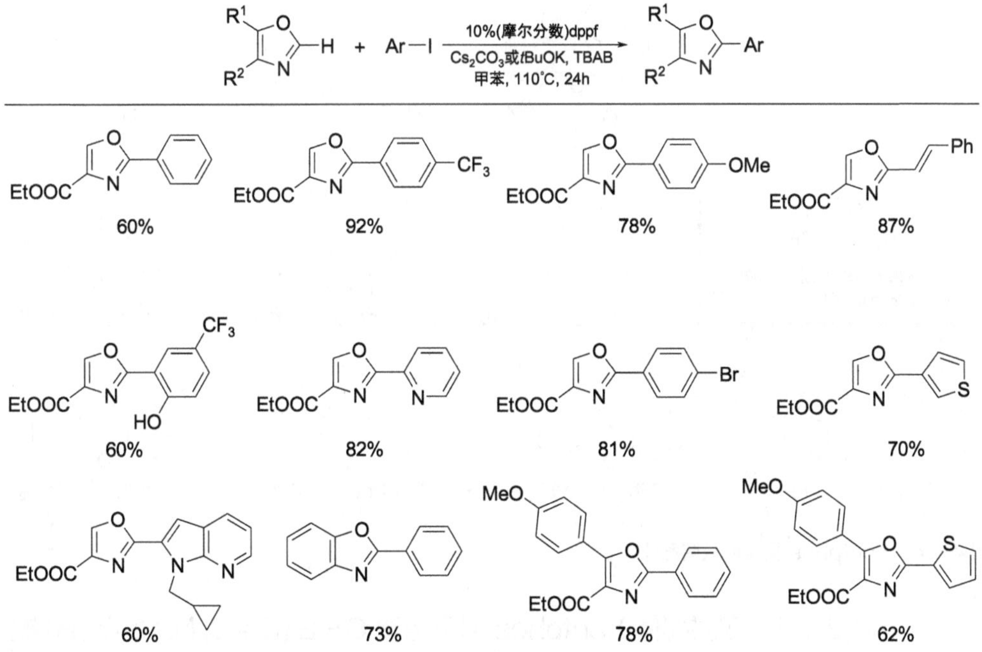

图 4-43 dppf 催化噁唑类化合物的芳基化反应

4.2.3 双膦配体 Xantphos 的应用

双膦配体对金属催化剂的反应性和选择性有显著影响。Thorn 和

Hoffmann 的理论研究说明配体的空间位阻会影响金属配合物的反应性。理论计算预测膦配体会扩大金属配合物的 P—M—P 角度，从而加速反应。通过分子建模研究发现大多数膦配体的结构太柔韧，与金属配位形成 P—M—P 的角度较小。刚性骨架可以约束配体的几何结构，进而影响催化循环的反应步骤。具有刚性蝶形结构的 Xantphos 双膦配体能与许多过渡金属形成稳定的金属配合物，其 P—M—P 的角度远大于 90°。例如，XantphosPdMeCl 配合物的 P—Pd—P 角度为 153°。基于上述特点，近二十年，一系列 Xantphos 双膦配体被设计合成，并被广泛应用于配位化学和金属催化有机合成反应(图 4-44)。研究显示 Xantphos 双膦配体可以提高金属(Pd、Pt、Ir、Ni 和 Cu 等)的催化活性，使其可以高效催化加氢甲酰化、羰基化、氰化、C—C 键偶联和 C—N 键偶联等反应。

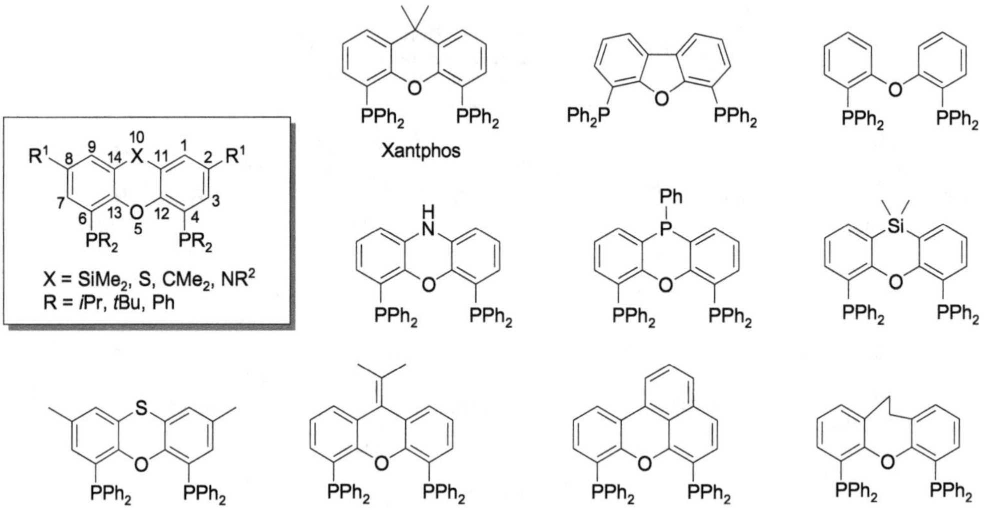

图 4-44 Xantphos 及类似双膦配体

4.2.3.1 双膦配体 Xantphos 用于构建 C—E (E = C, N, S, Te, B) 键

金属催化有机(类)卤化物的羰基化反应在学术和工业领域引起越来越多的关注。在过去的二十年中，不断在开发新的金属催化剂，扩大反应的适用范围。通常情况下，碱会促进 β, γ-不饱和羰基化合物发生异构化反应，生成 α, β-不饱和羰基异构体。在烯丙基烷基碳酸酯的羰基化反应中，由于底物会优先与碱反应生成醇盐，因而很难发生亲核反应，所

以钯很难催化烯丙基乙酸酯的羰基化反应。Beller 课题组发现 Pd(OAc)$_2$/Xantphos 为催化剂时，可以高效催化烯丙基醇和脂肪醇进行羰基化反应生成一系列 β,γ-不饱和酯[50]。该催化反应经过一个 C—O 键偶联/羰基化反应的过程。此外，该催化反应不仅高效，具有优异的区域选择性，而且底物易得，反应中不需要使用碱（图 4-45）。

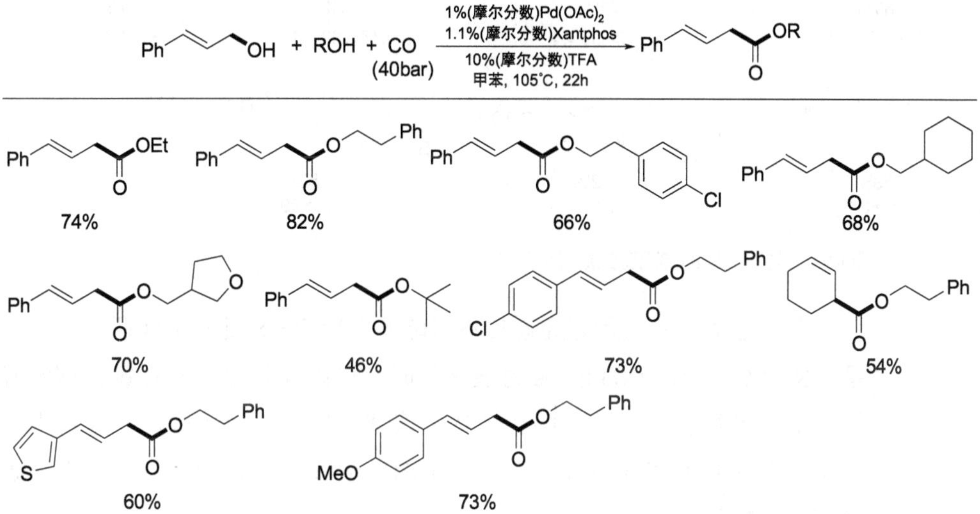

图 4-45 钯催化烯丙基醇和脂肪醇的羰基化反应
(1bar=10^{5}Pa)

Pd(OAc)$_2$/Xantphos 为催化剂时，可以实现甲酸与不活泼的烯丙醇直接进行羰基化反应生成 (E)-β,γ-不饱和羧酸。该反应体系中甲酸作为一氧化碳的来源，可以将一级、二级和三级烯丙醇高效转化为相应的 β,γ-不饱和羧酸。该反应不需要使用有毒的一氧化碳气体以及高压的反应条件，反应具有良好的区域选择性和立体选择性（图 4-46）[51]。

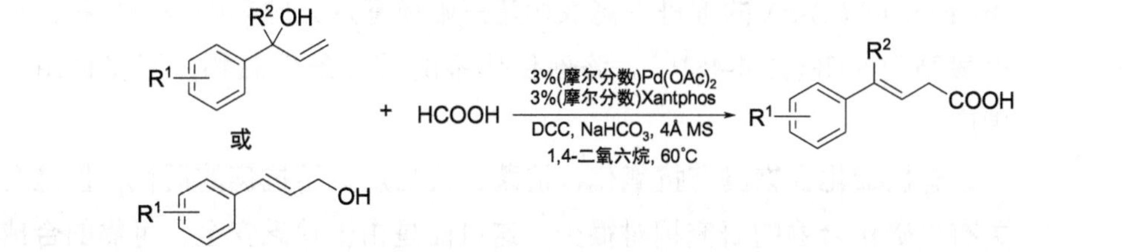

图 4-46

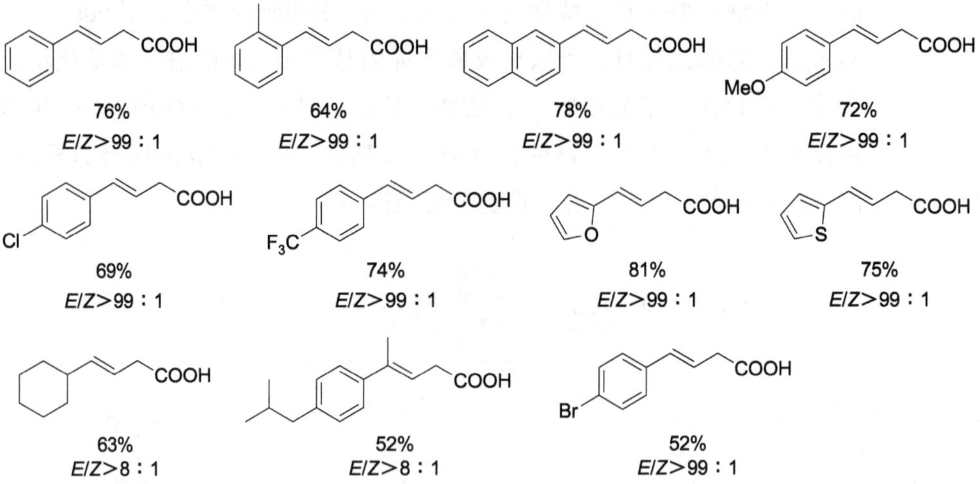

结构式产率数据:

- 苯基-CH=CH-CH-COOH: 76%, E/Z>99:1
- 邻甲苯基: 64%, E/Z>99:1
- 2-萘基: 78%, E/Z>99:1
- 对甲氧基苯基: 72%, E/Z>99:1
- 对氯苯基: 69%, E/Z>99:1
- 对三氟甲基苯基: 74%, E/Z>99:1
- 呋喃基: 81%, E/Z>99:1
- 噻吩基: 75%, E/Z>99:1
- 环己基: 63%, E/Z>8:1
- 异丁基苯基(甲基取代): 52%, E/Z>8:1
- 对溴苯基: 52%, E/Z>99:1

图 4-46 钯催化甲酸与不活泼的烯丙醇的羰基化反应

含供电子基的氯代芳烃通常不与硫酚进行 C—S 键交叉偶联反应。但是，Ni[P(O*p*-tol)$_3$]$_4$/Xantphos 为催化剂时，可以高效催化各种氯代(杂)芳烃与硫酚进行反应生成硫醚化合物。该催化体系适用范围广，连有供电子和吸电子基的硫酚以及大空间位阻的硫酚都可以顺利进行反应生成硫醚(图 4-47)[52]。

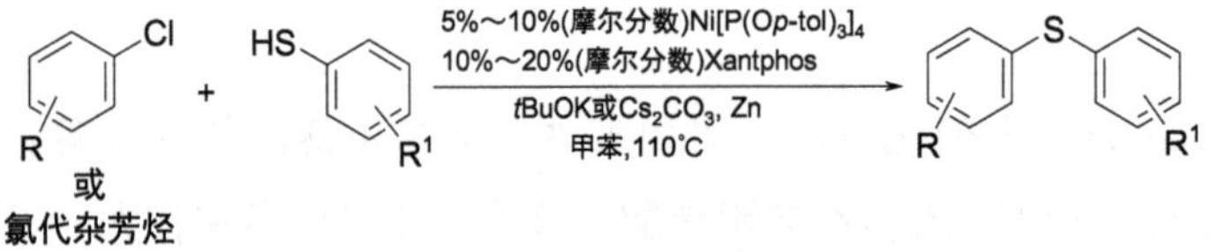

反应式：
ArCl (R) + HS-Ar (R^1) →
条件：5%~10%(摩尔分数)Ni[P(O*p*-tol)$_3$]$_4$, 10%~20%(摩尔分数)Xantphos, *t*BuOK 或 Cs$_2$CO$_3$, Zn, 甲苯, 110°C
产物：Ar-S-Ar (R, R^1)

图 4-47 镍催化氯代芳烃与硫酚的 C—S 键交叉偶联反应

施敏课题组用 [Pd$_2$(dba)$_3$]·CHCl$_3$/XantPhos 为催化剂，实现 α-三氟甲基亚胺衍生物与芳基乙烯基碳酸酯的 [5 + 3] 分子间环加成反应，再在 Bronsted 酸 (±)-PA 的促进下高效构建三氟甲基八元螺环吲哚衍生物，产率最高为 85%(图 4-48)[53]。该催化体系的反应条件温和，底物适用范围广。

有机碲化合物具有抗氧化、抗菌、抗疟疾甚至抗癌的活性，但是有关有机碲化合物的研究相对很少，这可能是由于缺乏安全、可靠的合成方法来制备这类化合物。相比有机硒化物和硫化物，有机碲化合物具有

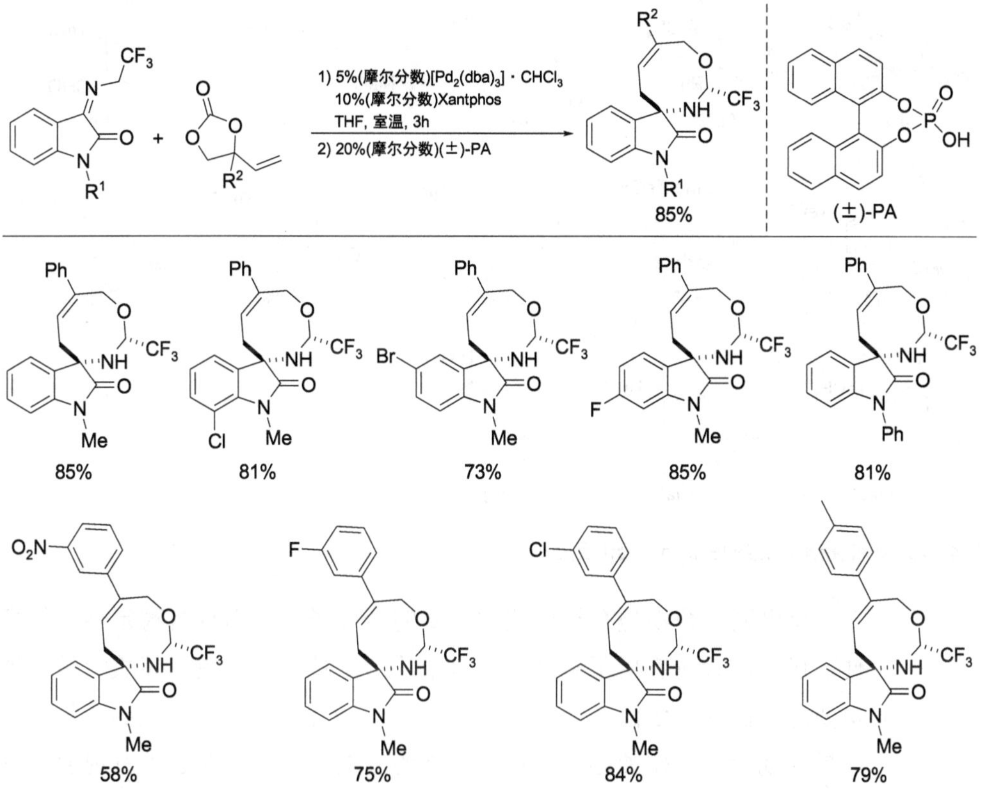

图 4-48 三氟甲基八元螺环吲哚衍生物的合成

更强的氧化性,这增加了它的合成难度。Schoenebeck 课题组期望通过调节氧化电位、亲脂性和代谢稳定性,使有机三氟碲化合物在药物、生物化学和材料科学中具有巨大的潜在应用价值。此外,三氟甲基使碲中心发生了很大的极化,使 $RTeCF_3$ 的性质从高电负性转变为电正性。该课题组使用 $Pd_2(dba)_3$ 为前催化剂,Xantphos 为配体,促使 $ArTeCF_3$ 和碘代芳烃进行 $C(sp^2)$—$TeCF_3$ 键偶联反应,高效合成一系列三氟甲基芳基碲化合物(图 4-49)[54]。

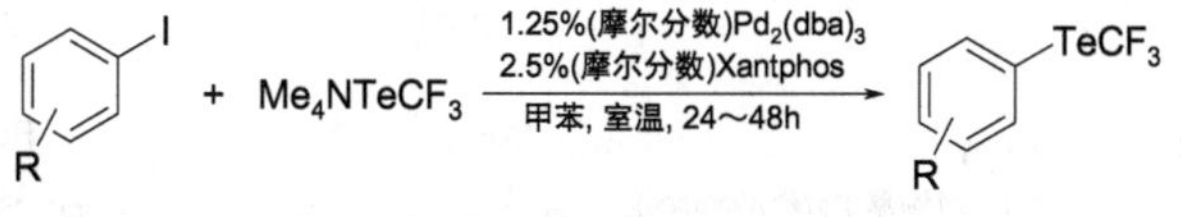

图 4-49

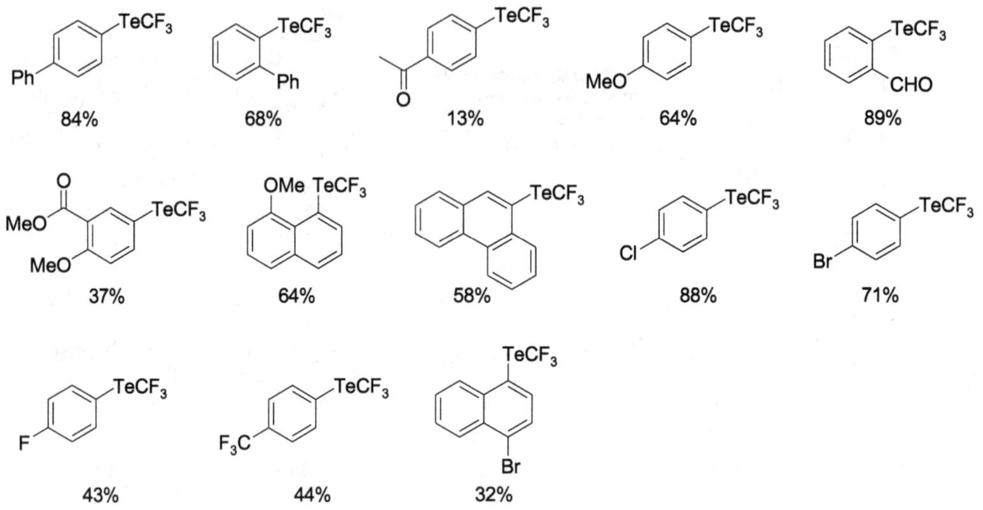

图 4-49 钯催化碘代芳烃的三氟甲基碲化反应

有机硼化合物是有机合成中重要的合成子，它们具有稳定性、低毒性，已经被大量应用于多种有机合成反应。其中，烯炔基硼酸酯是一类重要的有机硼化合物，是合成 1,3-烯炔分子的前体。1,3-二炔的硼氢化反应是合成烯炔基硼酸酯最直接和经济的方法。葛少中课题组发现通过改变配体可以使 Co(acac)$_2$ 区域选择性、立体选择性地催化 1,3-二炔的硼氢化反应，高效合成烯炔基硼酸酯化合物。在温和的条件下，钴催化各种对称和不对称的 1,3-二炔与 HBpin（片呐醇硼烷）反应，高区域选择性地生成烯炔基硼酸酯。Co(acac)$_2$ 为前催化剂，分别使用 Xantphos 和 dppf 为配体时，1,3-二炔与 HBpin 反应分别实现内碳和外碳的硼氢化反应（图 4-50）[55]。

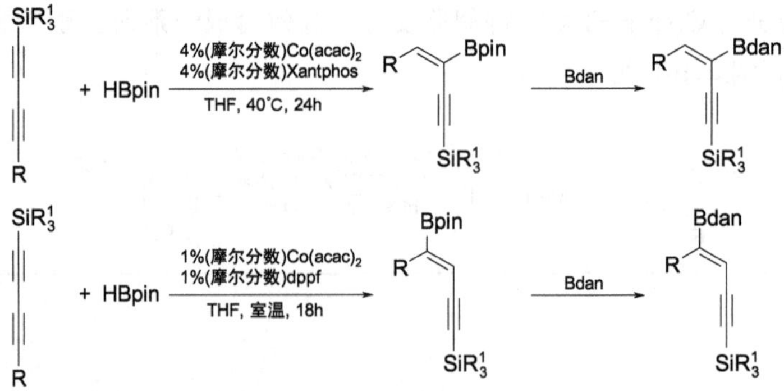

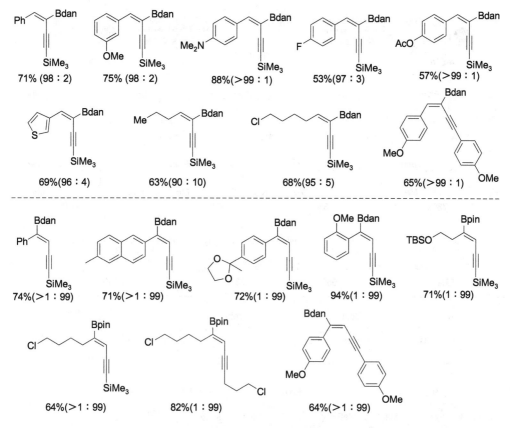

图 4-50 钴区域选择性、立体选择性地催化 1,3-二炔的硼氢化反应

  乙烯基硼酸酯可以通过金属催化交叉偶联反应生成立体结构明确的多取代烯烃。联烯类化合物的硼氢化反应是制备这些烯基硼酸酯化合物最高效且最符合原子经济性的方法。然而，选择性地催化联烯的硼氢化反应获得单一的烯基硼化产物非常具有挑战性，因为该反应的区域选择性和立体选择性很难控制，会生成多个硼氢化产物。2020 年，葛少中课题组开发了一种通过配体控制钴立体选择性和区域选择性的催化联烯的硼氢化反应，高效合成 (Z)-烯基硼酸酯化合物。在有 Xantphos 或 dppf 的条件下，稳定的 Co(acac)$_2$ 与 HBpin 反应会原位生成活性的 (L)Co-H 配合物。在 Co(acac)$_2$/dppf 和 Co(acac)$_2$/Xantphos 体系中，芳基联烯与 HBpin 反应分别主要得到产物 **4-51a** 和 **4-51b**（图 4-51）[56]。

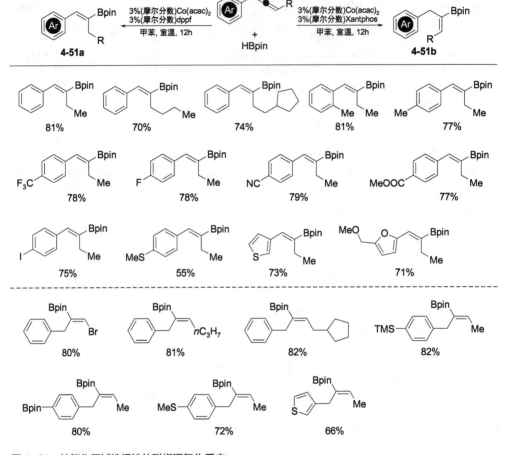

图 4-51 钴催化区域选择性的联烯硼氢化反应

4.2.3.2 双膦配体 Xantphos 用于铜的光催化反应

铜(Ⅰ)光敏剂中最常使用的配体是菲咯啉类化合物,这类配体不仅可以提高铜(Ⅰ)配合物的稳定性,还可以延长其激发态寿命。多个课题组发现其他类型配体的加入会显著改变铜配合物的光学性质和催化活性[57]。例如,$[Cu(MeCN)_4]BF_4$ 可以与刚性的 Xantphos 双膦配体和 2,9-二甲基-1,10-菲咯啉反应生成铜光敏剂 $[Cu(Xantphos)(neo)]BF_4$,它可以光诱导活化三芳基胺化合物,发生分子内脱氢反应生成咔唑类化合物。$[Cu(Xantphos)(neo)]BF_4$ 展现出比 $Ru(bpy)_3(PF_6)_2$ 更高的光催化活性(图 4-52)。

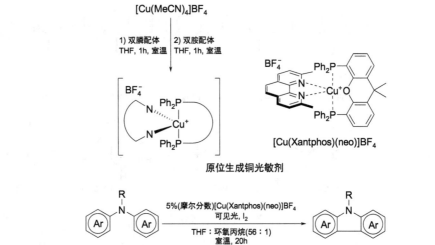

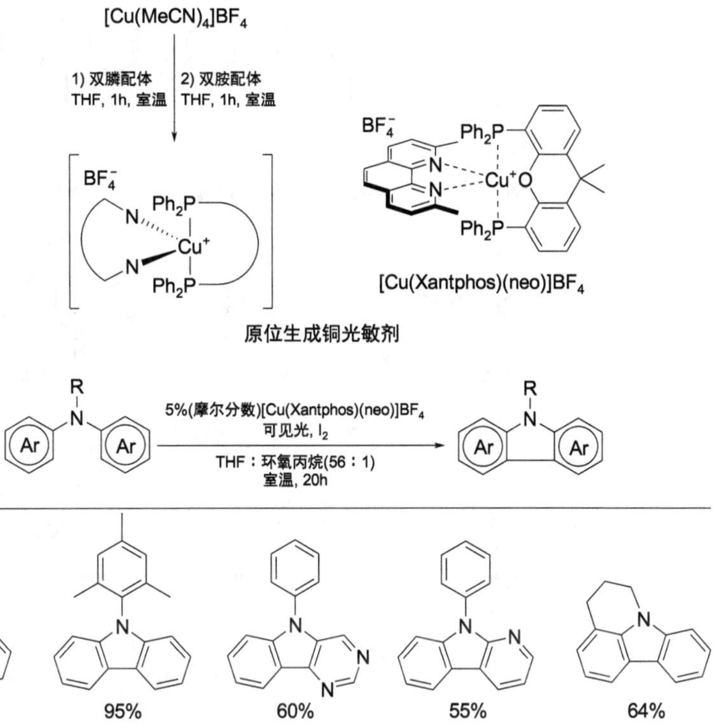

图 4-52 铜光敏剂光诱导活化芳胺的分子内脱氢反应

汪清民课题组发现 [Cu(MeCN)$_4$]BF$_4$ 可以与 Xantphos 双膦配体和 2,9-二甲基-1,10-菲咯啉原位生成铜光敏剂 [Cu(Xantphos)(neo)]BF$_4$，成功实现铜(Ⅰ)光催化氮杂芳烃和氧化还原酯的脱羧偶联反应。各种 N-羟基邻苯二甲酰亚胺酯可以与异喹啉、喹啉、吡啶、嘧啶、喹唑啉、酞嗪、菲啶和哒嗪等进行烷基化反应，以中等至良好的产率得到相应的产物。该反应的条件温和，底物适用范围广，具有较高的官能团耐受性（图 4-53）[58]。

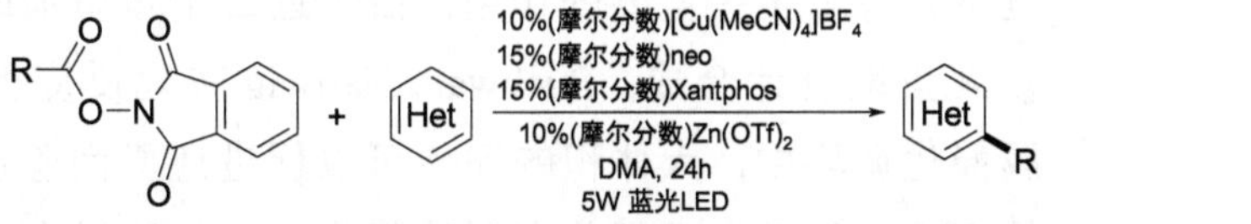

图 4-53

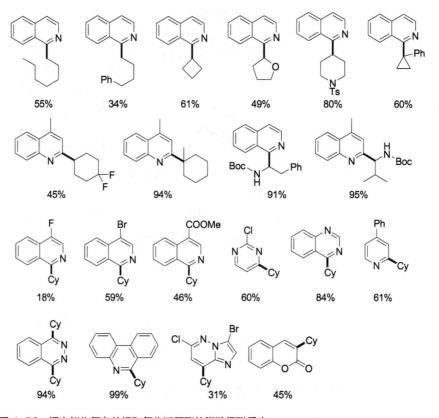

图 4-53 铜光催化氮杂芳烃和氧化还原酯的脱羧偶联反应

4.2.4 1-膦基-2-二芳基膦基苯的应用

钯催化 N—H 键与(类)卤代(杂)芳基的交叉偶联反应,即 Buchwald-Hartwig 胺化反应,是一个高效构建 C(sp^2)—N 键的策略,该反应已经被广泛应用于合成生物活性分子和功能材料,在制药行业中,其应用范围已经从小分子库的合成扩大到大规模的工业生产。配体在此反应中发挥着至关重要的作用,由于近二十年里辅助配体和催化剂前体被大量地设计合成,Buchwald-Hartwig 胺化反应得到快速发展。在金属催化循环中,大体积的配体可以促进还原消除反应,从而提高反应的产率。强供电子配体有利于氧化加成,弱供电子配体有利于还原消除。其中,富电子和符合空间需求的烷基膦被证明是最有效的配体(图 4-54)。

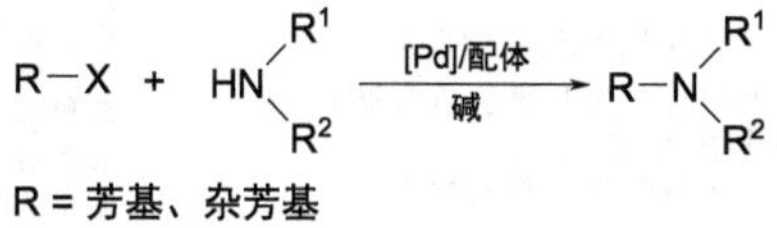

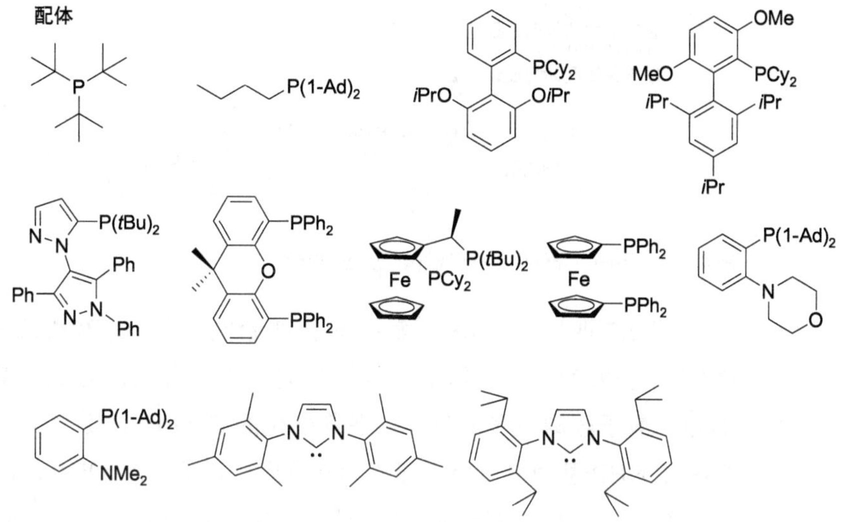

图 4-54 常用于钯催化 C—N 键偶联反应的配体

尽管 Buchwald-Hartwig 胺化反应已经被广泛应用于合成各种含氮化合物，但是贵金属钯催化剂和富电子配体的成本高，而且贵金属的供应量有限。在廉价金属中，镍、铜和铁已经被证实可以催化 C—N 键交叉偶联反应。在高温条件下，铜可以催化氨或烷基胺进行 $C(sp^2)$—N 键交叉偶联（即 Ullmann C—N 键偶联反应）。虽然铜和铁廉价易得，但是铜和铁催化反应的底物适用范围窄而且反应条件苛刻。相比之下镍是更好的选择，一方面，镍不仅廉价易得，而且具有相对较低的电负性，这有助于增强其与氯代（杂）芳烃和苯酚衍生物（例如，对甲基苯基磺酸酯类和磺酸酯类）的反应能力。另一方面，镍的氧化态从零价到三价，发生单电子转移反应的倾向更大，使其可能在交叉偶联反应中展现出比钯催化剂更高的催化活性（图 4-55）[59]。

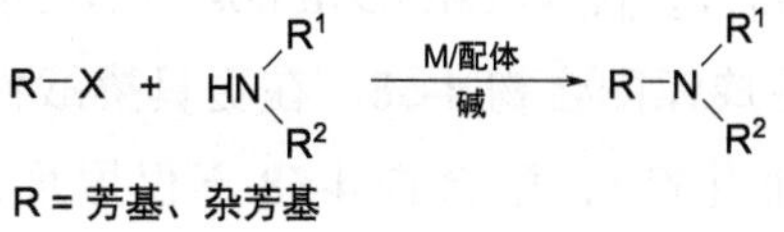

图 4-55

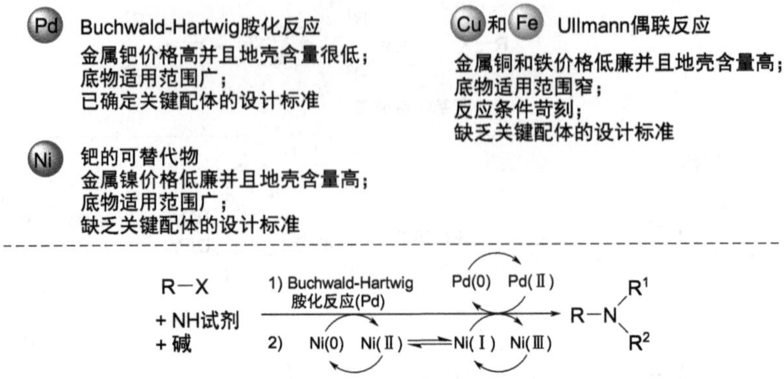

Pd Buchwald-Hartwig 胺化反应
金属钯价格高并且地壳含量很低；
底物适用范围广；
已确定关键配体的设计标准

Ni 钯的可替代物
金属镍价格低廉并且地壳含量高；
底物适用范围广；
缺乏关键配体的设计标准

Cu 和 Fe Ullmann 偶联反应
金属铜和铁价格低廉并且地壳含量高；
底物适用范围窄；
反应条件苛刻；
缺乏关键配体的设计标准

R—X + NH 试剂 + 碱 → 1) Buchwald-Hartwig 胺化反应(Pd) Pd(0) ⇌ Pd(II)
2) Ni(0) ⇌ Ni(II) ⇌ Ni(I) ⇌ Ni(III)
→ R—N(R¹)(R²)

图 4-55 不同金属催化 C—N 键偶联反应的特点

1,3,5,7-四甲基-2,4,8-三氧杂-6-膦酸金刚烷基 (CgP) 和二氮杂磷啶基 (NHP) 与 P(tBu)$_2$ 基团具有相似的空间大小，同时，它们与 P(OR)$_2$ 基团类似，属于较缺电子的供体。在镍催化的 C(sp^2)—N 键交叉偶联反应中，CgP 和 NHP 基团可以促进还原消除反应。目前，Stradiotto 课题组设计合成一系列大体积的邻苯基双膦配体，如图 4-56 所示，它们的镍配合物在室温下就可以催化各种亲电试剂与 N—H 键进行 C(sp^2)—N 键交叉偶联反应。

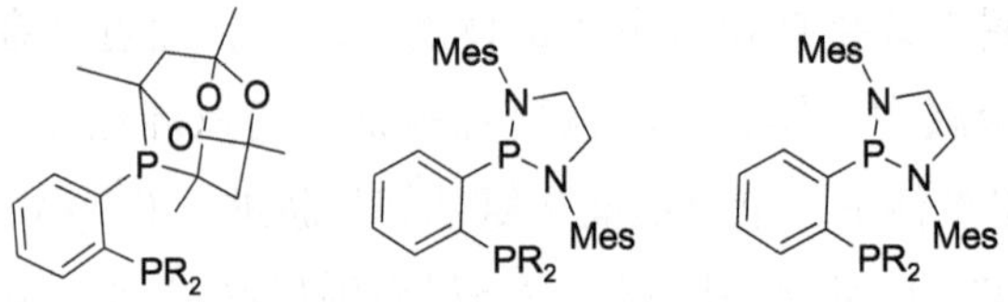

图 4-56 1-膦基-2-二芳基膦基苯配体

4.2.4.1 1-膦基-2-二芳基膦基苯在镍催化 C—N 键偶联反应中的应用

Stradiotto 课题组发现双膦配体 PAd-DalPhos 可以显著提高镍的催化活性，使其可以高效催化 4-氯联苯与 NH$_3$ 进行 C—N 键偶联反应生成 4-氨基联苯（图 4-57）。配体 PAd-DalPhos 与 NiCl$_2$(DME) 和 (o-tol)MgCl 反应可以高产率生成镍配合物 **4-58**。在更具挑战性的反应条件下（如室温、使用较低量的催化剂），配合物 **4-58** 不仅展现出远高于 Ni(COD)$_2$/PAd-DalPhos 催化剂的活性，而且底物适用范围更广。在室温条件下，配合物

4-58 可以高效催化一系列含有吸电子和供电子基的(类)卤代芳烃,进行 C—N 键偶联反应生成伯胺化合物,此外还可以催化脂肪伯胺和芳基仲胺进行反应,高效生成各种仲胺和叔胺化合物(图 4-58)[60]。通过 DFT 计算研究反应的机理,发现 Ni(0)/Ni(Ⅱ) 和 Ni(Ⅰ)/Ni(Ⅲ) 的催化循环同时存在。其中,在 Ni(0)/Ni(Ⅱ) 的催化循环中,C—N 键的还原消除反应为决速步骤;在 Ni(Ⅰ)/Ni(Ⅲ) 的催化循环中,Ni(Ⅰ) 与 C—Cl 键的氧化加成反应为决速步骤(图 4-59)[60]。

图 4-57 镍催化 4-氯联苯与 NH₃ 的 C—N 键偶联反应

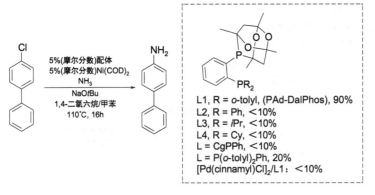

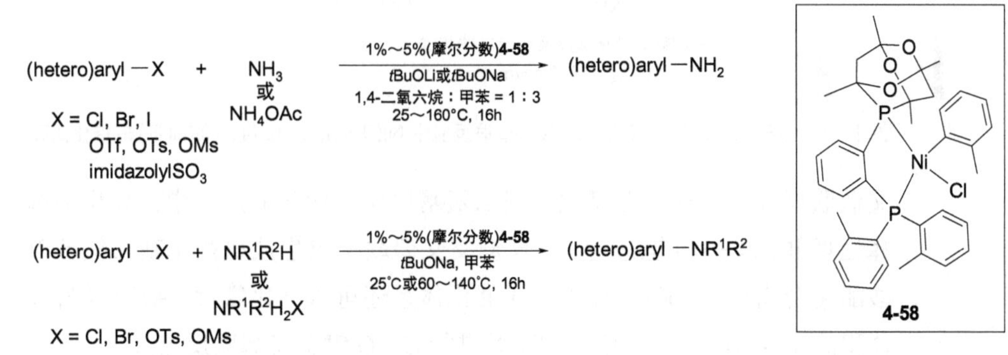

图 4-58 镍催化卤代芳烃的 C—N 键偶联反应
(hetero)aryl=(杂)芳基,imidazolyl=咪唑基

在大体积烷基伯胺与(杂)芳基亲电试剂的 C—N 键交叉偶联反应中,镍催化剂 **4-60** 展现出比已报道的钯催化剂、双膦镍催化剂及其他金属催化剂更高的活性[61]。在室温条件下,**4-60** 可以催化大位阻的 α,α,α-三取代基烷基伯胺与卤代(杂)芳烃或(杂)芳基磺酸酯进行 C—N 键交

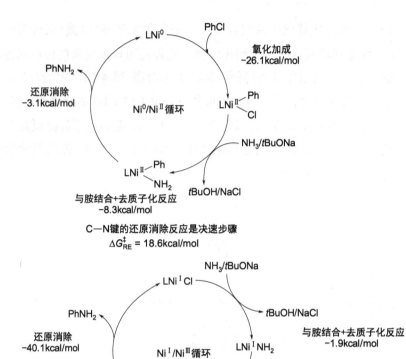

图 4-59 DFT 计算氯苯和氨的 C—N 键偶联反应中 Ni(0)/Ni(Ⅱ) 和 Ni(Ⅰ)/Ni(Ⅲ) 的催化循环

叉偶联反应。同时,在氯代苯基二氨基甲酸酯参与的反应中,高化学选择性地催化 C—Cl 键进行 C—N 键交叉偶联反应生成氨基苯基二氨基甲酸酯化合物(图 4-60)。此外,该催化体系还可以催化氯代(杂)芳烃与大体积的 3,3-二甲基-2-丁醇和叔丁醇进行 C—O 键交叉偶联反应。

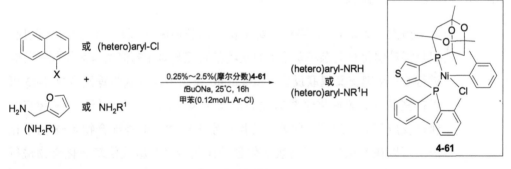

图 4-60　镍催化大位阻的 α,α,α-三取代基烷基伯胺与卤代芳烃的 C—N 键交叉偶联反应

基于前期的研究，Stradiotto 课题组设计合成 1-磷氧杂金刚烷基-2-二烃基膦基吡啶或噻吩配体，此配体的镍配合物可以催化具有挑战性的氯代（杂）芳烃与伯胺进行 $C(sp^2)$—N 键交叉偶联反应。其中，3,4-二取代噻吩基双膦镍配合物 **4-61** 表现出比 **4-58** 更高的催化活性。在室温和低用量催化剂 [0.25%～2.50%（摩尔分数）] 的条件下，镍配合物 **4-61** 可高效催化各种烷基伯胺和卤代（杂）芳烃或对甲苯磺酸芳基酯，进行 $C(sp^2)$—N 键交叉偶联反应（图 4-61）[62]。

图 4-61　镍催化卤代芳烃与伯胺的 $C(sp^2)$—N 键交叉偶联反应

(hetero)aryl=(杂)芳基

具有双笼结构的双膦镍催化剂 **4-62** 可以促进惰性的五元或六元杂芳基伯胺与氯代（杂）芳烃进行 C—N 键交叉偶联反应 [图4-62(a)][63]。双膦配体会影响反应的化学选择性。室温下，**4-60** 为催化剂时，1H-吲哚-5-胺与卤代（杂）芳烃反应生成仲胺；**4-62** 为催化剂时，吲哚吡咯环上的 N—H 键被活化，与卤代（杂）芳烃反应生成 N-（杂）芳基吲哚衍生物。在 C—N

键交叉偶联反应中，镍催化剂 **4-58** 和 **4-62** 展现出与其他金属催化剂（铜、钯、镍等）不同的反应性质 [图4-62(b)][64]。

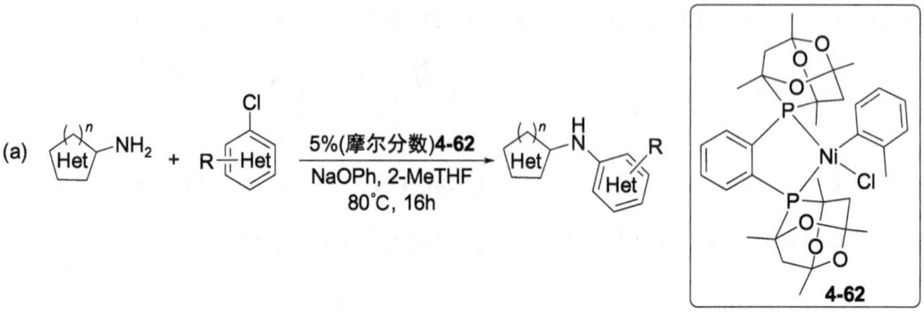

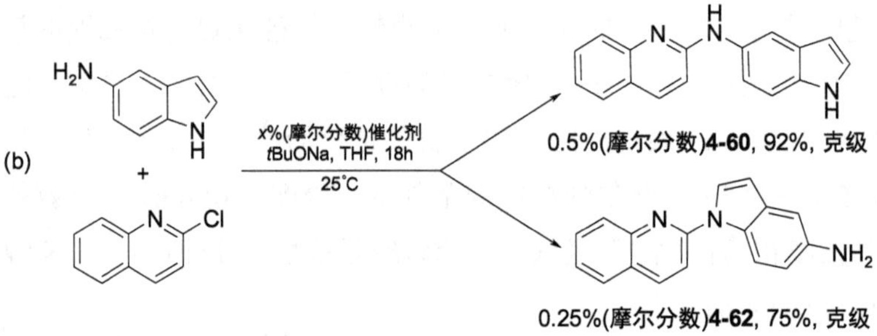

图 4-62 双膦配体对镍催化 C(sp²)—N 键交叉偶联反应的影响

虽然，镍配合物 **4-58** 可以高效催化多种卤代（杂）芳烃的胺化反应，但是很难催化含有杂环基团（如呋喃基和噻吩基）的伯胺与卤代（杂）芳烃进行 C—N 键交叉偶联反应。Stradiotto 课题组发现双膦镍配合物 **4-63** 可以在室温下高效催化这些惰性的伯胺与卤代（杂）芳烃进行 C—N 键交叉偶联反应（图 4-63）[6]。此外，使用在空气中稳定的镍配合物 **4-58** 为催化剂，可以在室温条件下高效催化各种卤代芳烃与氟代烷基胺化合物进行 C—N 键交叉偶联反应。该催化体系避免了 N-(β-氟烷基)苯胺产物或具有敏感取代基的底物发生分解，并且不会使底物和产物发生外消旋化反应（图 4-64）[65]。

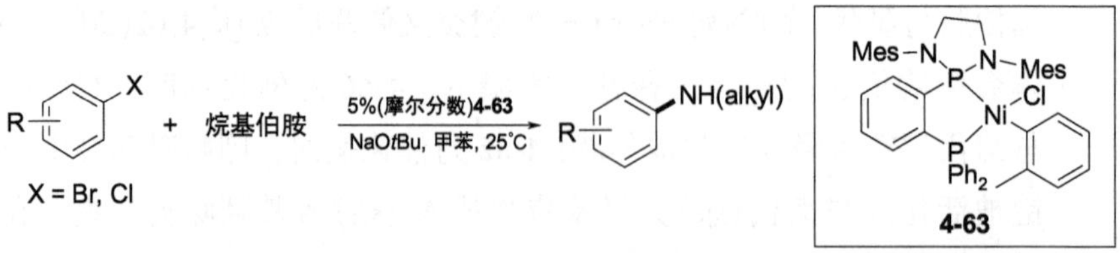

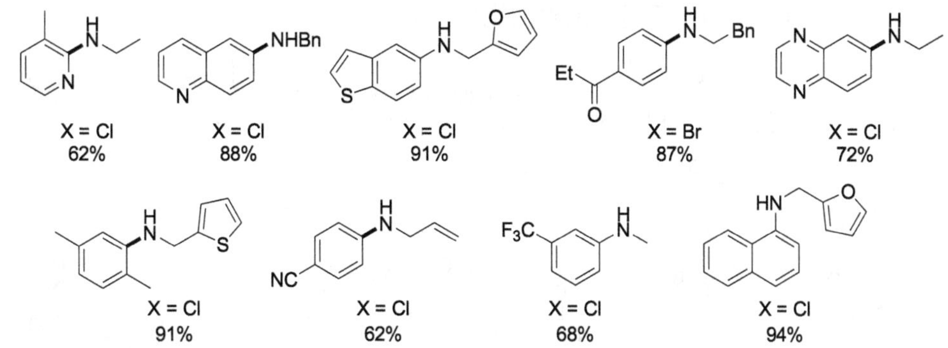

图 4-63 镍催化卤代（杂）芳烃的胺化反应

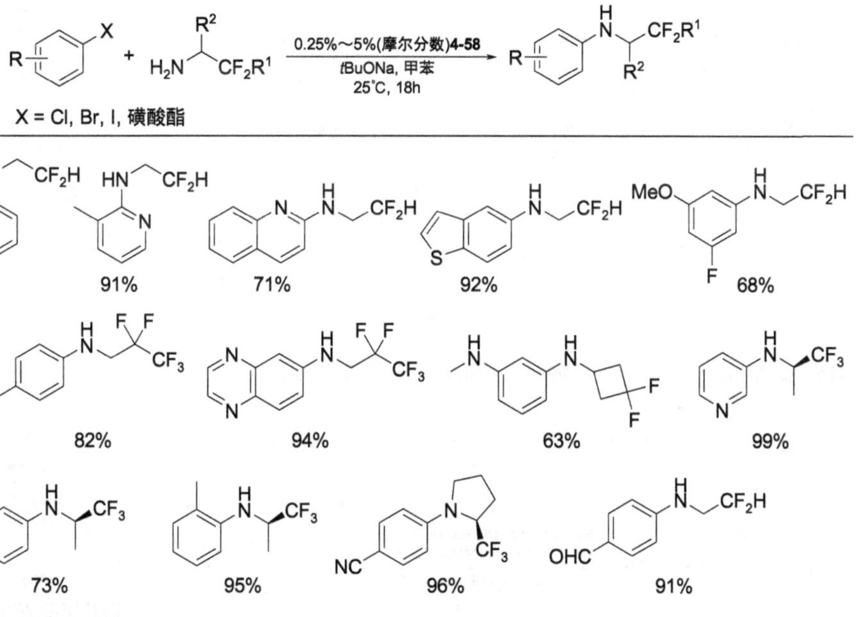

图 4-64 镍催化卤代（杂）芳烃与杂芳基胺和氟代烷基胺化合物的 C—N 键偶联反应

  Stradiotto 课题组发现镍催化剂 **4-58** 不仅可以催化卤代（杂）芳烃的胺化反应，还可以高效催化卤代（杂）芳烃与酰胺的 C—N 键交叉偶联反应。该催化体系可以促进钯、铜和其他金属催化体系无法催化的卤代（杂）芳烃、磺酸酯和氨基磺酸酯等亲电试剂与各种伯酰胺和内酰胺进行 C—N 键交叉偶联反应（图 4-65）[66]。PhPAd-DalPhos 为配体时，可以促使镍催化各种连有供电子和吸电子官能团的卤代（杂）芳烃与磺酰胺进行 C—N 键交叉偶联反应（图 4-66）。该方法不仅可以替代已经报道的钯和铜催化体系，而且底物的适用范围更加宽广[67]。

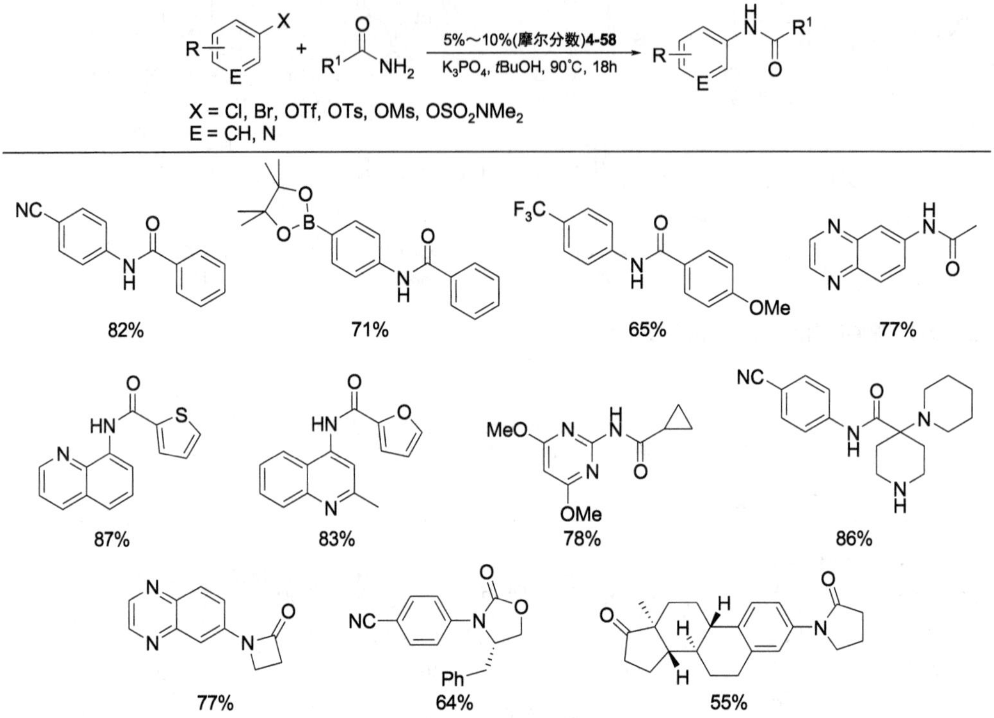

图 4-65 镍催化卤代（杂）芳烃与酰胺化合物的 C—N 键偶联反应

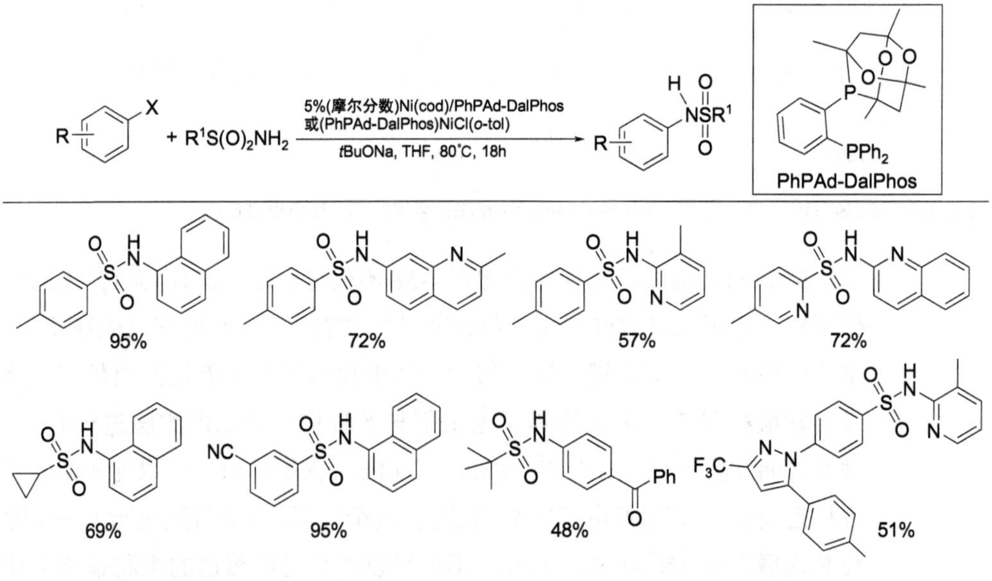

图 4-66 镍催化卤代（杂）芳烃与磺酰胺化合物的 C—N 键偶联反应

4.2.4.2 1-膦基-2-二烃基膦基苯在镍催化 C—O 键偶联反应中的应用

在金属催化脂肪醇与氯代(杂)芳烃的 C—O 键交叉偶联反应中,镍比钯更容易与 $C(sp^2)$—Cl 键发生氧化加成反应,同时不容易发生 β-H 消除反应。尽管如此,镍催化氯代(杂)芳烃的 C—O 键交叉偶联反应极少被报道。Stradiotto 课题组发现这些含有大体积 CgP 基团的双膦镍配合物不仅可以高效催化 NH_3、伯胺和仲胺与各种卤代(杂)芳烃进行 C—N 键交叉偶联反应,还可以高效催化 C—X 键与醇进行 C—O 键交叉偶联反应。他们发现镍配合物 **4-58** 和 **4-67** 可以高效催化脂肪伯醇、仲醇和叔醇与(杂)芳基亲电试剂进行 C—O 键交叉偶联反应生成醚(图 4-67)[68]。

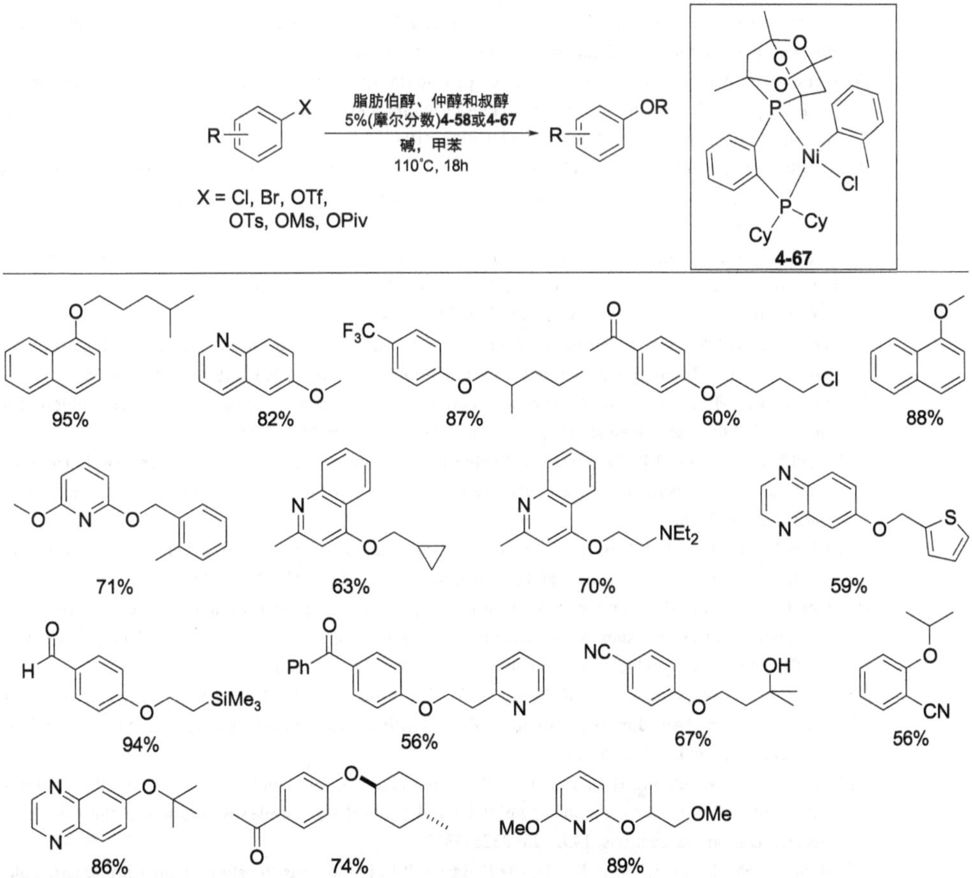

图 4-67 镍催化 C—X 键与醇 C—O 键的交叉偶联反应

参考文献

[1] Khobragade D A, Mahamulkar S G, Pospíšil L, Císařová I, Rulíšek L, Jahn U. Acceptor-substituted ferrocenium salts as strong, single-electron oxidants: Synthesis, electrochemistry, theoretical investigations, and initial synthetic application. Chemistry-A European Journal, 2012, 18(39): 12267-12277.

[2] Ling L, Hu J, Huo Y, Zhang H. Synthesis of ferrocene-based phosphine ligands via Cu-catalyzed reductive coupling of ferrocenyl ketone-derived tosylhydrazones and H-phosphorus oxides. Tetrahedron Letter, 2017, 73(1): 86-97.

[3] Adams G M, Weller A S. POP-type ligands: Variable coordination and hemilabile behavior. Coordination Chemistry Reviews, 2018, 355: 150-172.

[4] Kamer P C J, Van Leeuwen P W N M, Reek J N H. Wide bite angle diphosphines: Xantphos ligands in transition metal complexes and catalysis. Accounts of Chemical Research, 2001, 34(11): 895-904.

[5] Lavoie C M, MacQueen P M, Rotta-Loria N L, Sawatzky R S, Borzenko A, Chisholm A J, Hargreaves B K V, McDonald R, Ferguson M J, Stradiotto M. Challenging nickel-catalysed amine arylations enabled by tailored ancillary ligand design. Nature Communications, 2016, 7: 1-11.

[6] Gatien A V, Lavoie C M, Bennett R N, Ferguson M J, McDonald R, Johnson E R, Speed A W H, Stradiotto M. Application of diazaphospholidine/diazaphospholene-based bisphosphines in room-temperature nickel-catalyzed C(sp^2)—N cross-couplings of primary alkylamines with (hetero)aryl chlorides and bromides. ACS Catalysis, 2018, 8(6): 5328-5339.

[7] Kondoh A, Yorimitsu H, Oshima K. Copper-catalyzed anti-hydrophosphination reaction of 1-alkynylphosphines with diphenylphosphine providing (Z)-1,2-diphosphino-1-alkenes. Journal of the American Chemical Society, 2007, 129(13): 4099-4104.

[8] Kamitani M, Itazaki M, Tamiya C, Nakazawa H. Regioselective double hydrophosphination of terminal arylacetylenes catalyzed by an iron complex. Journal of the American Chemical Society, 2012, 134(29): 11932-11935.

[9] Yuan J, Zhu L, Zhang J, Li J, Cui C. Sequential addition of phosphine to alkynes for the selective synthesis of 1,2-diphosphinoethanes under catalysis. Well-defined NHC-copper phosphides vs in situ $CuCl_2$/NHC catalyst. Organometallics, 2017, 36(2): 455-459.

[10] Otomura N, Okugawa Y, Hirano K, Miura M. vic-Diphosphination of alkenes with silylphosphine under visible-light-promoted photoredox catalysis. Organic Letters, 2017, 19(18): 4802-4805.

[11] Otomura N, Hirano K, Miura M. Diphosphination of 1,3-dienes with diphosphines under visible-light-promoted photoredox catalysis. Organic Letters, 2018, 20(24): 7965-7968.

[12] Ackley B J, Pagano J K, Waterman R. Visible-light and thermal driven double hydrophosphination of terminal alkynes using a commercially available iron compound. Chemical Communications, 2018, 54(22): 2774-2776.

[13] Chen T, Zhao C Q, Han L B. Hydrophosphorylation of alkynes catalyzed by palladium: Generality and mechanism. Journal of the American Chemical Society, 2018, 140(8): 3139-3155.

[14] Che C M, Kwong H L, Yam V W W, Cho K C. Spectroscopic properties and redox chemistry of the phosphorescent excited state of $[Au_2(dppm)_2]^{2+}$ [dppm = bis(diphenylphosphino)methane]. Journal of the Chemical Society, Chemical Communications, 1989, 13: 885-886.

[15] Che C M, Kwong H L, Poon C K, Yam V W W. Spectroscopy and redox properties of the luminescent excited state of $[Au_2(dppm)_2]^{2+}$ (dppm = $Ph_2PCH_2PPh_2$). Journal of the Chemical Society, Dalton Transactions, 1990, 11: 3215-3219.

[16] Li D, Che C M, Kwong H L, Yam V W W. Photoinduced C—C bond formation from alkyl halides catalysed by luminescent dinuclear gold(I) and copper(I) complexes. Journal of the Chemical Society, Dalton Transactions, 1992, 23: 3325-3329.

[17] Revol G, McCallum T, Morin M, Gagosz F, Barriault L. Photoredox transformations with dimeric gold complexes. Angewandte Chemie International Edition, 2013, 52(50): 13342-13345.

[18] McCallum T, Barriault L. Direct alkylation of heteroarenes with unactivated bromoalkanes using

photoredox gold catalysis. Chemical Science, 2016, 7(7): 4754-4758.
[19] Xie J, Shi S, Zhang T, Mehrkens N, Rudolph M, Hashmi A S K. A highly efficient gold-catalyzed photoredox α-C(sp^3)-H alkynylation of tertiary aliphatic amines with sunlight. Angewandte Chemie International Edition, 2015, 54(20): 6046-6050.
[20] Xie J, Zhang T, Chen F, Mehrkens N, Rominger F, Rudolph M, Hashmi A S K. Gold-catalyzed highly selective photoredox C(sp^2)—H difluoroalkylation and perfluoroalkylation of hydrazones. Angewandte Chemie International Edition, 2016, 55(8): 2934-2938.
[21] So G K M, Cheng G, Wang J, Chang X, Kwok C C, Zhang H, Che C M. Efficient color-tunable copper(Ⅰ) complexes and their applications in solution-processed organic light-emitting diodes. Chemistry-An Asian Journal, 2017, 12(13): 1490-1498.
[22] Wang B, Shelar D P, Han X Z, Li T T, Guan X, Lu W, Liu K, Chen Y, Fu W F, Che C M. Long-lived excited states of zwitterionic copper(Ⅰ) complexes for photoinduced cross-dehydrogenative coupling reactions. Chemistry-A European Journal, 2015, 21(3): 1184-1190.
[23] Mao Z, Huang J S, Che C M, Zhu N, Leung S K Y, Zhou Z Y. Unexpected reactivities of Cu$_2$(diphosphine)$_2$ complexes in alcohol: isolation, X-ray crystal structure, and photoluminescent properties of a remarkably stable [Cu$_3$(diphosphine)$_3$(μ_3-H)]$^{2+}$ hydride complex. Journal of the American Chemical Society, 2005, 127(13): 4562-4563.
[24] Song L C, Gao X Y, Liu W B, Zhang H T, Cao M. Synthesis, characterization, and reactions of functionalized nickel-iron dithiolates related to the active site of [NiFe]-hydrogenases. Organometallics, 2018, 37(6): 1050-1061.
[25] Song L C, Yang X Y, Gao X Y, Cao M. Nickel-iron dithiolato hydrides derived from H$_2$ activation by their μ-hydroxo ligand-containing analogues. Inorganic Chemistry, 2019, 58(1): 39-42.
[26] Hartwig J F. Evolution of a fourth generation catalyst for the amination and thioetherification of aryl halides. Accounts of Chemical Research, 2008, 41(11): 1534-1544.
[27] Cheng K, Walsh P J. Arylation of aldehyde homoenolates with aryl bromides. Organic Letters, 2013, 15(9): 2298-2301.
[28] Petrone D A, Lischka M, Lautens M. Harnessing reversible oxidative addition: Application of diiodinated aromatic compounds in the carboiodination process. Angewandte Chemie International Edition, 2013, 52(40): 10635-10638.
[29] Sickert M, Weinstabl H, Peters B, Hou X, Lautens M. Intermolecular domino reaction of two aryl iodides involving two C—H functionalizations. Angewandte Chemie International Edition, 2014, 53(20): 5147-5151.
[30] Krasovskiy A L, Haley S, Voigtritter K, Lipshutz B H. Stereoretentive Pd-catalyzed Kumada-Corriu couplings of alkenyl halides at room temperature. Organic Letters, 2014, 16(16): 4066-4069.
[31] Kuwano R, Yokogi M, Sakai K, Masaoka S, Miura T, Won S. Room-temperature benzylic alkylation of benzylic carbonates: Improvement of palladium catalyst and mechanistic study. Organic Process Research & Development, 2019, 23(8): 1568-1579.
[32] Liu H, Yang Y, Wu J, Wang X N, Chang J. Regioselective synthesis of 3,4-disubstituted isocoumarins through the Pd-catalyzed annulation of 2-iodoaromatic acids with ynamides. Chemical Communications, 2016, 52: 6801-6804.
[33] Lambert W D, Fang Y, Mahapatra S, Huang Z, Ende C W, Fox J M. Installation of minimal tetrazines through silver-mediated Liebeskind-Srogl coupling with arylboronic acids. Journal of the American Chemical Society, 2019, 141(43): 17068-17074.
[34] Beromi M M, Nova A, Balcells D, Brasacchio A M, Brudvig G W, Guard L M, Hazari N, Vinyard D J. Mechanistic study of an improved Ni precatalyst for Suzuki-Miyaura reactions of aryl sulfamates: Understanding the role of Ni(Ⅰ) species. Journal of the American Chemical Society, 2017, 139(2): 922-936.
[35] Beromi M M, Banerjee G, Brudvig G W, Hazari N, Mercado B Q. Nickel(Ⅰ) aryl species: Synthesis, properties, and catalytic activity. ACS Catalysis, 2018, 8(3): 2526-2533.
[36] Barth E L, Davis R M, Beromi M M, Walden A G, Balcells D, Brudvig G W, Dardir A H, Hazari N,

Lant H M C, Mercado B Q, Peczak I L. Bis(dialkylphosphino)ferrocene-ligated nickel(Ⅱ) precatalysts for Suzuki-Miyaura reactions of aryl carbonates. Organometallics, 2019, 38(17): 3377-3387.

[37] Zhang S, Rotta-Loria N, Weniger F, Rabeah J, Neumann H, Taeschler C, Beller M. A general and practical Ni-catalyzed C—H perfluoroalkylation of (hetero)arenes. Chemical Communications, 2019, 55: 6723-6726.

[38] Pandey D K, Vijaykumar M, Punji B. Nickel-catalyzed C(2)—H arylation of indoles with aryl chlorides under neat conditions. The Journal of Organic Chemistry, 2019, 84(20): 12800-12808.

[39] Alsabeh P G, Lundgren R J, Longobardi L E, Stradiotto M. Palladium-catalyzed synthesis of indoles via ammonia cross-coupling alkyne cyclization. Chemical Communications, 2011, 47(24): 6936-6938.

[40] Green R A, Hartwig J F. Palladium-catalyzed amination of aryl chlorides and bromides with ammonium salts. Organic Letters, 2014, 16(17): 4388-4391.

[41] Borzenko A, Rotta-Loria N L, MacQueen P M, Lavoie C M, McDonald R, Stradiotto M. Nickel-catalyzed monoarylation of ammonia. Angewandte Chemie International Edition, 2015, 54(12): 3773-3777.

[42] Young I S, Glass A L, Cravillion T, Han C, Zhang H, Gosselin F. Palladium-catalyzed site-selective amidation of dichloroazines. Organic Letters, 2018, 20(13): 3902-3906.

[43] Kim S W, Wurm T, Brito G A, Jung W O, Zbieg J R, Stivala C E, Krische M J. Hydroamination versus allylic amination in iridium-catalyzed reactions of allylic acetates with amines: 1,3-aminoalcohols via ester-directed regioselectivity. Journal of the American Chemical Society, 2018, 140(29): 9087-9090.

[44] Liang R X, Xu D Y, Yang F M, Jia Y X. A Pd-catalyzed domino Larock annulation/dearomative Heck reaction. Chemical Communications, 2019, 55: 7711-7714.

[45] Xing X, Xu C, Chen B, Li C, Virgil S C, Grubbs R H. Highly active platinum catalysts for nitrile and cyanohydrin hydration: Catalyst design and ligand screening via high through put techniques. Journal of the American Chemical Society, 2018, 140(50): 17782-17789.

[46] Velasco N, Virumbrales C, Sanz R, Suárez-Pantiga S, Fernández-Rodríguez M A. General synthesis of alkenyl sulfides by palladium-catalyzed thioetherification of alkenyl halides and tosylates. Organic Letters, 2018, 20(10): 2848-2852.

[47] Zhang X, Xia A, Chen H, Liu Y. General and mild nickel-catalyzed cyanation of aryl/heteroaryl chlorides with $Zn(CN)_2$: Key roles of DMAP. Organic Letters, 2017, 19(8): 2118-2121.

[48] Hou L, Zhou Z, Wang D, Zhang Y, Chen X, Zhou L, Hong Y, Liu W, Hou Y, Tong X. DPPF-Catalyzed atom-transfer radical cyclization via allylic radical. Organic Letters, 2017, 19(23): 6328-6331.

[49] Guo Z, Li M, Mou X Q, He G, Xue X S, Chen G. Radical C—H arylation of oxazoles with aryl iodides: dppf as an electron-transfer mediator for Cs_2CO_3. Organic Letters, 2018, 20(6): 1684-1687.

[50] Liu Q, Wu L, Jiao H, Fang X, Jackstell R, Beller M. Domino catalysis: Palladium-catalyzed carbonylation of allylic alcohols to β,γ-unsaturated esters. Angewandte Chemie International Edition, 2013, 52(31): 8064-8068.

[51] Wu F P, Peng J B, Fu L Y, Qi X, Wu X F. Direct palladium-catalyzed carbonylative transformation of allylic alcohols and related derivatives. Organic Letters, 2017, 19(19): 5474-5477.

[52] Jones K D, Power D J, Bierer D, Gericke K M, Stewart S G. Nickel phosphite/phosphine-catalyzed C—S cross-coupling of aryl chlorides and thiols. Organic Letters, 2018, 20(1): 208-211.

[53] Niu B, Wu X Y, Wei Y, Shi M. Palladium-catalyzed diastereoselective formal [5+3] cycloaddition for the construction of spirooxindoles fused with an eight-membered ring. Organic Letters, 2019, 21(12): 4859-4863.

[54] Sperger T, Guven S, Schoenebeck F. Chemoselective Pd-catalyzed C-TeCF$_3$ coupling of aryl iodides. Angewandte Chemie International Edition, 2018, 57(51): 16903-16906.

[55] Sang H L, Wu C, Phua G G D, Ge S. Cobalt-catalyzed regiodivergent stereoselective hydroboration of 1,3-diynes to access boryl-functionalized enynes. ACS Catalysis, 2019, 9(11): 10109-10114.

[56] Wu C, Ge S. Ligand-controlled cobalt-catalyzed regiodivergent hydroboration of aryl, alkyl-disubstituted internal allenes. Chemical Science, 2020, 11: 2783-2789.

[57] Hernandez-Perez A C, Collins S K. Heteroleptic Cu-based sensitizers in photoredox catalysis. Accounts

of Chemical Research, 2016, 49(8): 1557-1565.

[58] Lyu X L, Huang S S, Song H J, Liu Y X, Wang Q M. Visible-light-induced copper-catalyzed decarboxylative coupling of redox-active esters with *N*-heteroarenes. Organic Letters, 2019, 21(14): 5728-5732.

[59] Lavoie C M, Stradiotto M. Bisphosphines: A prominent ancillary ligand class for application in nickel-catalyzed C—N cross-coupling. ACS Catalysis, 2018, 8(8): 7228-7250.

[60] Lavoie C M, Tassone J P, Ferguson M J, Zhou Y, Johnson E R, Stradiotto M. Probing the influence of PAd-DalPhos ancillary ligand structure on nickel-catalyzed ammonia cross-coupling. Organometallics, 2018, 37(21): 4015-4023.

[61] Tassone J P, England E V, MacQueen P M, Ferguson M J, Stradiotto M. PhPAd-DalPhos: Ligand-enabled, nickel-catalyzed cross-coupling of (hetero)aryl electrophiles with bulky primary alkylamines. Angewandte Chemie International Edition, 2019, 58(8): 2485-2489.

[62] Clark J S K, McGuire R T, Lavoie C M, Ferguson M J, Stradiotto M. Examining the impact of heteroaryl variants of PAd-DalPhos on nickel-catalyzed C(sp^2)—N cross-couplings. Organometallics, 2019, 38(1): 167-175.

[63] Clark J S K, Ferguson M J, McDonald R, Stradiotto M. PAd2-DalPhos enables the nickel-catalyzed C—N cross-coupling of primary heteroarylamines and (hetero)aryl chlorides. Angewandte Chemie International Edition, 2019, 58(19): 6391-6395.

[64] McGuire R T, Paffile J F J, Zhou Y, Stradiotto M. Nickel-catalyzed C—N cross-coupling of ammonia, (hetero)anilines, and indoles with activated (hetero)aryl chlorides enabled by ligand design. ACS Catalysis, 2019, 9(10): 9292-9297.

[65] McGuire R T, Yadav A A, Stradiotto M. Nickel-catalyzed N-arylation of fluoroalkylamines. Angewandte Chemie International Edition, 2021, 60(8): 4080-4084.

[66] Lavoie C M, MacQueen P M, Stradiotto M. Nickel-catalyzed N-arylation of primary amides and lactams with activated (hetero)aryl electrophiles. Chemistry-A European Journal, 2016, 22(52): 18752-18755.

[67] McGuire R T, Simon C M, Yadav A A, Ferguson M J, Stradiotto M. Nickel-catalyzed cross-coupling of sulfonamides with (hetero)aryl chlorides. Angewandte Chemie International Edition, 2020, 59(23): 8952-8956.

[68] MacQueen P M, Tassone J P, Diaz C, Stradiotto M. Exploiting ancillary ligation to enable nickel-catalyzed C—O cross-couplings of aryl electrophiles with aliphatic alcohols. Journal of the American Chemical Society, 2018, 140(15): 5023-5027.

5

含膦三齿配体

5.1 单膦三齿配体
5.2 双膦三齿配体
5.3 三膦三齿配体

Synthesis and Applications of Achiral Phosphine Ligands

相对于含膦单齿和双齿配体，含膦三齿配体结构一般更复杂，因此合成难度一般也更大。但是，由于含膦三齿配体与金属形成的配合物稳定性往往优于单齿和双齿配合物，因此当它们作为催化剂时不容易失活，且催化中间体更容易被分离鉴定。鉴于此，近些年对于它们的研究越来越多。

含膦三齿配体种类繁多，分类方法也多种多样。根据与金属配位的磷原子数目的不同，可以分为单膦三齿配体、双膦三齿配体和三膦三齿配体等。本章按照此分类方法对含膦三齿配体进行介绍。

5.1
单膦三齿配体

除了含有一个 P 配位点，单膦三齿配体还含有两个其他配位点。一方面，这两个配位点多种多样，可以是 C、N、O、S 等各种原子；另一方面，P 配位点的位置既可以在中间，也可以在两侧。这两方面的原因导致单膦三齿配体种类繁多。下面将根据其他配位原子的不同着重介绍一些典型的单膦三齿配体。

5.1.1 PCN 配体

（1）PCN 配体的合成

对于 PCN 配体的合成，一般先构筑含苄溴基团的 CN 片段，然后再与仲膦发生亲核取代反应，从而将 P 基团引入。例如：配体 **5-L$_1$** 和 **5-L$_2$** 可由相应的 3-(二烷氨基甲基)苄溴的 HBr 盐与二叔丁基膦反应后加入 Et$_3$N 制备；类似地，配体 **5-L$_3$** 和 **5-L$_4$** 可由相应的苄溴吡啶衍生物与二叔丁基膦及 Et$_3$N 反应制备(图 5-1)[1-3]。

当然，PCN 配体也可先构筑 PC 片段，然后再引入 N 基团。例如：

配体 **5-L₅** 是以 2,4-二溴甲基均三甲苯为原料，首先与二叔丁基膦反应将 P 基团引入，然后再与二乙胺反应以引入 N 基团（图 5-2）[4]。

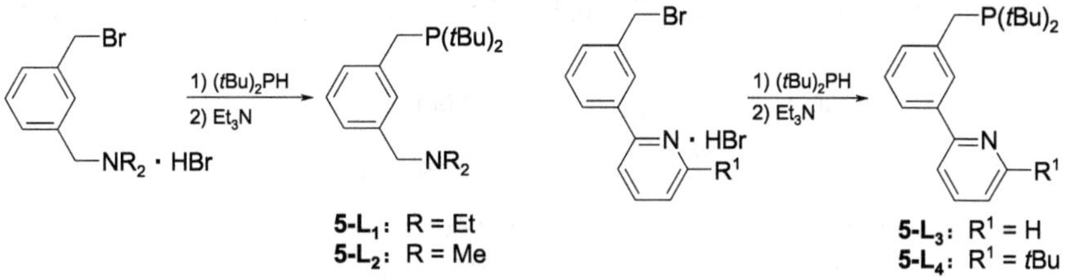

图 5-1 配体 **5-L₁ ~ 5-L₄** 的合成

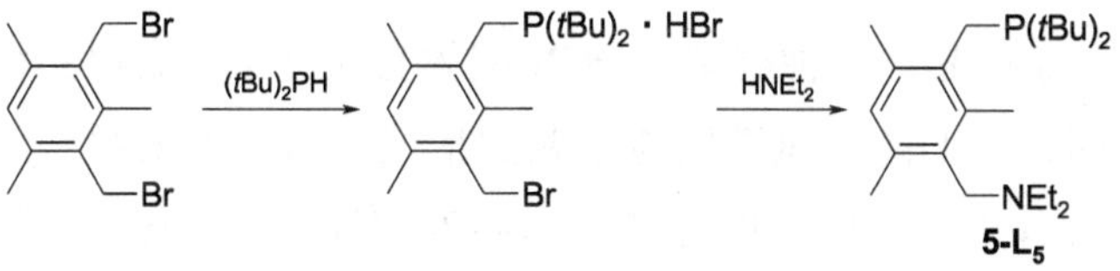

图 5-2 配体 **5-L₅** 的合成

(2) PCN 配体的应用

20 世纪 60 年代，科学家们发现 N 原子可通过配位作用协助过渡金属实现配体的 C—H 键活化制备环状金属化合物[5-7]。1973 年，Trofimenko 首次将这类反应称为"环金属化"（cyclometalation）反应[8]。自此，利用导向基团实现环金属化制备金属有机化合物，以及将环金属化应用于催化过程，均得到了突飞猛进的发展。目前，导向基团的配位原子涉及 N、P、As、Sb、O、S、Se 和 C 等各种原子，金属原子也不只局限于过渡金属，而且键的活化种类也早已超越了 C—H 键活化[9,10]。

1997 年，Milstein 等人利用环金属化策略制备了首例 PCN 配合物。他们将配体 **5-L₅** 与 [Rh(coe)₂Cl]₂（coe = 环辛烯）或 [Rh(ethylene)₂Cl]₂（ethylene= 乙烯）反应，均高产率地得到了三齿 Pincer 型化合物 **5-1**（图 5-3）[4]。该反应利用了 P 和 N 两个基团的导向作用，通过 C—C 键的断裂，实现了 PCN-Rh 化合物的合成。

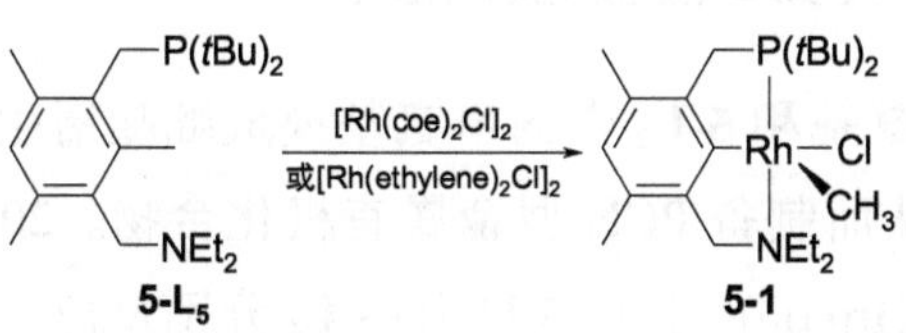

图 5-3 化合物 **5-1** 的合成

当然，对于 P 基团与 N 基团邻位没有甲基的配体，它们也可以与金属化合物发生反应，通过 C—H 键活化实现 Pincer 型 PCN 的合成。例如 **5-L₁** 可以与 Pt(cod)(CH₃)Cl(cod = 1,5-环辛二烯) 反应生成 **5-2**(图 5-4)[1]。

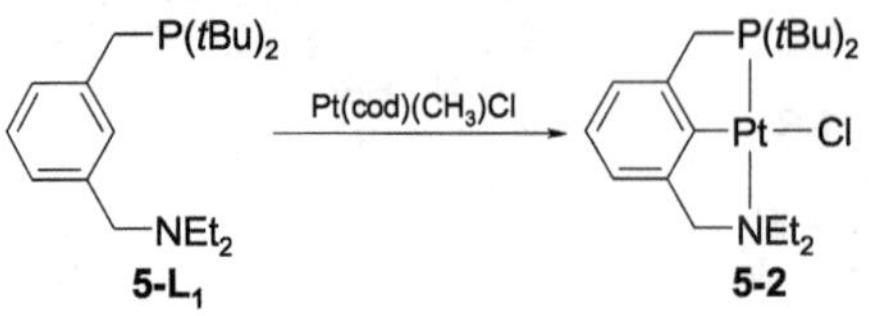

图 5-4 化合物 **5-2** 的合成

值得注意的是，这种类型的 PCN 配体有时并不一定以三齿形式与金属配位，因为它们的含氮基团与金属的配位能力并不太强，因此可能会从金属中心解离，所以它们也被称为半安定性配体。Wendt 课题组发现 **5-L₂** 与 (MeCN)₂PdCl₂ 的反应产物 **5-3** 可与 MeLi 反应变成 **5-4**，而 **5-4** 可继续与过量的 MeLi 反应生成二齿 PC-Pd 化合物 **5-5**(图 5-5)[2]。Wendt 等人还尝试了将化合物 **5-3** 用以催化苯丙炔酸与碘苯的脱羧交叉偶联反应制备二苯乙炔，发现在 135℃条件下，在反应物的乙腈溶液中加入 2.5%（摩尔分数）的 **5-3**、7.5%（摩尔分数）的 CuI 和 10 当量的 K₂CO₃，48h 后可获得 54.5% 的二苯乙炔(图 5-6)[11]。

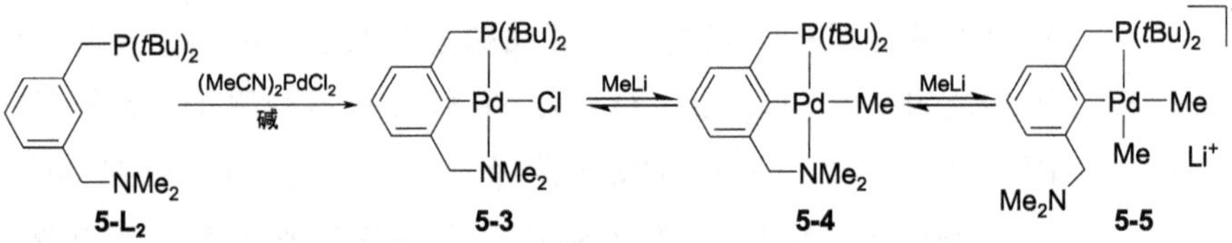

图 5-5 化合物 **5-3** 的合成与反应性

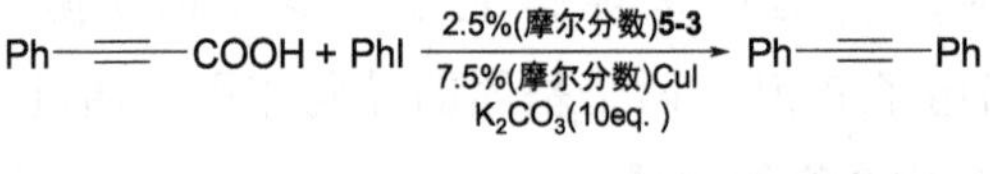

图 5-6 化合物 **5-3** 催化苯丙炔酸与碘苯的脱羧交叉偶联反应

如果将 **5-L₁** 中的乙氨基和 **5-L₂** 中的甲氨基换成吡啶衍生物，同样很容易实现 C—H 活化从而制备 PCN 型金属有机化合物。2017 年，黄正团队将一价 Ir 化合物 [Ir(cod)Cl]₂ 与 **5-L₃** 和 **5-L₄** 分别反应，成功制备了两个三价 Ir 化合物 **5-6** 和 **5-7**。有趣的是，**5-7** 可继续与 tBuONa 反应，得到具有双重元结效应的产物 **5-8**（图 5-7）[3]。化合物 **5-8** 的晶体结构表明 Ir 中心与叔丁基上的两个 C—H 键均有相互作用。他们进一步研究发现，该化合物对于端烯的异构化反应具有非常高的活性和选择性：在 0.1%～0.5%（摩尔分数）催化剂条件下，一系列底物均可顺利转变为反式 2-烯烃（图 5-8）。此外，对于有些底物，反应甚至可扩大到 100g 级以上，而催化剂的用量只需要 0.005%（摩尔分数）[3]。

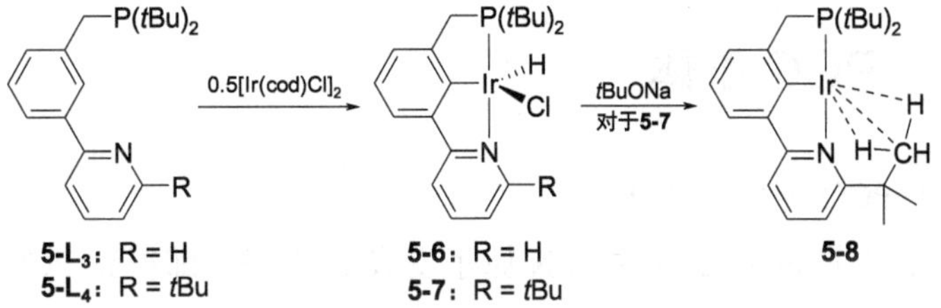

图 5-7 化合物 **5-6** ~ **5-8** 的合成

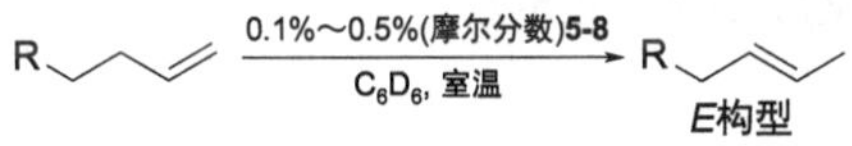

图 5-8 化合物 **5-8** 催化端烯的异构化反应

2019 年，该团队又发现化合物 **5-6** 在乙醇中可高效、高选择性地催化内炔的半氢化反应制备反式烯烃。对于大部分底物，在 60℃的乙醇中，只需要 2%（摩尔分数）的催化剂和 4.4%（摩尔分数）的 tBuONa，反应即可顺利进行（图 5-9）。值得注意的是，在炔烃消耗完后，溶液会发生明显的颜色变化，由深绿色变成黄色。这是由于在炔烃没有被消耗完时，催化剂主要以深绿色的化合物 **5-9** 这种形式存在于溶液中；而在没有炔烃存在时，化合物 **5-9** 将转化为黄色的 **5-10**（图 5-10）。这种用肉眼即能观测到的实验现象对于获得优良的选择性具有重要的意义，因为如果在炔烃消耗完后不停止反应，生成的烯烃将会继续被乙醇氢化生成烷烃从而降低选择性[12]。

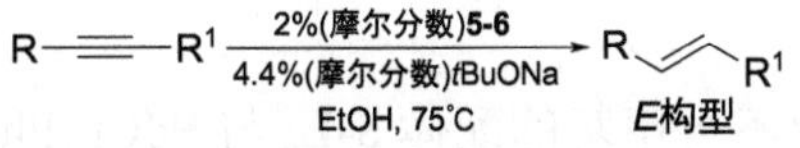

图 5-9 化合物 **5-6** 催化内炔的半氢化反应

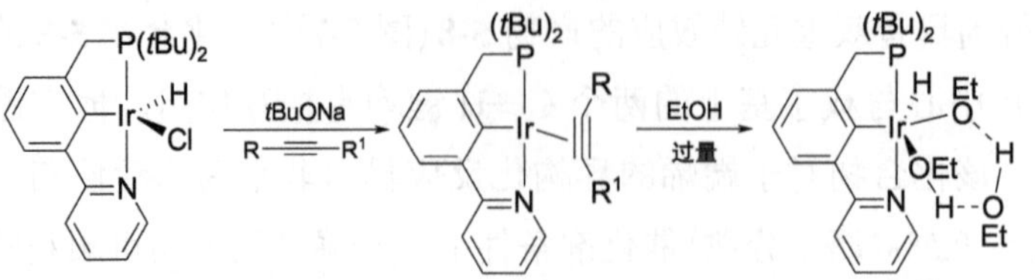

图 5-10　化合物 **5-6** 在乙醇中与内炔的反应性

5.1.2　PCO 配体

(1) PCO 配体的合成

将上一节 PCN 配体中的 N 原子变成 O 原子，即得到 PCO 配体。在合成 PCO 配体的过程中，一般先构筑含有苄溴的 CO 片段，再与仲膦反应引入 P 基团。例如，**5-L$_6$** 和 **5-L$_7$** 即由相应的 3-(甲氧基甲基)苄溴衍生物与 $(tBu)_2PH$ 及 Et_3N 分步反应制备(图 5-11)[13,14]。

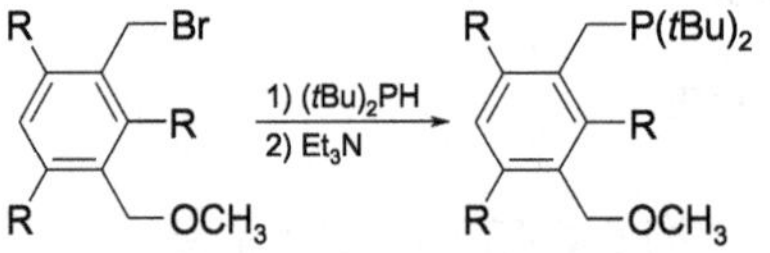

图 5-11　配体 **5-L$_6$** 和 **5-L$_7$** 的合成

(2) PCO 配体的应用

与图 5-3 中配体 **5-L$_5$** 与金属 Rh 化合物的反应类似，Milstein 课题组也尝试了 **5-L$_7$** 与多种金属 Rh 化合物的反应性。例如，**5-L$_7$** 可与 $[Rh(coe)_2(THF)_n]^+BF_4^-$ 反应，生成一个双齿化合物 **5-11** 和一个三齿化合物 **5-12**。**5-11** 和 **5-12** 均为 C—H 键活化的产物，这与图 5-3 中产物 **5-1** 的形成方式是不一样的。有趣的是，如果将 **5-11** 和 **5-12** 置于真空或 70 ℃的甲醇中，它们将继续转化为结构与 **5-1** 类似的 Pincer 型 PCO-Rh 化合物 **5-13**(图 5-12)[13]。

Goldberg 等人利用苯环上不含甲基的配体 **5-L$_6$** 与 $PdCl_2(PhCN)_2$ 反应制备了单齿双金属化合物 **5-14**。在 100 ℃甲醇中 **5-14** 可以继续发生环金

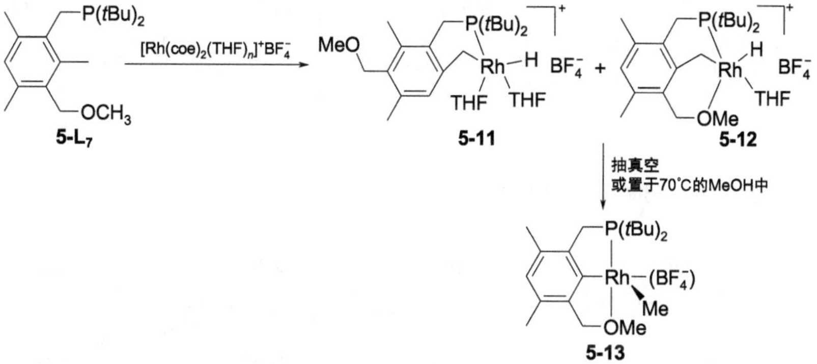

图 5-12　化合物 **5-11** ~ **5-13** 的合成

属化反应生成 **5-15** 和 HCl，而如果恢复到室温，**5-15** 又和 HCl 反应重新转变成 **5-14**（图 5-13）[14]。如果往反应体系中加入碱，可以使平衡右移，从而促进 **5-15** 的生成。

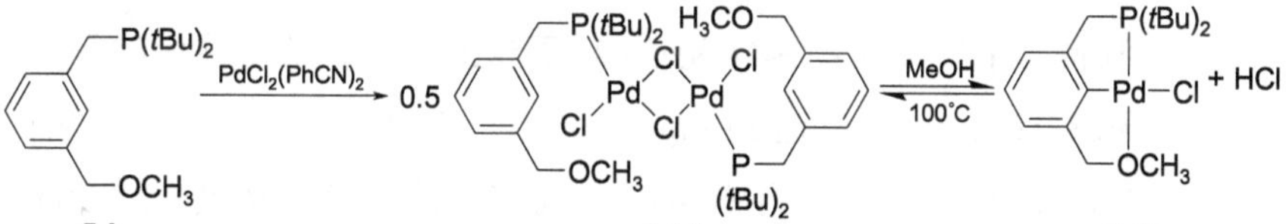

图 5-13　化合物 **5-14** 和 **5-15** 的合成

5.1.3　PCS 配体

(1) PCS 配体的合成

与 PCN 配体合成方法类似，PCS 配体一般也有两种合成方法：一种是在含苄卤的 CS 化合物基础上引入 P 基团，另一种是在含苄卤的 PC 化合物基础上引入 S 基团。例如 **5-L$_8$** 是以 3-氯甲基-1-羟甲基苯为原料，先与 (iPr)SNa 反应引入异丙基硫，再将羟甲基转变成苄氯后，加入 NaI 发生碘代反应，最后加入二环己基膦引入 P 基团而制得的（图 5-14）[15]。相反，**5-L$_9$** 的制备方法则是以 1,3-二溴甲基苯为原料，首先与 LiPPh$_2$(BH$_3$) 反应将 PPh$_2$(BH$_3$) 基团引入，然后再与 PhSK 反应引入 SPh 基，最后加入 HBF$_4$ 将 BH$_3$ 脱去（图 5-15）[16]。

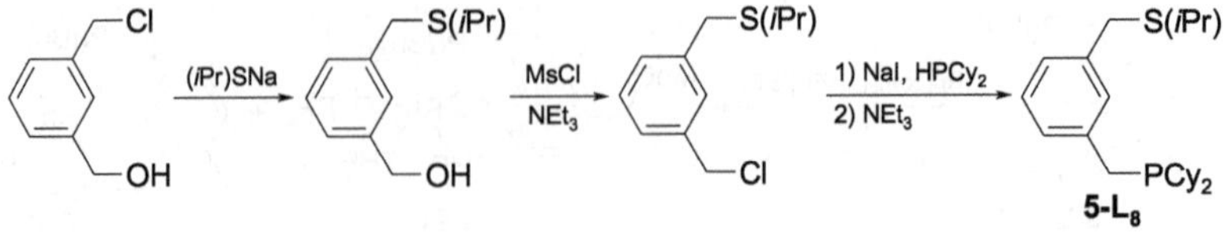

图 5-14 配体 **5-L$_8$** 的合成

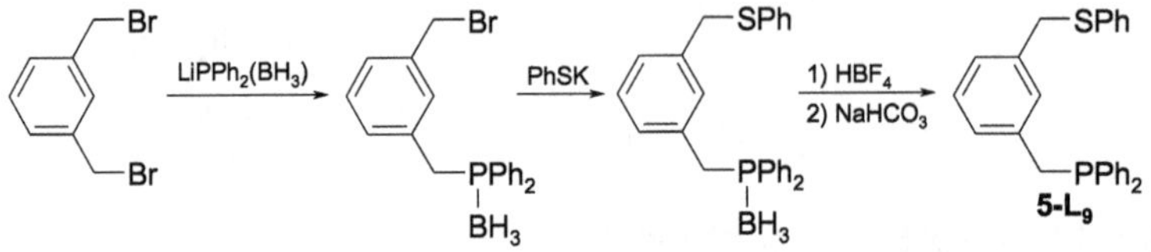

图 5-15 配体 **5-L$_9$** 的合成

(2) PCS 配体的应用

Klein Gebbink 课题组将配体 **5-L$_8$** 和 **5-L$_9$** 与 Pd(MeCN)$_4$(BF$_4$)$_2$ 反应，分别制备了离子型 Pincer 化合物 **5-16** 和 **5-17**，再利用它们与 NaCl 反应，制备了中性配合物 **5-18** 和 **5-19**(图 5-16)[15,16]。值得注意的是，化合物 **5-17** 和 **5-19** 是首次报道的 Pincer 型 PCS-Pd 化合物。此外，他们还发现在 Me$_6$Sn$_2$ 存在下，化合物 **5-17** 可高效地催化烯丙基氯与醛或磺酰亚胺的缩合反应(图 5-17)[16]；在 iPr$_2$NEt 存在下，化合物 **5-19** 可催化苯甲醛和异氰乙酸甲酯的羟醛缩合反应，生成两个五元环状异构体(图 5-18)[16]。

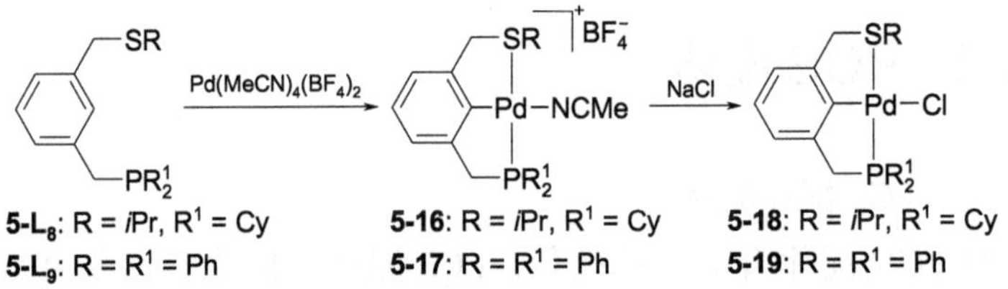

5-L$_8$: R = iPr, R^1 = Cy
5-L$_9$: R = R^1 = Ph

5-16: R = iPr, R^1 = Cy
5-17: R = R^1 = Ph

5-18: R = iPr, R^1 = Cy
5-19: R = R^1 = Ph

图 5-16 化合物 **5-16** ~ **5-19** 的合成

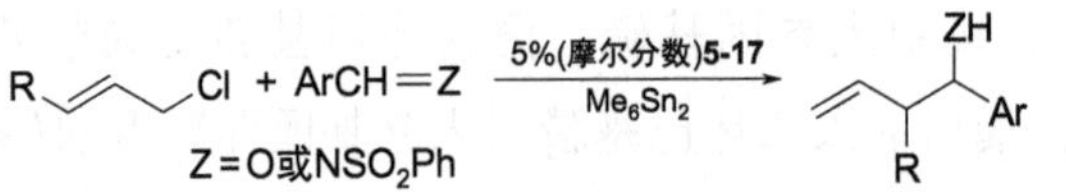

Z = O 或 NSO$_2$Ph

图 5-17 化合物 **5-17** 催化烯丙基氯与醛或磺酰亚胺的缩合反应

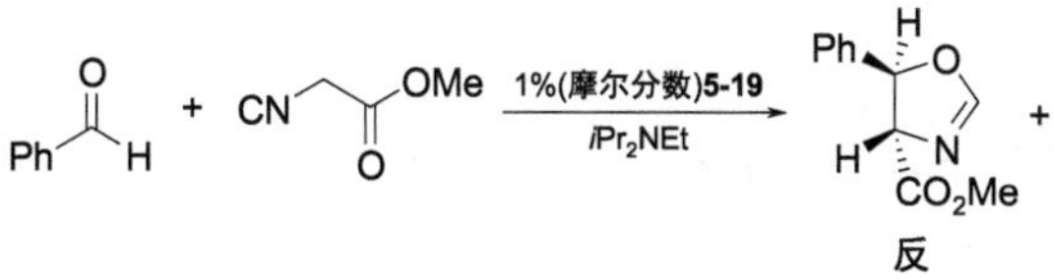

图 5-18　化合物 **5-19** 催化苯甲醛与异氰乙酸甲酯的羟醛缩合反应

5.1.4　PNC 配体

(1) PNC 配体的合成

PNC 配体一般也是先构筑 NC 片段后再引入 P 基团。例如配体 **5-L$_{10}$** 可由 2-甲基-6-苯基吡啶首先与 tBuLi 反应生成负离子化产物后，再与 (tBu)$_2$PCl 反应制备[17]；配体 **5-L$_{11}$** 可由 6-苯基吡啶酮与 (tBu)$_2$PCl 在 TMEDA(四甲基乙二胺)和 NEt$_3$ 存在下反应制备(图 5-19)[18]。

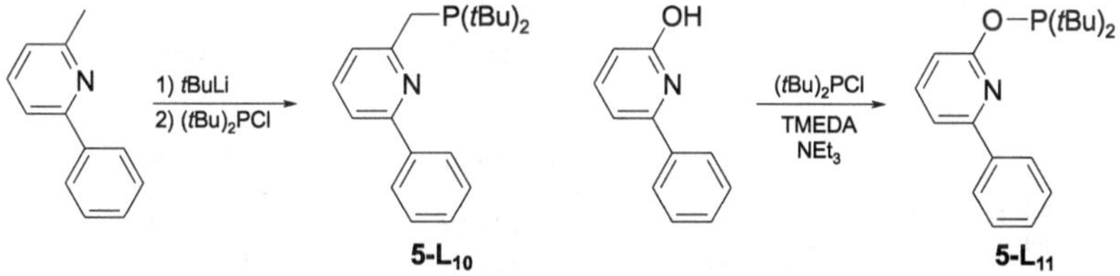

图 5-19　配体 **5-L$_{10}$** 和 **5-L$_{11}$** 的合成

如果将苯环换成咪唑盐(氮杂环卡宾前体)，那么得到的是另一类 PNC 配体。例如将溴甲基吡啶的咪唑盐与 Cy$_2$PH 反应可引入 PCy$_2$ 基团，之后再与 NEt$_3$ 反应可得 PNC 型氮杂咪唑盐 **5-L$_{12}$**(图 5-20)[19,20]。如果想在吡啶和咪唑盐中间加一个碳原子，合成配体 **5-L$_{13}$**，也可由相应的氯甲基吡啶衍生物与膦盐反应制备(图 5-21)[21]。

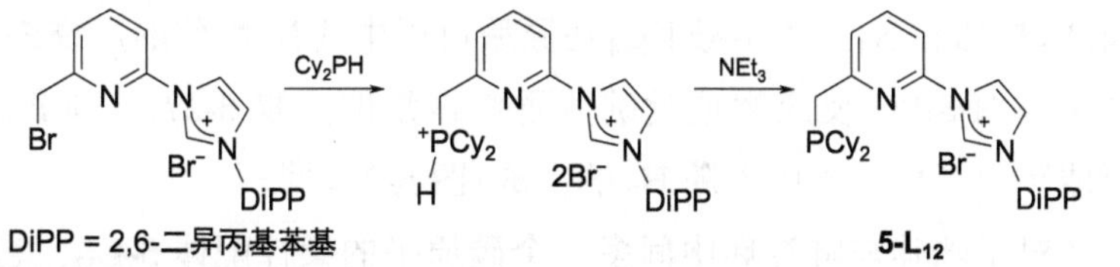

DiPP = 2,6-二异丙基苯基

图 5-20　配体 **5-L$_{12}$** 的合成

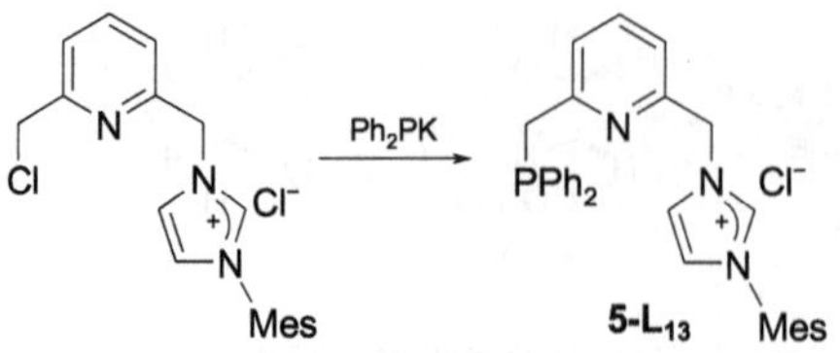

图 5-21 配体 **5-L₁₃** 的合成

(2) PNC 配体的应用

配体 **5-L₁₀** 与 [Rh(μ-Cl)(CO)₂]₂ 反应后,首先生成双齿 PN-Rh 化合物 **5-20**,在 NaOAc 存在下才能转化为环金属化产物 **5-21**[17]。类似地,**5-L₁₁** 与 NiBr₂(DME) 反应首先也生成双齿化合物 **5-22**,之后在 NEt₃ 存在的条件下才能转化为 Pincer 型化合物 **5-23**(图 5-22)[18]。

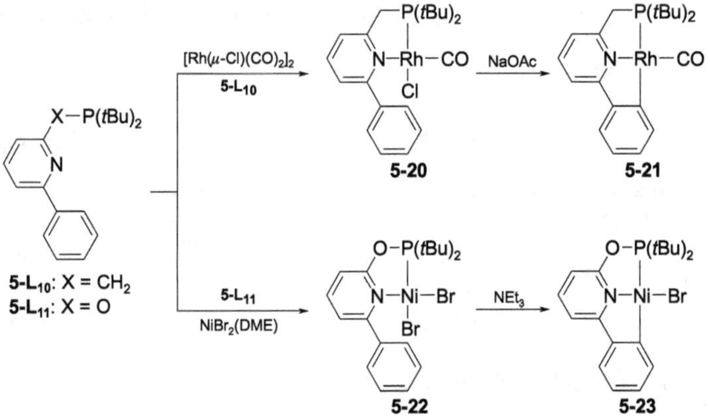

图 5-22 化合物 **5-20 ~ 5-23** 的合成

对于氮杂环卡宾类 PNC 三齿配合物 **5-25** 的合成,一种方法是先将 **5-L₁₂** 负离子化成金属 K 化合物 **5-24** 后,再与 CoBr₂(THF)₂ 反应;另一种方法是利用 **5-L₁₂** 直接与 Co[N(SiMe₃)]₂ 反应(图 5-23)[20]。化合物 **5-25** 中间吡啶发生了去芳香化,这种去芳香化性质在后面的 5.1.5 部分还会详细描述。**5-25** 在 N₂ 条件下被 KC₈ 还原后可以生成 N₂ 配位的产物 **5-26**[20]。**5-25** 也可与 H₂SiPh₂ 反应生成吡啶芳香性恢复的产物 **5-27**,Co(Ⅱ) 同样被还原成了 Co(Ⅰ),同时伴随 H₂ 的生成(图 5-23)[22]。

对于咪唑与吡啶环中间多一个碳原子的柔性配体 **5-L₁₃**,它与金属化合物反应时,三个配位原子既可能与金属处于同一平面,即生成 Pincer 型产物,也可能不处于同一平面。例如它与 Ir(acac)(cod) 反应时,生成

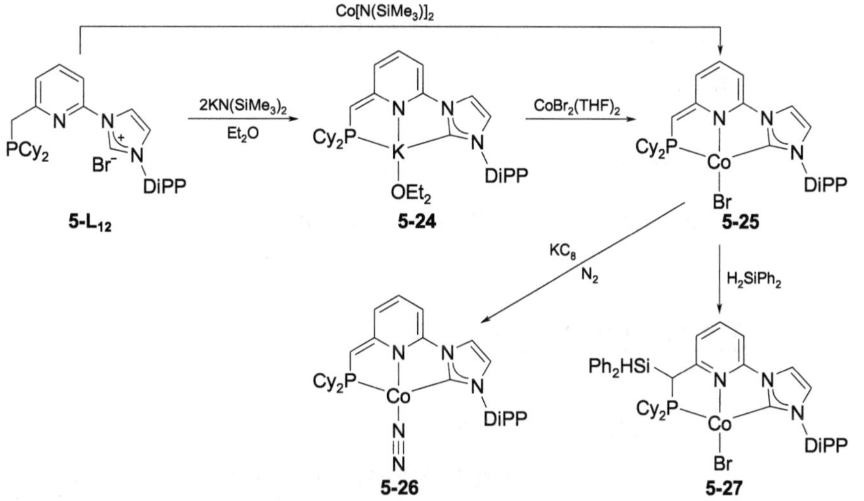

图 5-23 化合物 **5-25** 的合成及反应性

的产物 **5-28** 中 P、N 和 C 三个配位原子互为顺式。但是，当 **5-28** 继续与 H_2 反应后，得到的产物 **5-29** 则是 Pincer 型化合物。**5-28** 也可在 CO 作用下转化为 Pincer 型产物 **5-30**[21]。由于化合物 **5-30** 中与吡啶环直接相连的亚甲基具有酸性，因此在 tBuOK 存在时，它可以被负离子化，从而生成两个吡啶去芳香化的异构体 **5-31a** 和 **5-31b**（图 5-24）[23]。化合物 **5-31a** 和 **5-31b** 还可催化 CO_2 的硼氢化反应：在 1%（摩尔分数）的 **5-31a** 和 **5-31b** 混合物存在时，2atm 的 CO_2 可以和 HBcat（儿茶酚硼烷）反应生成 CH_3OBcat 和 catBOBcat；将催化剂的量降到 0.2%（摩尔分数）时，1atm 的 CO_2 即可和 HBpin（片呐醇硼烷）反应生成 HCO_2Bpin（图 5-25）[23]。

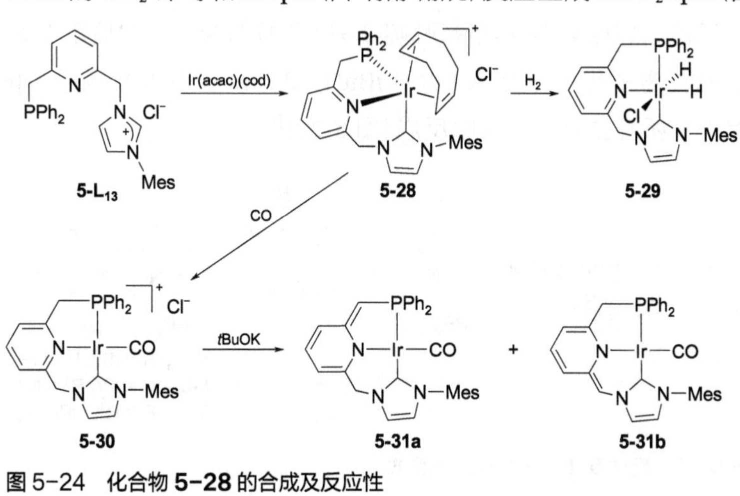

图 5-24 化合物 **5-28** 的合成及反应性

5 含膦三齿配体

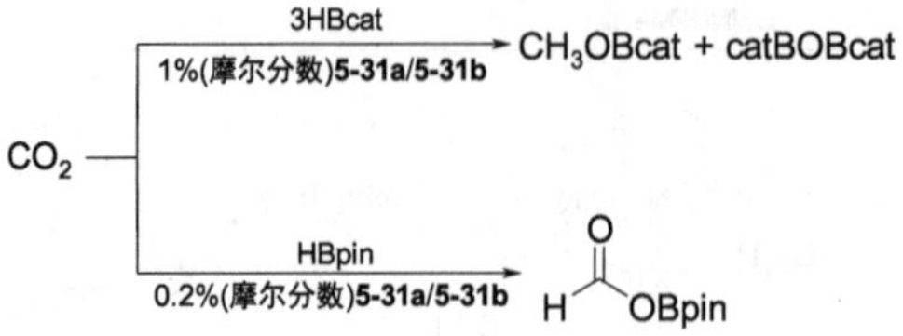

图 5-25　化合物 **5-31a/5-31b** 催化 CO_2 的硼氢化反应

5.1.5　PNN 配体

（1）PNN 配体的合成

以 6-甲基-2,2′-联吡啶为原料，可以有两种方法合成配体 **5-L$_{14}$**：一种是先将 6-甲基-2,2′-联吡啶转化成 6-氯甲基-2,2′-联吡啶，再与 (tBu)$_2$PH 反应；另一种是直接将 6-甲基-2,2′-联吡啶负离子化后与 (tBu)$_2$PCl 反应（图 5-26）[24]。

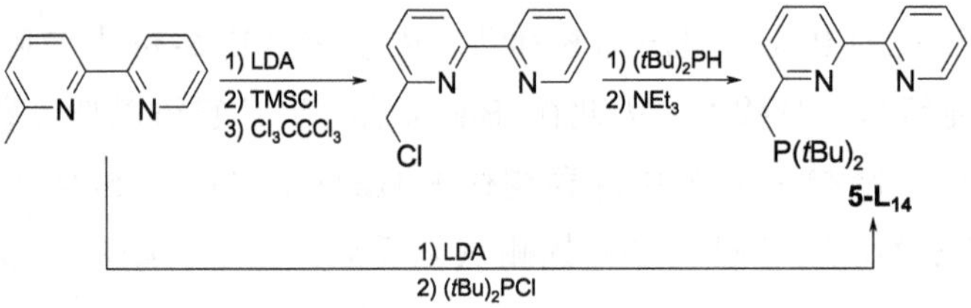

图 5-26　配体 **5-L$_{14}$** 的合成

对于席夫碱类型配体 **5-L$_{15}$** ～ **5-L$_{17}$**，它们可以由以下方式制备：首先利用乙二醇保护 1-(6-甲基吡啶-2-基)乙酮的羰基，然后用 LDA 将产物的甲基负离子化后与 PR$_2$Cl(R = tBu 或 iPr) 反应引入 P 基团，再用 HCl 将保护基团脱去后与芳香胺反应（图 5-27）[25]。

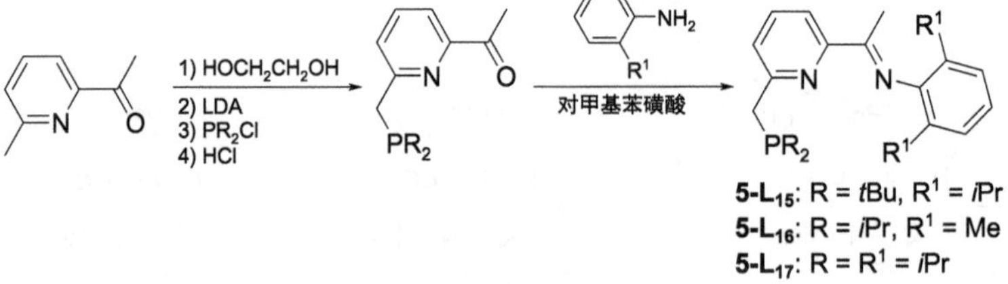

5-L$_{15}$: R = tBu, R^1 = iPr
5-L$_{16}$: R = iPr, R^1 = Me
5-L$_{17}$: R = R^1 = iPr

图 5-27　配体 **5-L$_{15}$** ～ **5-L$_{17}$** 的合成

对于类似的 P^ONN 配体 **5-L₁₈**，则是首先利用酮羰基与芳香胺反应引入 C＝N 基团，再将吡啶酮负离子化后与 (iPr)₂PCl 反应引入 P 基团（图 5-28）[26]。

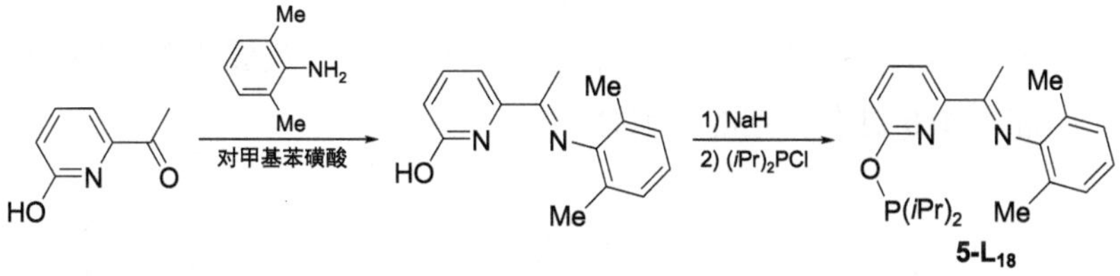

图 5-28 配体 **5-L₁₈** 的合成

配体 **5-L₁₉** 和 **5-L₂₀** 可由 2,6-二氯甲基吡啶出发，首先与 (tBu)₂P(BH₃)Li 反应将 P 基团引入，然后再与 RNH₂(R = tBu 或苄基)反应将 NHR 基团引入（图 5-29）[27]。

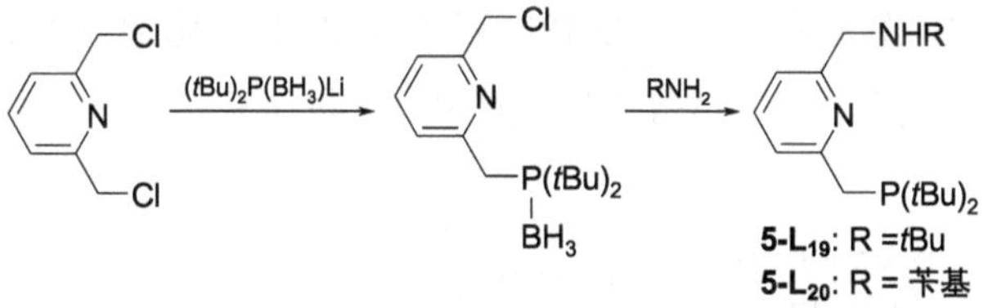

图 5-29 配体 **5-L₁₉** 和 **5-L₂₀** 的合成

对于 NH 基团位于中间的 PNN 配体 **5-L₂₁** 和 **5-L₂₂**，它们可通过一锅法首先由相应的醛直接与含 P 基团的伯胺反应制备席夫碱类中间体，然后再用还原剂 NaHBH₃ 或 (iPr)₂AlH 将 C＝N 还原制备（图 5-30）[28,29]。

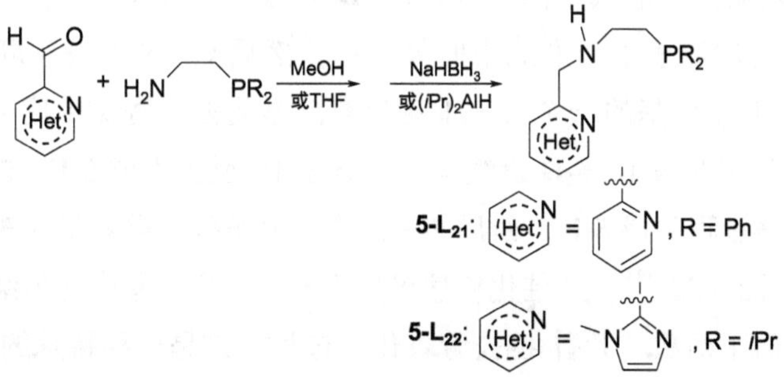

图 5-30 配体 **5-L₂₁** 和 **5-L₂₂** 的合成

（2）PNN 配体的应用

2010 年，Milstein 利用配体 **5-L$_{14}$** 与 RuHCl(PPh$_3$)$_3$(CO) 反应，制备了八面体构型化合物 **5-32**。**5-32** 可继续与 tBuOK 反应，经历中间吡啶环的去芳香化后，生成四方锥构型产物 **5-33**（图 5-31）[24]。去芳香化配体 **5-33** 的结构与图 5-23 中的化合物 **5-25** 和 **5-26**，及图 5-24 中的化合物 **5-31a** 和 **5-31b** 具有一定的相似性。

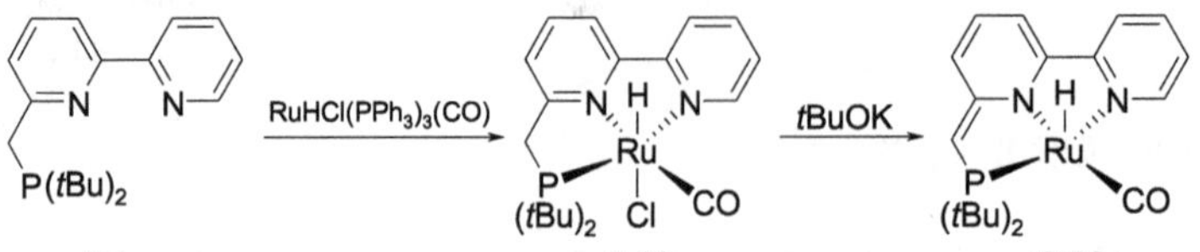

图 5-31　化合物 **5-32** 和 **5-33** 的合成

该课题组还研究了化合物 **5-33** 在催化酰胺氢化反应中的应用，发现在 110℃的 THF 溶液中，只需要 1%（摩尔分数）的催化剂即可高产率地催化一系列酰胺的氢化反应制备相应的醇和胺（图 5-32）[24]。

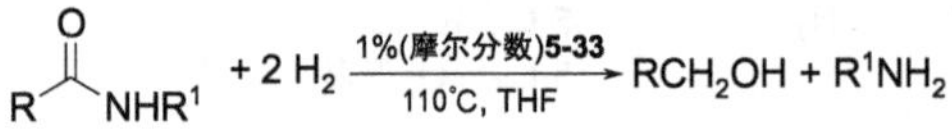

图 5-32　化合物 **5-33** 催化酰胺的氢化反应

他们对于该反应提出了可能的机理：首先，去芳香化的催化剂 **5-33** 与 H$_2$ 反应生成芳香性恢复的中间体 **5-A**，与这个过程类似的反应曾经在 2006 年被 Milstein 等人报道过[30]；酰胺继续与 **5-A** 反应，取代右边的吡啶环与 Ru 配位，形成中间体 **5-B**；**5-B** 中的一个与 Ru 相连的 H 原子转移到羰基的碳原子上，形成中间体 **5-C**；然后 C—N 键发生断裂，同时 PNN 配体中亚甲基的一个 C—H 键断裂，形成去芳香化中间体 **5-D**，同时生成一分子 R^{1}NH$_2$；**5-D** 继续与另一分子 H$_2$ 反应生成 **5-E**；**5-E** 发生分子内氢转移过程生成 **5-F**；最后 **5-F** 消去一分子醇，重新变成 **5-33**，整个循环结束（图 5-33）[24]。从催化机理可以看出，反应过程中配体结构会发生变化，经历了两次"芳香化-去芳香化"过程，这是一种特殊的"金属-配体"协同作用。这种协同作用对于催化剂的活性具有至关重要的影响，很多具有这种性质的催化剂已经应用于多类与氢气相关的反应中[31-33]。

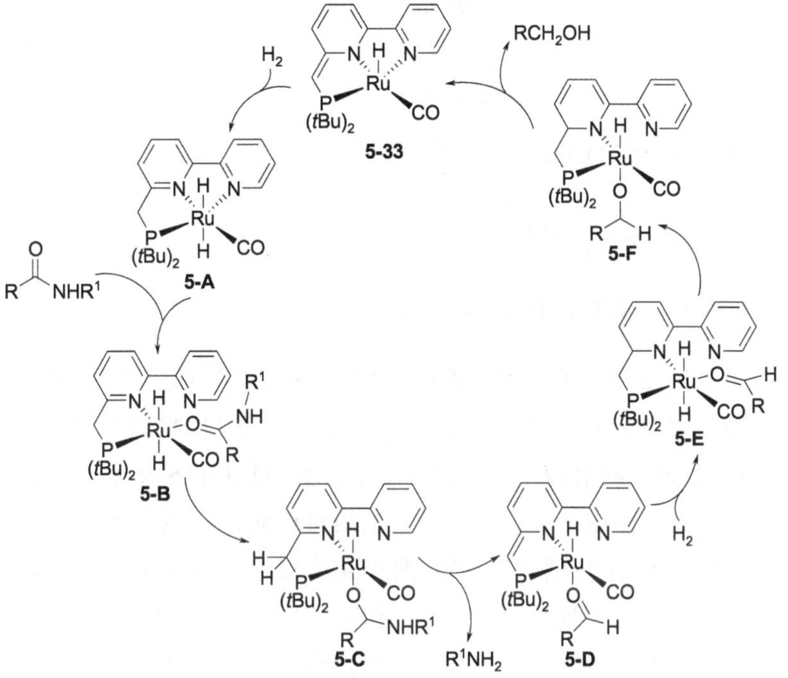

图5-33 化合物 5-33 催化酰胺氢化的反应机理

化合物 **5-33** 及 **5-32** 均为多功能催化剂,除了用来催化酰胺的氢化反应外,它们还被用于催化其他多种与氢气相关的反应,例如有机碳酸酯的氢化制备甲醇[34]、氨基甲酸酯的氢化制备甲醇和伯胺[34]、甲酸酯的氢化制备甲醇[34]、脲素衍生物的氢化制备甲醇和胺[35]、腈的氢化制备亚胺[36]、醇在碱性条件下的脱氢制备羧酸[37]、甲醇与碱的反应制备碳酸盐和氢气[38]、乙二胺和乙醇的去氢反应制备多种偶联产物及氢气等[39]。这些反应均经历了配体的"芳香化-去芳香化"过程,即存在"金属-配体"协同作用。

2013年,黄正团队利用配体 **5-L$_{14}$** 与 FeCl$_2$ 反应,制备了化合物 **5-34**(图 5-34),并发现它可高效地催化烯烃的硼氢化反应:在 25℃ 的 THF 溶液中,在 1%(摩尔分数)催化剂 **5-34** 和 3%(摩尔分数)的 NaBHEt$_3$ 存在下,一系列烯烃和片呐醇硼烷可发生反应生成反马氏加成产物(图 5-35)[40]。

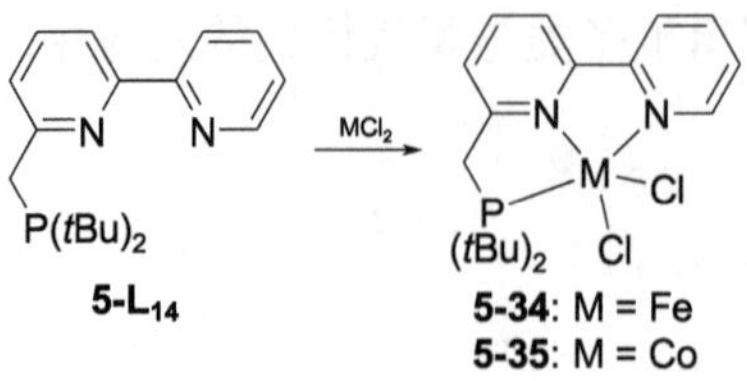

图 5-34　化合物 **5-34** 和 **5-35** 的合成

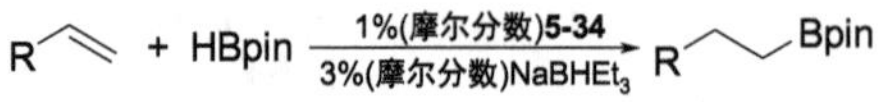

图 5-35　化合物 **5-34** 催化烯烃的硼氢化反应

2015 年，黄正团队还利用配体 **5-L$_{14}$** 与 CoCl$_2$ 反应合成了化合物 **5-35**（图 5-34），并研究了它催化芳基乙烯与双（片呐醇合）二硼的反应：在 25 ℃ 的己烷溶液中，在 2%（摩尔分数）催化剂 **5-35** 和 4%（摩尔分数）的 NaBHEt$_3$ 存在下，一系列芳基乙烯可和双（片呐醇合）二硼反应高选择性地生成 1,1,1-三硼基化合物（图 5-36）[41]。机理研究表明，反应首先经历了烯烃的双去氢硼化形成 1,1-二硼基烯烃，然后再发生硼氢化反应形成最终的产物。2017 年，他们又发现如果将溶剂换为 DMF，并加入不同当量的 CsF，产物还可调控为单硼基烯烃或双硼基烯烃[42]。

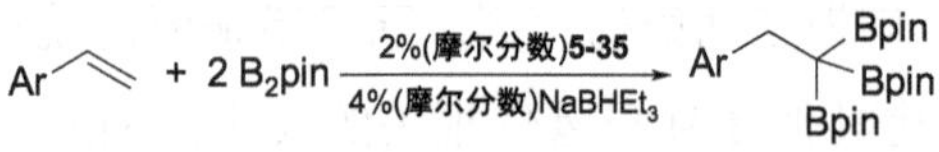

图 5-36　化合物 **5-35** 催化芳基乙烯与双（片呐醇合）二硼的反应

黄正团队还利用配体 **5-L$_{15}$** ~ **5-L$_{17}$** 与 FeCl$_2$ 或 CoCl$_2$ 反应，制备了配合物 **5-36** ~ **5-38**（图 5-37）[25,43]。在室温的 THF 溶液中，0.5%（摩尔分数）的化合物 **5-36** 和 1%（摩尔分数）的 NaBHEt$_3$ 可高效、高选择性地催化端烯与 PhSiH$_3$ 的反应，生成反马氏加成产物[25]；在 60 ℃ 的 THF 中，不需要活化剂 NaBHEt$_3$，0.5%（摩尔分数）的 **5-37** 即可催化端烯与 PhSiH$_3$ 的反应，但是得到的硅烷为马氏加成产物[25]；室温时，1%（摩尔分数）的化合物 **5-38** 与 2%（摩尔分数）的 NaBHEt$_3$ 共同作用，在无溶剂条件下即可催化端炔与 Ph$_2$SiH$_2$ 的反式加成反应，得到一系列 (Z)-β-烯烃[43]；如果换成内炔，**5-38** 同样可以催化其与 Ph$_2$SiH$_2$ 的反应，但是反应过程变为顺式加成（图 5-38）[43]。

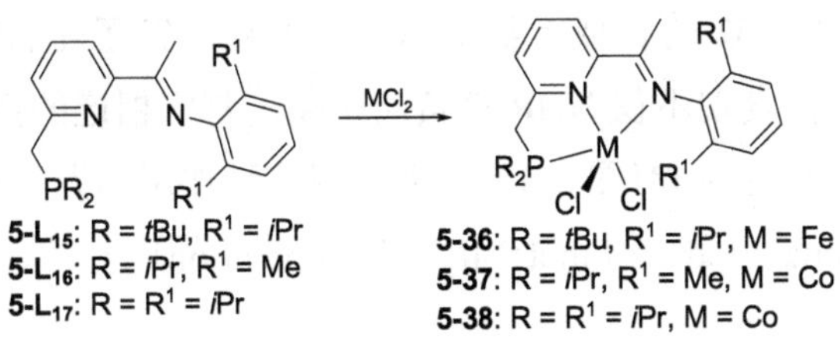

5-L₁₅: R = tBu, R¹ = iPr
5-L₁₆: R = iPr, R¹ = Me
5-L₁₇: R = R¹ = iPr

5-36: R = tBu, R¹ = iPr, M = Fe
5-37: R = iPr, R¹ = Me, M = Co
5-38: R = R¹ = iPr, M = Co

图 5-37　化合物 **5-36** ~ **5-38** 的合成

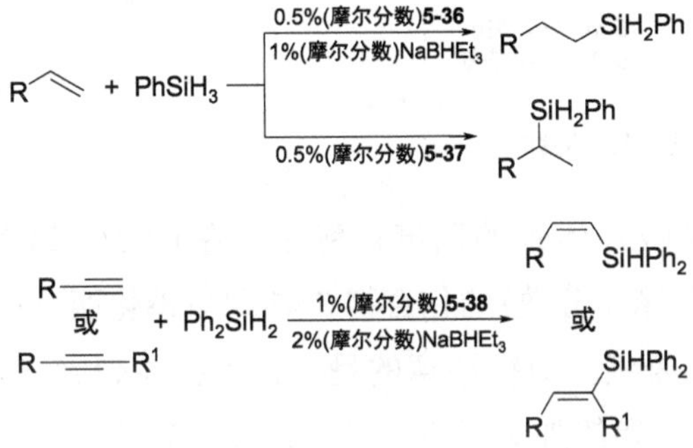

图 5-38　化合物 **5-36** ~ **5-38** 催化烯烃和炔烃的硅氢化反应

黄正团队还利用配体 **5-L₁₈** 与 $FeBr_2$ 反应合成了化合物 **5-39**（图 5-39），并发现对于含酮羰基的烯烃，**5-39** 可以选择性地催化双键的硅氢化反应，而这种选择性的控制是非常具有挑战性的（图 5-40）[26]。

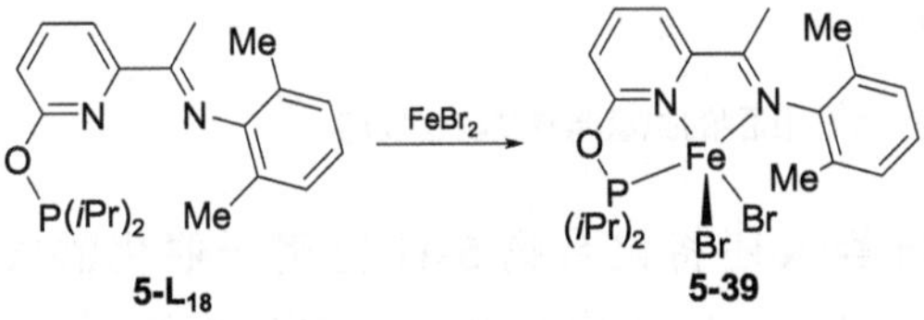

图 5-39　化合物 **5-39** 的合成

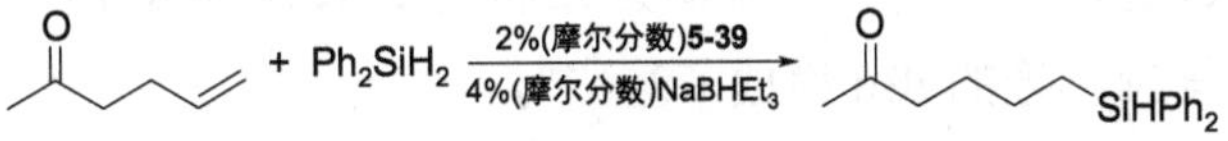

图 5-40　化合物 **5-39** 催化 5-己烯-2-酮的选择性硅氢化反应

2014 年，Milstein 等人利用端基位置为 NHR 基团的 PNN 配体 **5-L₁₉** 和 **5-L₂₀** 与 $RuHCl(PPh_3)_3(CO)$ 反应，制备了两个化合物 **5-40** 与 **5-41**，这

与图 5-31 中化合物 **5-32** 的合成方法类似。他们还研究了化合物 **5-40** 与两分子 KH 的反应，发现不仅 NHR 被负离子化，与它相连的亚甲基也被负离子化，生成了产物 **5-42**（图 5-41）。他们将这种作用称为"双重金属-配体协同作用"（dual modes of metal-ligand cooperation）[27]。

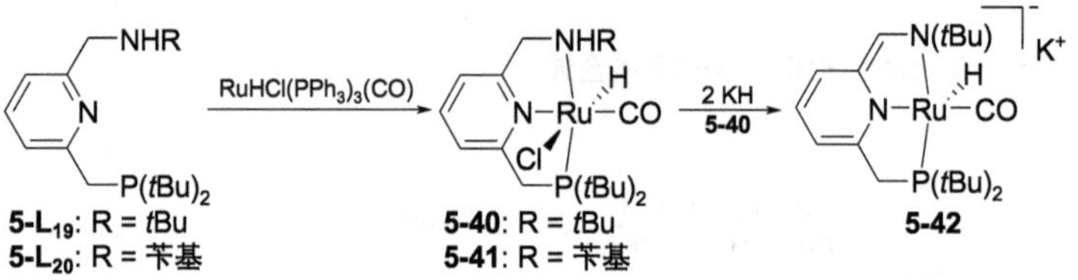

图 5-41　化合物 **5-40**～**5-42** 的合成

该团队还发现在敞开体系的回流乙醚中，在 0.22%（摩尔分数）的 tBuOK 存在时，0.1%（摩尔分数）的化合物 **5-41** 可以催化两分子醇发生脱氢偶联反应制备酯和氢气。值得注意的是，化合物 **5-40** 或 **5-41** 还可催化该反应的逆反应，即酯的加氢反应制备醇，反应条件为 5atm 的氢气、0.5%（摩尔分数）的催化剂、1.1%（摩尔分数）的 tBuOK 和室温的 THF 溶液（图 5-42）[27]。

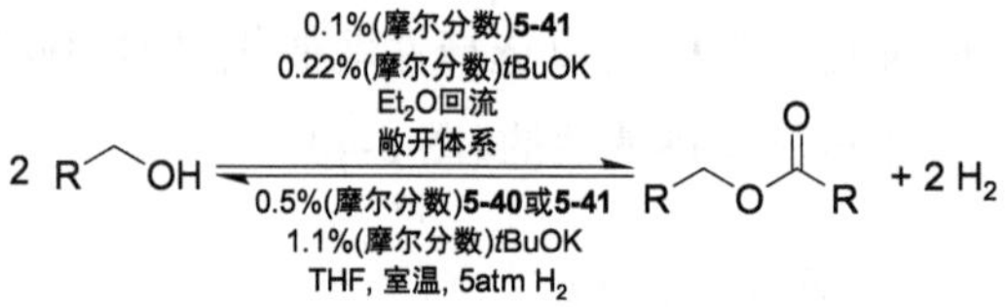

图 5-42　化合物 **5-40/5-41** 催化醇的脱氢偶联及其逆反应

2020 年，Milstein 等人还将化合物 **5-41** 应用于催化酰胺的氢化反应，发现在 0.5%（摩尔分数）的催化剂和 2%（摩尔分数）的 tBuOK 存在时，10atm 的 H_2 在室温条件下即可与多种酰胺反应生成醇与胺（图 5-43）。机理研究表明，其中一个中间体为结构与 **5-42** 类似的离子型化合物（将 **5-42** 中与 N 相连的 tBu 换成苄基）[44]。

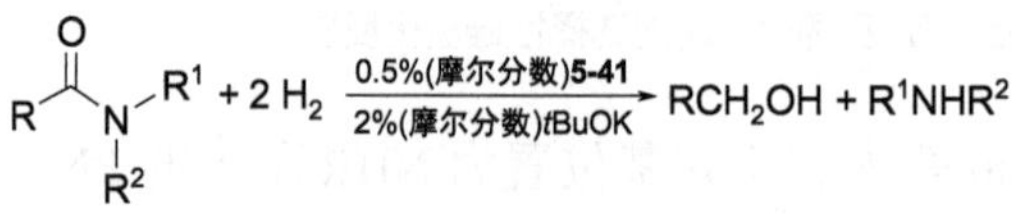

图 5-43　化合物 **5-41** 催化酰胺的加氢反应制备醇和胺

由于 NH 基团的酸性，将 NH 置于中间的 PNN 配体 **5-L$_{21}$** 和 **5-L$_{22}$** 与金属配位后形成的配合物在碱性条件下可发生 N—H 断裂，即配体在催化过程中会发生构型变化，因此也具有“金属-配体”协同作用[31-33]。例如 **5-L$_{21}$** 与 $RuCl_2(PPh_3)_3$ 反应后的 Pincer 型产物 **5-43** 也可催化乙醇的去氢偶联反应制备乙酸乙酯，而催化过程也经历了“金属-配体”协同作用，即生成了 N—H 键断裂的中间体(图 5-44)[45]。

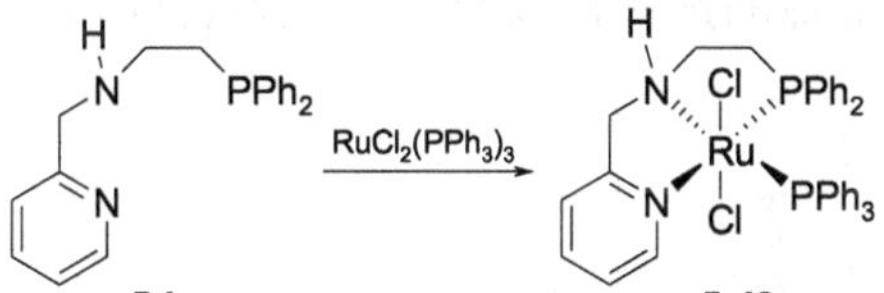

5-L$_{21}$　　**5-43**

图 5-44　化合物 **5-43** 的合成

2018 年，Rueping 等人将 **5-L$_{21}$** 与 $Mn(CO)_5Br$ 反应，制备了化合物 **5-44**。值得注意的是，化合物 **5-44** 并不是 Pincer 型化合物。由于配体的相对柔性，产物为面式构型，即 PNN 三个配位点互为顺式(图 5-45)[28]。他们还发现在 50 atm 的 H_2 压力和 140 ℃的 1,4-二氧六环溶剂中，1%(摩尔分数)的化合物 **5-44** 结合 2.5%(摩尔分数)的 *t*BuOK 可高效地催化碳酸酯的氢化反应，生成一系列二醇及甲醇(图 5-46)[28]。他们认为化合物 **5-45** 为催化中间体之一，但遗憾的是，**5-45** 并没有被分离鉴定。直到一年之后，刘强课题组才成功提纯了该化合物并得到了它的单晶。晶体结构表明 **5-45** 与 **5-44** 的面式结构不一样，它为 Pincer 型化合物[46]。该结果证明了催化过程中存在“金属-配体”协同作用。

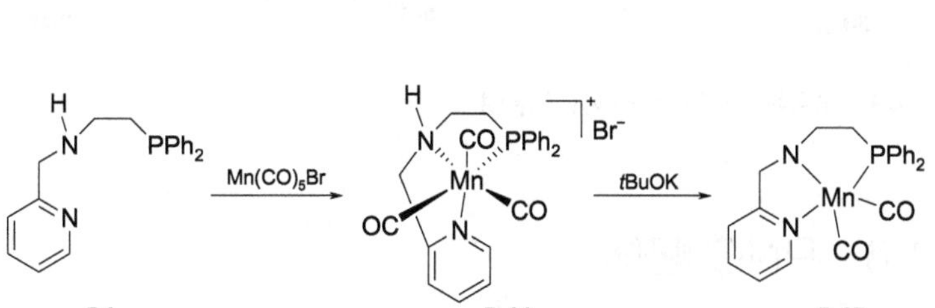

5-L$_{21}$　　**5-44**　　**5-45**

图 5-45　化合物 **5-44** 和 **5-45** 的合成

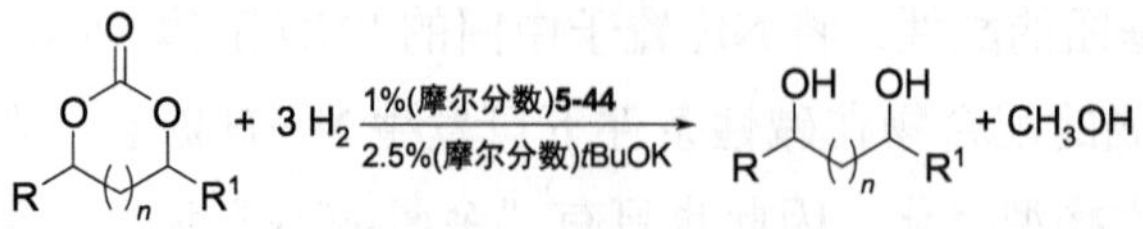

图 5-46 化合物 **5-44** 催化碳酸酯的氢化反应

刘强等人还研究了配体 **5-L₂₁** 与 CoCl₂ 的反应性，制备了化合物 **5-46**（图 5-47）[47]。他们还发现化合物 **5-46** 不仅可以催化炔烃的选择性氢化制备反式烯烃[47]，还可催化端烯的选择性双键异构化制备内烯[48]。

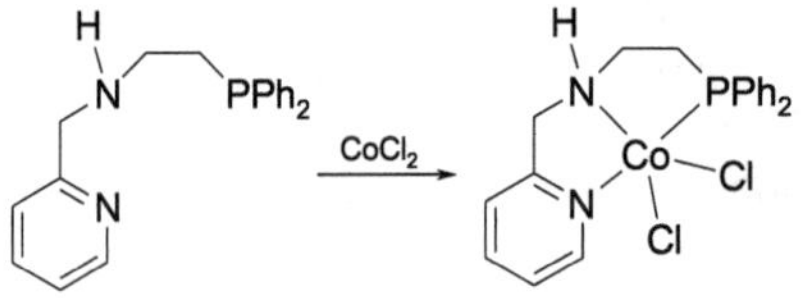

图 5-47 化合物 **5-46** 的合成

Beller 和刘强课题组还研究了类似配体 **5-L₂₂** 与 Mn(CO)₅Br 的反应性，得到了产物 **5-47**，它继续与 tBuOK 反应可得到化合物 **5-48**（图 5-48）[29,46]，该反应性与图 5-45 的反应类似。Beller 课题组发现它们可催化酰胺的氢化制备醇和胺[29]；刘强等人发现它们可以催化喹啉及其衍生物的氢化制备相应的 1,2,3,4-四氢喹啉[46]。

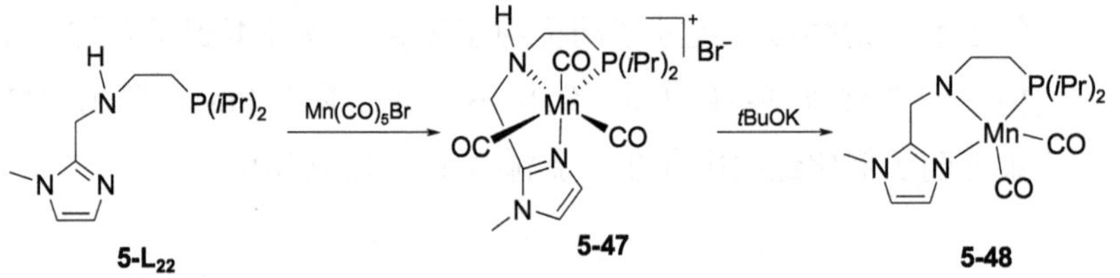

图 5-48 化合物 **5-47** 和 **5-48** 的合成

5.1.6 PNO 配体

(1) PNO 配体的合成

配体 **5-L₂₃** 可由 2-甲基-8-羟基喹啉出发，先与 (tBu)SiClMe₂ 在咪唑和 4-二甲氨基吡啶(DMAP)存在下反应，将羟基保护起来，然后用 LDA

将 2-位甲基负离子化后与 ClPPh$_2$ 反应，将 PPh$_2$ 基团引入，最后用 Bu$_4$NF 断裂 Si—O 键制备（图 5-49）[49]。

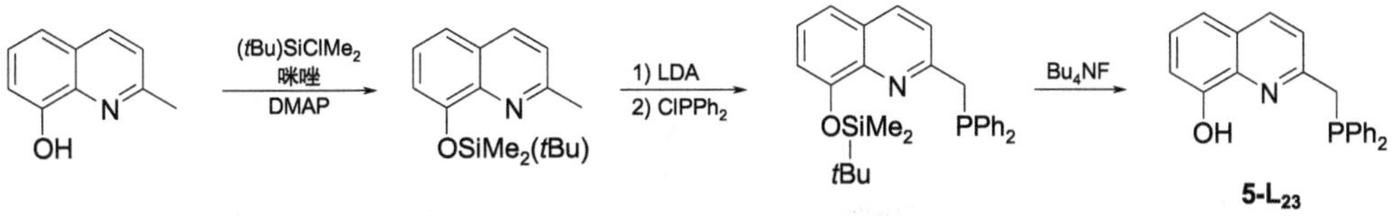

图 5-49 配体 **5-L$_{23}$** 的合成

配体 **5-L$_{24}$** 可由类似方法制备，但是由于配体不存在羟基，因此不需要羟基保护和脱保护这两个步骤（图 5-50）[50]。

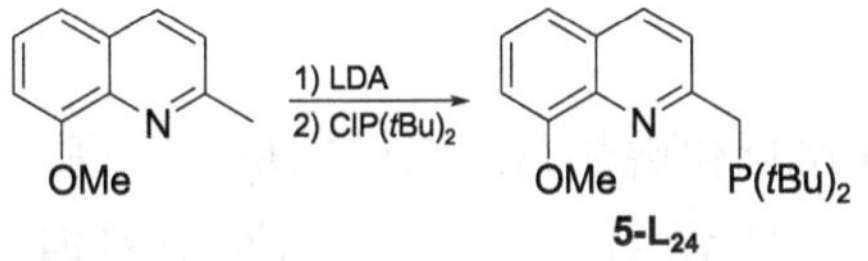

图 5-50 配体 **5-L$_{24}$** 的合成

(2) PNO 配体的应用

1995 年，Grotjahn 等人研究了 **5-L$_{23}$** 与 [Ir(cod)$_2$(μ-Cl)]$_2$ 的反应性，发现生成了三个 Pincer 型 PNO-Ir 化合物 **5-49** ~ **5-51**，它们互为异构体（图 5-51）[49]。每个化合物的 Ir 中心都和两个 **5-L$_{23}$** 配位：其中一个配体配位形式为 PNO 三齿配位，另一个配体为单齿 P 配位。对于三齿配位形式的配体，其 O 原子上不含 H，即反应过程中发生了 O—H 键断裂。

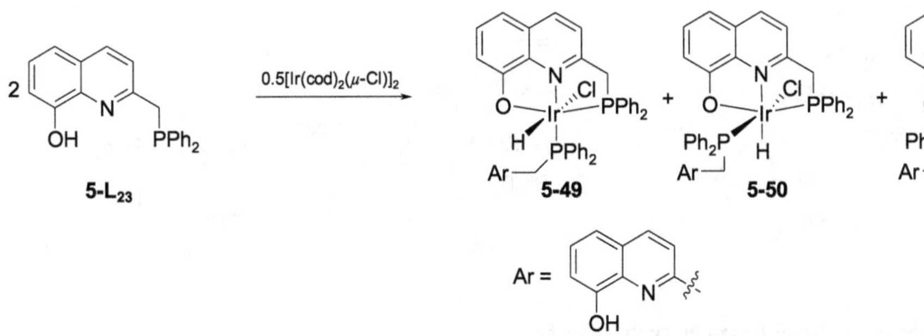

图 5-51 化合物 **5-49** ~ **5-51** 的合成

2016 年，Kakiuchi 等人利用同一个配体与 [Rh(OMe)(cod)]$_2$ 反应，制

备了双金属化合物 **5-52**。其中一个 Rh 原子也与两个 **5-L₂₃** 配体配位。**5-52** 可以继续与一系列双电子给体反应生成单核产物，例如当它与 CO 反应时，生成了化合物 **5-53**（图 5-52）[51]。

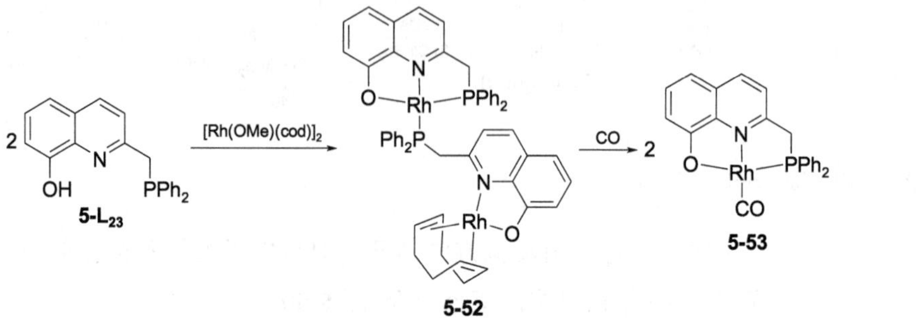

图 5-52　化合物 **5-52** 和 **5-53** 的合成

Kakiuchi 等人还发现化合物 **5-53** 可催化端炔与二级胺的反应，高选择性地生成了反马氏加成的反式烯烃（图 5-53）[51]。为了研究催化机理，他们尝试并成功捕捉了两类反应中间体 **5-54** 和 **5-55**：首先利用化合物 **5-52** 与多种炔烃反应，制备了一系列双核化合物 **5-54**；随后，他们继续研究了 **5-54** 与二级胺的反应，制备了多种单核 Pincer 型 PNO-Rh 卡宾化合物 **5-55**（图 5-54）[51]。

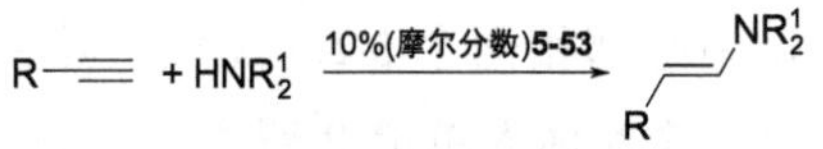

图 5-53　化合物 **5-53** 催化端炔和二级胺的反马氏加成反应

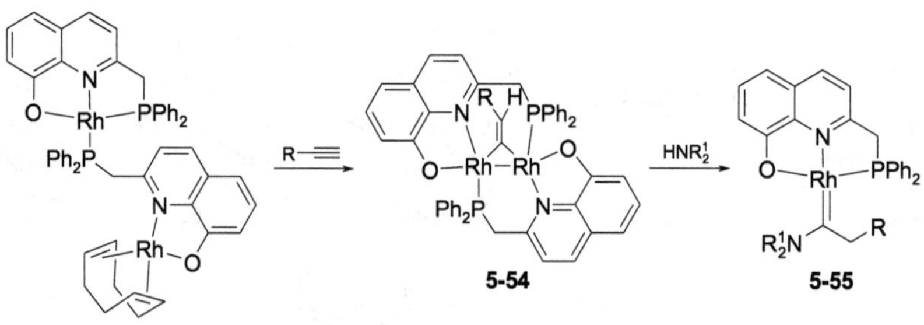

图 5-54　中间体 **5-54** 和 **5-55** 的合成

PNO 型配体中的 O 原子也可与金属以配位键的形式连接。Vigalok 利用配体 **5-L₂₄** 与 (TMEDA)Pd(4-FC₆H₄)I（TMEDA= 四甲基乙二胺）反应，首先制备了双齿化合物 **5-56**，该化合物中的 OMe 基团并没有与 Pd 配位。继续利用 AgBF$_4$ 离去金属 Pd 中心的 I 原子，产生一个空位后 OMe 基团才能与 Pd 配位形成三齿化合物 **5-57**。**5-56** 也可以与 NaOMe 反应形成喹啉去芳香化的三齿产物 **5-58**，在该反应中，NaOMe 使 **5-56** 失去一分子 HI，形成去芳香化喹啉的同时产生了一个空配位点（图 5-55）[50]。

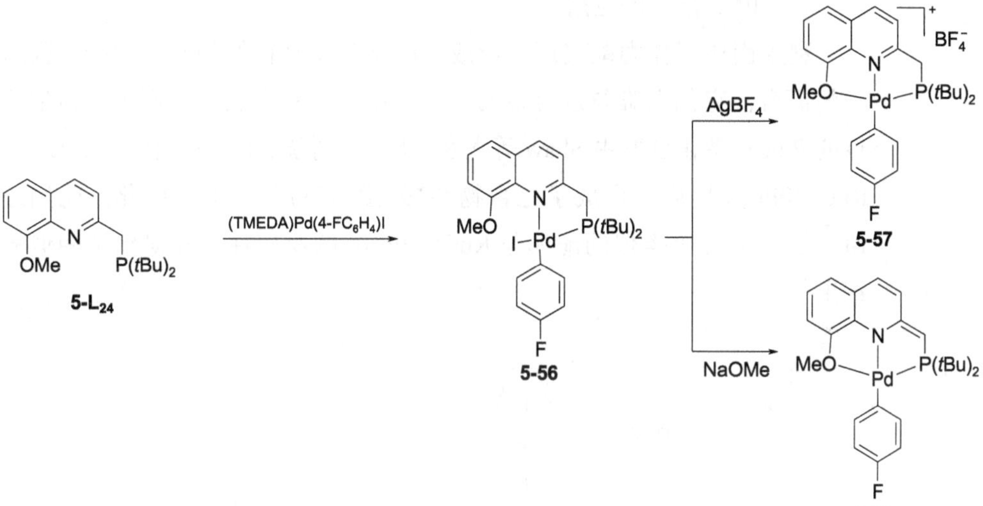

图 5-55　化合物 **5-56** ~ **5-58** 的合成

5.1.7　PNF 配体

（1）PNF 配体的合成

PNF 配体 **5-L$_{25}$** 是由 PN 配体与邻氟苯甲醛通过醛胺缩合反应制备的（图 5-56）[52,53]；另一个配体 **5-L$_{26}$** 则是通过 2-甲基-8-氟喹啉与 LDA 反应后再与 ClP(*t*Bu)$_2$ 反应制备的，这与 PNO 配体 **5-L$_{24}$** 的制备方法类似（图 5-57）[50]。

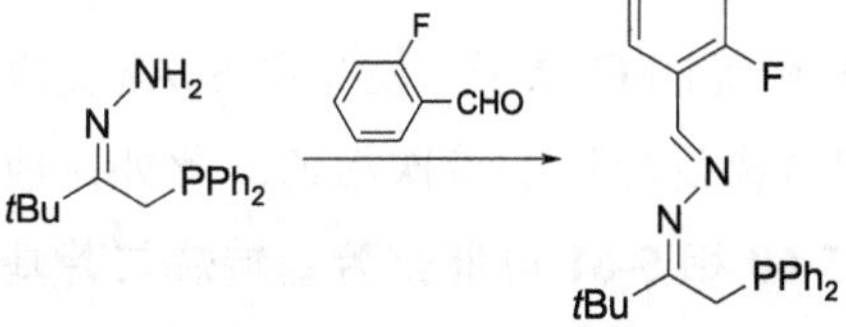

图 5-56　配体 **5-L$_{25}$** 的合成

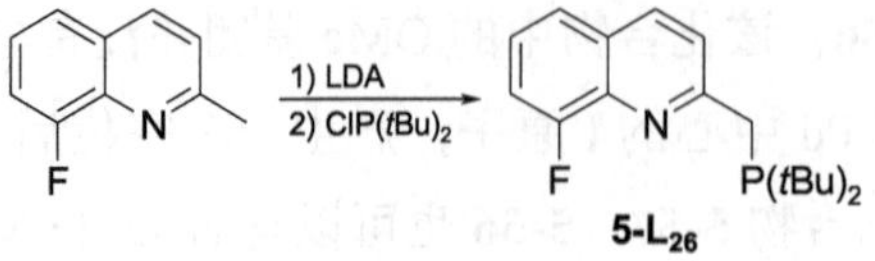

图 5-57　配体 **5-L$_{26}$** 的合成

(2) PNF 配体的应用

利用卤原子作为配位原子形成 Pincer 型化合物的例子非常少，因为一般而言，它们很难与过渡金属形成配位键。首个利用氟原子作为配位点的 Pincer 型化合物由 Shaw 等人在 1995 年制备，他们利用配体 **5-L$_{25}$** 与 RuCl$_2$(PPh$_3$)$_3$ 反应，合成了化合物 **5-59**（图 5-58）[52]。不仅如此，他们还研究了其他几个类似的配体与 RuCl$_2$(PPh$_3$)$_3$ 的反应性，并得到了相似的结果[52,53]。

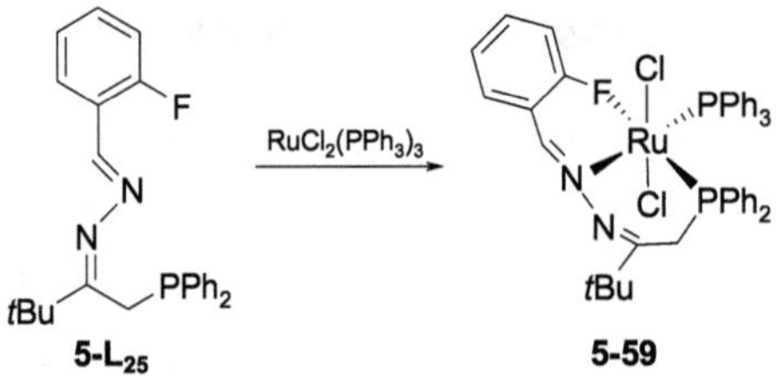

图 5-58　化合物 **5-59** 的合成

之后很长一段时间，一直没有新的 PNF 型 Pincer 化合物的报道。2012 年，Vigalok 团队利用配体 **5-L$_{26}$** 与 (TMEDA)Pd(4-FC$_6$H$_4$)I 反应，制备了双齿化合物 **5-60**，这与图 5-55 中制备化合物 **5-56** 的方法类似[50]。一年之后，他们又发现 tBuONa 可以与化合物 **5-60** 反应，使之失去一分子 HI 从而变成 PNF 型 Pincer 化合物 **5-61**，这与图 5-55 中化合物 **5-56** 向 **5-58** 的转变类似。有趣的是，如果用位阻更小、亲核性更强的碱，如 MeONa 或 EtONa，产物则变为 PNO 型化合物 **5-58** 或 **5-62**，这是因为它们不仅使 **5-60** 失去 HI，还进攻了与 F 相连的 C 原子，发生了 S$_N$Ar 反应（图 5-59）[54]。这是关于 PNF 型金属配合物反应性的首次报道。此外，他们还发现在 tBuONa 存在时，化合物 **5-60** 和 **5-61** 可催化芳基端炔与芳基卤代烃的 Sonogashira 偶联反应，生成一系列的二芳基内炔。催化过程经历了"芳香化-去芳香化"这种"金属-配体"协同作用，其中 **5-61** 可视

为 **5-60** 作为催化剂时的中间体[54]。

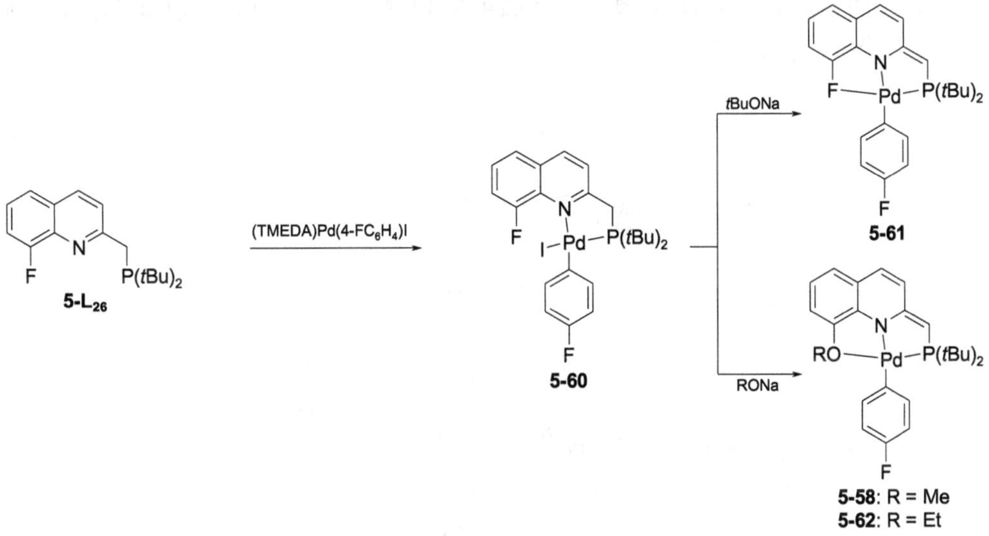

图 5-59　化合物 **5-60** 的合成及反应性

亲核试剂不仅可以与双齿化合物 **5-60** 发生 S_NAr 反应，也可与三齿化合物 **5-61** 反应。2014 年，Vigalok 等人发现在 THF 和苯的混合溶液中，室温条件下 **5-61** 即可与水反应生成 PNO-Pd 化合物 **5-63**；类似地，苯胺也可作为亲核试剂与 **5-61** 发生反应，生成 PNN-Pd 化合物 **5-64**；在对氟碘苯存在时，EtSH 也可与 **5-61** 反应生成 PNS-Pd 化合物 **5-65**(图 5-60)[55]。三个反应的产物中，喹啉环都恢复了芳香性。对于前两个反应，每个反应都发生了两次 X—H 键断裂(X=O 或 N)。对于第三个反应，一分子 EtSH 进攻 PNF 配体中与 F 相连的 C 原子，还有一分子进攻对氟碘苯中与 I 相连的 C 原子，形成了 HI 和对乙硫基氟苯。HI 参与了 EtSH 与 **5-61** 的反应，从而形成最终的产物 **5-65**。

5.1.8　PNS 配体

(1) PNS 配体的合成

PNS 配体 **5-L$_{27}$** 以图 5-29 中提到的吡啶 2-位含亚甲基氯的 PN 化合物为原料，首先与 tBuSNa 反应，再与 Et$_2$NH 反应制备(图 5-61)[56]。

PNS(O) 配体 **5-L$_{28}$** 则是通过 2-甲基-8-氟吡啶首先与 PhSH 反应将 SPh 基团引入后再被 H$_2$O$_2$ 氧化，之后再被 LDA 负离子化后，与 ClPPh$_2$ 反应制备（图 5-62）[57]。

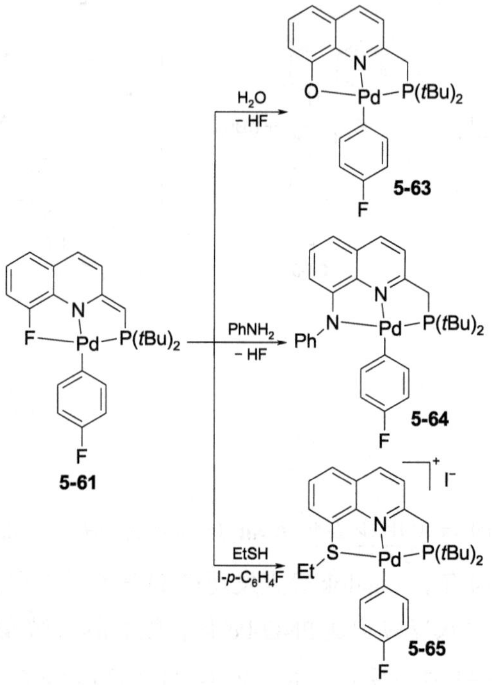

图 5-60　化合物 **5-61** 的芳香亲核取代反应

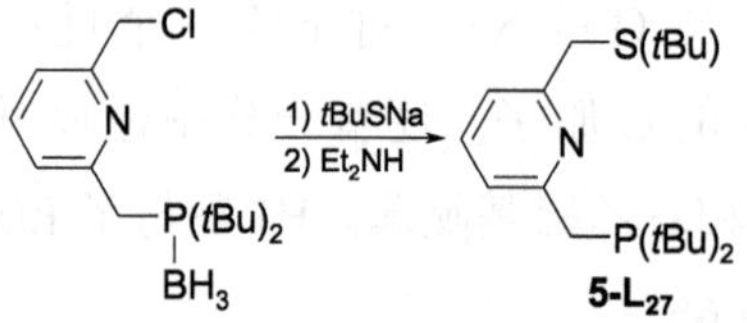

图 5-61　配体 **5-L$_{27}$** 的合成

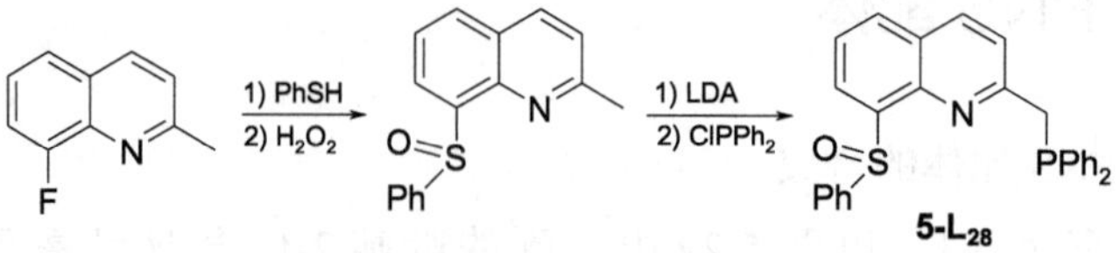

图 5-62　配体 **5-L$_{28}$** 的合成

(2) PNS 配体的应用

在 5.1.7 中介绍 PNF 配体的时候，已经涉及了一个 PNS 化合物 **5-65**，但它并不是通过 PNS 配体与金属化合物反应制备的，而是通过硫醇对 PNF-Pd 化合物的芳香亲核进攻得到的(图 5-60)。毫无疑问，通过 PNS 配体与适当的金属化合物反应也可以制备 PNS 型 Pincer 化合物。Milstein 课题组利用配体 **5-L$_{27}$** 与 $RuHCl(PPh_3)_3(CO)$ 反应，制备了 PNS-Ru 化合物 **5-66**。随后，他们也尝试了将 **5-66** 与碱反应，试图获得与图 5-31 中化合物 **5-33** 结构类似的去芳香化产物，但是意外的是，分离得到的产物为双核化合物 **5-67**。从 **5-67** 的结构可以看出，在制备过程中，配体中与 S 相连的 C 原子确实发生了 C—H 活化，因此推测中间体即为期望得到的单核去芳香化物质(图 5-63)[56]。此外，他们还尝试了将化合物 **5-66** 和 **5-67** 用以催化苄胺和 1-己醇的去氢偶联反应，遗憾的是反应生成了 *N*-苄基己酰胺和己酸己酯的混合物，且选择性较差[56]。

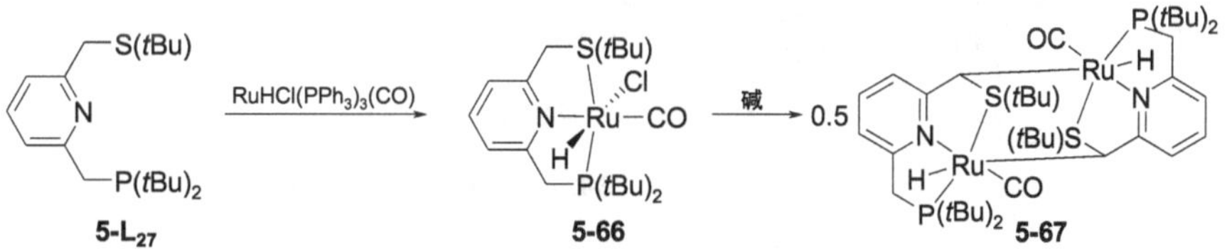

5-L$_{27}$ 5-66 5-67

图 5-63 化合物 **5-66** 的合成及反应性

张静等人利用 PNS(O) 配体 **5-L$_{28}$** 与 $RuHCl(PPh_3)_3(CO)$ 反应，制备了两个异构体 **5-68a** 和 **5-68b**(图 5-64)[57]，还发现它们均可催化苄醇与邻苯二胺的去氢缩合反应制备 2-苯基苯并咪唑。为了研究催化剂的普适性，他们利用 0.2%(摩尔分数)的 **5-68a** 和 2%(摩尔分数)的 $NaBPh_4$，在 165 ℃的均三甲苯溶液中反应 12h，得到了一系列的苯并咪唑衍生物(图 5-65)[57]。

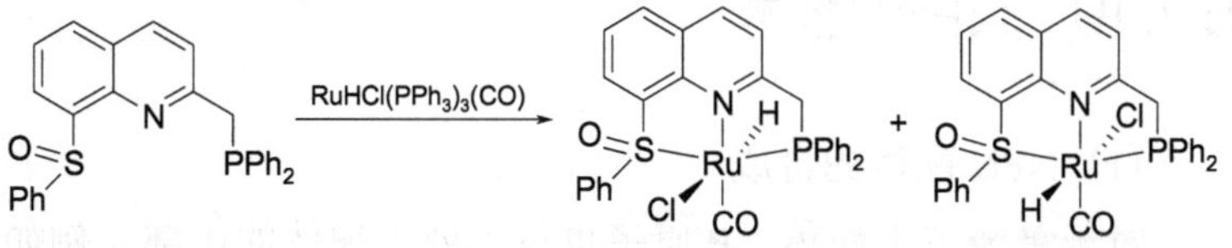

5-L$_{28}$ 5-68a 5-68b

图 5-64 化合物 **5-68a** 和 **5-68b** 的合成

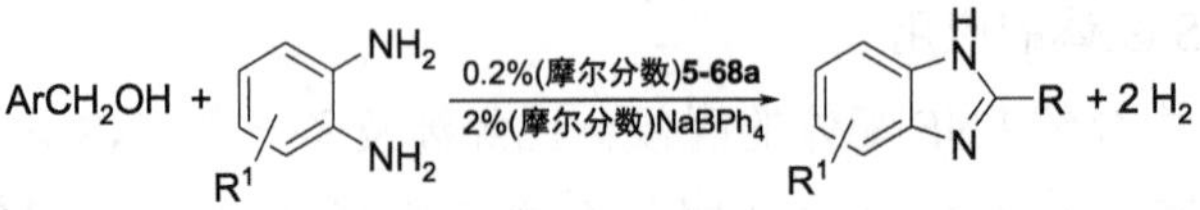

图 5-65 化合物 **5-68a** 催化苄醇与邻苯二胺衍生物的去氢缩合反应

5.1.9 PNSb 配体

（1）PNSb 配体的合成

侧链含 Sb 的三齿配体非常少。2018 年，Ozerov 课题组利用苯环上含溴原子的 PN 配体与 2 当量的 nBuLi 反应后再与 Ph$_2$SbCl 反应，最后酸化制备了 PNSb 配体 **5-L$_{29}$**（图 5-66）[58]。

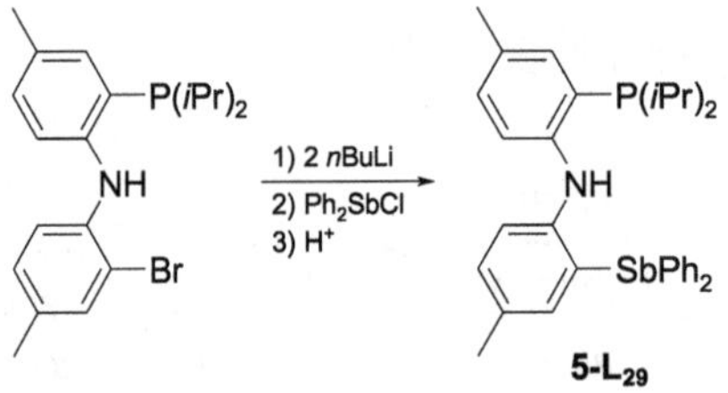

图 5-66 配体 **5-L$_{29}$** 的合成

（2）PNSb 配体的应用

Ozerov 团队利用配体 **5-L$_{29}$** 与多种金属化合物反应，得到了 PNSb 型 Pincer 化合物 **5-69**～**5-71**（图 5-67）。他们尝试用化合物 **5-71** 催化对甲基苯乙炔与片呐醇硼烷的去氢硼化反应，但是效果不太理想，生成了多种产物[58]。

5.1.10 NPN 配体

（1）NPN 配体的合成

对于单膦三齿配体，P 原子也可以处于配体的中部。例如配体 **5-L$_{30}$** 可用 2-甲基吡啶为原料，首先与 1 当量的 nBuLi 反应，再与 1 当量的三甲基氯硅烷（TMSCl）反应从而将三甲硅基引入吡啶侧链，之后再与 0.5 当量的 PhPCl$_2$ 反应制备[59]；配体 **5-L$_{31}$** 则可通过 6-甲基-2-羟基吡啶与 2 当量的 *n*BuLi 反应后，直接再与 0.5 当量的 PhPCl$_2$ 反应制备（图 5-68）[60]。

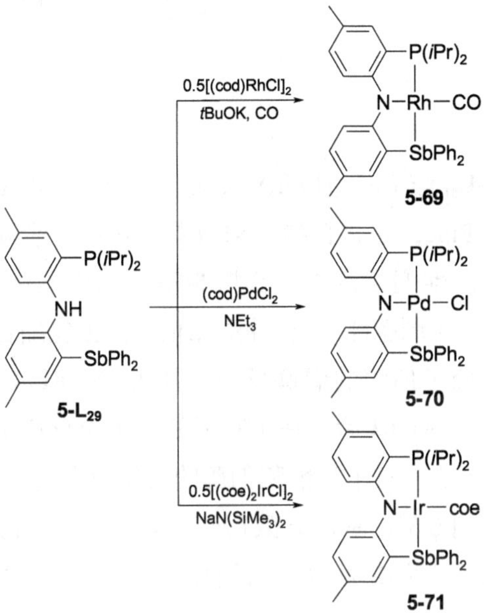

图 5-67　化合物 **5-69** ~ **5-71** 的合成

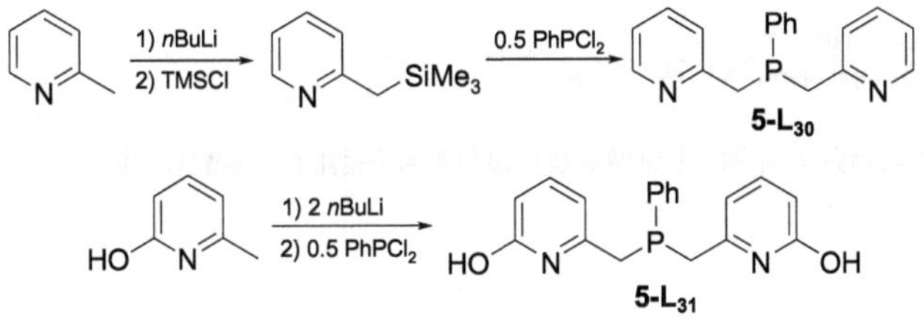

图 5-68　配体 **5-L$_{30}$** 和 **5-L$_{31}$** 的合成

(2) NPN 配体的应用

Braunstein 等人利用 **5-L$_{30}$** 与 NiCl$_2$ 反应，制备了 Pincer 化合物 **5-72**，并研究了它在 AlEt$_2$Cl 或 MAO（甲基铝氧烷）作为助催化剂存在时催化乙烯齐聚反应的效果：以相对于催化剂 10 当量的 AlEt$_2$Cl 作为助催化剂时，TOF 值最高可达 61800 molC$_2$H$_4$/molNi·h；以相对于催化剂 200 当量的 MAO 作为助催化剂时，TOF 值最高可达 12200 molC$_2$H$_4$/molNi·h（图 5-69）[59]。

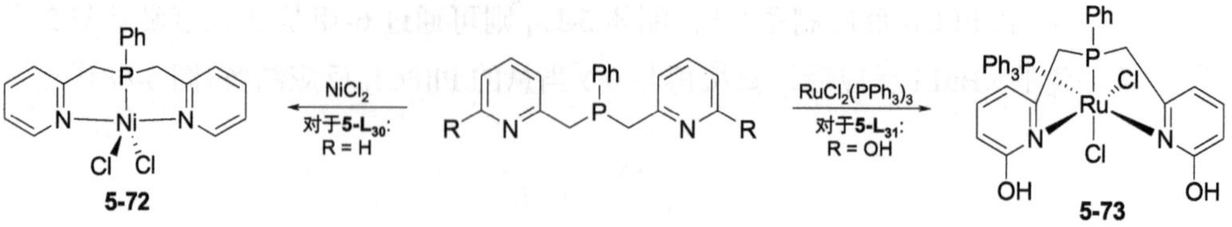

图 5-69　化合物 **5-72** 和 **5-73** 的合成

Achard 团队利用 **5-L$_{31}$** 与 RuCl$_2$(PPh$_3$)$_3$ 反应，制备了三齿化合物 **5-73**（图 5-69）[61]。**5-73** 并非 Pincer 型化合物，NPN 配体中的三个配位原子与金属并不处于同一平面。他们尝试将化合物 **5-73** 应用于催化两种反应：两分子伯醇的去氢偶联反应制备酯[61]；仲醇和伯醇的去氢缩合反应制备酮（图 5-70）[62]。对于两分子伯醇的偶联反应，加入 1%（摩尔分数）的催化剂和 10%（摩尔分数）的 NaOH 后，在 150 ℃的甲苯中反应 16h 即能高产率地获得一系列相应的酯；对于仲醇和伯醇的去氢缩合制备酮的反应，除了催化剂的量可以降到 0.5%（摩尔分数）外，其他催化条件几乎不变。这两个催化过程都利用了"金属-配体"协同作用：**5-73** 的羟基吡啶基团在碱的作用下可以发生去质子化形成吡啶酮结构。

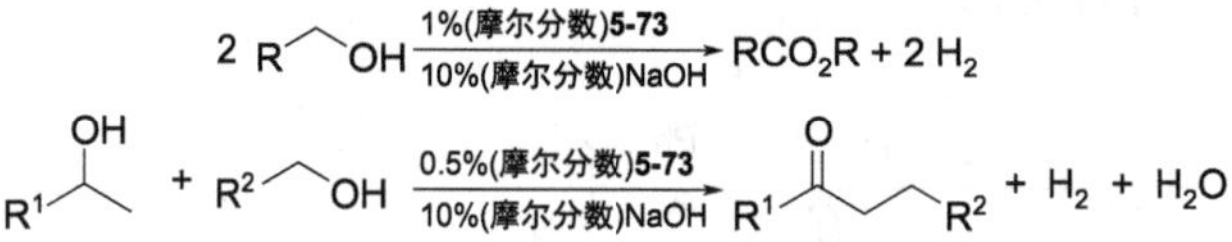

图 5-70　化合物 **5-73** 催化两分子伯醇的去氢偶联反应及仲醇和伯醇的去氢缩合反应

5.2
双膦三齿配体

与单膦三齿配体类似，双膦三齿配体同样种类繁多。与上一部分类似，这部分也将根据其他配位原子的不同来分类介绍一些典型的双膦三齿配体。

5.2.1 PBP 配体

（1）PBP 配体的合成

PBP 配体相对较少。第一例应用于金属化合物的三齿配体为 **5-L$_{32}$**，它是由 PNNP 化合物与 BH$_3$·SMe$_2$ 反应将 B 原子引入后，再利用 nPr$_2$NH 将 P—B 键断裂得到的（图 5-71）[63]。

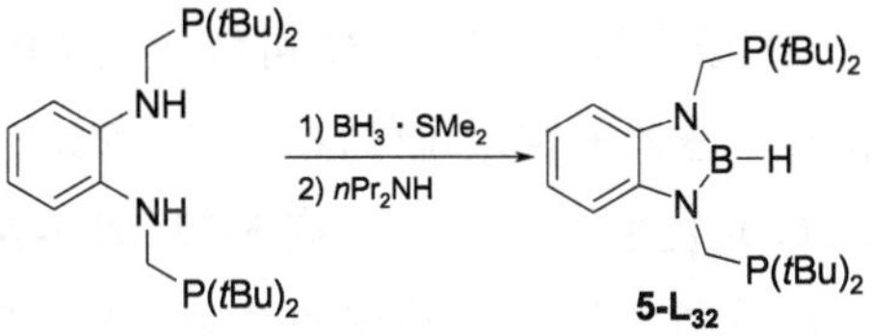

图 5-71　配体 **5-L$_{32}$** 的合成

配体 **5-L$_{33}$** 则由（2-溴苯基）二异丙基膦首先被 nBuLi 负离子化后再与 PhBCl$_2$ 反应制备（图 5-72）[64]。

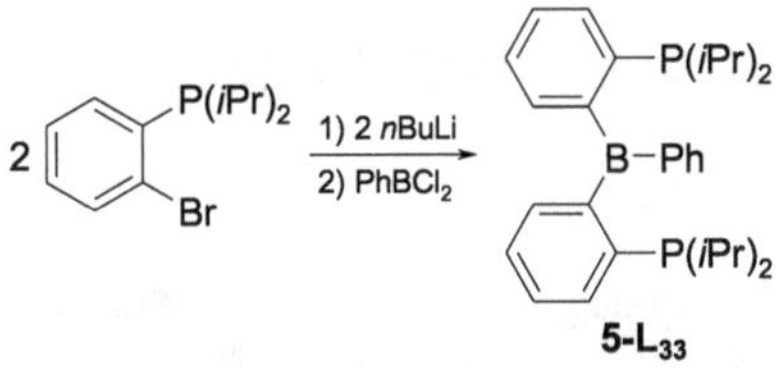

图 5-72　配体 **5-L$_{33}$** 的合成

（2）PBP 配体的应用

2009 年，Yamashita 和 Nozaki 等人首次将配位原子含 B 的三齿配体引入金属中心。他们将 **5-L$_{32}$** 与 [Ir(cod)Cl]$_2$ 反应，经过 B—H 活化后合成了化合物 **5-74**，并继续研究了它与 CO 的反应性，制备了 PBP-Ir 化合物 **5-75**（图 5-73）。他们还比较了 **5-75** 与一个类似的 PCP-Ir 化合物的晶体数据，发现化合物 **5-75** 的 Ir—Cl 键键长要更长，这表明 PBP 配体的 σ-给电子能力要强于 PCP-Ir 化合物中的 PCP 配体，也表明 B 配体比 C 配体具有更强的反位效应[63]。

2014 年，Peters 等人将配体 **5-L$_{32}$** 与 NiCl$_2$(DME) 反应，成功制备了 PBP-Ni 化合物 **5-76**。与 **5-75** 类似，**5-76** 中的 Ni—Cl 键也比很多中间配位原子为 C、N 或 Si 等 Pincer 型化合物的 Ni—Cl 键要长，这进一步表明

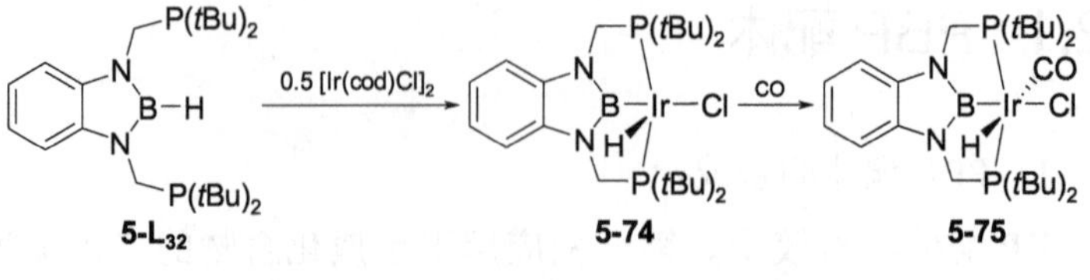

图 5-73 化合物 **5-74** 和 **5-75** 的合成

了 B 基团的强反位效应。他们进一步研究了 **5-76** 与 AgOTf 的反应，发现—OTf 基团将取代—Cl，生成产物 **5-77**。**5-77** 可继续与 (*i*Pr)$_2$Mg 反应生成 Ir—H 化合物 **5-78**。由于 B 基团的强反位效应，**5-78** 的 Ir—H 键变弱，所以它可以继续与 1atm 的 CO_2 发生反应生成产物 **5-79**（图 5-74）。此外，他们还研究了 **5-78** 催化烯烃的氢化反应，并与两个类似的 PCP-Ni-H 和 PNP-Ni-H 进行了对比，发现 **5-78** 催化效果最好。他们推测可能也是由于 B 基团更强的反位效应导致催化中间体的 Ni—H 和 Ni—R 键更容易断裂，从而使催化速度更快。进一步比较了三个化合物的红外吸收谱图，发现 **5-78** 的 Ni—H 键红外吸收位于 1648 cm^{-1}，比 PCP-Ni-H（1754 cm^{-1}）和 PNP-Ni-H（1886 cm^{-1}）中的 Ni—H 键红外吸收波数要小，进一步验证了 **5-78** 中的 Ni—H 键更弱[65]。

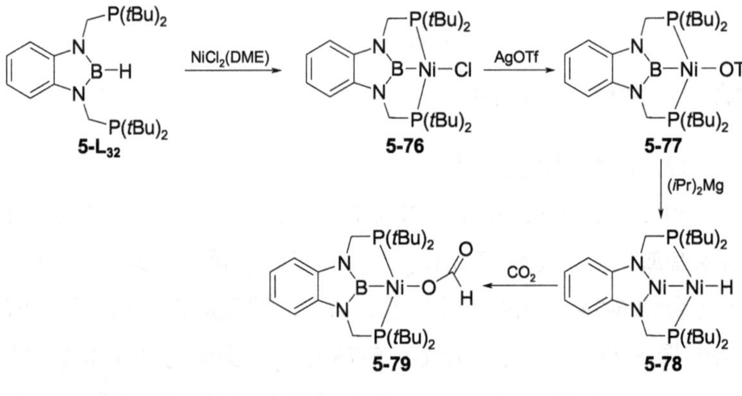

图 5-74 化合物 **5-76** ~ **5-79** 的合成

2016 年，Ozerov 课题组发现 [Ir(coe)$_2$Cl]$_2$ 的金属中心可插入配体 **5-L$_{33}$** 的 B—Ph 键中从而生成产物 **5-80**。在 100 ℃时，**5-80** 可与 H$_2$ 发生反应，生成—Ph 被—H 取代的产物 **5-81**。将 **5-81** 继续与 NCS 反应，得到了化合物 **5-82**（图 5-75）。值得注意的是，化合物 **5-82** 的构型为扭曲的四方锥

型，B 原子的对位为空位，这也是由于 B 基团的强反位效应所引起的[64]。

2017 年，该课题组继续研究了化合物 **5-80** 的反应性，发现它可以与 NaBEt$_3$H 反应生成产物 **5-83**，^{11}B 和 ^{1}H NMR 均表明 B 和金属中心中的 H 有一定的相互作用。化合物 **5-83** 在室温条件下可继续与 CO 发生反应，生成产物 **5-84**。反应过程中，与 Ir 相连的苯环转移到了 B 上，而产物中的 B 与金属中心的 H 已经没有相互作用了。值得注意的是，在化合物 **5-84** 中，三齿配体采用的是 Z-型模式与 Ir 作用（B 没有提供电子），这与化合物 **5-74**～**5-83** 中的 X-型模式是不一样的（B 提供了一个电子）。在 120 ℃时，化合物 **5-84** 可失去一分子苯，变成产物 **5-85**。有趣的是，**5-85** 可以与吡啶衍生物发生反应，生成一系列吡啶 2-位C—H 键活化的四齿产物 **5-86**（图 5-75）[66,67]。

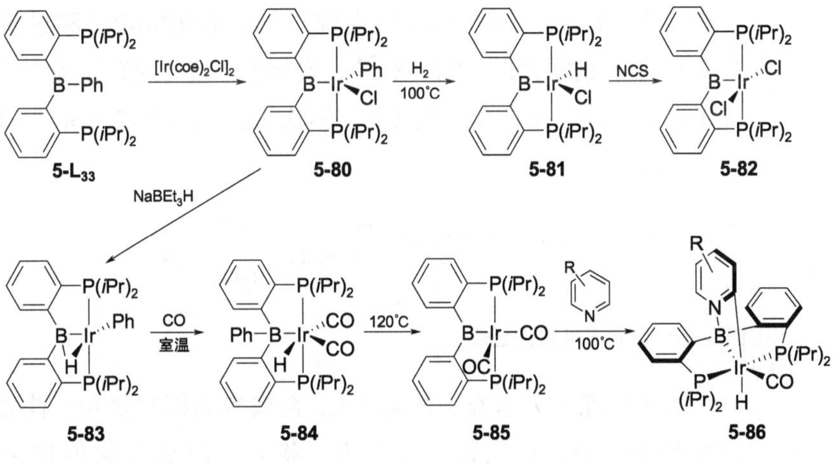

图 5-75 化合物 **5-80**～**5-86** 的合成

5.2.2 PCP 配体

(1) PCP 配体的合成

关于 PCP 配体及其配合物，有很多文章已经综述了它们的合成及应用[68,69]。配体 **5-L$_{34}$** 可由 1,3-二溴甲基苯与 (tBu)$_2$PH 反应制得（图 5-76）[70]。配体 **5-L$_{35}$**～**5-L$_{37}$** 则由 1,3-苯二酚、3-巯基苯酚、1,3-苯二胺与碱反应后再与相应的 R$_2$PCl 反应分别制备（图 5-77）[71-73]。

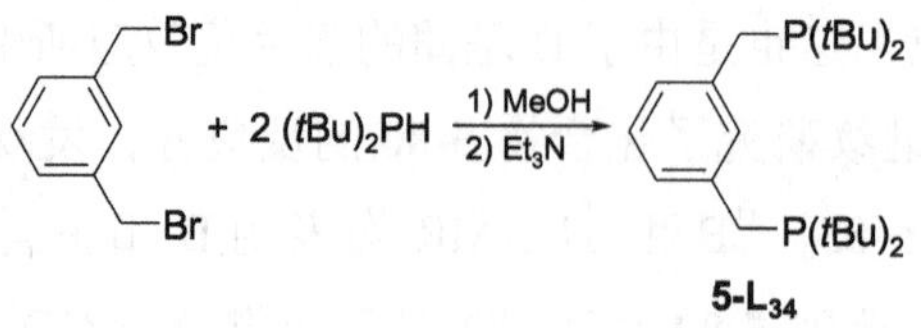

图 5-76 配体 **5-L₃₄** 的合成

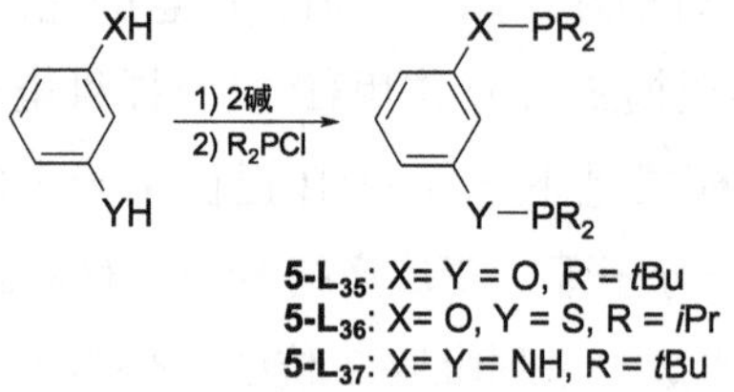

5-L₃₅: X= Y = O, R = *t*Bu
5-L₃₆: X= O, Y = S, R = *i*Pr
5-L₃₇: X= Y = NH, R = *t*Bu

图 5-77 配体 **5-L₃₅** ~ **5-L₃₇** 的合成

配体 **5-L₃₈** 则可由 1,5-二氯戊烷与 2 当量 (*t*Bu)₂PCl 和过量的金属 Li 在 THF 中一锅法获得(图 5-78)[74]。实际上，该反应首先发生于 Li 与 1,5-二氯戊烷之间，生成双锂盐 1,5-二锂戊烷，之后再与 (*t*Bu)₂PCl 反应从而生成 **5-L₃₈**。

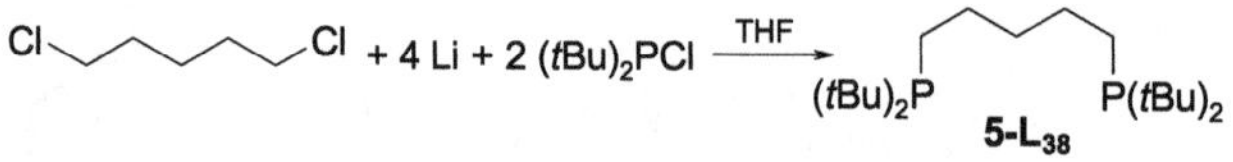

图 5-78 配体 **5-L₃₈** 的合成

中间 C 原子为卡宾的配体 **5-L₃₉** 合成步骤相对复杂：首先由图 5-71 已提到的 PNNP 有机物与 S 反应，将 P 基团氧化保护起来；之后与 CH(OEt)₃ 和 NH₄PF₆ 反应构筑苯并咪唑环；然后用 Raney Ni 将 P=S 键还原脱去 S 原子；最后再用碱 KN(SiMe₃)₂ 将苯并咪唑盐转化为氮杂环卡宾 **5-L₃₉**(图 5-79)[75]。

(2) PCP 配体的应用

1976 年，Shaw 课题组利用环金属化策略，将配体 **5-L₃₄** 与 IrCl₃·3H₂O 反应，制备了三齿 PCP-Ir 化合物 **5-87**[76]。后来，Jensen 和 Kaska 及他们的合作者们尝试利用 LiEt₃BH 和 H₂ 将 **5-87** 中的 Ir—Cl 键转化为 Ir—H 键，结果发现在室温条件下，首先生成了 IrH₄ 化合物 **5-88**，真空条件下加热后，**5-88** 可以继续失去一分子 H₂ 变成 IrH₂ 产物 **5-89**(图 5-80)[77,78]。此外，

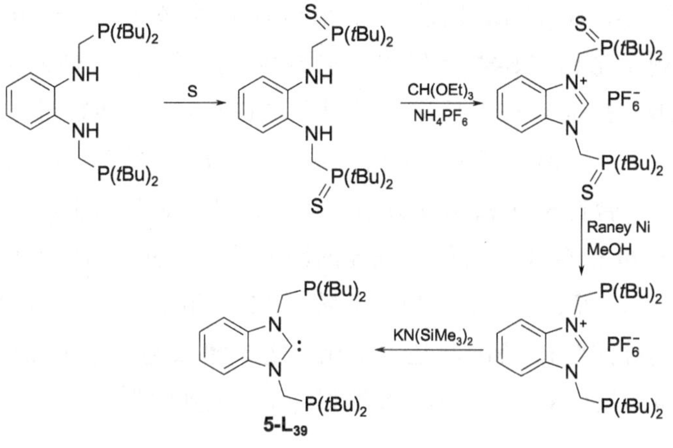

图 5-79 配体 **5-L$_{39}$** 的合成

Jensen、Kaska 以及 Goldman 等人还发现化合物 **5-89** 在高温下可以催化多种烷烃脱氢反应变成烯烃，甚至可以将环烷烃直接转变成芳烃[77-83]。尽管详细的反应机理仍然不太清楚，但是他们认为催化过程中 **5-89** 首先会和烷烃发生基团交换反应，生成中间体 **5-89A** 和 H$_2$，然后 **5-89A** 将发生 β-H 消除，从而形成中间体 **5-89B**，最后 **5-89B** 释放烯烃后重新生成 **5-89**（图 5-81）[81,83]。

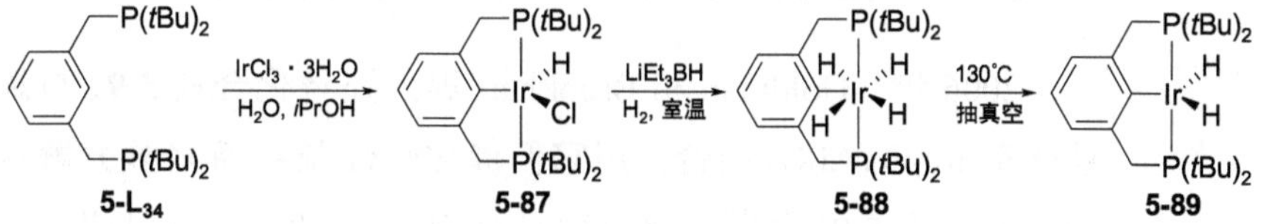

图 5-80 化合物 **5-87** ~ **5-89** 的合成

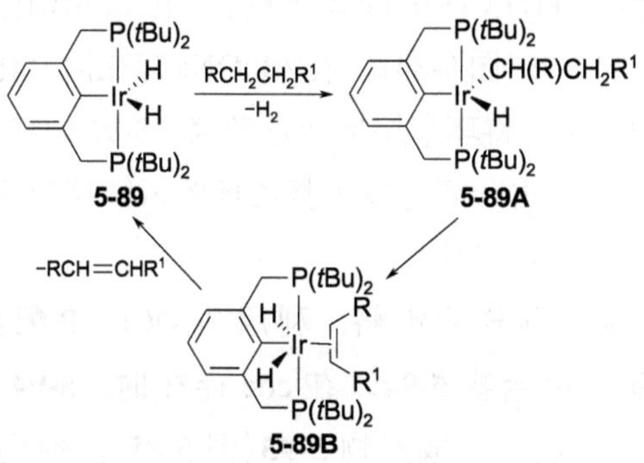

图 5-81 化合物 **5-89** 催化烷烃脱氢反应的可能机理

5　含膦三齿配体

2004 年，Brookhart 团队利用 P(O)C(O)P 配体 **5-L$_{35}$** 与 [Ir(cod)Cl]$_2$ 反应，得到了结构与 **5-87** 类似的产物 **5-90**[71]。同一年，他们继续将 **5-90** 与 tBuONa 在 H$_2$ 存在下反应，得到了产物 **5-91** 和 **5-92**（图 5-82）[84]。在氢气条件下，这两个产物以平衡形式存在；如果没有氢气，则全部转化为 **5-91**。化合物 **5-91** 和 **5-92** 分别具有与 **5-88** 和 **5-89** 类似的结构。此外，化合物 **5-90** 和 **5-91** 也可催化烷烃的脱氢反应。例如它们均可催化环辛烷与叔丁基乙烯的反应，生成环辛烯与 2,2-二甲基丁烷（图 5-83）[71,84]。此外，周其林团队在 2016 年还发现化合物 **5-90** 及另一个类似化合物还可催化酰胺的氢化反应，高选择性地制备了一系列胺[85]。

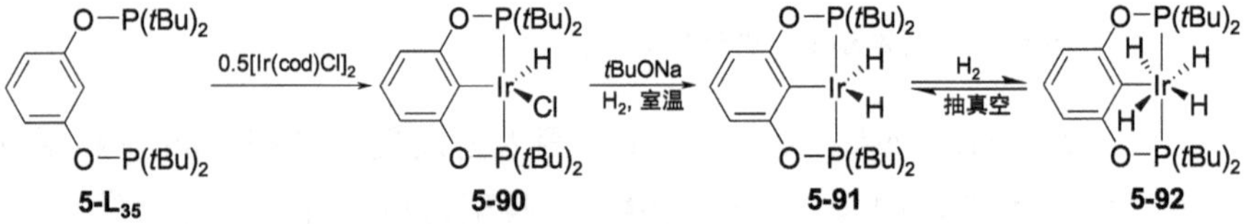

图 5-82　化合物 **5-90 ~ 5-92** 的合成

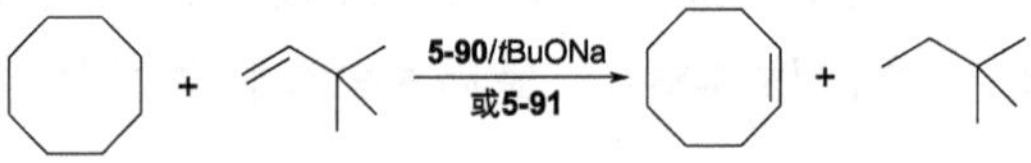

图 5-83　化合物 **5-90** 或 **5-91** 催化环辛烷与叔丁基乙烯的反应

2006 年，Goldman 和 Brookhart 等人还将化合物 **5-91** 与烯烃复分解催化剂 Re$_2$O$_7$/Al$_2$O$_3$ 结合，用它们催化烷烃脱氢-烯烃复分解这种串联反应。例如将 **5-91** 负载在 Re$_2$O$_7$/Al$_2$O$_3$ 中后，加入含少量叔丁基乙烯的正癸烷，175 ℃条件下，正癸烷会慢慢转化为各种碳数的烷烃[86]。

2014 年，黄正团队将 P(O)C(S)P 配体 **5-L$_{36}$** 与 [(cod)IrCl]$_2$ 反应，也得到了类似于 **5-90** 的产物 **5-93**（图 5-84）。在 tBuONa 存在时，化合物 **5-93** 同样可以催化图 5-83 的反应。将环辛烷换成正辛烷，**5-93** 同样具有活性。此外，他们还研究了 **5-93** 催化杂环与叔丁基乙烯的氢转移反应，高产率地得到了一系列脱氢杂环化合物[72]。

2018 年，Liu 等人基于同样的策略，利用 P(N)C(N)P 配体 **5-L$_{37}$** 与 [(cod)IrCl]$_2$ 反应，制备了化合物 **5-94**。在 coe 存在时，**5-94** 可继续与 tBuONa 及 CO 发生分步反应，生成产物 **5-95**（图 5-85）。他们也测试了 **5-94** 在 tBuONa 存在时催化图 5-83 所示的环辛烷与叔丁基乙烯氢转移反

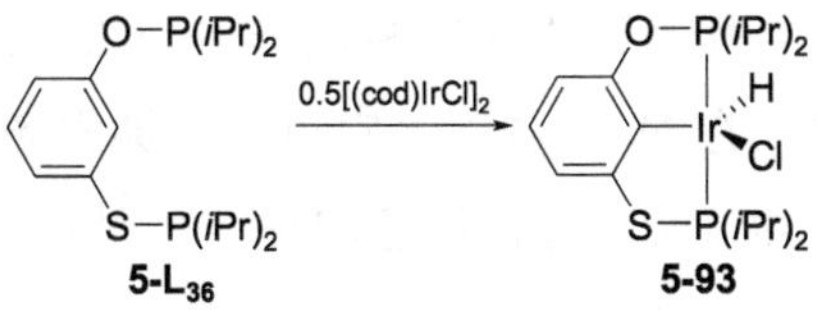

图 5-84 化合物 **5-93** 的合成

应的效率，发现在 200 ℃时，6h 之后 TON 值可达到 596[73]。

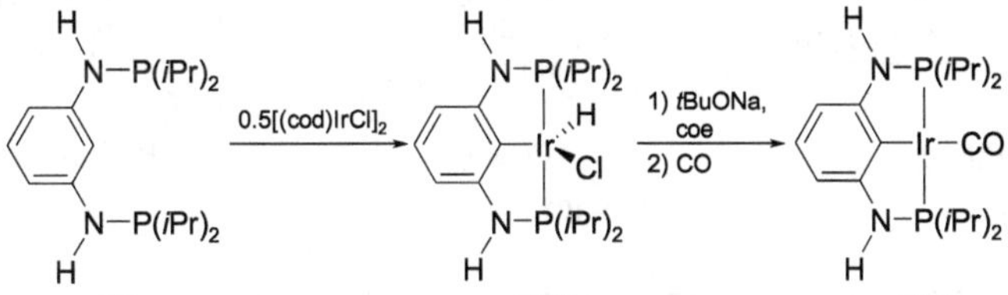

图 5-85 化合物 **5-94** 和 **5-95** 的合成

1982 年，Shaw 课题组利用配体 **5-L$_{38}$** 与 [IrCl(coe)$_2$]$_2$ 反应制备了 PCC-Ir 化合物 **5-96**[87]。该反应也经历了环金属化，但与前面所述的 PCC-Ir 化合物制备过程中经历的 C(sp^2)—H 键断裂不同的是，此反应经历了 C(sp^3)—H 键断裂。1994 年，Kaska 和 Mayer 等人利用与图 5-80 和图 5-82 类似的策略，在 H$_2$ 氛围下利用 **5-96** 与 LiBEt$_3$H 反应制备了 **5-97**，该化合物在真空加热条件下又转化成 **5-98**[88]。2005 年，Hartwig 团队发现 **5-97** 可以与烯烃反应，生成烯烃与 Ir 配位的产物 **5-99**，如果加入液氨，在室温条件下 **5-99** 即可以活化 N—H 键从而转变为 **5-100**。以 **5-96** 为原料，加入液氨后再加入 KN(SiMe$_3$)$_2$ 同样可以转化为 **5-100**（图 5-86）[89]。

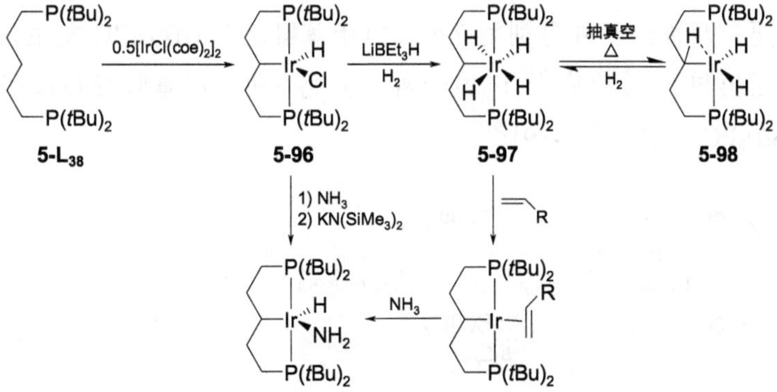

图 5-86 化合物 **5-96** ~ **5-100** 的合成

5 含膦三齿配体

2017 年，Nishibayashi 和合作者们将配体 **5-L$_{39}$** 与 MoCl$_3$(THF)$_3$ 反应，制备了 PCP-Mo 化合物 **5-101**，在 N$_2$ 氛围下，它可以被钠汞齐还原为 N$_2$ 桥连的双 Mo 产物 **5-102**（图 5-87）[75]。值得注意的是，在以 Cp$_2^*$Cr 为还原剂，2,6-二甲基吡啶的三氟甲磺酸盐为氢源时，**5-102** 可催化 N$_2$ 的活化制备 NH$_3$ 和 H$_2$（图 5-88）[75]。

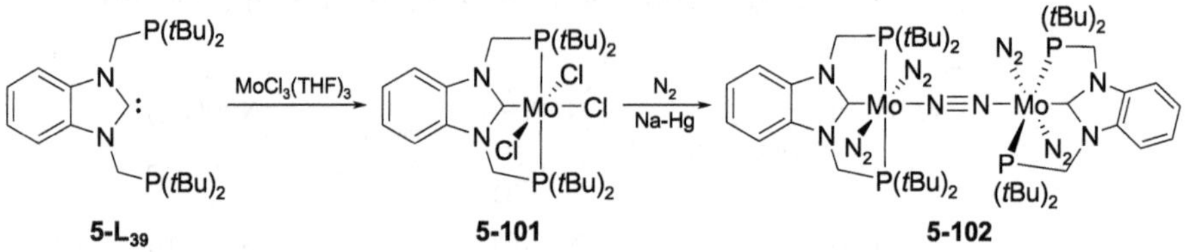

图 5-87　化合物 **5-101** 和 **5-102** 的合成

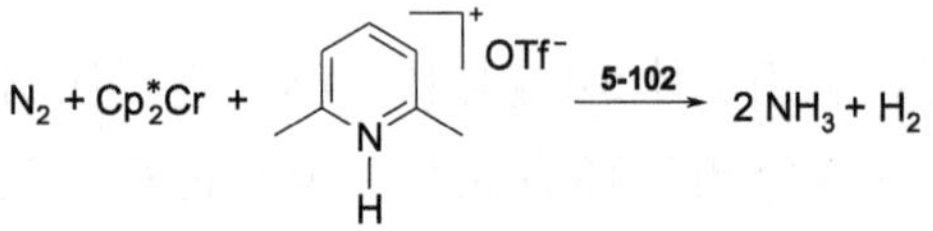

图 5-88　化合物 **5-102** 催化 N$_2$ 活化制备 NH$_3$

5.2.3　PNP 配体

（1）PNP 配体的合成

与图 5-26 中配体 **5-L$_{14}$** 的合成类似，PNP 配体 **5-L$_{40}$** 的合成方法也主要有两种：一种是利用 2,6-二氯甲基吡啶与 (tBu)$_2$PH 发生亲核取代反应后再与 NEt$_3$ 反应[90]；另一种是先将 2,6-二甲基吡啶负离子化后再与 (tBu)$_2$PCl 反应（图 5-89）[91]。

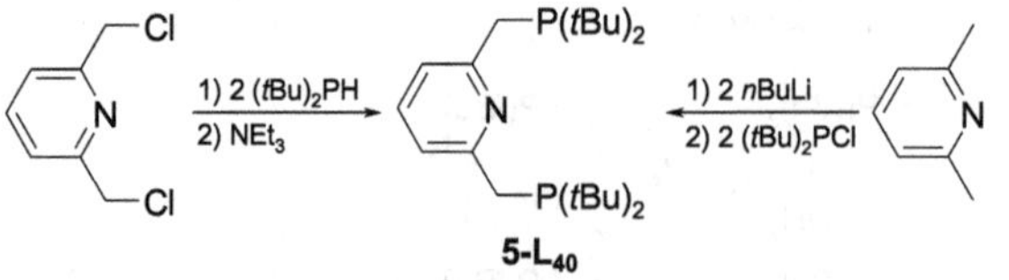

图 5-89　配体 **5-L$_{40}$** 的合成

P(N)N(N)P 型配体 **5-L₄₁** 和 **5-L₄₂** 则利用 2,6-二氨基吡啶或 2,4-二氨基-6-苯基-1,3,5-三嗪与 (iPr)₂PCl 在 NEt₃ 存在时反应制备(图 5-90)[92]。

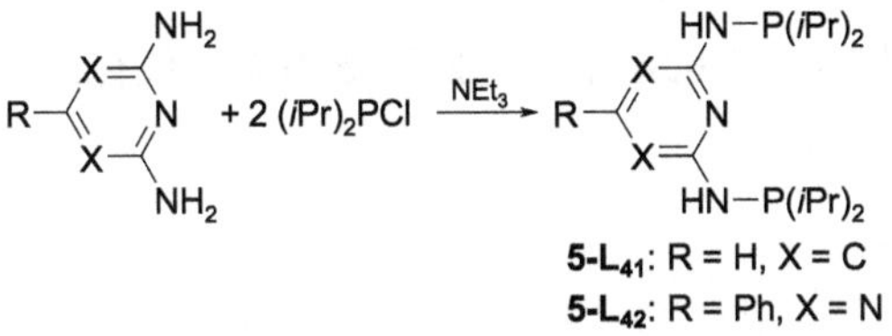

图 5-90　配体 **5-L₄₁** 和 **5-L₄₂** 的合成

配体 **5-L₄₃** ~ **5-L₄₅** 也可由两种方法制备：一种是由双(2-氯乙基)胺或其衍生物与相应的二烷基膦盐反应制备；另一种是由双(2-氯乙基)三甲硅基胺与相应的二烷基膦盐反应后再脱三甲硅基制备，这相当于先用三甲硅基将氨基保护后再脱保护。例如 **5-L₄₃** 可通过前一种方法制备[93]，**5-L₄₅** 可通过后一种方法制备[94]，而 **5-L₄₄** 则通过两种方法均可制备(图 5-91)[95,96]。

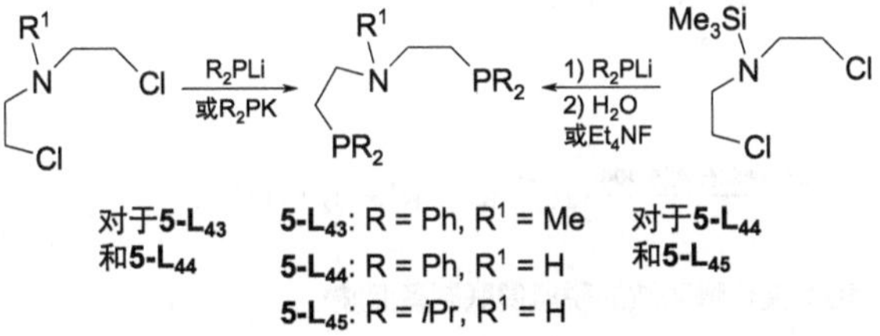

图 5-91　配体 **5-L₄₃** ~ **5-L₄₅** 的合成

(2) PNP 配体的应用

2010 年，Milstein 等人利用与图 5-31 中合成 PNN-Ru 化合物 **5-32** 和 **5-33** 类似的方法，合成了 PNP-Ru 化合物 **5-103** 和 **5-104**[97]。其中去芳香化产物 **5-104** 可继续与伯胺或 NH₃ 反应，通过 N—H 活化生成一系列芳香性恢复的产物 **5-105**[98]。类似地，**5-104** 也可与伯醇反应，在 -80 ℃时，通过 O—H 活化生成产物 **5-106**；但是当温度升高到 -30 ℃时，反应性发生了变化，生成了 Ru-H₂ 产物 **5-107** 和 C—C 偶联产物 **5-108**(图 5-92)[99]。他们还发现在不需要外加碱的条件下，在回流的甲苯溶液中，0.2%(摩尔分数)的 **5-104** 即可催化醇和胺的脱氢偶联反应制备亚胺(图 5-93)[97]；在

0.5%（摩尔分数）的 **5-103** 和 1.5%～2.0%（摩尔分数）的 *t*BuOK 存在时，醇可以和水合肼反应生成连氮化合物（图 5-94）[100]。不仅如此，Pidko 课题组还发现化合物 **5-103** 在碱的作用下可催化 CO_2 的氢化反应制备甲酸盐及该反应的逆反应[101,102]；Otten 课题组发现 **5-104** 可催化腈的水解反应制备酰胺[103]。

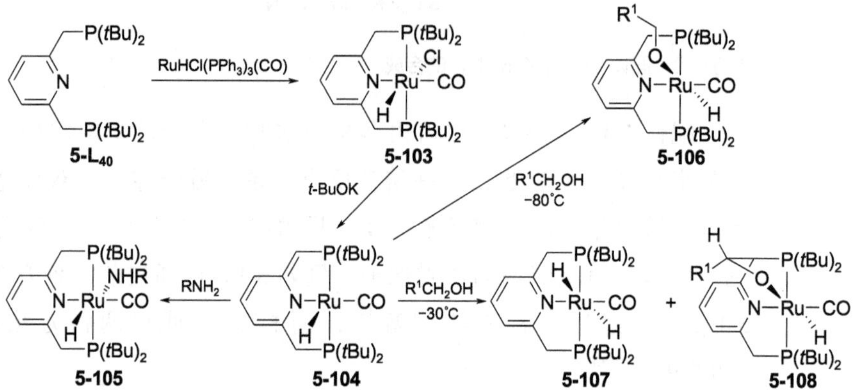

图 5-92　化合物 **5-103**～**5-108** 的合成

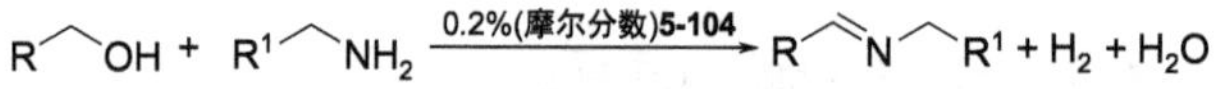

图 5-93　化合物 **5-104** 催化醇和胺的脱氢偶联制备亚胺

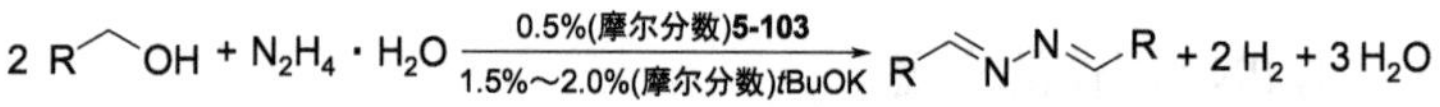

图 5-94　化合物 **5-103** 催化醇和水合肼的偶联制备连氮化合物

2009 年，Nozaki 课题组利用配体 **5-L₄₀** 与 $[Ir(coe)_2Cl]_2$ 在 25atm H_2 氛围下的 THF 溶液中加热到 90 ℃反应，合成了化合物 **5-109**[104]。2012 年，周其林团队利用 **5-109** 继续与 NaH 反应，制备了 PNP-Ir-H_3 化合物 **5-100**（图 5-95）[105]。此外，周其林团队还测试了化合物 **5-109** 和 **5-110** 催化氢化乙酰丙酸生成 γ-戊内酯的效果，发现 **5-110** 催化效果明显更好：在 100 ℃的乙醇中，当存在 1.2 当量的 KOH 和 50 atm H_2 时，只需 0.01%

（摩尔分数）催化剂 **5-110** 即可在 24h 内将底物高产率地转化为 γ-戊内酯（98%）；即使将催化剂的量降低到 0.001%（摩尔分数），如果将 H_2 的压力提高到 100 atm，48h 后产率也能达到 71%（图 5-96）[105]。

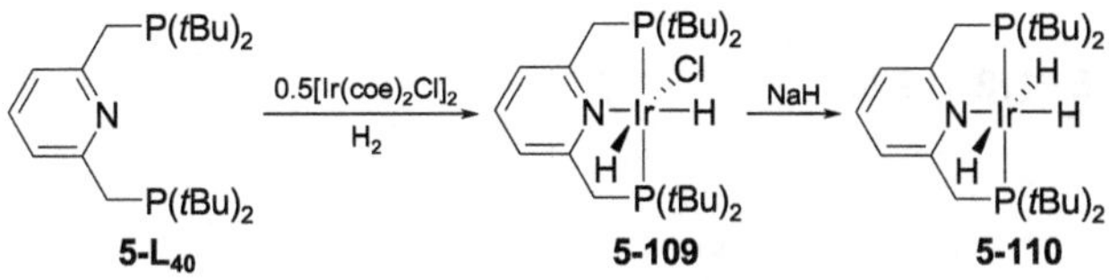

图 5-95　化合物 **5-109** 和 **5-110** 的合成

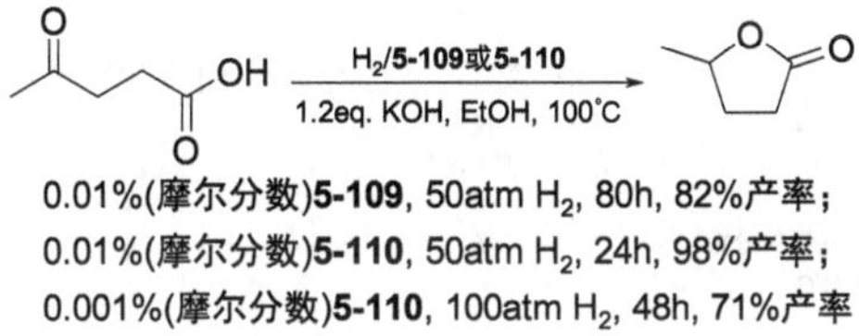

0.01%（摩尔分数）**5-109**，50atm H_2，80h，82%产率；
0.01%（摩尔分数）**5-110**，50atm H_2，24h，98%产率；
0.001%（摩尔分数）**5-110**，100atm H_2，48h，71%产率

图 5-96　化合物 **5-109** 和 **5-110** 催化乙酰丙酸的氢化反应

2016 年，Kirchner 及合作者们利用 P(N)N(N)P 型配体 **5-L$_{41}$** 与 $Mn(CO)_5Cl$ 和 $NaBEt_3H$ 分步反应，制备了化合物 **5-111**（图 5-97）[106]。他们还发现该化合物是一种多功能催化剂，可以催化多种反应。例如 3%（摩尔分数）**5-111** 并加入 3 Å 分子筛后，在 140 ℃的甲苯中可催化醇和胺高选择性地转化为亚胺[106]；在 140 ℃的甲苯中加入 tBuOK 和 KOH 后，5%（摩尔分数）的 **5-111** 可将邻氨基苄醇衍生物与二级醇的混合物转化为喹啉衍生物[107]；在 130 ℃的甲苯中加入 tBuOK 后，4%（摩尔分数）的 **5-111** 可催化芳香化合物，如苯酚和噻吩衍生物等，与甲醇和二级胺的三分子偶联反应，使芳香化合物发生氮甲基化[108]；只需 0.05%～0.1%（摩尔分数）的量，**5-111** 在室温时即可催化醛的氢化反应制备伯醇（图 5-98）[109]。此外，该化合物还可催化 CO_2 的硅氢化反应，高选择性地得到硅基取代的甲醇，中间体之一为化合物 **5-111** 与 CO_2 的反应产物 **5-112**（图 5-97）[110]。

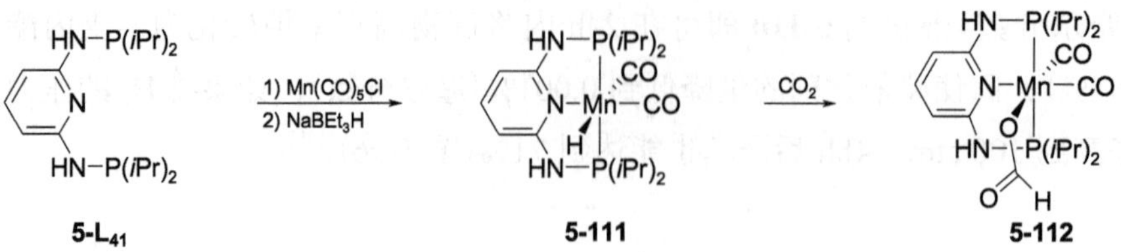

图 5-97 化合物 **5-111** 和 **5-112** 的合成

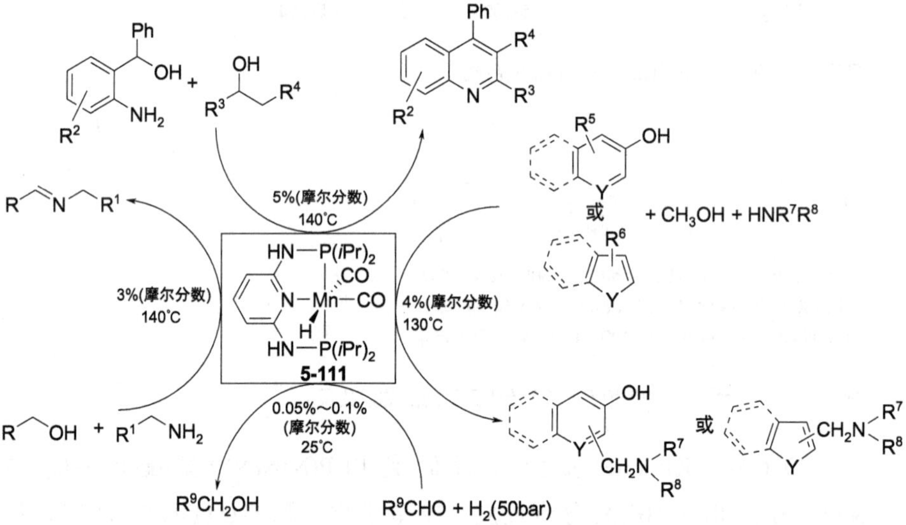

图 5-98 化合物 **5-111** 催化的多种有机反应

  2013 年，Kempe 团队利用 PN$_5$P 配体 **5-L$_{42}$** 与 [IrOMe(cod)]$_2$ 反应，制备了去芳香化的 PN$_5$P-Ir-cod 化合物 **5-113**。此外，他们还发现如果与过量的醇或 H$_2$ 反应，一价 Ir 化合物 **5-113** 将转化为三价 PN$_5$P-Ir-H$_3$ 化合物 **5-114**（图 5-99）[92]。他们发现二级醇和 β-氨醇在 0.05% ~ 0.5%（摩尔分数）的 **5-113** 和相对底物为 1.1 当量的 tBuOK 存在下，在 90 ℃的 THF 中很容易转化为相应的吡咯衍生物，这是一种典型的去氢缩合反应（图 5-100）[92]。汪志祥团队通过 DFT 计算，认为以上反应过程经历了"芳香化-去芳香化"这种"金属-配体"协同过程，且其中一个中间体为 **5-114** 脱去一分子 H$_2$ 后形成的 PN$_5$P-Ir-H$_2$ 化合物（两个氢原子分别来源于 NH 和 Ir-H）[111]。

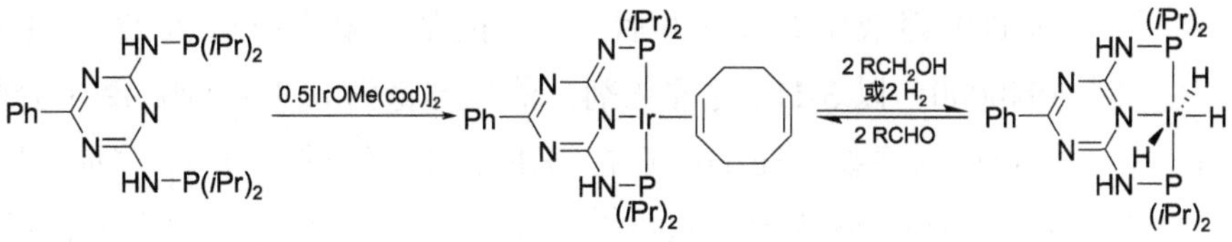

图 5-99　化合物 **5-113** 和 **5-114** 的合成

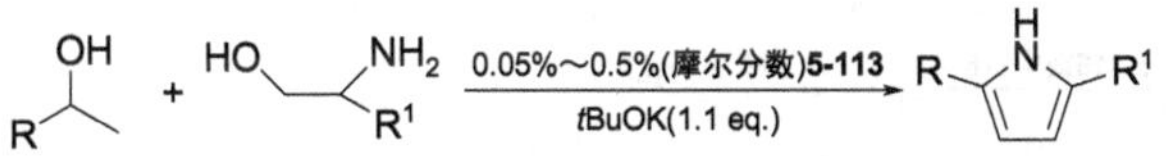

图 5-100　化合物 **5-113** 催化二级醇与 β-氨醇的反应制备吡咯衍生物

2012 年，丁奎岭团队利用配体 **5-L₄₃** 和 **5-L₄₄** 分别与 RuHCl(PPh$_3$)$_3$(CO) 反应，制备了化合物 **5-115** 和 **5-116**（图 5-101）[112]。发现化合物 **5-116** 可高效地催化碳酸酯的氢化反应，生成一系列二醇及甲醇，这与前面图 5-45 和图 5-46 提到的 PNN-Mn 化合物 **5-44** 结构类似。他们认为催化过程也经历了"金属-配体"协同作用，中间体为 N—H 键断裂的化合物 **5-116A**，但是遗憾的是，该中间体并没有被成功捕捉。为了进一步证明 **5-116** 中的 N—H 基团在此催化反应中的重要性，他们还研究了化合物 **5-115** 的催化性能。由于不含 N—H 基团，**5-115** 在催化条件下无法形成结构类似于 **5-116A** 的中间体，导致它并没有催化效果，这与他们的设想一致[112]。

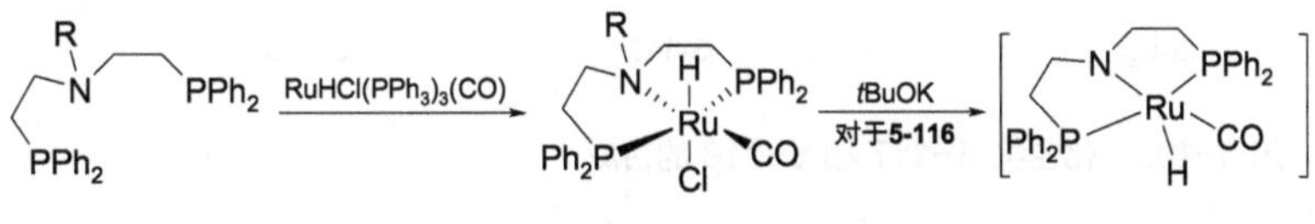

图 5-101　化合物 **5-115** 和 **5-116** 的合成

2015 年，丁奎岭团队继续研究了 **5-115** 和 **5-116** 催化胺的 N-甲酰化反应，发现在不需要外加碱的条件下，两者均具有很高的活性（图 5-102）。例如，在 35 atm 的 CO$_2$ 和 35 atm 的 H$_2$ 氛围中，当以 **5-115** 为催化剂，催化剂量为 0.00005%（摩尔分数）时，以吗啉为底物，在 120 ℃

的 THF 溶液中经过 96h 后，N-甲酰基吗啉产率可达 97%，TON 值达到 1940000；以 **5-116** 为催化剂，催化剂量为 0.000093%（摩尔分数）时，以二甲胺为底物，在 110 ℃的 THF 溶液中经过 111h 后，DMF 的产率可达 56%，TON 值达到 599000[113]。这些结果表明对于此类催化反应，**5-116** 中的 N—H 基团并没有起至关重要的作用，这与它催化碳酸酯的氢化反应是不一样的。

$$CO_2 + H_2 + HNRR^1 \xrightarrow{\text{5-115或5-116}} H\overset{\displaystyle O}{\underset{\displaystyle R^1}{-C-N-R}} + H_2O$$

图 5-102　化合物 **5-115** 和 **5-116** 催化胺的 N-甲酰化反应

2017 年，刘强课题组利用配体 **5-L$_{45}$** 与 Mn(CO)$_5$Br 反应，得到了混合物 **5-117** 和 **5-118**，它们的比例为 36∶64（图 5-103）[114]。他们发现在 160 ℃时，该混合物在碱的存在下可高效、高选择性地催化乙醇的升级反应制备丁醇：当催化剂的量为 0.0008%（摩尔分数）时，TON 值可达 114120，相应的 TOF 值为 3078 h^{-1}，且丁醇的选择性为 92%[114]。Beller 团队还发现化合物 **5-117** 可高效地催化腈、醛、酮[115]及 CO 的氢化反应[116]，分别制备了伯胺、伯醇、仲醇和甲醇。

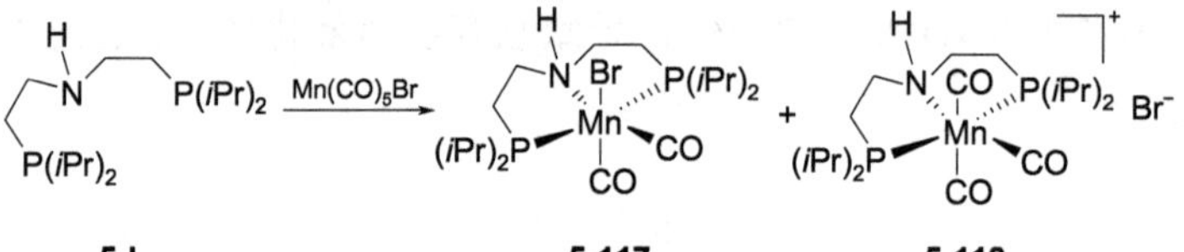

图 5-103　化合物 **5-117** 和 **5-118** 的合成

5-L$_{45}$ 与过渡金属化合物反应也可能生成非 Pincer 型三齿产物。Sortais 团队利用 **5-L$_{45}$** 与 Re(CO)$_5$Br 反应，制备了化合物 **5-119**（图 5-104）[117]。该团队还研究了 **5-119** 作为催化剂催化酮和醛的氢化反应。在 1.0%（摩尔分数）的 tBuOK 和 30 atm 的 H$_2$ 存在时，**5-119** 可在 70 ℃的甲苯中将一系列的酮转化为相应的二级醇，催化剂的用量只需 0.5%（摩尔分数）；当底物为醛时，tBuOK 的量、H$_2$ 的压力和催化剂的量需分别增加至 10%（摩尔分数）、50 atm 和 5%（摩尔分数），且反应温度需要增加到 110 ℃时，反应才能进行[117]。

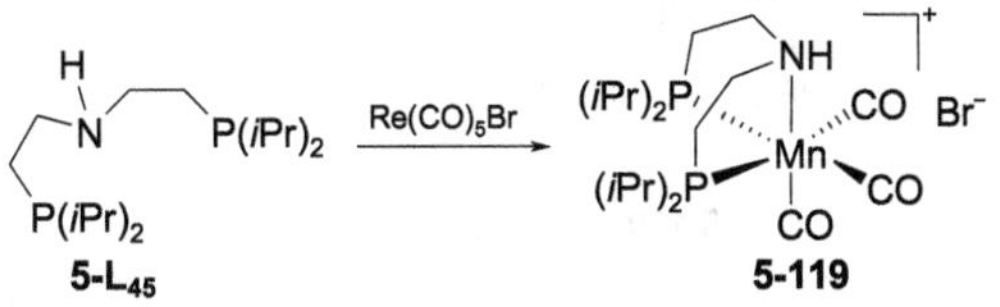

图 5-104　化合物 **5-119** 的合成

5.2.4　POP 配体

(1) POP 配体的合成

配体 **5-L₄₆**(DPEphos) 和 **5-L₄₇**(Xantphos) 的制备方法类似，它们可分别以二苯基醚或 9,9-二甲基氧杂蒽为原料，首先在 TMEDA 存在时被 nBuLi 负离子化，然后继续与 Ph₂PCl 反应制备(图 5-105)[118]。

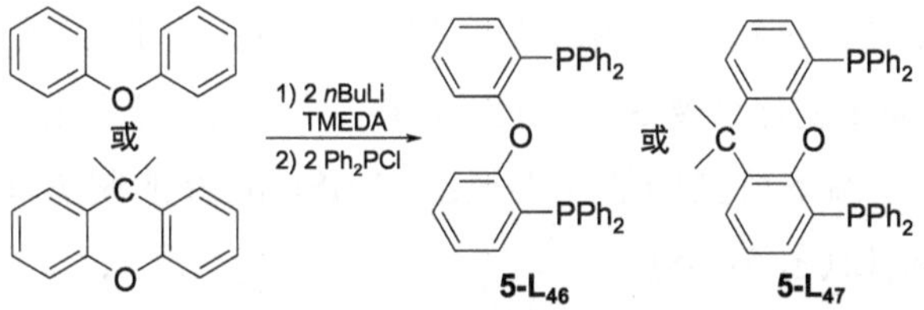

图 5-105　配体 **5-L₄₆** 和 **5-L₄₇** 的合成

(2) POP 配体的应用

5-L₄₆(DPEphos) 和 **5-L₄₇**(Xantphos) 作为配体在配位化学和催化中具有广泛的应用[119]。例如，2017 年，Goldberg 课题组利用 **5-L₄₆** 与 [Rh(coe)₂Cl]₂ 反应，首先制备了双齿 Rh 二聚物 **5-120**，继续与 MeI 反应后，得到了 Pincer 型 Rh(Ⅲ) 产物 **5-121**。他们还发现 **5-121** 可以继续与 PhI 反应，生成另一个 Pincer 型产物 **5-122** 及 MeI，这表明 **5-121** 容易发生还原消除反应形成 Rh(Ⅰ) 中间体(图 5-106)[120]。利用该性质他们还继续研究了 **5-121** 与胺或苯硫酚钠在 C₆D₅Br 中的反应性，一步分别构建了 C—N 键和 C—S 键[120]。

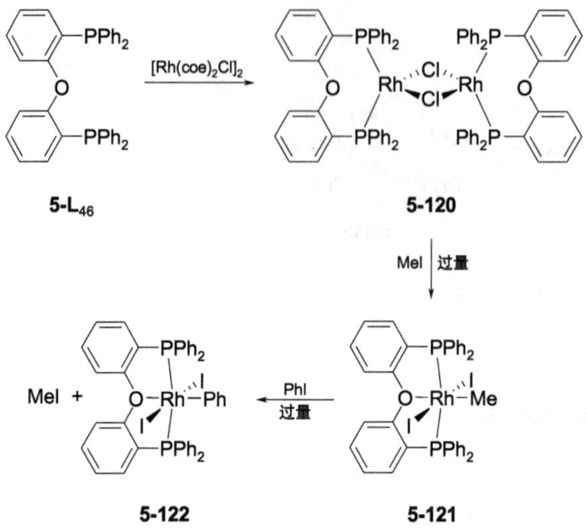

图 5-106 化合物 **5-120** ~ **5-122** 的合成

2002 年，van Leeuwen 等人利用 **5-L$_{47}$** 与 Pd(cod)MeCl 反应，制备了双齿产物 **5-123**（图 5-107）[121]。2019 年，Gagné 等人继续利用 **5-123** 与 NaBARF[四(3,5-二(三氟甲基)苯基)硼酸钠] 和 HSiMe$_2$Et 先后发生反应，制备了 POP-Pincer 型化合物 **5-124**（图 5-107）[122]。他们还发现 1%（摩尔分数）的 **5-124** 在室温下可立即催化 1-己醇与 HSiMe$_2$Et 的脱氢偶联反应制备 nC$_6$H$_{13}$OSiMe$_2$Et（图 5-108）[122]。

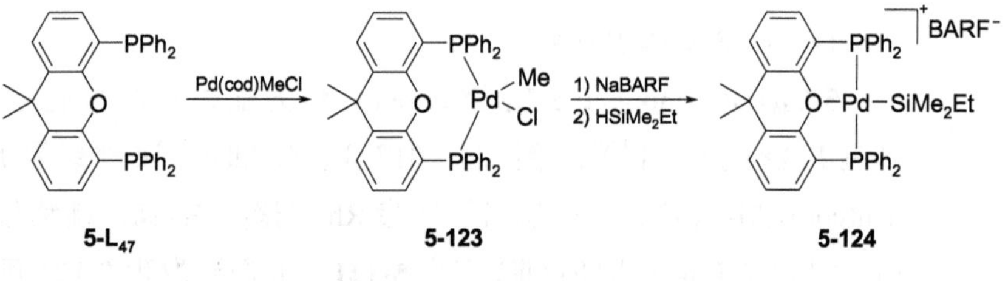

图 5-107 化合物 **5-123** 和 **5-124** 的合成

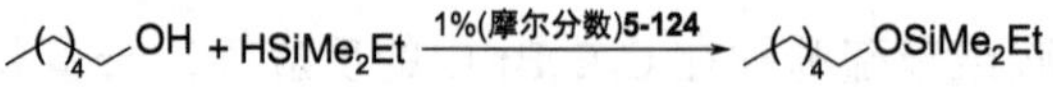

图 5-108 化合物 **5-124** 催化 1-己醇的脱氢硅烷化反应

5.2.5 PSiP 配体

（1）PSiP 配体的合成

PSi(H)P 配体 **5-L$_{48}$** 可通过负离子化的二异丙基(2-溴苯基)膦与 $Si(OEt)_4$ 反应后再被 $LiAlH_4$ 还原制备[123]；而 PSi(Me)P 配体 **5-L$_{49}$** 则可通过负离子化的二环己基(2-溴苯基)膦直接与 $MeHSiCl_2$ 反应制备(图 5-109)[124]。

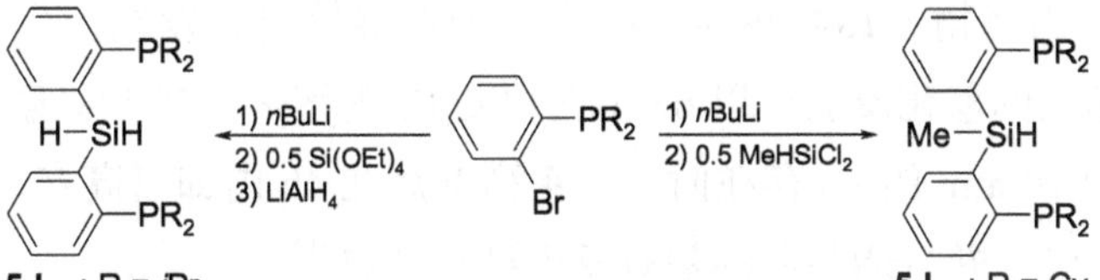

5-L$_{48}$: R = *i*Pr　　5-L$_{49}$: R = Cy

图 5-109　配体 **5-L$_{48}$** 和 **5-L$_{49}$** 的合成

（2）PSiP 配体的应用

2018 年，Ozerov 等人利用 **5-L$_{48}$** 与 $Co_2(CO)_8$ 反应，通过 Si—H 活化制备了 Pincer 型化合物 **5-125**，它可继续与 $[Ph_3C][B(C_6F_5)_4]$ 反应生成硅宾产物 **5-126**，这是首例不含碱性基团的硅宾 -Co 化合物(图 5-110)[125]。他们继续研究了 **5-126** 的反应性，发现它可以使乙醇发生 O—H 键断裂，生成 Co—H 化合物 **5-127**；当它使水发生 O—H 键断裂后，则生成两个异构体 **5-128** 和 **5-129**(图 5-110)[125]。这些结果表明 **5-126** 存在“Co-Si”协同作用，有望应用于“金属-配体”协同催化领域。

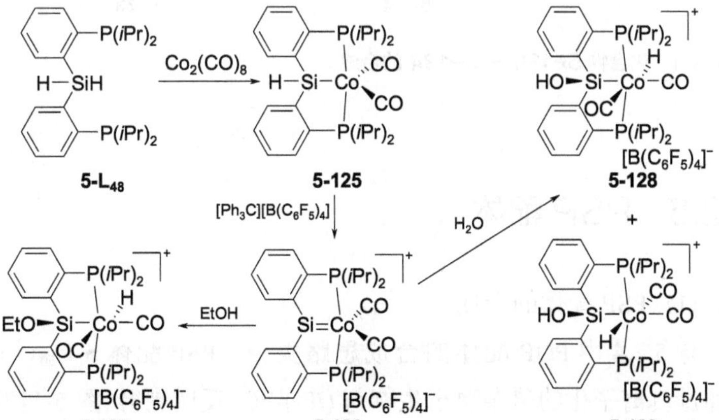

5-L$_{48}$　5-125　5-128　5-127　5-126　5-129

图 5-110　化合物 **5-125** ~ **5-129** 的合成

同年，Turculet 团队利用 **5-L$_{49}$** 与 FeCl$_2$(THF)$_{1.5}$ 在 BnMgCl 和 PMe$_3$ 存在下反应，制备了 Pincer 型化合物 **5-130**；如果将 Fe 源替换为 FeCl$_2$Py$_4$，在不加入 PMe$_3$ 时，产物为另一个 Pincer 型化合物 **5-131**（图 5-111）[126]。NaHBEt$_3$ 可将 **5-130** 中的 Fe—Cl 键还原为 Fe—H 键，形成具有扭曲四方锥型结构的产物 **5-132**；N$_2$ 可进入 **5-132** 中的空位点，从而生成八面体构型的化合物 **5-133**（图 5-111）[126]。**5-131** 与 NaHBEt$_3$ 的反应性类似，在 N$_2$ 条件下继续加入 BPh$_3$ 从而夺取存在的吡啶分子后，最终生成含两个 N$_2$ 分子配位的产物 **5-134**（图 5-111）[126]。他们继续研究发现，化合物 **5-134** 可催化烯烃的氢化反应：以 65 ℃时以 C$_6$D$_6$ 为溶剂，在 5%（摩尔分数）的催化剂和 10 atm 的 H$_2$ 存在时，一系列烯烃在 4h 内即可高产率地转化为相应的烷烃，并且酯基和醚基对反应没有影响[126]。

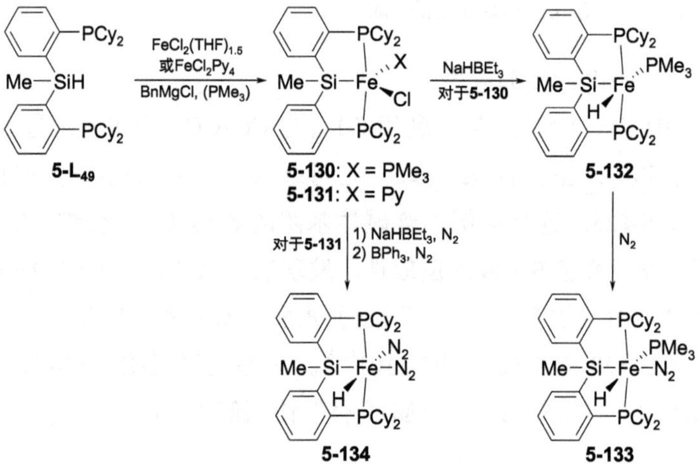

图 5-111 化合物 **5-130 ~ 5-134** 的合成

5.2.6 PSP 配体

（1）PSP 配体的合成

与 5.2.4 中 POP 配体的合成思路类似，PSP 配体 **5-L$_{50}$**（^{iPr}xanPSP）也是通过负离子化的硫杂蒽衍生物与 (iPr)$_2$PCl 反应制得（图 5-112）[127]。

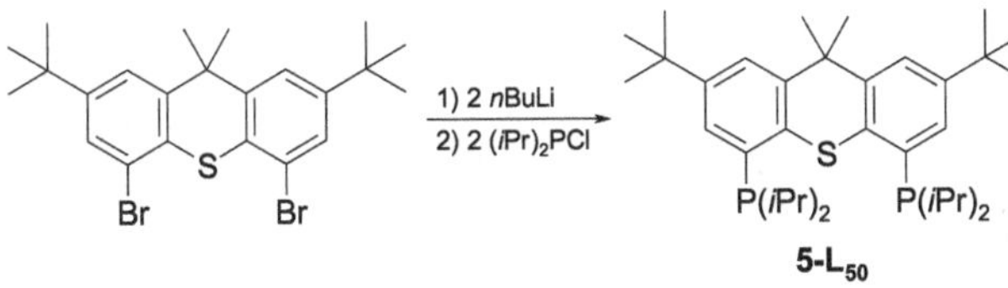

图 5-112 配体 5-L$_{50}$ 的合成

(2) PSP 配体的应用

2019 年，Goldman 课题组利用配体 5-L$_{50}$ 与 [(p-cymene)RuCl$_2$]$_2$ (p-cymene= 对异丙基甲苯) 反应，得到了双氯和三氯桥连的双钌混合物 [(^{iPr}xanPSP)RuCl$_2$]$_2$ 和 [(^{iPr}xanPSP)$_2$Ru$_2$Cl$_3$][Cl] (5-135)。在 tBuOK 存在下，该混合物可以与 H$_2$ 反应，生成双 H$_2$ 配位的产物 5-136。5-136 可继续与乙烯反应，生成乙烯取代 H$_2$ 的产物 5-137 (图 5-113)[127]。他们继续研究了化合物 5-137 催化烷烃的去氢化反应，发现在 120～180 ℃时，它可催化图 5-83 所示的环辛烷与叔丁基乙烯的反应，生成环辛烯与 2,2-二甲基丁烷。在 180℃时，TOF 值可达 1 s^{-1}；即使在 120℃，TOF 值也能达到 0.2 s^{-1}。遗憾的是，对于直链烷烃，催化速率和转化数都急剧降低，这是因为催化剂容易与催化生成的直链烯烃反应，生成 η^3-配位的 Ru-H 化合物，从而导致催化剂失活。例如 5-137 可与 1-己烯、丙烯或 β-甲基苯乙烯反应，分别生成 5-138～5-140，而它们催化烷烃去氢反应的活性要明显低于 5-137 (图 5-113)[127]。

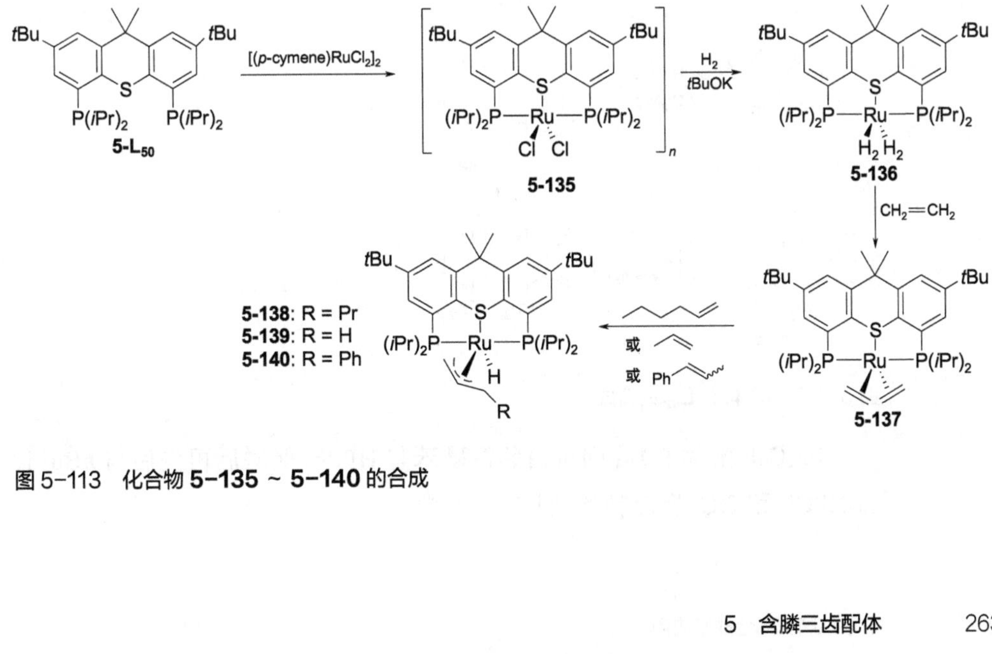

图 5-113 化合物 5-135～5-140 的合成

5 含膦三齿配体

5.3 三膦三齿配体

(1) PPP 配体的合成

三膦三齿配体数目相对较少。1,1,1-三(二苯基膦甲基)乙烷(Triphos: **5-L$_{51}$**)是一种较常用的三膦三齿配体,它可通过 1,1,1-三氯甲基乙烷与 Ph$_2$PLi 反应制备(图 5-114)[128]。

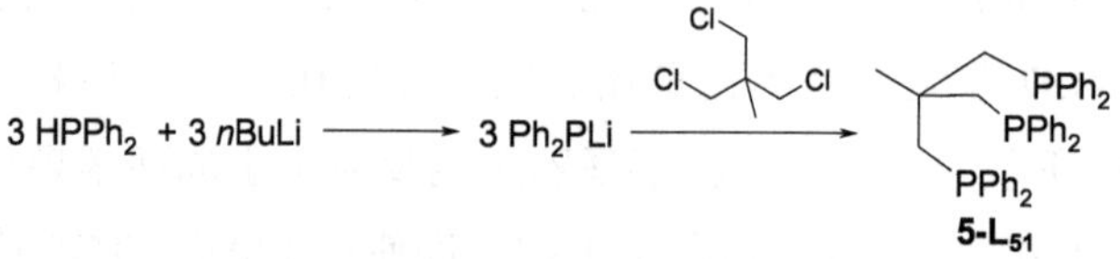

图 5-114 配体 **5-L$_{51}$** 的合成

在 iPr$_2$NEt 存在时,邻氟苯胺可与 1,2-二溴乙烷发生 C—N 偶联反应;产物可以继续与 KPPh$_2$ 发生 S$_N$Ar 反应,形成 PNNP 型产物;当加入 PCl$_3$ 和 NEt$_3$ 后,该 PNNP 化合物可以转变成含氮杂环膦的 PPP 配体 **5-L$_{52}$**(图 5-115)[129]。

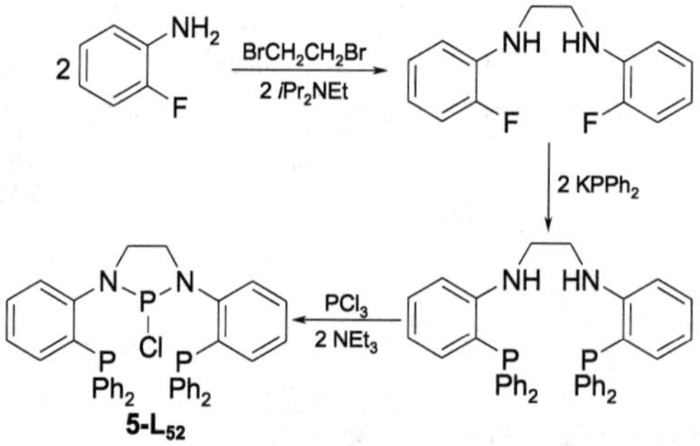

图 5-115 配体 **5-L$_{52}$** 的合成

PP(O)P 配体 **5-L$_{53}$** 则可由邻溴碘苯与 HPPh$_2$ 偶联后再先后与 nBuLi、Et$_2$NPCl$_2$ 和 HCl 反应制备(图 5-116)[130]。

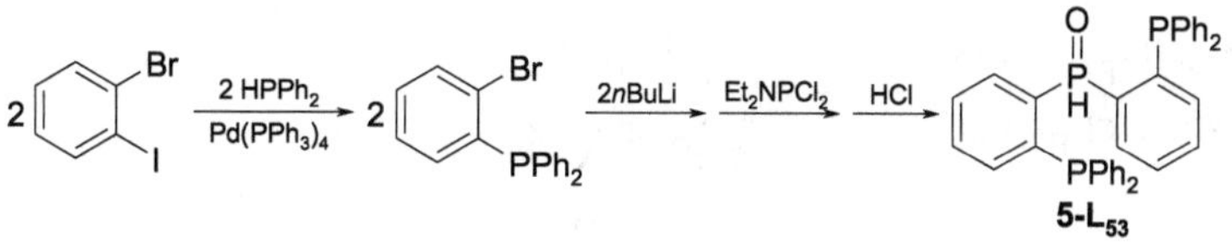

图 5-116　配体 **5-L$_{53}$** 的合成

(2) PPP 配体的应用

2011 年，Leitner 团队利用 **5-L$_{51}$** 与 Ru(acac)$_3$、CH$_3$CH$_2$CHO 和 H$_2$ 反应，制备了化合物 **5-141**（图 5-117）[131]。他们还发现在酸性添加剂 N-丁基-N'-(4-磺丁基) 咪唑对甲苯磺酸盐存在时，该化合物可催化乙酰丙酸和衣康酸的氢化反应，分别得到 2-甲基四氢呋喃和 3-甲基四氢呋喃（图 5-118）[131]。他们将实验和理论计算结合，认为催化中间体为离子型 [Ru(Triphos)H]$^+$ 物种。2016 年，周其林团队还发现 **5-141** 可催化酰胺的氢化反应，制备了一系列二级胺[132]。

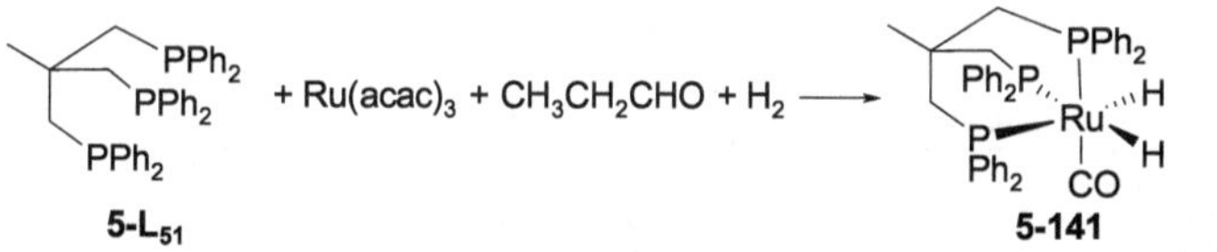

图 5-117　化合物 **5-141** 的合成

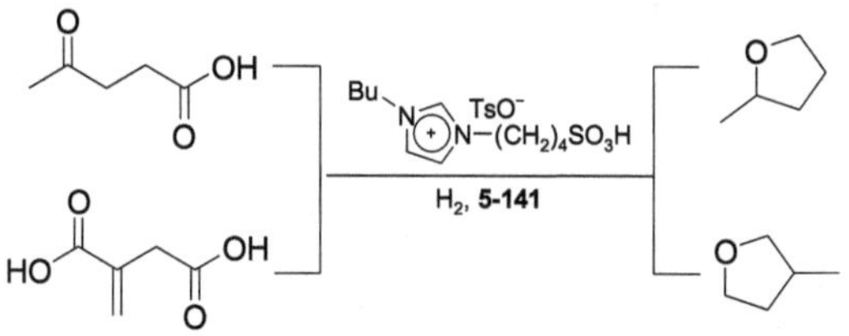

图 5-118　化合物 **5-141** 催化乙酰丙酸和衣康酸的氢化反应

2018 年，Thomas 课题组利用 **5-L$_{52}$** 与 CoCl$_2$ 反应，制备了金字塔型 Co(Ⅱ) 化合物 **5-142**。在 PMe$_3$ 存在时，**5-142** 可被 KC$_8$ 还原成 **5-143**。DFT 计算表明 **5-143** 为 Co(Ⅰ) 化合物，其中 P 原子带负电荷，并含有一对未成键孤对电子。有趣的是，该化合物在室温条件下即可与 1 atm 的 H$_2$ 反应，生成 **5-144**（图 5-119）[133]。这是首个利用第一过渡系 M—P 键协同活化氢气的例子。

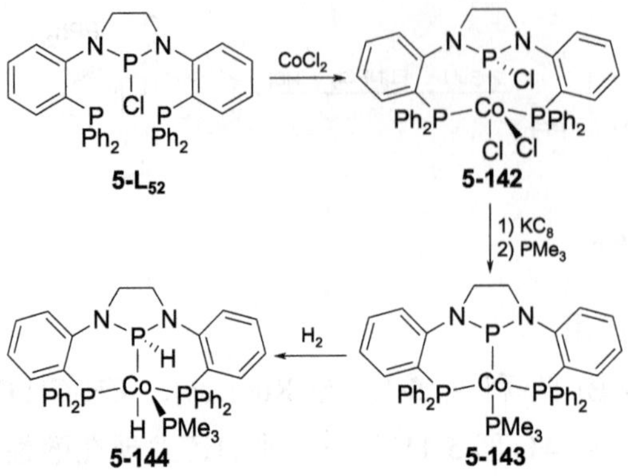

图 5-119 化合物 **5-142** ~ **5-144** 的合成

2018 年，张绪穆团队利用 **5-L₅₃** 与 RuHCl(PPh₃)₃(CO) 反应，制备了 PPP-Ru 化合物 **5-145**（图 5-120），并且发现该化合物能高效地催化醛的氢化反应制备醇，TON 值最高可达 36500，而且 C＝C 几乎不受影响[130]。

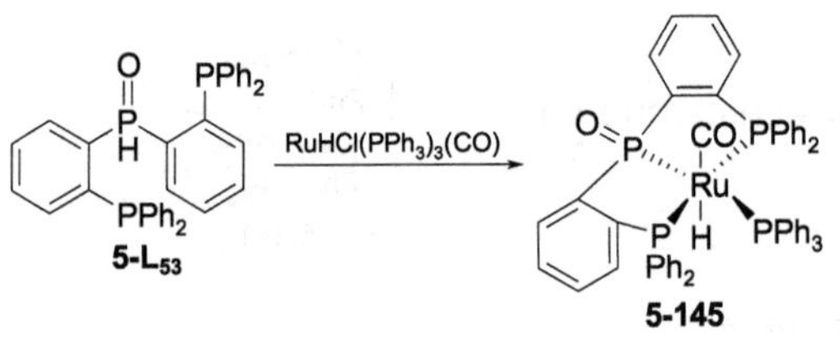

图 5-120 化合物 **5-145** 的合成

参考文献

[1] Poverenov E, Gandelman M, Shimon L J W, Rozenberg H, Ben-David Y, Milstein D. Pincer "hemilabile" effect. PCN platinum(Ⅱ) complexes with different amine "arm length". Organometallics, 2005, 24(6): 1082-1090.

[2] Fleckhaus A, Mousa A H, Lawal N S, Kazemifar N K, Wendt O F. Aromatic PCN palladium pincer complexes. Probing the hemilability through reactions with nucleophiles. Organometallics, 2015, 34(9): 1627-1634.

[3] Wang Y, Qin C, Jia X, Leng X, Huang Z. An agostic iridium pincer complex as a highly efficient and selective catalyst for monoisomerization of 1-alkenes to *trans*-2-alkenes. Angewandte Chemie International Edition, 2017, 56(6): 1614-1618.

[4] Gandelman M, Vigalok A, Shimon L J W, Milstein D. A PCN ligand system. Exclusive C—C activation with rhodium(I) and C—H activation with platinum(Ⅱ). Organometallics, 1997, 16(18): 3981-3986.

[5] Kleiman J P, Dubeck M. The preparation of cyclopentadienyl [*o*-(phenylazo)phenyl]nickel. Journal of the American Chemical Society, 1963, 85(10): 1544-1545.

[6] Cope A C, Siekman R W. Formation of covalent bonds from platinum or palladium to carbon by direct substitution. Journal of the American Chemical Society, 1965, 87(14): 3272-3273.

[7] Parshall G W. Intramolecular aromatic substitution in transition metal complexes. Accounts of Chemical Research, 1970, 3(4): 139-144.

[8] Trofimenko S. Some studies of the cyclopalladation reaction. Inorganic Chemistry, 1973, 12(6): 1215-1221.

[9] Kim D S, Park W J, Jun C H. Metal-organic cooperative catalysis in C—H and C—C bond activation. Chemical Reviews, 2017, 117(13): 8977-9015.

[10] Gandeepan P, Müller T, Zell D, Cera G, Warratz S, Ackermann L. 3d transition metals for C—H activation. Chemical Reviews, 2019, 119(4): 2192-2452.

[11] Mousa A H, Fleckhaus A, Kondrashov M, Wendt O F. Aromatic PCN pincer palladium complexes: forming and breaking C—C bonds. Journal of Organometallic Chemistry, 2017, 845: 157-164.

[12] Wang Y, Huang Z, Huang Z. Catalyst as colour indicator for endpoint detection to enable selective alkyne *trans*-hydrogenation with ethanol. Nature Catalysis, 2019, 2(6): 529-536.

[13] Rybtchinski B, Oevers S, Montag M, Vigalok A, Rozenberg H, Martin J M L, Milstein D. Comparison of steric and electronic requirements for C—C and C—H bond activation. Chelating vs nonchelating case. Journal of the American Chemical Society, 2001, 123(37): 9064-9077.

[14] Fulmer G R, Kaminsky W, Kemp R A, Goldberg K I. Syntheses and characterization of palladium complexes with a hemilabile "PCO" pincer ligand. Organometallics, 2011, 30(6): 1627-1636.

[15] Bonnet S, Li J, Siegler M A, von Chrzanowski L S, Spek A L, van Koten G, Klein Gebbink R J M. Synthesis and resolution of planar-chiral ruthenium-palladium complexes with ECE' pincer ligands. Chemistry-A European Journal, 2009, 15(14): 3340-3343.

[16] Gagliardo M, Selander N, Mehendale N C, van Koten G, Klein Gebbink R J M, Szabó K J. Catalytic performance of symmetrical and unsymmetrical sulfur-containing pincer complexes: synthesis and tandem catalytic activity of the first PCS pincer palladium complex. Chemistry-A European Journal, 2008, 14(16): 4800-4809.

[17] Jongbloed L S, de Bruin B, Reek J N H, Lutz M, van der Vlugt J I. Facile synthesis and versatile reactivity of an unusual cyclometalated rhodium(Ⅰ) pincer complex. Chemistry-A European Journal, 2015, 21(19): 7297-7305.

[18] Jongbloed L S, García-López D, van Heck R, Siegler M A, Carbó J J, van der Vlugt J I. Arene C(sp^2)—H metalation at Ni^{Ⅱ} modeled with a reactive PONC$_{Ph}$ ligand. Inorganic Chemistry, 2016, 55(16): 8041-8047.

[19] Simler T, Danopoulos A A, Braunstein P. N-Heterocyclic carbene-phosphino-picolines as precursors of anionic 'pincer' ligands with dearomatised pyridine backbones; transmetallation from potassium to chromium. Chemical Communications, 2015, 51(53): 10699-10702.

[20] Simler T, Braunstein P, Danopoulos A A. Cobalt PNC^{NHC} 'pincers': ligand dearomatisation, formation of dinuclear and N$_2$ complexes and promotion of C—H activation. Chemical Communications, 2016, 52(13): 2717-2720.

[21] Sánchez P, Hernández-Juárez M, Álvarez E, Paneque M, Rendón N, Suárez A. Synthesis, structure and reactivity of Pd and Ir complexes based on new lutidine-derived NHC/phosphine mixed pincer ligands. Dalton Transactions, 2016, 45(42): 16997-17009.

[22] Simler T, Choua S, Danopoulos A A, Braunstein P. Reactivity of a dearomatised pincer Co^{II}Br complex with PNC^{NHC} donors: alkylation and Si—H bond activation via metal-ligand cooperation. Dalton Transactions, 2018, 47(24): 7888-7895.

[23] Sánchez P, Hernández-Juárez M, Rendón N, López-Serrano J, Álvarez E, Paneque M, Suárez A. Hydroboration of carbon dioxide with catechol and pinacolborane using an Ir-CNP* pincer complex. Water influence on the catalytic activity. Dalton Transactions, 2018, 47(46): 16766-16776.

[24] Balaraman E, Gnanaprakasam B, Shimon L J W, Milstein D. Direct hydrogenation of amides to alcohols and amines under mild conditions. Journal of the American Chemical Society, 2010, 132(47): 16756-16758.

[25] Du X, Zhang Y, Peng D, Huang Z. Base-metal-catalyzed regiodivergent alkene hydrosilylations. Angewandte Chemie International Edition, 2016, 55(23): 6671-6675.

[26] Peng D, Zhang Y, Du X, Zhang L, Leng X, Walter M D, Huang Z. Phosphinite-iminopyridine iron catalysts for chemoselective alkene hydrosilylation. Journal of the American Chemical Society, 2013, 135(51): 19154-19166.

[27] Fogler E, Garg J A, Hu P, Leitus G, Shimon L J W, Milstein D. System with potential dual modes of metal-ligand cooperation: Highly catalytically active pyridine-based PNNH-Ru pincer complexes. Chemistry-A European Journal, 2014, 20(48): 15727-15731.

[28] Zubar V, Lebedev Y, Azofra L M, Cavallo L, El-Sepelgy O, Rueping M. Hydrogenation of CO$_2$-derived carbonates and polycarbonates to methanol and diols by metal-ligand cooperative manganese catalysis. Angewandte Chemie International Edition, 2018, 57(41): 13439-13443.

[29] Papa V, Cabrero-Antonino J R, Alberico E, Spanneberg A, Junge K, Junge H, Beller M. Efficient and selective hydrogenation of amides to alcohols and amines using a well-defined manganese-PNN pincer complex. Chemical Science, 2017, 8(5): 3576-3585.

[30] Zhang J, Leitus G, Ben-David Y, Milstein D. Efficient homogeneous catalytic hydrogenation of esters to alcohols. Angewandte Chemie International Edition, 2006, 45(7): 1113-1115.

[31] Gunanathan C, Milstein D. Metal-ligand cooperation by aromatization-dearomatization: a new paradigm in bond activation and "green" catalysis. Accounts of Chemical Research, 2011, 44(8): 588-602.

[32] Khusnutdinova J R, Milstein D. Metal-ligand cooperation. Angewandte Chemie International Edition, 2015, 54(42): 12236-12273.

[33] Alig L, Fritz M, Schneider S. First-row transition metal (de)hydrogenation catalysis based on functional pincer ligands. Chemical Reviews, 2019, 119(4): 2681-2751.

[34] Balaraman E, Gunanathan C, Zhang J, Shimon L J W, Milstein D. Efficient hydrogenation of organic carbonates, carbamates and formates indicates alternative routes to methanol based on CO$_2$ and CO. Nature Chemistry, 2011, 3(8): 609-614.

[35] Balaraman E, Ben-David Y, Milstein D. Unprecedented catalytic hydrogenation of urea derivatives to amines and methanol. Angewandte Chemie International Edition, 2011, 50(49): 11702-11705.

[36] Srimani D, Feller M, Ben-David Y, Milstein D. Catalytic coupling of nitriles with amines to selectively form imines under mild hydrogen pressure. Chemical Communications, 2012, 48(97): 11853-11855.

[37] Balaraman E, Khaskin E, Leitus G, Milstein D. Catalytic transformation of alcohols to carboxylic acid salts and H$_2$ using water as the oxygen atom source. Nature Chemistry, 2013, 5(2): 122-125.

[38] Hu P, Diskin-Posner Y, Ben-David Y, Milstein D. Reusable homogeneous catalytic system for hydrogen production from methanol and water. ACS Catalysis, 2014, 4(8): 2649-2652.

[39] Hu P, Ben-David Y, Milstein D. Rechargeable hydrogen storage system based on the dehydrogenative coupling of ethylenediamine with ethanol. Angewandte Chemie International Edition, 2016, 55(3):

1062-1064.

[40] Zhang L, Peng D, Leng X, Huang Z. Iron-catalyzed, atom-economical, chemo- and regioselective alkene hydroboration with pinacolborane. Angewandte Chemie International Edition, 2013, 52(13): 3676-3680.

[41] Zhang L, Huang Z. Synthesis of 1,1,1-tris(boronates) from vinylarenes by Co-catalyzed dehydrogenative borylations-hydroboration. Journal of the American Chemical Society, 2015, 137(50): 15600-15603.

[42] Wen H, Zhang L, Zhu S, Liu G, Huang Z. Stereoselective synthesis of trisubstituted alkenes via cobalt-catalyzed double dehydrogenative borylations of 1-alkenes. ACS Catalysis, 2017, 7(10): 6419-6425.

[43] Du X, Hou W, Zhang Y, Huang Z. Pincer cobalt complex-catalyzed Z-selective hydrosilylation of terminal alkynes. Organic Chemistry Frontiers, 2017, 4(8): 1517-1521.

[44] Kar S, Rauch M, Kumar A, Leitus G, Ben-David Y, Milstein D. Selective room-temperature hydrogenation of amides to amines and alcohols catalyzed by a ruthenium pincer complex and mechanistic insight. ACS Catalysis, 2020, 10(10): 5511-5515.

[45] Spasyuk D, Gusev D G. Acceptorless dehydrogenative coupling of ethanol and hydrogenation of esters and imines. Organometallics, 2012, 31(15): 5239-5242.

[46] Wang Y, Zu L, Shao Z, Li G, Lan Y, Liu Q. Unmasking the ligand effect in manganese-catalyzed hydrogenation: mechanistic insight and catalytic application. Journal of the American Chemical Society, 2019, 141(43): 17337-17349.

[47] Fu S, Chen N Y, Liu X, Shao Z, Luo S P, Liu Q. Ligand-controlled cobalt-catalyzed transfer hydrogenation of alkynes: Stereodivergent synthesis of Z- and E-alkenes. Journal of the American Chemical Society, 2016, 138 (27): 8588-8594.

[48] Liu X, Zhang W, Wang Y, Zhang Z X, Jiao L, Liu Q. Cobalt-catalyzed regioselective olefin isomerization under kinetic control. Journal of the American Chemical Society, 2018, 140(22): 6873-6882.

[49] Grotjahn D B, Joubran C. Facile oxidative addition of rhodium(I) to the acyl-oxygen bond of 2-[(diphenylphosphino)methyl] quinolin-8-ol acetate. Organometallics, 1995, 14(11): 5171-5177.

[50] Scharf A, Goldberg I, Vigalok A. Palladium-assisted room-temperature nucleophilic substitution of an unactivated aryl fluoride. Organometallics, 2012, 31(4): 1275-1277.

[51] Takano S, Kochi T, Kakiuchi F. Synthesis and reactivity of phosphine-quinolinolato rhodium complexes: intermediacy of vinylidene and (amino)carbene complexes in the catalytic hydroamination of terminal alkynes. Organometallics, 2016, 35(24): 4112-4125.

[52] Perera S D, Shaw B L. A systematic method of promoting an aryl fluoride to coordinate to ruthenium(II). Inorganica Chimica Acta, 1995, 228(2): 127-131.

[53] Perera S D, Shaw B L, Thornton-Pett M. Aryl halide coordination to Ru(II): crystal structure of *mer*, *trans*-[RuCl$_2$(PPh$_3$){PPh$_2$CH$_2$C(Bu^t)=N—N=CH(C$_6$H$_3$F$_2$-2,6)}]. Inorganica Chimica Acta, 2001, 325(1-2): 151-154.

[54] Scharf A, Goldberg I, Vigalok A. Evidence for Metal-ligand cooperation in a Pd-PNF pincer-catalyzed cross-coupling. Journal of the American Chemical Society, 2013, 135(3): 967-970.

[55] Scharf A, Goldberg I, Vigalok A. Room temperature rapid functionalization of E—H bonds (E = O, N, S) via the metal-ligand cooperation mechanism. Inorganic Chemistry, 2014, 53(1): 12-14.

[56] Gargir M, Ben-David Y, Leitus G, Diskin-Posner Y, Shimon L J W, Milstein D. PNS-type ruthenium pincer complexes. Organometallics 2012, 31(17): 6207-6214.

[57] Luo Q, Dai Z, Cong H, Li R, Peng T, Zhang J. Oxidant-free synthesis of benzimidazoles from alcohols and aromatic diamines catalysed by new Ru(II)-PNS(O) pincer complexes. Dalton Transactions, 2017, 46(43): 15012-15022.

[58] Kosanovich A J, Jordan A M, Bhuvanesh N, Ozerov O V. Synthesis and characterization of rhodium, iridium, and palladium complexes of a diarylamido-based PNSb pincer ligand. Dalton Transactions, 2018, 47(33): 11619-11624.

[59] Kermagoret A, Tomicki F, Braunstein P. Nickel and iron complexes with N,P,N-type ligands: synthesis, structure and catalytic oligomerization of ethylene. Dalton Transactions, 2008(22): 2945-2955.

[60] Sahoo A R, Jiang F, Bruneau C, Sharma G V M, Suresh S, Achard M. Acetals from primary alcohols with the use of tridentate proton responsive phosphinepyridonate iridium catalysts. RSC Advances, 2016, 6(102): 100554-100558.

[61] Sahoo A R, Jiang F, Bruneau C, Sharma G V M, Suresh S, Roisnel T, Dorcet V, Achard M. Phosphine-pyridonate ligands containing octahedral ruthenium complexes: access to esters and formic acid. Catalysis Science & Technology, 2017, 7(16): 3492-3498.

[62] Sahoo A R, Lalitha G, Murugesh V, Bruneau C, Sharma G V M, Suresh S, Achard M. Ruthenium phosphine-pyridone catalyzed cross-coupling of alcohols to form α-alkylated ketones. The Journal of Organic Chemistry, 2017, 82(19): 10727-10731.

[63] Segawa Y, Yamashita M, Nozaki K. Syntheses of PBP pincer iridium complexes: a supporting boryl ligand. Journal of the American Chemical Society, 2009, 131(26): 9201-9203.

[64] Shih W C, Gu W, MacInnis M C, Timpa S D, Bhuvanesh N, Zhou J, Ozerov O V. Facile insertion of Rh and Ir into boron-phenyl bond, Leading to boryl/bis(phosphine) PBP Pincer complexes. Journal of the American Chemical Society, 2016, 138(7): 2086-2089.

[65] Lin T P, Peters J C. Boryl-metal bonds facilitate cobalt/nickel-catalyzed olefin hydrogenation. Journal of the American Chemical Society, 2014, 136(39): 13672-13683.

[66] Shih W C, Ozerov O V. Synthesis and characterization of PBP pincer iridium complexes and their application in alkane transfer dehydrogenation. Organometallics, 2017, 36(1): 228-233.

[67] Shih W C, Ozerov O V. Selective *ortho* C—H activation of pyridines directed by Lewis acidic boron of PBP pincer iridium complexes. Journal of the American Chemical Society, 2017, 139(48): 17297-17300.

[68] van der Boom M E, Milstein D. Cyclometalated phosphine-based pincer complexes: mechanistic insight in catalysis, coordination, and bond activation. Chemical Reviews, 2003, 103(5): 1759-1792.

[69] Murugesan S, Kirchner K. Non-precious metal complexes with an anionic PCP pincer architecture. Dalton Transactions, 2016, 45(2): 416-439.

[70] Gusev D G, Madott M, Dolgushin F M, Lyssenko K A, Antipin M Y. Agostic bonding in pincer complexes of ruthenium. Organometallics, 2000, 19(9): 1734-1739.

[71] Göttker-Schnetmann I, White P, Brookhart M. Iridium bis(phosphinite) *p*-XPCP pincer complexes: highly active catalysts for the transfer dehydrogenation of alkanes. Journal of the American Chemical Society, 2004, 126(6): 1804-1811.

[72] Yao W, Zhang Y, Jia X, Huang Z. Selective catalytic transfer dehydrogenation of alkanes and heterocycles by an iridium pincer complex. Angewandte Chemie International Edition, 2014, 53(5): 1390-1394.

[73] Leveson-Gower R B, Webb P B, Cordes D B, Slawin A M Z, Smith D M, Tooze R P, Liu J. Synthesis, characterization, and catalytic properties of iridium pincer complexes containing NH linkers. Organometallics, 2018, 37(1): 30-39.

[74] Gusev D G, Lough A J. Experimental and computational study of pincer complexes of ruthenium with Py, CO, and N_2 ligands. Organometallics, 2002, 21(23): 5091-5099.

[75] Eizawa A, Arashiba K, Tanaka H, Kuriyama S, Matsuo Y, Nakajima K, Yoshizawa K, Nishibayashi Y. Remarkable catalytic activity of dinitrogen-bridged dimolybdenum complexes bearing NHC-based PCP-pincer ligands toward nitrogen fixation. Nature Communications, 2017, 8: 14874.

[76] Moulton C J, Shaw B L. Transition metal-carbon bonds. Part XII. Complexes of nickel, palladium, platinum, rhodium and iridium with the tridentate ligand 2,6-bis[(di-t-butylphosphino)methyl]phenyl. Journal of the Chemical Society, Dalton Transactions, 1976 (11): 1020-1024.

[77] Gupta M, Hagen C, Flesher R J, Kaska W C, Jensen C M. A highly active alkane dehydrogenation catalyst: stabilization of dihydrido rhodium and iridium complexes by a P-C-P pincer ligand. Chemical Communications, 1996(17): 2083-2084.

[78] Gupta M, Hagen C, Kaska W C, Cramer R E, Jensen C M. Catalytic dehydrogenation of cycloalkanes to arenes by a dihydrido iridium P-C-P pincer complex. Journal of the American Chemical Society, 1997, 119(4): 840-841.

[79] Gupta M, Kaska W C, Jensen C M. Catalytic dehydrogenation of ethylbenzene and tetrahydrofuran by

a dihydrido iridium P-C-P pincer complex. Chemical Communications, 1997(5): 461-462.
[80] Xu W W, Rosini G P, Gupta M, Jensen C M, Kaska W C, Krogh-Jespersen K, Goldman A S. Thermochemical alkane dehydrogenation catalyzed in solution without the use of a hydrogen acceptor. Chemical Communications, 1997(23): 2273-2274.
[81] Lee D W, Kaska W C, Jensen C M. Mechanistic features of iridium pincer complex catalyzed hydrocarbon dehydrogenation reactions: inhibition upon formation of a μ-dinitrogen complex. Organometallics, 1998, 17(1): 1-3.
[82] Liu F, Pak E B, Singh B, Jensen C M, Goldman A S. Dehydrogenation of n-alkanes catalyzed by iridium "pincer" complexes: regioselective formation of α-olefins. Journal of the American Chemical Society, 1999, 121(16): 4086-4087.
[83] Jensen C M. Iridium PCP pincer complexes: highly active and robust catalysts for novel homogeneous aliphatic dehydrogenations. Chemical Communications, 1999(24): 2443-2449.
[84] Göttker-Schnetmann I, White P, Brookhart M. Synthesis and properties of iridium bis(phosphinite) pincer complexes (p-XPCP)IrH$_2$, (p-XPCP)Ir(CO), (p-XPCP)Ir(H)(aryl), and {(p-XPCP)Ir}$_2${μ-N$_2$} and their relevance in alkane transfer dehydrogenation. Organometallics, 2004, 23(8): 1766-1776.
[85] Yuan M L, Xie J H, Zhu S F, Zhou Q L. Deoxygenative hydrogenation of amides catalyzed by a well-defined iridium pincer complex. ACS Catalysis, 2016, 6(6): 3665-3669.
[86] Goldman A S, Roy A H, Huang Z, Ahuja R, Schinski W, Brookhart M. Catalytic alkane metathesis by tandem alkane dehydrogenation-olefin metathesis. Science, 2006, 312(5771): 257-261.
[87] Crocker C, Empsall H D, Errington R J, Hyde E M, McDonald W S, Markham R, Norton M C, Shaw B L, Weeks B. Transition metal–carbon bonds. Part 52. Large ring and cyclometallated complexes formed from Bu$_2^t$PCH$_2$CH$_2$CHRCH$_2$CH$_2$PBu$_2^t$(R = H or Me) and IrCl$_3$, or [Ir$_2$Cl$_4$(cyclo-octene)$_4$]: crystal structures of the cyclometallated hydride, [IrHCl(Bu$_2^t$PCH$_2$CH$_2$CHCH$_2$CH$_2$PBu$_2^t$)], and the carbene complex [IrCl(Bu$_2^t$PCH$_2$CH$_2$CCH$_2$CH$_2$PBu$_2^t$)]. Journal of the Chemical Society, Dalton Transactions, 1982(7): 1217-1224.
[88] McLoughlin M A, Flesher R J, Kaska W C, Mayer H A. Synthesis and reactivity of [IrH$_2$(^{t}Bu$_2$P) CH$_2$CH$_2$CHCH$_2$CH$_2$P(^{t}Bu$_2$)], a dynamic iridium polyhydride complex. Organometallics, 1994, 13(10): 3816-3822.
[89] Zhao J, Goldman A, Hartwig J F. Oxidative addition of ammonia to form a stable monomeric amido hydride complex. Science, 2005, 307(5712): 1080-1082.
[90] Hermann D, Gandelman M, Rozenberg H, Shimon L J W, Milstein D. Synthesis, structure, and reactivity of new rhodium and iridium complexes, bearing a highly electron-donating PNP system. Iridium-mediated vinylic C—H bond activation. Organometallics, 2002, 21(5): 812-818.
[91] Kawatsura M, Hartwig J F. Transition metal-catalyzed addition of amines to acrylic acid derivatives. A high-throughput method for evaluating hydroamination of primary and secondary alkylamines. Organometallics, 2001, 20(10): 1960-1964.
[92] Michlik S, Kempe R. A sustainable catalytic pyrrole synthesis. Nature Chemistry, 2013, 5(2): 140-144.
[93] McGuinness D S, Wasserscheid P, Morgan D H, Dixon J T. Ethylene trimerization with mixed-donor ligand (N,P,S) chromium complexes: effect of ligand structure on activity and selectivity. Organometallics, 2005, 24(4): 552-556.
[94] Clarke Z E, Maragh P T, Dasgupta T P, Gusev D G, Lough A J, Abdur-Rashid K. A family of active iridium catalysts for transfer hydrogenation of ketones. Organometallics, 2006, 25(17): 4113-4117.
[95] Nuzzo R G, Haynie S L, Wilson M E, Whitesides G M. Synthesis of functional chelating diphosphines containing the bis[2-(diphenylphosphino)ethyl]amino moiety and the use of these materials in the preparation of water-soluble diphosphine complexes of transition metals. Journal of Organic Chemistry, 1981, 46(14): 2861-2867.
[96] Jiang X, Zhang J, Zhao D, Li Y. Aldehyde effect and ligand discovery in Ru-catalyzed dehydrogenative cross-coupling of alcohols to esters. Chemical Communications, 2019, 55(19): 2797-2800.
[97] Gnanaprakasam B, Zhang J, Milstein D. Direct synthesis of imines from alcohols and amines with liberation of H$_2$. Angewandte Chemie International Edition, 2010, 49(8): 1468-1471.

[98] Khaskin E, Iron M A, Shimon L J W, Zhang J, Milstein D. N—H activation of amines and ammonia by Ru via metal-ligand cooperation. Journal of the American Chemical Society, 2010, 132(25): 8542-8543.

[99] Montag M, Zhang J, Milstein D. Aldehyde binding through reversible C—C coupling with the pincer ligand upon alcohol dehydrogenation by a PNP-ruthenium catalyst. Journal of the American Chemical Society, 2012, 134(25): 10325-10328.

[100] Bauer J O, Leitus G, Ben-David Y, Milstein D. Direct synthesis of symmetrical azines from alcohols and hydrazine catalyzed by a ruthenium pincer complex: effect of hydrogen bonding. ACS Catalysis, 2016, 6(12): 8415-8419.

[101] Filonenko G A, Conley M P, Copéret C, Lutz M, Hensen E J M, Pidko E A. The impact of metal-ligand cooperation in hydrogenation of carbon dioxide catalyzed by ruthenium PNP pincer. ACS Catalysis, 2013, 3(11): 2522-2526.

[102] Filonenko G A, van Putten R, Schulpen E N, Hensen E J M, Pidko E A. Highly efficient reversible hydrogenation of carbon dioxide to formates using a ruthenium PNP-pincer catalyst. Chem Cat Chem, 2014, 6(6): 1526-1530.

[103] Guo B, de Vries J G, Otten E. Hydration of nitriles using a metal-ligand cooperative ruthenium pincer catalyst. Chemical Science, 2019, 10(45): 10647-10652.

[104] Tanaka R, Yamashita M, Nozaki K. Catalytic hydrogenation of carbon dioxide using Ir(III)-pincer complexes. Journal of the American Chemical Society, 2009, 131(40): 14168-14169.

[105] Li W, Xie J, Lin H, Zhou Q L. Highly efficient hydrogenation of biomass-derived levulinic acid to γ-valerolactone catalyzed by iridium pincer complexes. Green Chemistry, 2012, 14(9): 2388-2390.

[106] Mastalir M, Glatz M, Gorgas N, Stöger B, Pittenauer E, Allmaier G, Veiros L F, Kirchner K. Divergent coupling of alcohols and amines catalyzed by isoelectronic hydride Mn^I and Fe^{II} PNP pincer complexes. Chemistry-A European Journal, 2016, 22(35): 12316-12320.

[107] Mastalir M, Glatz M, Pittenauer E, Allmaier G, Kirchner K. Sustainable synthesis of quinolines and pyrimidines catalyzed by manganese PNP pincer complexes. Journal of the American Chemical Society, 2016, 138(48): 15543-15546.

[108] Mastalir M, Pittenauer E, Allmaier G, Kirchner K. Manganese-catalyzed aminomethylation of aromatic compounds with methanol as a sustainable C1 building block. Journal of the American Chemical Society, 2017, 139(26): 8812-8815.

[109] Glatz M, Stöger B, Himmelbauer D, Veiros L F, Kirchner K. Chemoselective hydrogenation of aldehydes under mild, base-free conditions: manganese outperforms rhenium. ACS Catalysis, 2018, 8(5): 4009-4016.

[110] Bertini F, Glatz M, Stöger B, Peruzzini M, Veiros L F, Kirchner K, Gonsalvi L. Carbon dioxide reduction to methanol catalyzed by Mn(I) PNP pincer complexes under mild reaction conditions. ACS Catalysis, 2019, 9(1): 632-639.

[111] Qu S, Dang Y, Song C, Wen M, Huang K W, Wang Z. Catalytic mechanisms of direct pyrrole synthesis via dehydrogenative coupling mediated by PNP-Ir or PNN-Ru pincer complexes: crucial role of proton-transfer shuttles in the PNP-Ir system. Journal of the American Chemical Society, 2014, 136(13): 4974-4991.

[112] Han Z, Rong L, Wu J, Zhang L, Wang Z, Ding K. Catalytic hydrogenation of cyclic carbonates: a practical approach from CO_2 and epoxides to methanol and diols. Angewandte Chemie International Edition, 2012, 51(52): 13041-13045.

[113] Zhang L, Han Z, Zhao X, Wang Z, Ding K. Highly efficient ruthenium-catalyzed N-formylation of amines with H_2 and CO_2. Angewandte Chemie International Edition, 2015, 54(21): 6186-6189.

[114] Fu S, Shao Z, Wang Y, Liu Q. Manganese-catalyzed upgrading of ethanol into 1-butanol. Journal of the American Chemical Society, 2017, 139(26): 11941-11948.

[115] Elangovan S, Topf C, Fischer S, Jiao H, Spannenberg A, Baumann W, Ludwig R, Junge K, Beller M. Selective catalytic hydrogenations of nitriles, ketones, and aldehydes by well-defined manganese pincer complexes. Journal of the American Chemical Society, 2016, 138(28): 8809-8814.

[116] Ryabchuk P, Stier K, Junge K, Checinski M P, Beller M. molecularly defined manganese catalyst for

[117] Wei D, Roisnel T, Darcel C, Clot E, Sortais J B. Hydrogenation of carbonyl derivatives with a well-defined rhenium precatalyst. ChemCatChem, 2017, 9(1): 80-83.

low-temperature hydrogenation of carbon monoxide to methanol. Journal of the American Chemical Society, 2019, 141(42): 16923-16929.

[118] Kranenburg M, van der Burgt Y E M, Kamer P C J, van Leeuwen P W N M, Goubitz K, Fraanje J. New diphosphine ligands based on heterocyclic aromatics inducing very high regioselectivity in rhodium-catalyzed hydroformylation: Effect of the bite angle. Organometallics, 1995, 14(6): 3081-3089.

[119] Adams G M, Weller A S. POP-type ligands: Variable coordination and hemilabile behavior. Coordination Chemistry Reviews, 2018, 355: 150-172.

[120] Stevens T E, Smoll K A, Goldberg K I. Direct formation of carbon(sp^3)-heteroatom bonds from Rh^{III} to produce methyl iodide, thioethers, and alkylamines. Journal of the American Chemical Society, 2017, 139(23): 7725-7728.

[121] Zuideveld M A, Swennenhuis B H G, Boele M D K, Guari Y, van Strijdonck G P F, Reek J N H, Kamer P C J, Goubitz K, Fraanje J, Lutz M, Spek A L, van Leeuwen P W N M, The coordination behaviour of large natural bite angle diphosphine ligands towards methyl and 4-cyanophenylpalladium(II) Complexes. Journal of the Chemical Society, Dalton Transactions, 2002(11): 2308-2317.

[122] Wierschen A L, Romano N, Lee S J, Gagné M R. Silylpalladium cations enable the oxidative addition of c(sp^3)—O bonds. Journal of the American Chemical Society, 2019, 141(40): 16024-16032.

[123] Demott J C, Gu W, McCulloch B J, Herbert D E, Goshert M D, Walensky J R, Zhou J, Ozerov O V. Silyl-silylene interplay in cationic PSiP pincer complexes of platinum. Organometallics, 2015, 34(16): 3930-3933.

[124] Fang H, Choe Y K, Li Y, Shimada S. Synthesis, structure, and reactivity of hydridoiridium complexes bearing a pincer-type PSiP ligand. Chemistry An Asian Journal, 2011, 6(9): 2512-2521.

[125] Zhang J, Foley B J, Bhuvanesh N, Zhou J, Janzen D E, Whited M T, Ozerov O V. Synthesis and reactivity of pincer-type cobalt silyl and silylene complexes. Organometallics, 2018, 37(21): 3956-3962.

[126] Murphy L J, Ferguson M J, McDonald R, Lumsden M D, Turculet L. Synthesis of bis(phosphino)silyl pincer-supported iron hydrides for the catalytic hydrogenation of alkenes. Organometallics, 2018, 37(24): 4814-4826.

[127] Zhou X, Malakar S, Zhou T, Murugesan S, Huang C, Emge T J, Krogh-Jespersen K, Goldman A S. Catalytic alkane transfer dehydrogenation by PSP-pincer-ligated ruthenium. deactivation of an extremely reactive fragment by formation of allyl hydride complexes. ACS Catalysis, 2019, 9(5): 4072-4083.

[128] Petuker A, Merten C, Apfel U P. Modulating sonogashira cross-coupling reactivity in four-coordinate nickel complexes by using geometric control. European Journal of Inorganic Chemistry, 2015(12): 2139-2144.

[129] Day G S, Pan B, Kellenberger D L, Foxman B M, Thomas C M. Guilty as charged: non-innocent behavior by a pincer ligand featuring a central cationic phosphenium donor. Chemical Communications, 2011, 47(12): 3634-3636.

[130] Tan X, Zeng W, Zhang X, Chung L W, Zhang X. Development of a novel secondary phosphine oxide-ruthenium(II) catalyst and its application forcarbonyl reduction. Chemical Communications, 2018, 54 (5): 535-538.

[131] Geilen F M A, Engendahl B, Hölscher M, Klankermayer J, Leitner W. Selective homogeneous hydrogenation of biogenic carboxylic acids with $[Ru(TriPhos)H]^+$: A mechanistic study. Journal of the American Chemical Society, 2011, 133(36): 14349-14358.

[132] Yuan M L, Xie J H, Zhou Q L. Boron Lewis acid promoted ruthenium-catalyzed hydrogenation of amides: An efficient approach to secondary amines. ChemCatChem, 2016, 8(19): 3036-3040.

[133] Poitras A M, Knight S E, Bezpalko M W, Foxman B M, Thomas C M. Addition of H_2 across a cobalt-phosphorus bond. Angewandte Chemie International Edition, 2018, 57(6): 1497-1500.

PHOSPHORUS 磷科学前沿与技术丛书

非手性膦配体合成及应用

6

含膦四齿配体

6.1 单膦四齿配体
6.2 双膦四齿配体
6.3 三膦四齿配体
6.4 四膦四齿配体

Synthesis and Applications of Achiral Phosphine Ligands

含膦四齿配体由于结构比含膦三齿配体更复杂，因此合成路线一般更为冗长，这也导致它们的数量相对更少。含膦四齿配体与金属配位形成的四齿配合物，往往比含膦三齿配合物更稳定。当将含膦四齿配合物用作催化剂时，其高稳定性有利于催化剂寿命的提高及催化反应中间体的捕获，但是也常常导致催化活性的降低，因此，如何平衡稳定性与活性的关系尤为重要。需要指出的是，对于那些易于形成四配位构型的金属离子，四齿配体配位后意味着底物结合位点的缺失，因此形成的金属配合物不太适合用作催化剂。

与上一章类似，本章也将按照单膦四齿配体、双膦四齿配体、三膦四齿配体和四膦四齿配体四类对含膦四齿配体进行介绍。

6.1
单膦四齿配体

除了含有一个 P 配位点，单膦四齿配体还含有三个其他配位点。下面介绍一些典型的单膦四齿配体。

6.1.1 单膦四齿配体的合成

具有 C_3 对称性的 $PA_3(A = N, S)$ 型有机物是典型的单膦四齿配体，它们具有三脚架型结构。PN_3 型配体 **6-L$_1$** 可通过单膦三醛基化合物与 3,5-二甲基苯胺或苯胺缩合后再被 $NaBH_4$ 还原而制得（图 6-1）[1]。

PS_3 型配体 **6-L$_2$** 则可通过双负离子化的 2- 三甲硅基苯硫酚与 PCl_3 反应而制备（图 6-2）[2]。

非对称的 PNNN 配体 **6-L$_3$** 可通过 2-甲基 -6-三丁基锡基吡啶与 N-[(6-溴吡啶 -2-基) 甲基]-N-乙基乙胺在 $Pd(PPh_3)_4$ 和 LiCl 存在时发生

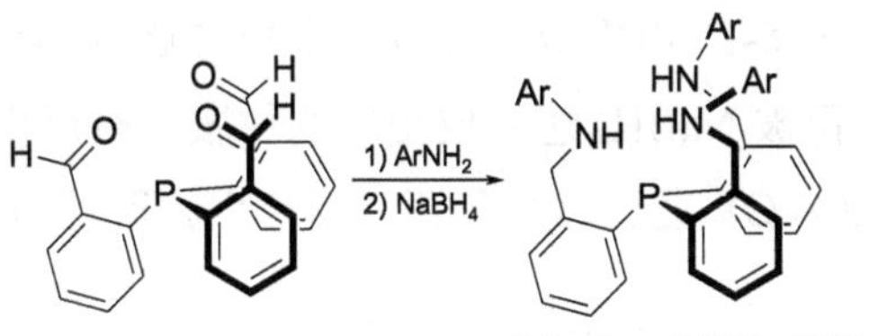

6-L₁: Ar = 3,5-$Me_2C_6H_3$

图 6-1　配体 **6-L₁** 的合成

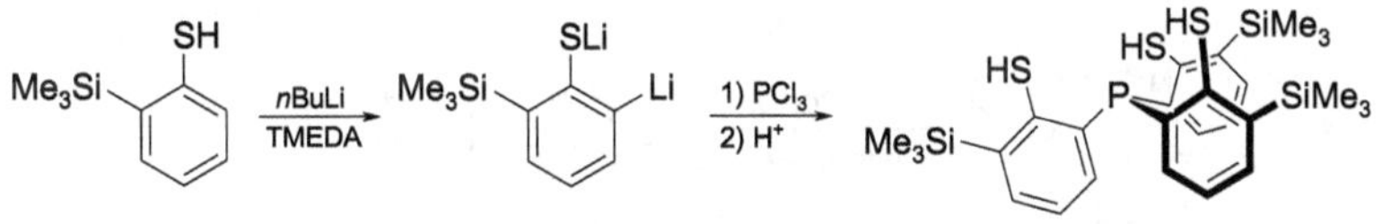

6-L₂

图 6-2　配体 **6-L₂** 的合成

Stille 偶联反应生成 NNN 型有机物后，再被 LDA 负离子化后与 $t\text{Bu}_2\text{PCl}$ 反应制得（图 6-3）[3]。

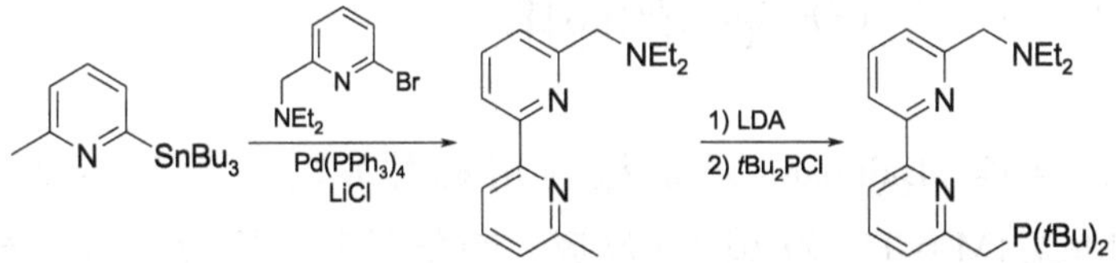

6-L₃

图 6-3　配体 **6-L₃** 的合成

一些其他类型的单膦四齿配体，如含 1-氮杂-15-冠-5-醚基的 PCNO 型配体 **6-L₄**，可以以 3- 溴甲基苯酚为原料，首先在 K_2CO_3 和 KI 存在下与 1-氮杂-15-冠-5-醚反应将 1-氮杂-15-冠-5-醚基引入苄位，之后再在 NEt_3 存在时将产物与 $i\text{Pr}_2\text{PCl}$ 反应，从而将 $i\text{Pr}_2\text{P}$ 引入而制得（图 6-4）[4]。

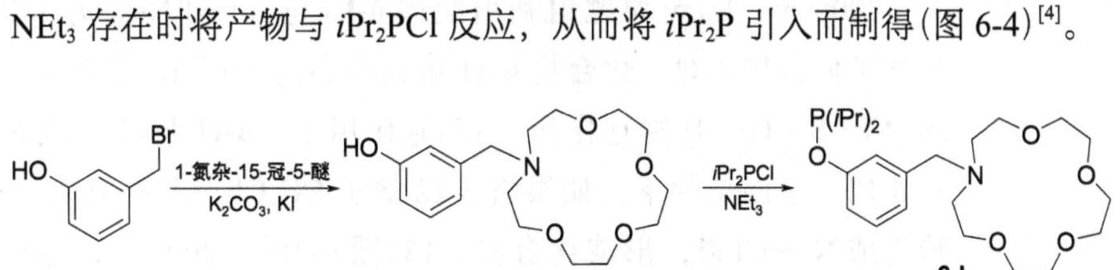

6-L₄

图 6-4　配体 **6-L₄** 的合成

PNNC 型配体 **6-L₅** ~ **6-L₇** 由相应的苄胺衍生物与吡啶-2-甲醛经过缩合反应得到席夫碱后，再被 NaBH₄ 还原成相应的仲胺，最后再与 2-二苯基膦基-苯甲醛和 NaBH(AcO)₃ 经过缩合和还原反应后制得（图 6-5）[5]。

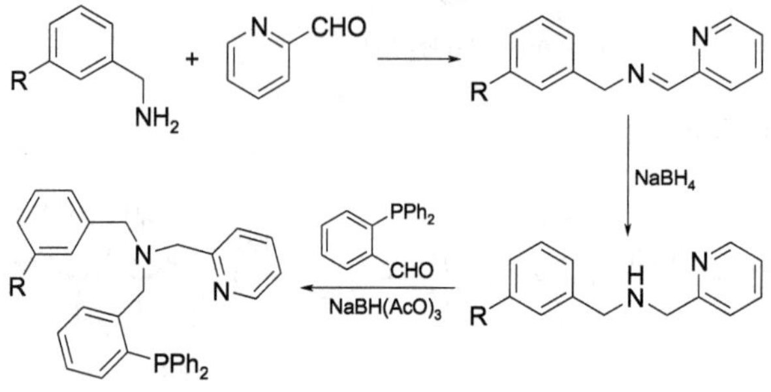

6-L₅: R = H
6-L₆: R = OMe
6-L₇: R = CF₃

图 6-5　配体 **6-L₅** ~ **6-L₇** 的合成

6.1.2　单膦四齿配体的应用

2014 年，Ballmann 课题组利用配体 **6-L₁** 与第Ⅳ族金属化合物 M(NMe₂)₄ (M = Ti、Zr 或 Tf) 反应，制备了三个四齿配合物 **6-1** ~ **6-3**。这三个配合物还可与 Et₃SiOTf 反应，在失去一分子 Et₃SiNMe₂ 后，生成 **6-4** ~ **6-6**。当继续加入 MeLi 后，**6-4** ~ **6-6** 又转化成 **6-7** ~ **6-9**（图 6-6）[1]。这九个四齿配合物均具有封闭半笼状结构。他们还发现化合物 **6-7** 在加热状态下不稳定，容易发生 C—H 键活化从而失去一分子 CH₄，生成产物 **6-10**（图 6-6）[1]。

2006 年，Liaw 课题组利用配体 **6-L₂** 与 [PPN][Ni(CO)(SePh)₃] 反应，制备了化合物 **6-11**。化合物 **6-11** 金属中心为 Ni(Ⅱ)，它含有一个分子内的 [Ni—S···H—S] 相互作用。在 O₂ 作用下，**6-11** 将转变成 Ni(Ⅲ) 化合物 **6-12**。室温条件下，如果将 **6-12** 溶于 CH₂Cl₂，那么它的 Ni—Se 键将转化成 Ni—Cl 键，形成化合物 **6-13**（图 6-7）[6]。2008 年，该课题组发现在 NaOPh 存在时，**6-13** 可发生配体取代反应生成 **6-14**，如果继续加入 [Bu₄N][OMe]，**6-14** 将转化成 **6-15**（图 6-7）[7]。化合物 **6-11** ~ **6-15** 的结构与 [NiFe]-氢化酶活性中心结构具有一定的相似性，因此它们可被看作是

[NiFe]-氢化酶的模拟物[8]。

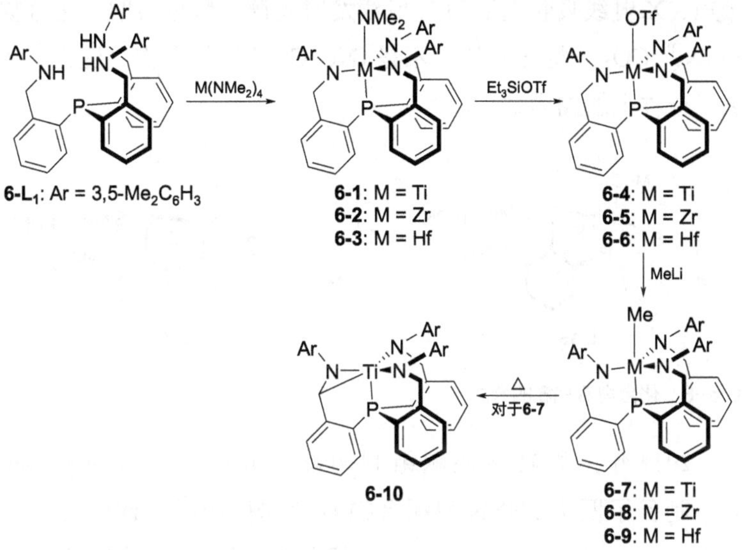

图 6-6　化合物 **6-1** ~ **6-10** 的合成

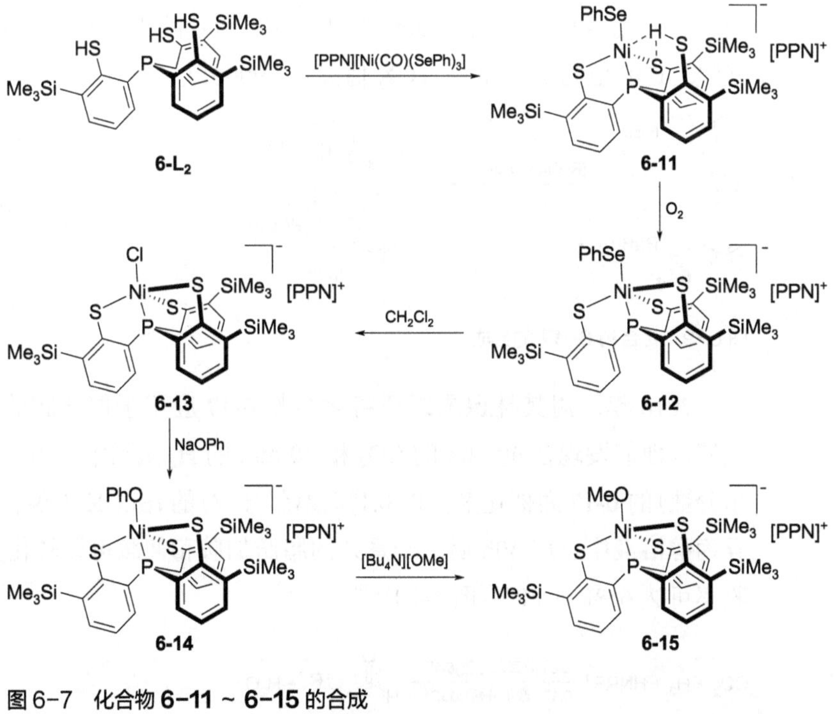

图 6-7　化合物 **6-11** ~ **6-15** 的合成

2016 年，Liaw 等人还发现化合物 **6-15** 可以与 CO_2 反应，生成产物

6-16(图 6-8)[9]。X 射线单晶衍射、电子顺磁共振光谱、红外光谱、有效磁矩、X 射线吸收光谱和 X 射线发射光谱等数据表明，化合物 **6-16** 是一种 [$Ni^{III}:CO_2^{2-}$] 型化合物而不是 [$Ni^{II}:CO_2$] 型化合物，这为 CO_2 的活化提供了一种全新的模式[9]。

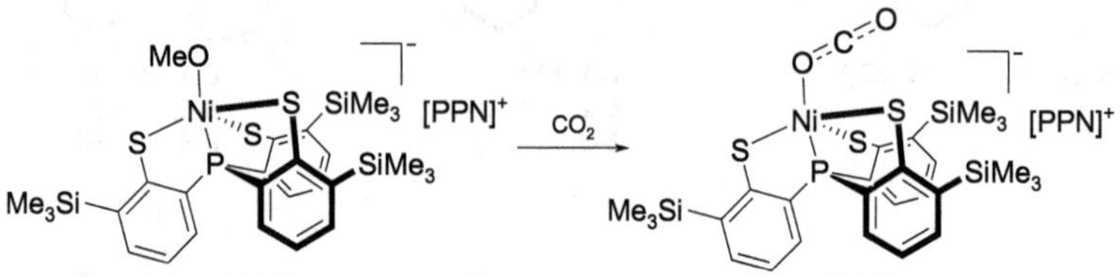

图 6-8 化合物 **6-16** 的合成

2014 年，周其林课题组利用配体 **6-L$_3$** 与 [$RuCl_2(\eta^6\text{-}p\text{-cymene})]_2$ 反应，制备了四齿 PNNN 型配合物 **6-17**(图 6-9)[3]。他们发现 **6-17** 在温和的条件下即可高效地催化一系列芳香羧酸酯、脂肪羧酸酯及内酯的氢化反应制备相应的醇。当以乙酸乙酯为底物，以 0.001% 的 **6-17** 为催化剂时，在室温条件下充入 50 atm 的 H_2，64h 后乙酸乙酯的转化率即可达到 79%，TOF 值为 1234 h^{-1}，TON 值高达 79000[3]。

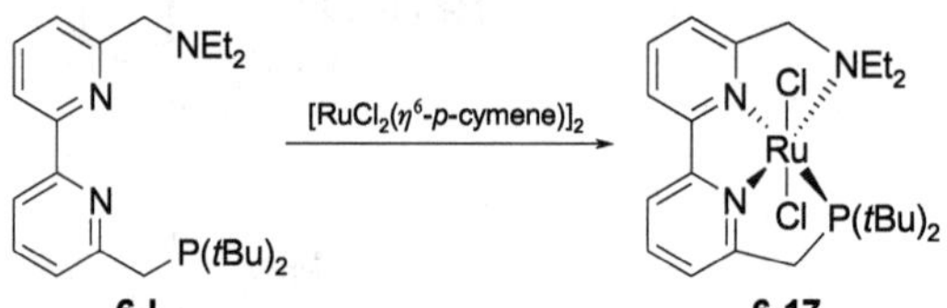

图 6-9 化合物 **6-17** 的合成

2018 年，周其林课题组还将化合物 **6-17** 应用于催化胺的 N-甲酰化反应。他们发现在 40 atm 的 CO_2 和 40 atm 的 H_2 氛围中，当以 0.01%（摩尔分数）的 **6-17** 为催化剂，以 0.1%（摩尔分数）的 tBuOK 为碱，在 90°C 的异丙醇溶液中反应 30h 后，一系列的脂肪伯胺和仲胺可以转化为甲酰胺，收率可达 65%～88%（图 6-10）[10]。

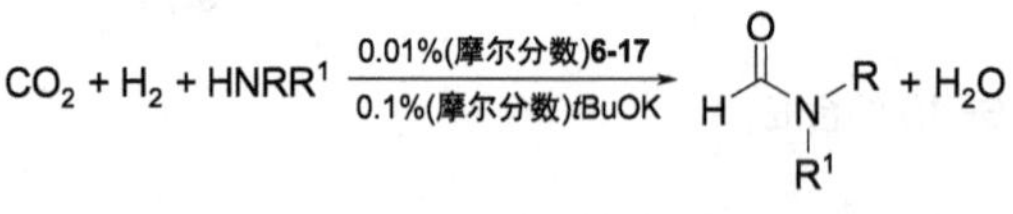

图 6-10 化合物 **6-17** 催化胺的 N-甲酰化反应

此外，周其林团队还发现在 110 ℃的异丙醇溶液中，当氢气的压力为 40 atm，tBuOK 的用量为 1%（摩尔分数）时，0.1%（摩尔分数）的化合物 **6-17** 还可在 30h 内将一系列甲酰胺几乎完全转化为 CH_3OH 和相应的胺（图 6-11）[10]。结合图 6-10 所示的反应，这相当于分两步将 CO_2 转化成了 CH_3OH。实际上，他们也发现在 $HNMe_2$ 存在下，化合物 **6-17** 确实可以一步催化 CO_2 的氢化直接转变为甲醇，同时 $HNMe_2$ 转变成了 DMF[10]。

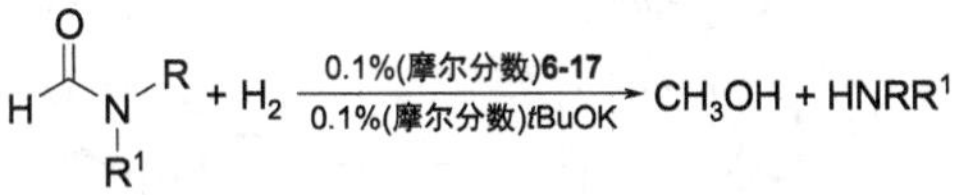

$$\text{HC(O)NRR}^1 + H_2 \xrightarrow[\text{0.1\%（摩尔分数）}tBuOK]{\text{0.1\%（摩尔分数）}\textbf{6-17}} CH_3OH + HNRR^1$$

图 6-11　化合物 **6-17** 催化甲酰胺的氢化反应

2014 年，Miller 课题组利用配体 **6-L$_4$** 与 [Ir(cod)Cl]$_2$ 反应，制备了四齿 PCNO 型金属配合物 **6-18**。当加入 NaBARF[四(3,5-二(三氟甲基)苯基)硼酸钠] 后，与 Ir 相连的 Cl 原子将被除去，产生的空位被 1-氮杂-15-冠-5-醚基的另一个 O 原子占据，从而生成五齿 PCNOO 型产物 **6-19**。化合物 **6-19** 中的 Ir—O 键较弱，当它溶解在 CH_3CN 中时，部分转化成单 CH_3CN 配位的四齿 PCNO 配合物 **6-20** 和双 CH_3CN 配位的三齿 PCN 配合物 **6-21**。**6-19** 还可以断裂 D_2，生成 D 代产物 **6-22**，这也经历了 D_2 与 Ir 的配位过程（图 6-12）。该反应速度较慢：在浓度为 6.25 mmol/L 的 CD_2Cl_2 溶液中，并且混有浓度为 125 mmol/L 的 Et_2O 时，通入 1 atm 的 D_2 后，反应的 $t_{1/2}$ 值为 160h。他们发现 Li^+ 和 Na^+ 可以促进该反应：当加入 0.3 当量的 NaBARF 时，$t_{1/2}$ 值缩减为 483 min；当加入 0.4 当量的 NaBARF 时，$t_{1/2}$ 缩减到 40 min，这可能是由于 Li^+ 和 Na^+ 与配体 1-氮杂-15-冠-5-醚的作用促进了 D_2 与 Ir 的配位[4]。

2017 年，Miller 等人研究了化合物 **6-18** 和 **6-19**[1%（摩尔分数）] 催化烯丙基苯的异构化反应，发现在室温条件如果不加入 NaBARF(M = Li 或 Na)，化合物 **6-18** 几乎没有活性，而化合物 **6-19** 活性较低，TOF 值只有 1.82 h^{-1}，但选择性很好，超过 99% 的产物为反-β-甲基苯乙烯（图 6-13）。此外，他们还发现 Na^+ 和 Li^+ 可促进该催化反应：当加入 2%（摩尔分数）的 Na^+ 时，TOF 值增大到 5.4 h^{-1}；当加入 4%（摩尔分数）

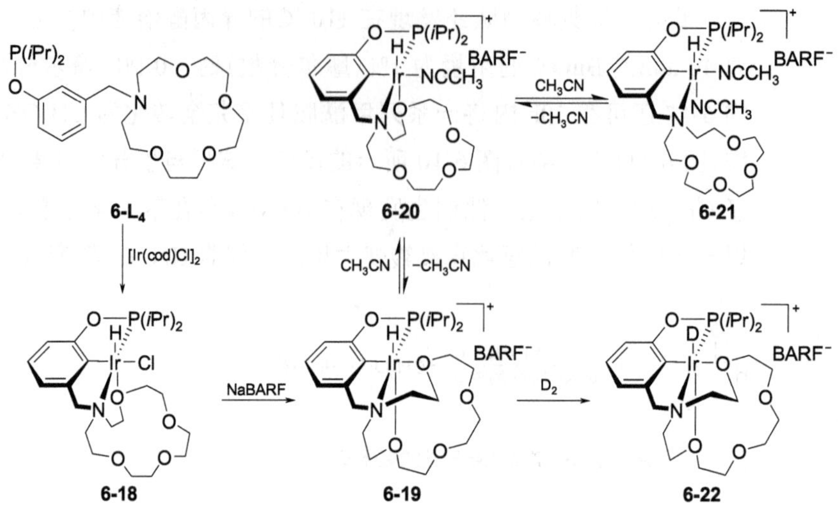

图 6-12　化合物 **6-18 ～ 6-22** 的合成

的 Li$^+$ 时，TOF 值可达 2000 h^{-1}，这与 Na$^+$ 和 Li$^+$ 促进化合物 **6-19** 与 D$_2$ 的反应具有类似的原因[11]。

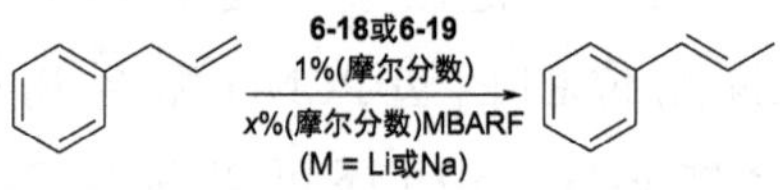

图 6-13　化合物 **6-18** 或 **6-19** 催化烯丙基苯的异构化反应

2017 年，Carmona 课题组利用配体 **6-L$_5$ ～ 6-L$_7$** 分别与 RhCl$_3$ 或 IrCl$_3$ 反应，制备了三齿配合物 **6-23 ～ 6-26**，它们以经式(*mer*)和面式(*fac*)的混合物形式存在(图 6-14)。值得注意的是，理论上它们均存在两种面式异构体，但是由于稳定性的差异，只得到了其中一种[5]。当将这些三齿配合物溶于含有 NaOAc 的沸腾的乙醇中时，它们将失去一分子 HCl 而转化为 PNNC 型四齿配合物 **6-27 ～ 6-30**(图 6-14)。理论上，这些四齿配合物也存在多种异构体，但是反应产物只以单一异构体形式存在[5]。同年，Carmona 等人还发现在回流的 CH$_3$CN 中，**6-27** 可以与 2 当量的 AgSbF$_6$ 反应生成双 CH$_3$CN 配位的产物 **6-31**；而对于 Ir 化合物 **6-30**，要高产率地转化成与 **6-31** 具有类似结构的化合物 **6-32**，反应温度则需要提高到 130 ℃(图 6-14)[12]。

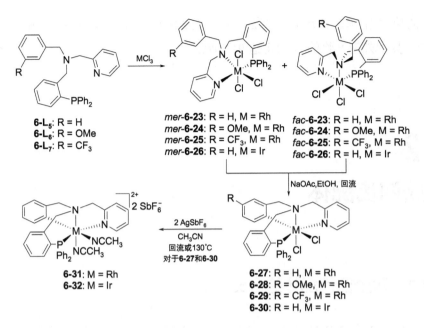

图6-14 化合物 **6-23 ~ 6-32** 的合成

2018年，Carmona课题组成功将这类外消旋的化合物进行了手性拆分。他们首先将 **6-31** 与 (S)-2-氨基-2-苯基乙酸反应，得到了两个非对映异构体 (S_N,S_C)-**6-33** 和 (R_N,S_C)-**6-33**，它们可以通过柱色谱法分离。与过量的盐酸反应后，这两个化合物分别转化为唯金属中心手性的产物 (S_N)-**6-27** 和 (R_N)-**6-27**。继续将 (S_N)-**6-27** 与 2 当量的 AgSbF$_6$ 反应，得到了 (S_N)-**6-31**（图 6-15）。他们还发现 (S_N)-**6-31** 可催化甲基丙烯醛与环戊二烯

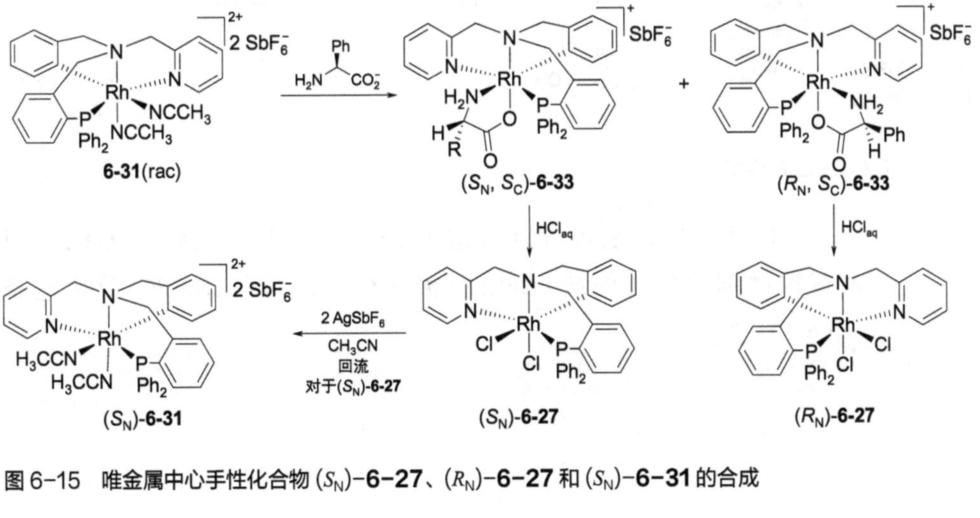

图6-15 唯金属中心手性化合物 (S_N)-**6-27**、(R_N)-**6-27** 和 (S_N)-**6-31** 的合成

之间的狄尔斯-阿尔德反应，在 298 K 反应 24h 后，外型 / 内型的比例为 88/12，其中外型产物的 er 值可达 91/9 (R/S)[13]。

6.2
双膦四齿配体

6.2.1 双膦四齿配体的合成

与图 6-3 中 PNNN 型配体 **6-L₃** 的合成理念类似，基于联吡啶有机物也可以合成 PNNP 型四齿配体。例如，配体 **6-L₈** 可通过 [(2-*t*BuMe$_2$SiCH$_2$)-6-SnBu$_3$-C$_6$H$_3$N] 与 [2-Br-6-*t*BuMe$_2$SiCH$_2$-C$_6$H$_3$N] 经过 Stille 偶联生成 6,6′-二羟甲基-2,2′-联吡啶后，再与 SOCl$_2$ 发生卤代反应生成 6,6′-二氯甲基-2,2′-联吡啶，最后再与 *t*Bu$_2$PH 反应制备（图 6-16）[3]。

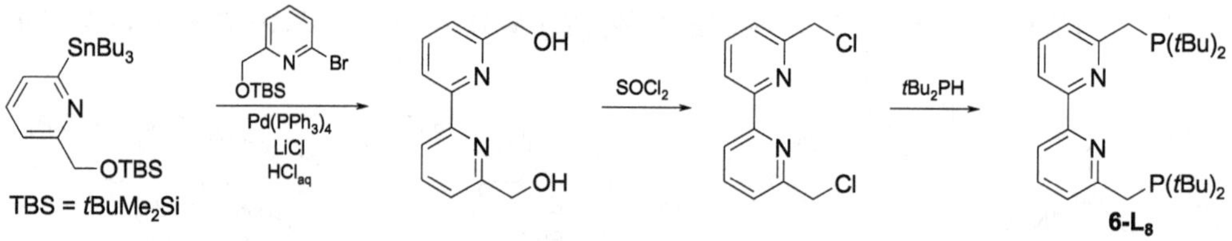

图 6-16　配体 **6-L₈** 的合成

还有另一种方法可以合成这种 PNNP 型配体。例如，**6-L₉** 可以由新铜试剂出发，先被 *n*BuLi 负离子化后，再与 *t*Bu$_2$PCl 反应制备（图 6-17）[14]。

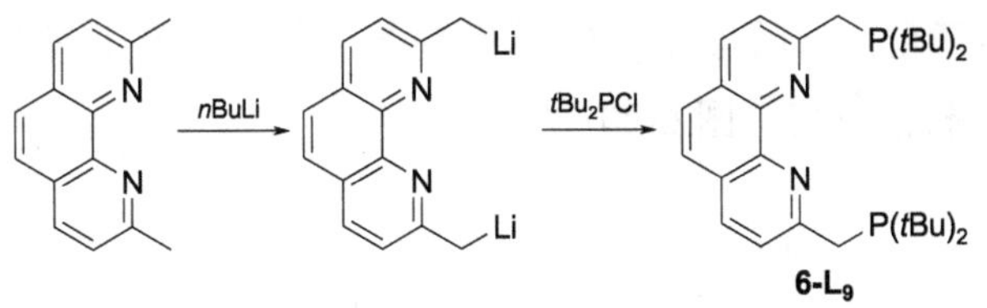

图 6-17　配体 **6-L$_9$** 的合成

由于含膦有机物对空气太敏感，有时也将它们转化成膦-硼烷配合物以便于鉴定和保存。例如，**6-L$_{10}$** 和 **6-L$_{11}$** 可通过与 **6-L$_9$** 类似的方法制备，但是当它们原位生成后并没有被分离提纯，而是继续与 BH$_3$·THF 反应分别转变成 **6-L$_{12}$** 和 **6-L$_{13}$** 后才被表征（图 6-18）。当需要使用 **6-L$_{10}$** 和 **6-L$_{11}$** 时，只需用 **6-L$_{12}$** 和 **6-L$_{13}$** 与含氮有机碱反应脱去 BH$_3$ 即可[15]。

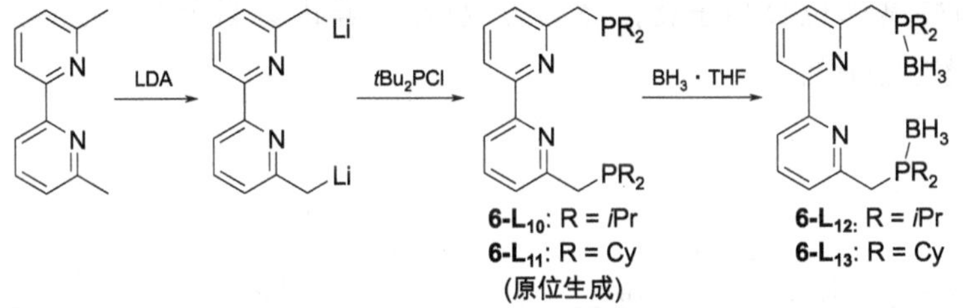

图 6-18　配体 **6-L$_{10}$** ~ **6-L$_{13}$** 的合成

具有类似骨架结构的 PNCP 型配体 **6-L$_{14}$** 则可通过 3-甲氧基苯硼酸与 2-溴-6-甲氧基吡啶经过 Suzuki 偶联反应构筑完苯基吡啶骨架后，加入 HBr 水溶液使甲氧基转变为羟基，然后再与 NaH 和 tBu$_2$PCl 反应制得（图 6-19）[16]。

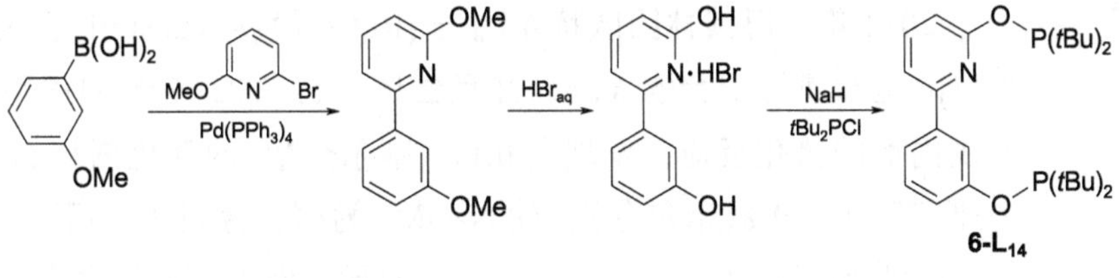

图 6-19　配体 **6-L$_{14}$** 的合成

基于三蝶烯骨架的 CP$_2$O 型配体 **6-L$_{15}$** 可由双羟基取代的 1,8-二溴三蝶烯经甲醚化变成双甲氧基取代的 1,8-二溴三蝶烯后，再利用 nBuLi/

TMEDA 负离子化，然后与 iPr$_2$PCl 反应制备；具有 9,10-二氢蒽骨架的配体 **6-L$_{16}$** 的制备方法类似(图 6-20)[17]。

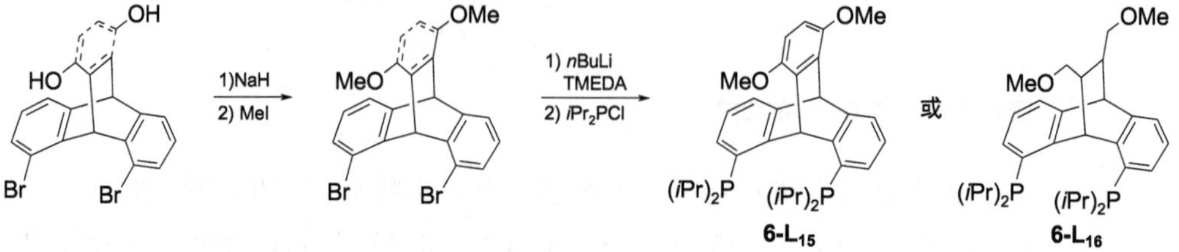

图 6-20 配体 **6-L$_{15}$** 和 **6-L$_{16}$** 的合成

SiP$_2$S 型配体 **6-L$_{17}$** 可利用 2-苯基苯硫酚为原料，首先经过异丙基化变成苯硫醚衍生物后，再与 nBuLi/TMEDA 反应使未被占据的硫醚基邻位负离子化，然后与双(邻二异丙基膦苯基)氯硅烷反应制得(图 6-21)[18]。

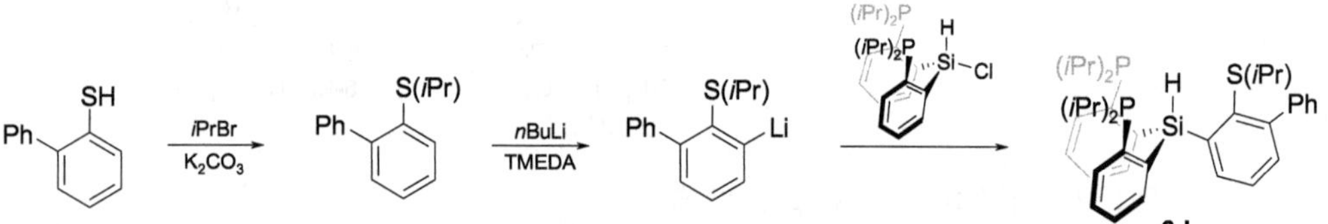

图 6-21 配体 **6-L$_{17}$** 的合成

6.2.2 双膦四齿配体的应用

2014 年，周其林团队将 **6-L$_8$** 与 [RuCl$_2$(η^6-p-cymene)]$_2$ 反应，制备了 PNNP 型双氯钌配合物 **6-34**，并且尝试了它在 25 ℃ 的 THF 溶液中催化 γ-戊内酯的氢化反应，发现在 0.1%(摩尔分数)的催化剂和 50 atm 的 H$_2$ 条件下，以 10%(摩尔分数)的 NaOMe 为碱，经过 14h 后，产物 1,4-戊二醇的收率只有 30%(图 6-22)。通过对比，发现 **6-34** 的催化效率远低于图 6-9 中的配合物 **6-17**[3]。

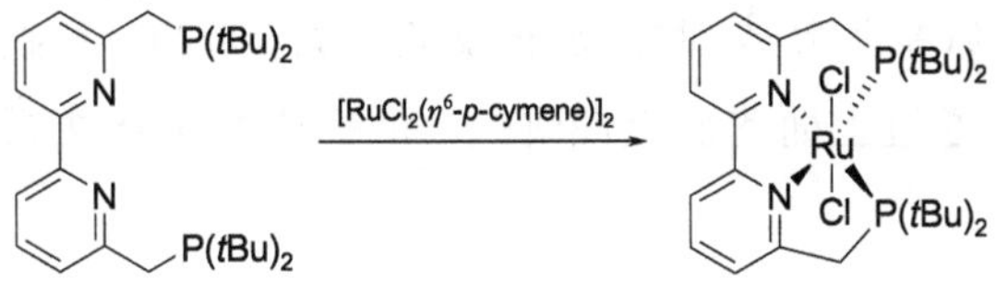

图 6-22 化合物 **6-34** 的合成

以 RuCl$_2$(PPh$_3$)$_3$ 为钌源同样可以合成四齿双氯钌配合物。例如，Milstein 课题组在 2013 年报道了配体 **6-L$_9$** 与 RuCl$_2$(PPh$_3$)$_3$ 的反应，制备了结构与 **6-34** 类似的化合物 **6-35**。当把钌源换成 RuHCl(PPh$_3$)$_3$ 时，产物则为 **6-36**（图 6-23）[14]。

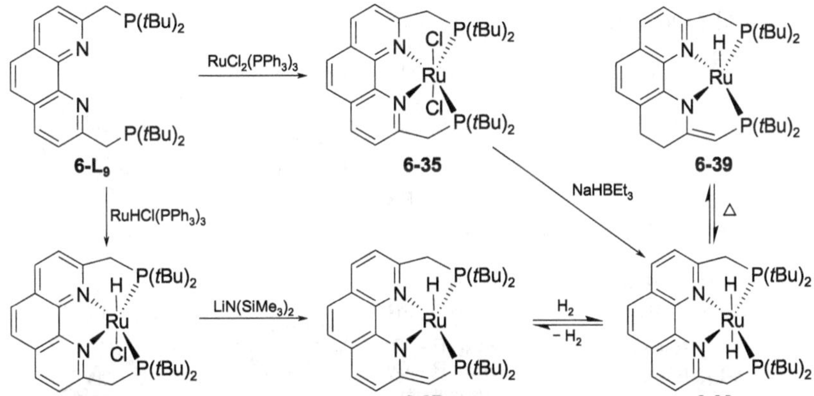

图 6-23 化合物 **6-35** ~ **6-39** 的合成

Milstein 等人还继续研究了化合物 **6-35** 和 **6-36** 的反应性。他们发现 **6-36** 可以与 LiN(SiMe$_3$)$_2$ 发生反应，生成"去芳香性"产物 **6-37**。**6-37** 可以继续与 H$_2$ 反应首先生成 **6-38**，然后异构化成菲咯啉环被部分氢化的最终产物 **6-39**。由于稳定性差，**6-38** 并没有被分离提纯，但是他们通过核磁共振波谱监测到了它的存在。不仅如此，他们还利用 **6-35** 与 NaHBEt$_3$ 在氘代甲苯中在低温下反应，进一步监测到了 **6-38** 的生成。如果将 **6-39** 的溶液加热，它又可以释放一分子氢气变成 **6-37**（图 6-23）[14]。

Milstein 等人还研究了 **6-37** 催化两分子伯醇的去氢偶联制备酯的反应（图 6-24）。当底物为 1-己醇时，只需 1%（摩尔分数）的催化剂，在氘代甲苯中回流 6h 后，产物己酸己酯的产率可达 99%；当底物为苄醇，催化剂用量降至 0.2%(摩尔分数)时,延长反应时间至 72h,产物苯甲酸苄酯的收率为 66%。通过上面的反应性研究,他们认为 **6-38** 为反应的中间体之一[14]。

$$2\ RCH_2OH \xrightarrow{0.2\%\sim1\%(摩尔分数)\text{6-37}} RCO_2CH_2R$$

图 6-24 化合物 **6-37** 催化伯醇的去氢偶联反应

2015 年,Saito 课题组利用 **6-L$_{12}$** 与吗啉反应原位制备了 **6-L$_{10}$**,然后利用它继续与 RuCl$_2$(PPh$_3$)$_3$ 反应,合成了配合物 **6-40**(图 6-25)。他们还发现以 1%(摩尔分数)的 **6-40** 为催化剂,以 6%～10%(摩尔分数)的 NaH 为活化剂,一系列酰胺可以被氢化为相应的醇和胺(图 6-26)[15]。

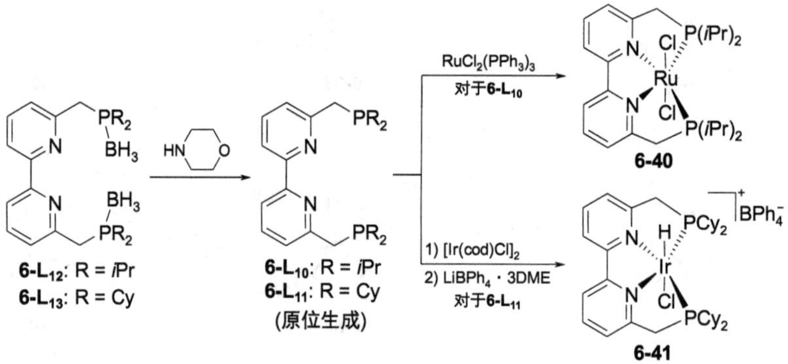

图 6-25 化合物 **6-40** 和 **6-41** 的合成

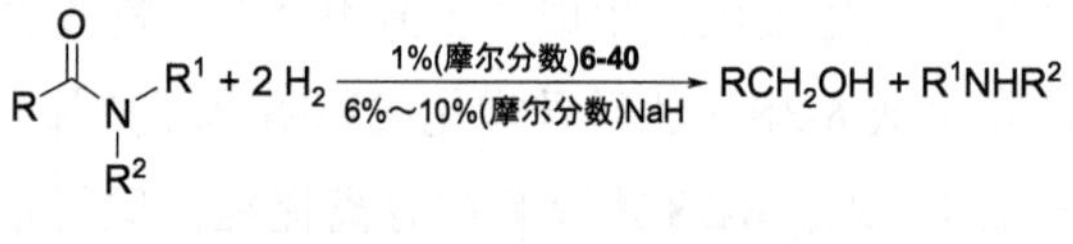

图 6-26 化合物 **6-40** 催化酰胺的氢化反应

2020 年,Saito 等人继续利用由 **6-L$_{13}$** 与吗啉反应原位生成的配体 **6-L$_{11}$**,与 [Ir(cod)Cl]$_2$ 反应后再加入 LiBPh$_4$·3DME,制备了四齿铱配合物 **6-41**(图 6-25)。他们还利用此配合物催化了一系列含 4～6 个碳原子的羧酸/酸酐/内酯的脱氧/脱氨氢化反应。例如,在 1.5%(摩尔分数)当量 **6-41** 和 60 atm 氢气条件下,它可以将琥珀酸、苹果酸、天冬氨酸、富马酸、顺丁烯二酸、顺丁烯二酸酐、丁二酸酐和 γ-丁内酯转化成 1,4-丁二醇；将衣康酸、乌头酸和柠檬酸转化成 2-甲基-1,4-丁二醇；将 2-酮戊二酸转化成 1,2,5-戊三醇；将乙酰丙酸转化成 1,4-戊二醇（图 6-27）[19]。这些 $C_4 \sim C_6$ 原料被认为具有生物可再生性，因为它们存在于很多植物、动物、真菌和细菌的代谢产物中，因此，将它们转化成能量密度更高的多元醇对于社会的可持续发展具有较重要的意义。

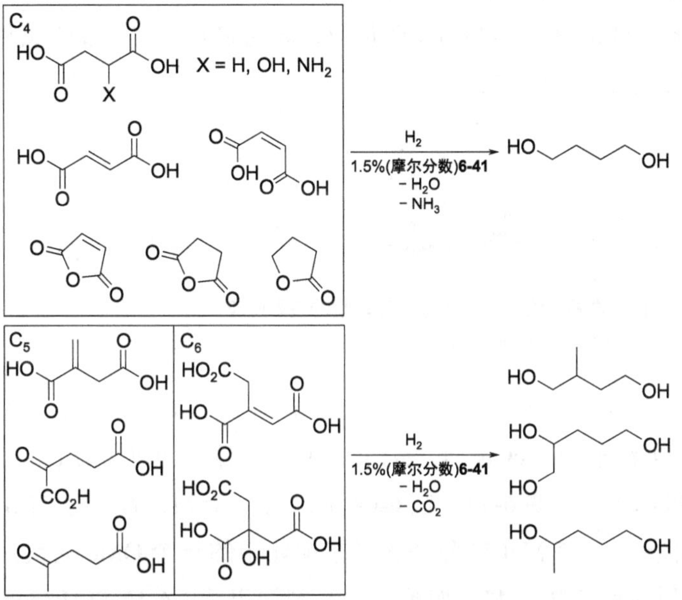

图 6-27　化合物 **6-41** 催化 $C_4 \sim C_6$ 有机物的氢化反应

2015 年，黄正课题组利用 **6-L$_{14}$** 与 $[Ir(cod)Cl]_2$ 反应，制备了四齿八面体构型配合物 **6-42**。通过反应性研究，发现在室温的甲苯溶液中，**6-42** 可与 tBuONa 进一步反应转变成四配位产物 **6-43**。**6-43** 是一个具有扭曲型平面结构的 16 电子 Ir(Ⅰ) 化合物（图 6-28）[16]。

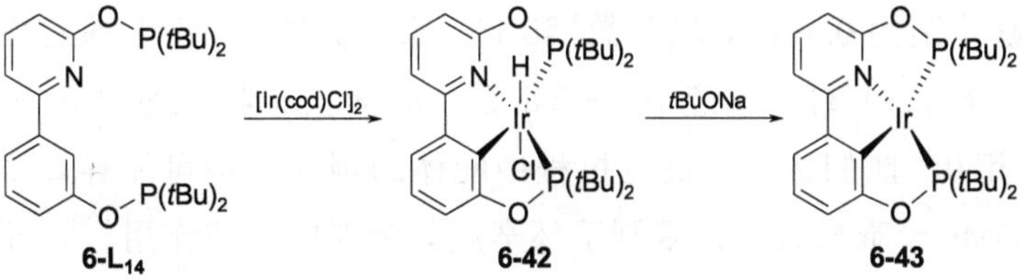

图 6-28　化合物 **6-42** 和 **6-43** 的合成

黄正等人继续将 **6-42** 应用于催化烷烃的去氢反应。当催化剂、活化剂(*t*BuONa)及氢受体(叔丁基乙烯)浓度分别为 1.0 mmol/L、2.2 mmol/L 和 0.5 mol/L，底物及溶剂均为环辛烷时，在 150 ℃下加热 14h 后，催化剂的转化数为 16；在类似的条件下，将底物和溶剂换成正辛烷时，反应 1h 后，催化剂的转化数为 27(图 6-29)[16]。与同一个课题组合成的 Pincer 型 PNC-Ir 化合物相比，该催化剂效果略差[20]。令人奇怪的是，**6-43** 在同样的条件下并不能催化该反应，这表明它并不是反应中间体[16]。他们还发现化合物 **6-43** 并不能与氢气反应，表明它并不容易发生氧化加成从而形成 18 电子 Ir(Ⅲ) 化合物。

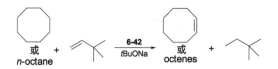

图 6-29　化合物 **6-42** 催化环辛烷及正辛烷的去氢反应
n-octane=正辛烷，octenes=辛烯

2018 年，Gelman 等人研究了配体 **6-L$_{15}$** 及 **6-L$_{16}$** 与 [Ir(coe)$_2$Cl]$_2$ 的反应性。当溶剂为 MeCN 时，**6-L$_{15}$** 在室温条件下即可与 [Ir(coe)$_2$Cl]$_2$ 反应，生成 Pincer 型产物 **6-44**。在 **6-44** 中，有一个 MeCN 分子与 Ir 配位，在真空环境下，该 MeCN 分子容易被配体中的一个 OMe 取代，从而生成 CP$_2$O 型四齿产物 **6-45**。如果反应溶剂为甲苯，**6-15** 与 [Ir(coe)$_2$Cl]$_2$ 反应则直接生成 **6-45**。如果在 *t*BuONa 存在时通入 H$_2$，**6-44** 将转化为 **6-47**。他们认为反应经历了与 **6-43** 类似的四配位中间体 **6-46**。需要注意的是，**6-45** ~ **6-47** 中的四齿配体为非平面结构，这与配合物 **6-34** ~ **6-43** 是不一样的(图 6-30)[17]。

他们也尝试了将化合物 **6-44** 及 **6-47** 应用于催化图 6-29 所示的环辛烷的去氢反应，发现催化效率较差：在 200 ℃下，当催化剂和 *t*BuONa 的量分别为 0.5%(摩尔分数)和 1%(摩尔分数)，叔丁基乙烯和环辛烷比例为 1 : 1 时，反应 16 ~ 24h 后，**6-44** 和 **6-47** 的催化转化数分别为 1.2 和 0。他们认为，反应过程中配体的刚性结构可能导致半稳定性基团 OMe 较难离去，这限制了环辛烷与金属中心的作用[17]。于是推测如果使用更柔性的配体，将产生更高的转化数。基于以上分析，他们继续

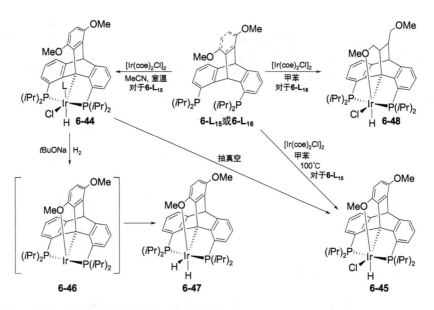

图6-30 化合物 **6-44** ~ **6-48** 的合成

利用 **6-L₁₆** 与 [Ir(coe)₂Cl]₂ 反应制备了 **6-48**，它的结构与 **6-45** 类似，但是配体中的 OMe 部分更加柔性，因此更容易离去（图6-30）。如他们所预测的，在相同的催化条件下，**6-48** 的催化转化数可达 47[17]。

2018 年，Peters 等人在 N_2 氛围下使用 SiP_2S 型配体 **6-L₁₇** 与 $FeCl_2$ 反应，然后再利用 MeMgCl 断裂 Si—H 和 S—(iPr) 键，制备了双核 Fe(Ⅱ)-N_2-Fe(Ⅱ) 配合物 **6-49**。**6-49** 可继续与 $LiBHEt_3$ 反应，生成单核 Fe(Ⅱ) 配合物 **6-50**。在 $[Cp_2Co][PF_6]$ 或 $[Cp^*_2Fe][PF_6]$ 存在时，**6-50** 将被氧化成 Fe(Ⅲ) 配合物 **6-51**。**6-51** 稳定性较差，容易发生双分子还原消除，释放 H_2 和 N_2 后转变成 **6-49**，反应过程符合一级动力学氘同位素效应（图6-31）。化合物 **6-51** 是首例 Fe(Ⅲ)-N_2 化合物，同时，它转变成 **6-49** 的过程也是第一个以具有确切结构的端基 Fe-H 物质为原料的双分子 H_2 消除过程[18]。

2020 年，Peters 课题组继续利用 **6-L₁₇** 与 Ni(cod)₂ 反应，制备了四齿 Ni(Ⅱ) 配合物 **6-52**。**6-52** 中的 S—(iPr) 键可被 KC_8 还原断裂从而生成 Ni(Ⅱ) 产物 **6-53**。加入氧化剂 $[Cp^*_2Fe][PF_6]$ 后，**6-53** 将转化为 Ni(Ⅲ) 配合物 **6-54**。与 **6-51** 类似，化合物 **6-54** 的稳定性也较差，在 N_2 氛围下它也很容易发生双分子还原消除，失去 H_2 并结合 N_2 从而转变成 Ni(Ⅱ)

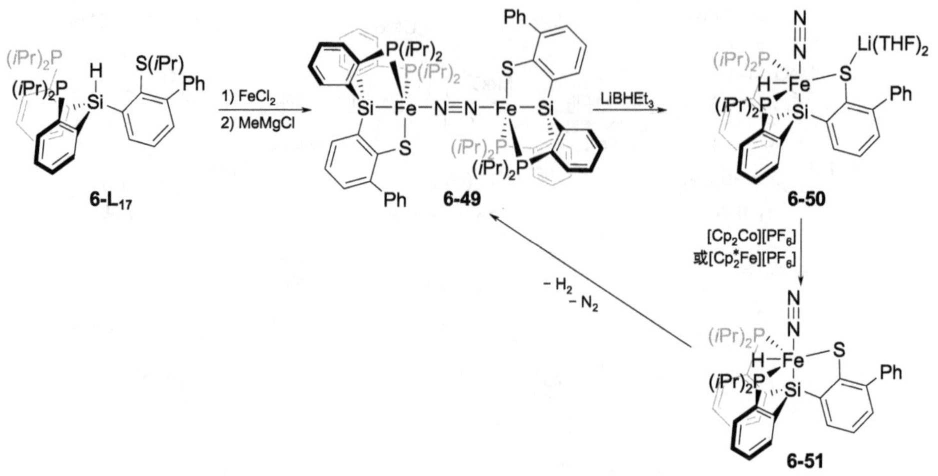

图 6-31 化合物 **6-49** ~ **6-51** 的合成

配合物 **6-55**。**6-53** 也可与 [H(OEt$_2$)$_2$][BARF][BARF 为四(3,5-二(三氟甲基)苯基)硼酸根] 反应直接生成 **6-55**(图 6-32)[21]。化合物 **6-54** 具有 S=1/2 自旋量子态，它的 Ni—H 键红外振动吸收位于 1728 cm^{-1} 处 (THF 溶液)；脉冲电子顺磁共振波谱结果显示，Ni—H 展现了超精细耦合，耦合常数 $|a_{iso}(^1H)|$ = 11.7 MHz。值得注意的是，在此之前，Ni(Ⅲ)—H 的红外吸收光谱和超精细耦合常数从来没有被测定过。此外，该耦合常数与 [NiFe]-氢化酶的 Ni—C 中间态耦合常数接近[22-24]，因此，该类化合物有望为酶体系中的光谱数据归属及鉴定特定的反应模式，如 H—H 键形成产生氢气，提供有价值的催化剂。

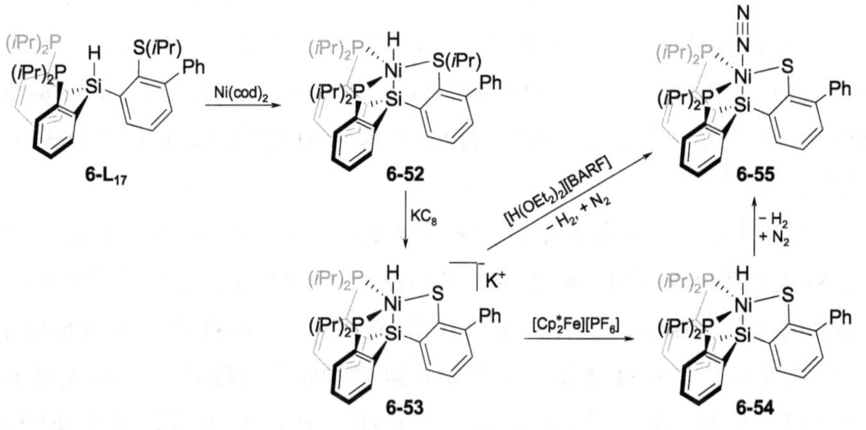

图 6-32 化合物 **6-52** ~ **6-55** 的合成

6.3 三膦四齿配体

6.3.1 三膦四齿配体的合成

具有 C_3 对称性的 CP_3 型有机物 **6-L$_{18}$** 可通过三(3-甲基-1H-吲哚-2-基)甲烷与 NaH 反应生成三负离子产物后再与 Ph_2PCl 反应制备(图 6-33)[25]。类似的物质 **6-L$_{19}$** 也是通过三卤代三苯甲烷先与 tBuLi 反应生成三苯甲烷三负离子后再与 iPr$_2$PCl 反应制得的(图 6-34)[26]。与前面的很多有机物类似，**6-L$_{18}$** 和 **6-L$_{19}$** 也具有三脚架型构型。

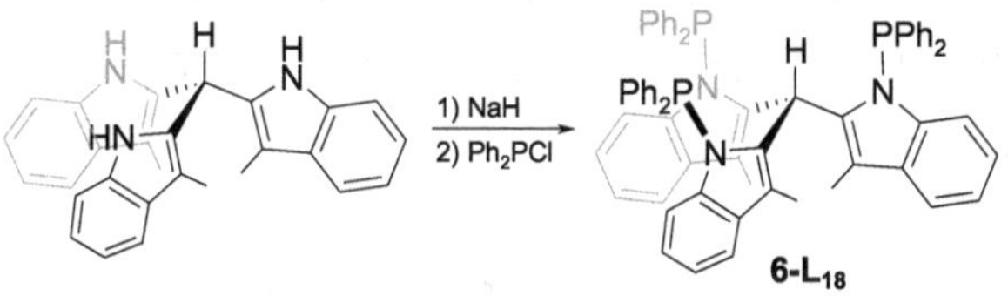

图 6-33 配体 **6-L$_{18}$** 的合成

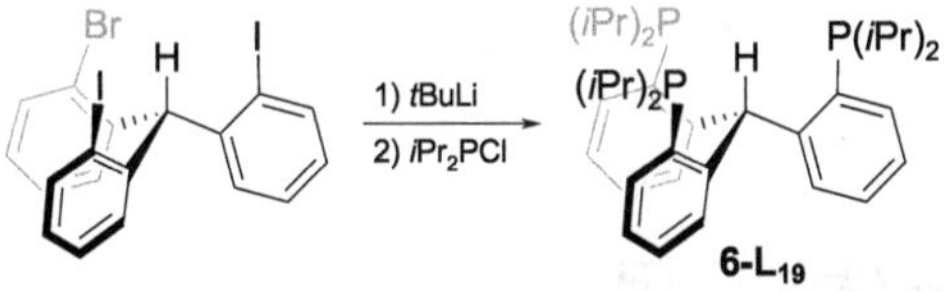

图 6-34 配体 **6-L$_{19}$** 的合成

SiP$_3$ 型有机物 **6-L$_{20}$** 和 **6-L$_{21}$** 可分别通过(2-溴苯基)二苯基膦或(2-溴苯基)二异丙基膦与 nBuLi 反应后再与 Cl$_3$SiH 反应制备[27]。BP$_3$ 型化合物 **6-L$_{22}$** 可采用类似的方法制备(图 6-35)[28]。

NP$_3$ 型有机物 **6-L$_{23}$** 可以利用三(二氯乙基)胺与 Ph$_2$PK 反应制备(图 6-36)[29]。

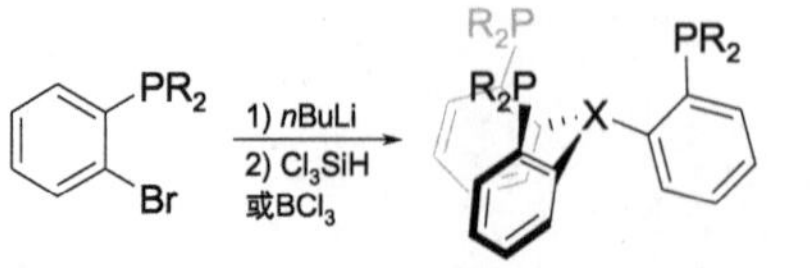

6-L₂₀: X = SiH, R = Ph
6-L₂₁: X = SiH, R = *i*Pr
6-L₂₂: X = B, R = *i*Pr

图 6-35 配体 **6-L₂₀** ~ **6-L₂₂** 的合成

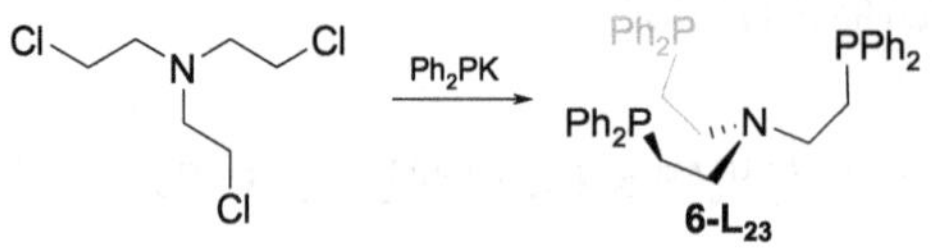

6-L₂₃

图 6-36 配体 **6-L₂₃** 的合成

以上的三脚架型三膦四齿有机物的中心元素均为非磷原子。还有另外一种中心为磷原子的三膦四齿有机物，如 NP_3 型配体 **6-L₂₄**。化合物 **6-L₂₄** 可以使用 (2-溴苯基) 二异丙基膦与 *n*BuLi 及 PCl_3 分步反应制成含 P—Cl 键的三膦三齿化合物后，再与 2-甲基-6-氨基吡啶和 NEt_3 的混合物反应制备(图 6-37)[30]。

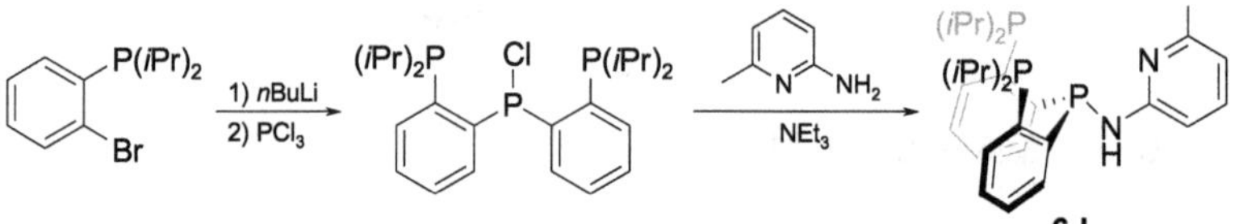

6-L₂₄

图 6-37 配体 **6-L₂₄** 的合成

6.3.2 三膦四齿配体的应用

2006 年，Pérez-Prieto 等人利用 **6-L₁₈** 与 $PdCl_2$ 反应，制备了平面型四配位化合物 **6-56**。在该配合物中，三膦配体以二齿形式与金属 Pd 配位。当继续加入 $AgBF_4$ 后，**6-56** 配体中心的 CH 基团可发生 C—H 活化，同时配体中另一个 P 原子也参与配位，形成了具有封闭半笼状结构的产物 **6-57**(图 6-38)。他们还研究了两个配合物对 Suzuki 偶联反应的催化效果，发现在回流的 THF 溶液中，当底物为对甲氧基溴苯和苯硼酸

(3当量)、添加剂为KF(3当量)、反应时间为24h时，0.5%(摩尔分数)的 **6-56** 和 **6-57** 的催化收率分别为94%和91%[25]。

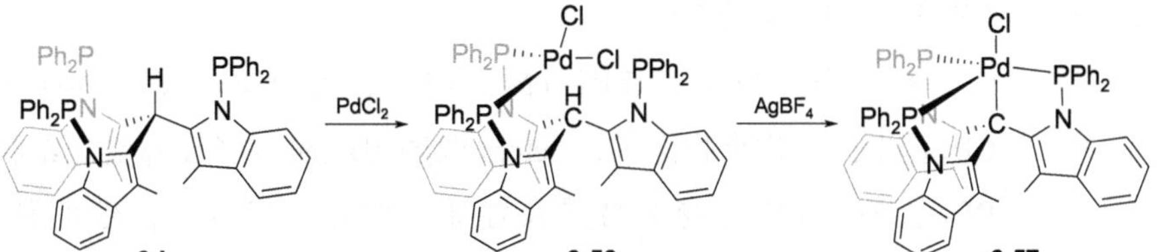

图6-38 化合物 **6-56** 和 **6-57** 的合成

2014年，Peters团队利用 **6-L$_{19}$** 与FeI$_2$反应，制备了Fe(Ⅱ)化合物 **6-58**。与 **6-56** 类似，**6-58** 也是平面四配位构型。为了得到封闭半笼状型产物，他们首先利用Na/Hg将 **6-58** 还原，得到了三齿Fe(Ⅰ)化合物 **6-59**。随后，继续用Na还原，通过C—H键的氧化加成和N$_2$配位，**6-59** 转变成半笼状型Fe(Ⅱ)产物 **6-60**。HCl可以与 **6-60** 反应，失去H$_2$和N$_2$后生成Fe(Ⅱ)产物 **6-61**。继续用KC$_8$还原，**6-61** 转变成Fe(0)化合物 **6-62**（图6-39）[26]。

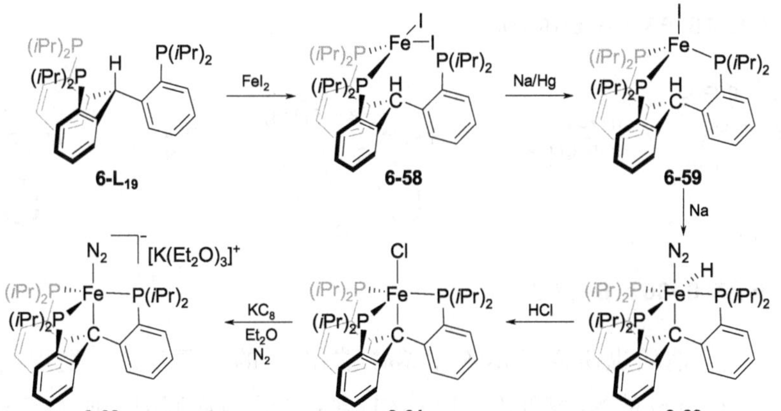

图6-39 化合物 **6-58**～**6-61** 的合成

他们还研究了 **6-62** 在还原剂和酸存在下催化N$_2$转变成NH$_3$的能力。在1 atm的N$_2$氛围中，将 **6-62** 溶于-78 ℃的乙醚溶液中，依次加入40当量的KC$_8$和38当量[H(OEt$_2$)$_2$][BARF]后，可产生4.6当量的NH$_3$

（图 6-40）[26]。研究结果有助于促进人工固氮催化剂的发展。

$$N_2(1\ atm) + KC_8 + [H(OEt_2)_2][BARF] \xrightarrow{\textbf{6-62}} NH_3(4.6\ eq.)$$

图 6-40　化合物 **6-62** 催化 N_2 的还原

实际上，为了理解固氮酶的机理及发展人工固氮催化剂，在研究 CP_3 型 Fe-N_2 化合物之前，Peters 课题组就研究了具有类似结构的 SiP_3 和 BP_3 型 Fe-N_2 化合物的合成及性质。例如，2007 年，他们利用 **6-L$_{20}$** 与 Fe_2Mes_4 反应，首先制备了化合物 **6-63**；随后加入 HCl，得到了 **6-64**；N_2 氛围下加入 Na/Hg 后，得到了产物 **6-65**（图 6-41）[27]。

与 **6-65** 具有类似结构的物质 **6-67** 则可以通过 **6-L$_{21}$** 与 $FeCl_2$ 和 MeMgCl 分步反应得到 **6-66** 后，再在 N_2 氛围下被 $Na(C_{10}H_8)$ 还原制备（图 6-42）[27]。

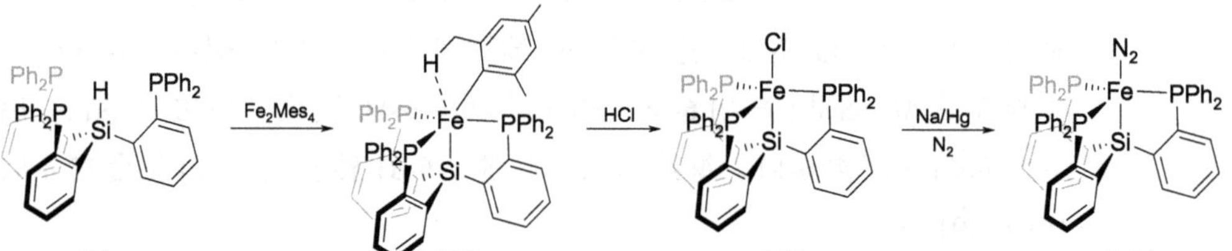

6-L$_{20}$　**6-63**　**6-64**　**6-65**

图 6-41　化合物 **6-63 ~ 6-65** 的合成

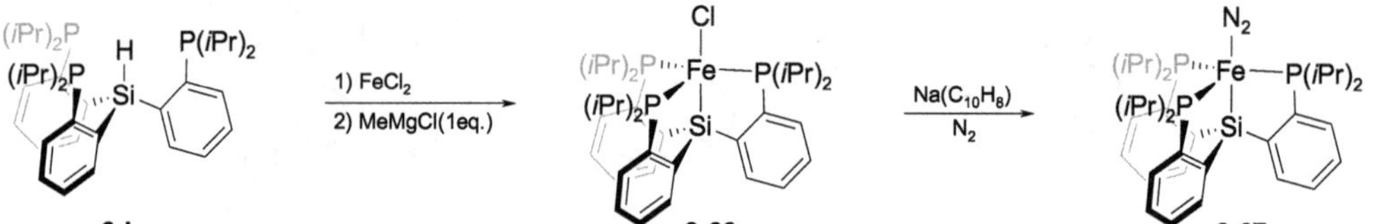

6-L$_{21}$　**6-66**　**6-67**

图 6-42　化合物 **6-66** 和 **6-67** 的合成

他们也研究了 **6-65** 和 **6-67** 催化 N_2 的还原反应，发现在室温条件和 1 atm 的 N_2 氛围中，以 $CrCl_2$ 或 $CrCp_2^*$ 为还原剂，加入不同的酸，如 HBF_4、$[LutH]BPh_4$（Lut = 2,6-二甲基吡啶）和 $[HN(iPr)_2Et]BPh_4$，最多可分别产生相对催化剂而言 47% 和 13% 当量的 N_2H_4（图 6-43）[27]。相对于配合物 **6-62**，它们的催化效率较低。

$$N_2(1\ atm) + CrCl_2\ (或 CrCp_2^*) + 酸 \xrightarrow{\textbf{6-65或6-67}} N_2H_4$$

图 6-43　化合物 **6-65** 和 **6-67** 催化 N_2 的还原

2010 年，Peters 等人继续利用 6-L$_{21}$ 与 FeCl$_2$ 混合后再与 2 当量的 MeMgCl 反应，得到了 SiP$_3$-Fe(Ⅱ)-Me 化合物 6-68。在 N$_2$ 氛围下，6-68 可以与 [H(OEt$_2$)$_2$][BARP] 反应生成 SiP$_3$-Fe(Ⅱ)-N$_2$ 产物 6-69。6-69 中配位的 N$_2$ 可以被 NH$_3$ 取代，生成 SiP$_3$-Fe(Ⅱ)-NH$_3$ 产物 6-70。如果在 N$_2$ 氛围下依次加入还原剂 Cp$_2^*$Cr 和 Na(C$_{10}$H$_8$)，6-70 将继续转化成 Fe(Ⅰ) 产物 6-67 和 Fe(0) 产物 6-71。6-71 的钠离子可以与 12-冠-4 结合从而转变成 6-72。此外，6-68 还可以与 N$_2$H$_5$OTf 反应生成 SiP$_3$-Fe(Ⅱ)-N$_2$H$_4$ 化合物 6-73（图 6-44）[31]。

Peters 等人也研究了与 6-68 结构类似的化合物 6-74 的合成与反应性。将制备 6-68 时的原料 6-L$_{21}$ 换成 6-L$_{20}$，那么产物即为 6-74。当 6-74 与

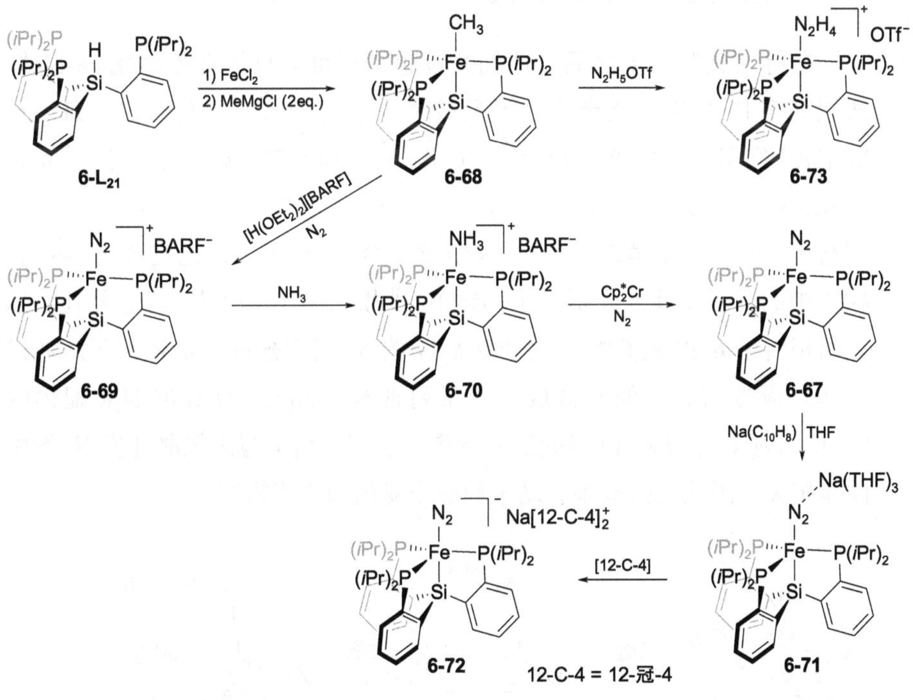

图 6-44　化合物 6-67～6-73 的合成

[PhHNNH$_3$]OTf 反应时，产物为混合物，他们认为其中之一为 6-75，尽管它并没有被分离鉴定。但是继续加入碱后，产物可转化为 SiP$_3$-Fe(Ⅱ)-N$_2$Ph 型化合物 6-76（图 6-45）[31]。

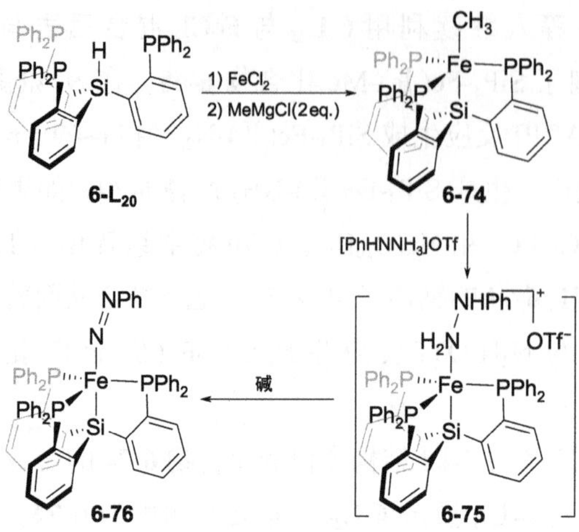

图 6-45　化合物 **6-74** ~ **6-76** 的合成

在得到这些结果之后，他们又设想是否可以直接官能团化 Fe-N$_2$ 物质以获得 Fe-N$_2$R 类化合物。于是做了一系列尝试，并发现在 Na/Hg 和 Me$_3$SiCl 作用下，**6-67** 将转化成 Fe(Ⅱ) 配合物 **6-77**。**6-77** 也可通过 **6-71** 与 Me$_3$SiCl 直接反应获得（图 6-46）[31]。Fe—N 键键长为 1.695(2) Å，这表明它具有一定的双键性质。N—N 键键长为 1.195(3) Å，比化合物 **6-67** 和 **6-71** 中的 N—N 键 [分别为 1.065(5)Å[32] 和 1.147(4) Å[31]] 明显要长，这表明相对于 **6-67** 和 **6-71**，化合物 **6-77** 的 N$_2$ 基团被进一步还原了。通过这些反应性研究，他们合成了一系列含 N$_2$、N$_2$H$_4$、NH$_3$ 或 N$_2$R 配体的 Fe(0)、Fe(Ⅰ) 和 Fe(Ⅱ) 开壳层配合物，它们的结构与固氮酶还原 N$_2$ 的中间体相关，因此这些成果有助于理解固氮酶的作用机制。

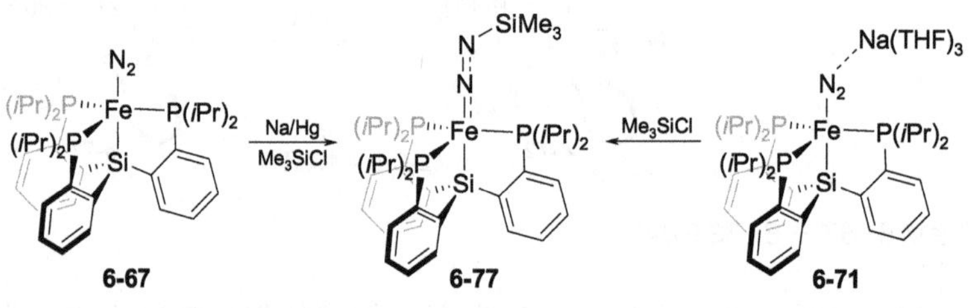

图 6-46　化合物 **6-77** 的合成

2011 年，Peters 团队还利用 BP$_3$ 型有机物 **6-L$_{22}$** 与 FeBr$_2$ 及单质 Fe 反应，制备了化合物 **6-78**[33]。随后，他们从 **6-78** 出发，制备了一系列封

闭半笼状 Fe 化合物[34,35]。例如，与 MeLi 反应后，**6-78** 转化成 **6-79**，**6-79** 继续与 [H(OEt$_2$)$_2$][BARF] 反应，生成四配位离子型化合物 **6-80**。由于 **6-80** 中 B 原子的对位为空位，当被 Na/Hg 还原后，N$_2$ 可以进入该空位，如果加入 12-冠-4，将生成 **6-81**；NH$_2^-$ 或 N$_2$H$_4$ 也可以进入 **6-80** 的空位，形成化合物 **6-82** 和 **6-83**。**6-82** 还可以继续与 [H(OEt$_2$)$_2$][BARF] 反应，得到配体 NH$_2^-$ 质子化产物 **6-84**。实际上，由于 **6-83** 稳定性较差，它的分解产物之一也为 **6-84**。在 N$_2$ 氛围下用 KC$_8$ 还原，**6-84** 又转化成另一个 Fe-N$_2$ 物质 **6-85**（图 6-47）。

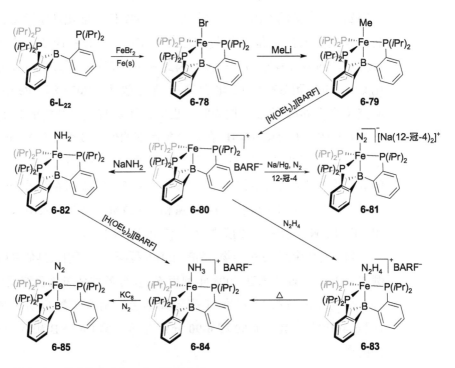

图 6-47　化合物 **6-78 ~ 6-85** 的合成

在化合物 **6-80** 中，Fe—B 键键长为 2.217(2) Å。结合理论计算，他们认为该 Fe—B 相互作用较弱，所以 **6-80** 更倾向于为 Fe(Ⅰ)/B(Ⅲ) 化合物而不是 Fe(Ⅲ)/B(Ⅰ) 物质。当然，它可能也具有一定的 Fe(Ⅱ)/B(Ⅱ) 性质。相对于 **6-80**，化合物 **6-82 ~ 6-84** 中的 Fe—B 键更长 [2.392(2) ~ 2.449(4) Å]，这表明它们的 Fe—B 相互作用更弱，所以金属中心价态也应该是 Fe(Ⅰ)[34]。

他们还研究了化合物 **6-80** 和 **6-81** 催化 N_2 还原制氨的效果，发现化合物 **6-81** 效果较好。在 1 atm 的 N_2 氛围中，将 **6-81** 溶于 -78 ℃的乙醚溶液中，依次加入 46 当量的 $[H(OEt_2)_2][BARF]$ 和 50 当量的 KC_8 后，可产生 7.0 当量的 NH_3（图 6-48）[35]。

$$N_2(1\ atm)\ +KC_8+[H(OEt_2)_2][BARF] \xrightarrow{\textbf{6-81}} NH_3(7.0\ eq.)$$

图 6-48　化合物 **6-81** 催化 N_2 的还原

图 6-40 已经提到，化合物 $[CP_3\text{-Fe-}N_2]^-$ (**6-62**) 也可以催化 N_2 的还原，并得到 4.6 当量的 NH_3[26]。尽管低于以 **6-81** 作为催化剂所获得的 NH_3 的量，但是，该数据是基于先加还原剂 KC_8 后加酸 $[H(OEt_2)_2][BARF]$ 而获得的，两者加料顺序不一样，因此并不能直接比较。为了更直观地对比 CP_3、SiP_3 和 BP_3 型 Fe 化合物的催化效果，2014 年，Peters 等人在研究化合物 **6-62** 的催化性能时，也探索了具有类似结构的 $[SiP_3\text{-Fe-}N_2]^-$ (**6-72**) 和 $[BP_3\text{-Fe-}N_2]^-$ (**6-81**) 在相同条件下的催化效果：在 1 atm 的 N_2 氛围中，当还原剂 KC_8 为 50 当量，酸 $[H(OEt_2)_2][BARF]$ 为 46 当量，且加料顺序均为先添加还原剂后添加酸时，**6-62**、**6-72** 和 **6-81** 所产生的 NH_3 物质的量分别为 4.4 当量、0.8 当量和 5.0 当量。该结果表明 $[CP_3\text{-Fe-}N_2]^-$ 和 $[BP_3\text{-Fe-}N_2]^-$ 裂解 N_2 的效果优于 $[SiP_3\text{-Fe-}N_2]^-$[26]。

除了合成金属 Fe 配合物，SiP_3 和 BP_3 型配体也可引入其他金属中[36-38]。例如，Bourissou 等人在 2008 年利用 **6-L$_{22}$** 与多种金属化合物反应，成功将 BP_3 型配体与第 10 和第 11 族元素结合，制备了配合物 **6-86** ~ **6-91**（图 6-49）[37,38]。其中 **6-89** 和 **6-90** 分别为第一例 Cu → B 和 Ag → B 型配合物[38]。

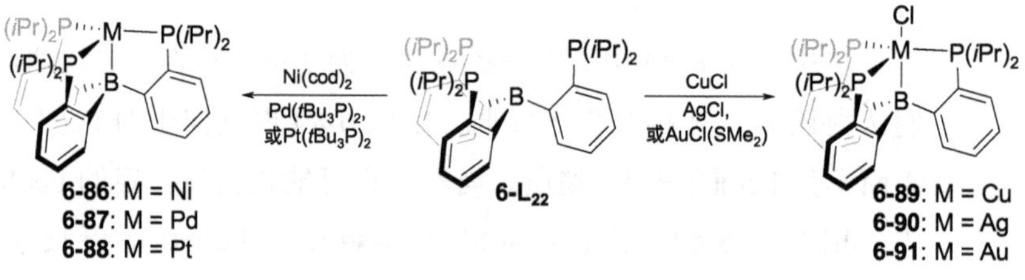

图 6-49　化合物 **6-86** ~ **6-91** 的合成

2002 年，García-Fernández 等人利用 NP$_3$ 型配体 **6-L$_{23}$** 与 K$_2$PtCl$_4$ 反应，成功制备了化合物 **6-92**。核磁结果显示在溶液中五配位的 **6-92** 与四配位的 **6-92′** 存在平衡，当温度升高时，四配位化合物比例升高。他们还研究了 **6-92** 与 N-乙酰半胱氨酸及还原型谷胱甘肽的反应性，分别得到 **6-93** 和 **6-94**（图 6-50）。为了进一步探索这两个化合物的应用，他们首先对这两个化合物的细胞毒性进行了测试，发现它们对小鼠白血病细胞（L1210/0）、小鼠乳腺癌细胞（FM3A/0）和人类 T 淋巴细胞（Molt4/C8 和 CEM/0）均表现出较低毒性，IC$_{50}$ 值位于 29～74 μmol/L 之间。随后，进一步测试了它们抗 HIV 病毒的效果，但遗憾的是，没有观察到任何抗 HIV 活性[29]。

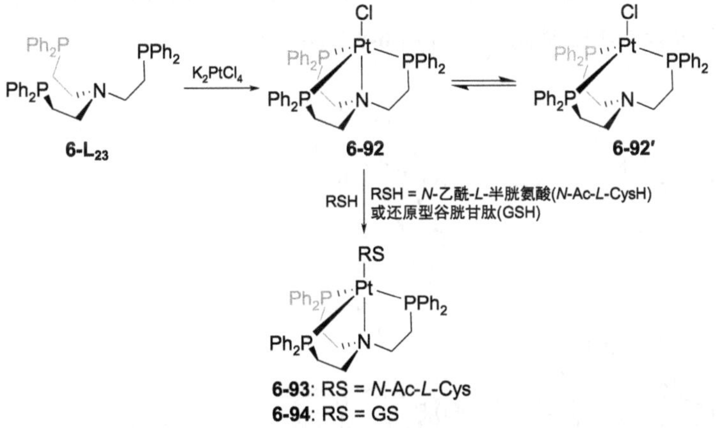

图 6-50　化合物 **6-92**～**6-94** 的合成

2018 年，Schaub 等利用同一个配体与 Ru$_3$(CO)$_{12}$ 反应，制备了化合物 **6-95**。他们还研究了 **6-95** 催化两分子醇无受体脱氢制备酯的反应及其逆反应。例如当底物为正己醇，溶剂为甲苯时，只需 0.1%（摩尔分数）的催化剂，回流 18h 后，原料基本全部转化为己酸己酯（图 6-51）。该反应不需要添加碱，而且在催化剂的制备过程中也不需要使用碱，因此他们认为化合物 **6-95** 是首个真正意义上无需使用碱即可催化醇脱氢制备酯的 Ru(0) 催化剂[39]。

此外，对于两分子正己醇脱氢生成己酸己酯的反应，如果在反应结束后，继续在同一个体系中通入 60 atm 的高压氢气，将温度升高到 130 ℃ 反应 18h 后，己酸己酯又重新变回正己醇，这不仅表明 **6-95** 在催化醇无

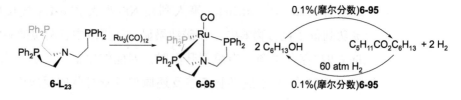

图 6-51 化合物 **6-95** 的合成及其催化性能

受体脱氢制备酯的反应过程中具有高度的稳定性，还表明它可以催化该反应的逆反应(图 6-51)[39]。

同年，Ding 等人利用 NP$_3$ 型 **6-L$_{24}$** 与 CoCl$_2$ 反应，制备了配体中心原子为 P 而非 N 的四齿 NP$_3$-Co 化合物 **6-96**。当加入 tBuOK 后，**6-96** 中的 NH 基团失去质子从而转变成 **6-97**。如果继续加入 MeOTf，那么 **6-97** 将变成含 N-Me 基团的化合物 **6-98**(图 6-52)[30]。

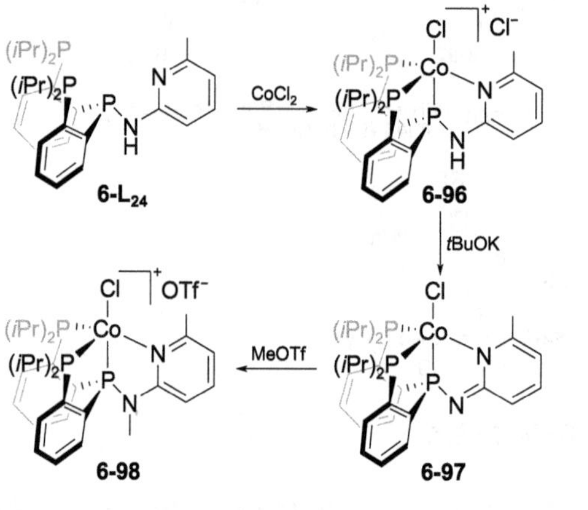

图 6-52 化合物 **6-96** 的合成

他们还将 **6-96** 应用于催化多类与氢气相关的反应，如仲醇脱氢制酮[30]、两分子伯醇去氢偶联合成酯[40]、伯醇与仲醇的借氢反应实现二级醇的 α-烷基化[41]，以及伯醇与腈的借氢反应实现腈的 α-烷基化[42]。此外，通过改变反应条件，**6-96** 还能可控地催化伯醇与伯胺的反应，选择性地制备仲胺或亚胺：当催化剂和 tBuOK 的量分别为 2.5%(摩尔分数)和 7.5%(摩尔分数)时，在 105℃的苯中，主要产物为仲胺；当催化剂和 tBuOK 的量分别为 3%(摩尔分数)和 110%(摩尔分数)时，在 85℃的甲苯中，主要产物则为亚胺(图 6-53)[43]。

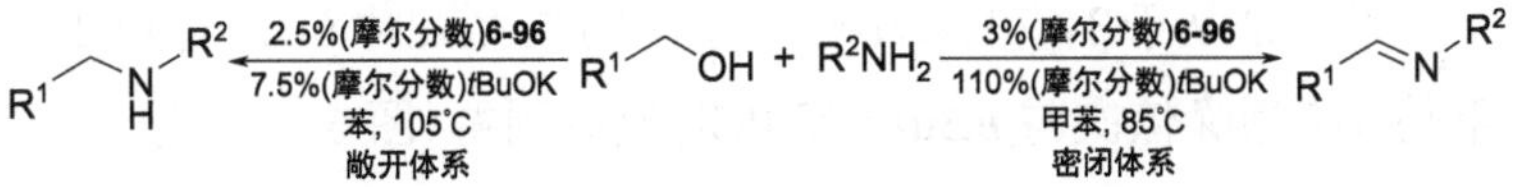

图 6-53 化合物 **6-96** 催化伯醇与仲胺的借氢及脱氢缩合反应

由于 **6-96** 含有酸性 NH 基团，因此在催化过程中它可能失去质子从而发生"金属-配体"协同作用。为了探究该作用是否在催化循环中不可或缺，他们还进一步测试了含 N-Me 基团的化合物 **6-98** 的催化性能。发现对于以上提到的以 **6-96** 为催化剂的所有反应，在相同的反应条件下，**6-98** 与 **6-96** 的催化效率均类似。该结果表明"金属-配体"协同作用可能在催化过程中并不占主导地位，因为 **6-98** 无法经历该作用[30,40-43]。

6.4
四膦四齿配体

6.4.1 四膦四齿配体的合成

如果将前文讨论的具有三脚架构型的 XP_3 (X = C、Si、B 或 N) 型配体中的中心原子 X 换成 P 原子，那么所得的物质即为四膦四齿有机物。例如，如果将配体 **6-L$_{18}$** 中心的 CH 基团替换成 P 原子，那么就可得到 **6-L$_{25}$**。它们不仅结构类似，合成方法也类似。以三 (3-甲基-1H-吲哚-2-基) 膦为原料，与 nBuLi 反应完后再加入 Ph_2PCl，即可制备 **6-L$_{25}$** (图 6-54)[44]。

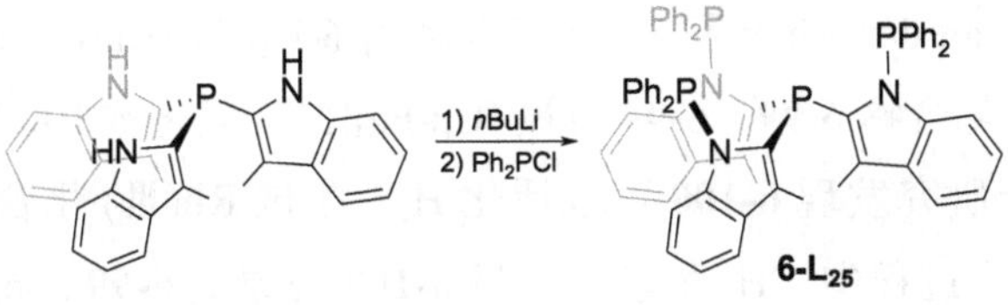

图 6-54 配体 **6-L$_{25}$** 的制备

另一个基于3-甲基-1H-吲哚基团的P_4型配体**6-L₂₆**可由2-二苯基膦-3-甲基-1H-吲哚依次与nBuLi和PCl_3反应制得(图6-55)[45]。

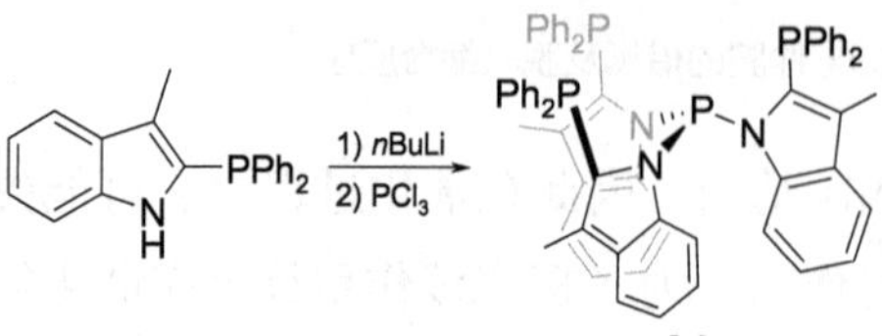

6-L₂₆

图6-55 配体**6-L₂₆**的制备

同样具有C_3对称性的配体**6-L₂₇**和**6-L₂₈**则由相应的二烷基膦在LDA催化下与三乙烯基膦发生加成反应制备(图6-56)[46,47]。

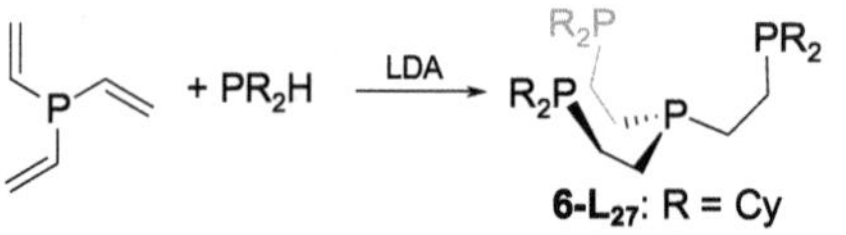

6-L₂₇: R = Cy
6-L₂₈: R = *i*Pr

图6-56 配体**6-L₂₇**和**6-L₂₈**的制备

具有C_2对称性的P_4N_2型配体**6-L₂₉**可以从$Ph_2PC_2H_4PH_2$出发，先与福尔马林反应生成$Ph_2PC_2H_4P(CH_2OH)_2$后，再与$PhNH_2$反应制备(图6-57)[48]。

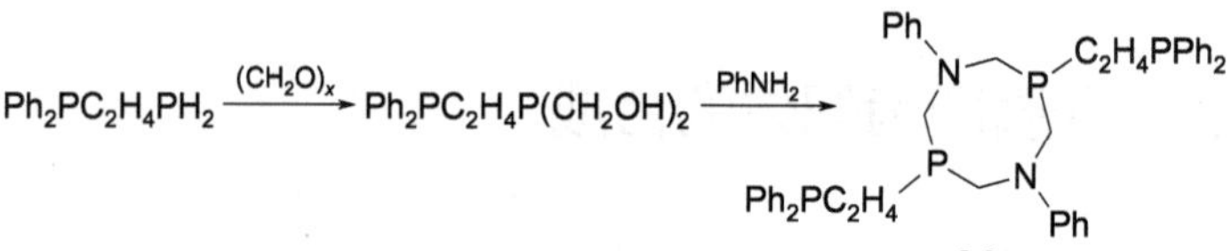

6-L₂₉

图6-57 配体**6-L₂₉**的制备

6.4.2 四膦四齿配体的应用

2010年，van der Vlugt和Reek等人利用**6-L₂₅**与$[Rh(cod)Cl]_2$反应，制备了Rh(Ⅰ)化合物**6-99**。**6-99**可被$[Cp_2Fe][PF_6]$氧化成Rh(Ⅱ)化合物**6-100**。进一步研究发现**6-100**可以活化H_2，生成Rh(Ⅲ)化合物**6-101**。他们推测在反应过程中，H_2可能首先将**6-100**还原成**6-99**，同时生成了HPF_6，然后**6-99**再被HPF_6氧化成**6-101**。为了验证该猜想，他们也研究

了 **6-99** 与 HPF_6 的反应性，发现确实可以生成 **6-101**（图 6-58）[44]。当然，他们也认为并不能完全排除其他机理，如双分子单电子转移机理和 H_2 均裂机理。

2017 年，同一个课题组继续利用 **6-L$_{25}$** 与 $[RuCl_2(\eta^6\text{-}C_6H_6)]_2$ 反应，制备了 Ru(Ⅱ) 化合物 **6-102**。当用 1 当量 KC_8 还原时，**6-102** 转化成 Ru(Ⅰ) 化合物 **6-103**。如果 KC_8 为 2 当量，在 N_2 氛围中，则生成 Ru(0)-N_2 产物 **6-104**。随后研究了低价 Ru 化合物 **6-103** 和 **6-104** 与 CH_2Cl_2 的反应性，发现在室温条件下均可重新转化为 **6-102**。他们认为这两个过程均为自由基过程，Cl 自由基来源于 CH_2Cl_2（图 6-59）[49]。

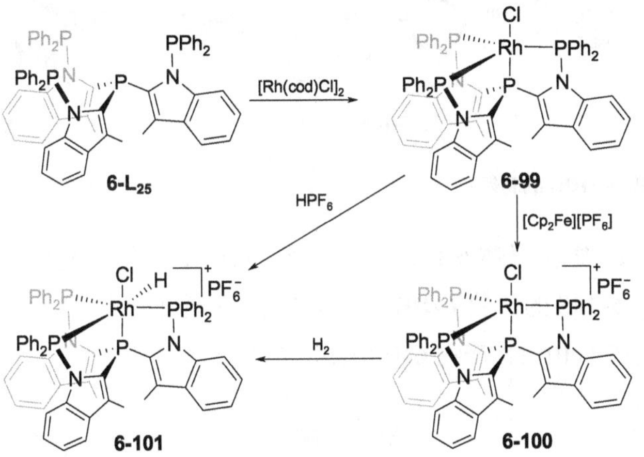

图 6-58 化合物 **6-99** ~ **6-101** 的制备

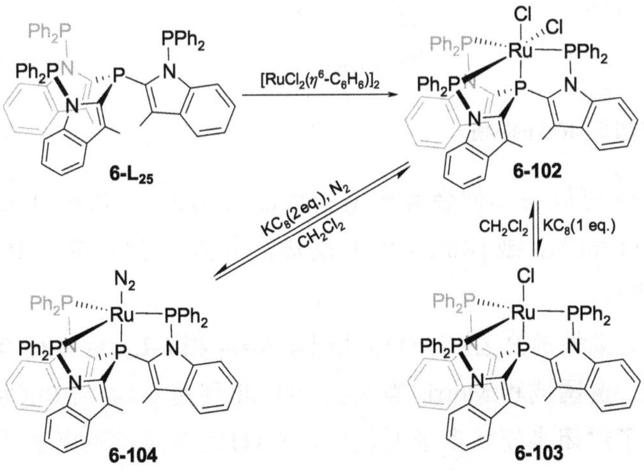

图 6-59 化合物 **6-102** ~ **6-104** 的制备

2018 年，他们继续利用 **6-L$_{25}$** 与 FeCl$_2$ 和 NaBF$_4$ 反应，成功将 **6-L$_{25}$** 引入 Fe 中心，合成了化合物 **6-105**，并且发现它在 N$_2$ 氛围下被 2 当量 KC$_8$ 还原后，也可以生成与 **6-104** 结构类似的 Fe(0)-N$_2$ 化合物 **6-106**，其中 N≡N 键长为 1.118(5) Å，比 N$_2$ 分子中的 N≡N 键长要长，表明 N$_2$ 分子在一定程度上被活化了（图 6-60）[50]。他们同时也将 **6-L$_{25}$** 引入 Co(Ⅱ) 和 Ni(Ⅱ) 中心，但是当尝试用 KC$_8$ 在 N$_2$ 氛围下对产物进行还原时，并没有得到与 **6-106** 类似的 M-N$_2$ 化合物[50]。

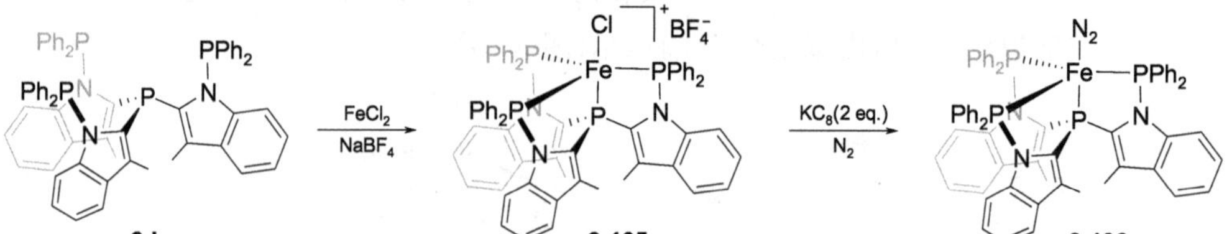

图 6-60 化合物 **6-105** 和 **6-106** 的制备

同时，还发现配体 **6-L$_{26}$** 与 FeCl$_2$ 和 NaBF$_4$ 也可以发生反应，生成结构类似于 **6-105** 的产物 **6-107**。如果在 N$_2$ 条件下继续加入 2 当量 KC$_8$，同样可以生成 Fe(0)-N$_2$ 产物 **6-108**（图 6-61）[50]。

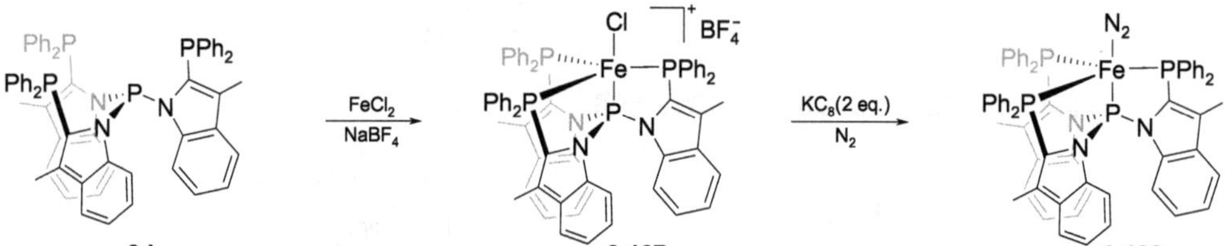

图 6-61 化合物 **6-107** 和 **6-108** 的制备

6-L$_{26}$ 也可以与其他金属配位。例如，2010 年，Pérez-Prieto 等人将它与 PdCl$_2$(PhCN)$_2$ 或 [Rh(cod)Cl]$_2$ 反应，分别得到产物 **6-109** 和 **6-110**（图 6-62）[45]。

相对更柔性的 P$_4$ 型 C$_3$ 对称性配体 **6-L$_{27}$** 和 **6-L$_{28}$** 也具有丰富的反应性。例如，贾国成和 Morris 等人在 1993 年利用 **6-L$_{27}$** 与 RuCl$_2$(PPh$_3$)$_3$ 反应，制备了封闭半笼状离子型化合物 **6-111**，并通过阴离子交换，合成了 **6-113**。此外，他们还进一步探索了 **6-111** 及 **6-113** 的反应性：与过量

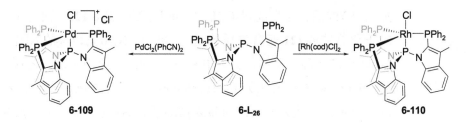

图 6-62 化合物 **6-109** 和 **6-110** 的制备

的 $NaBH_4$ 反应后，**6-111** 可以转化成 η^2-BH_4-Ru 化合物 **6-115**；如果在 1 atm 的 H_2 氛围下加入 1 当量的 $NaBH_4$，**6-113** 则转化成 η^2-H_2-Ru-H 化合物 **6-116**；如果与过量的 NaOMe 反应，**6-111** 则转化成 Ru-H 化合物 **6-118**（图 6-63）[46]。

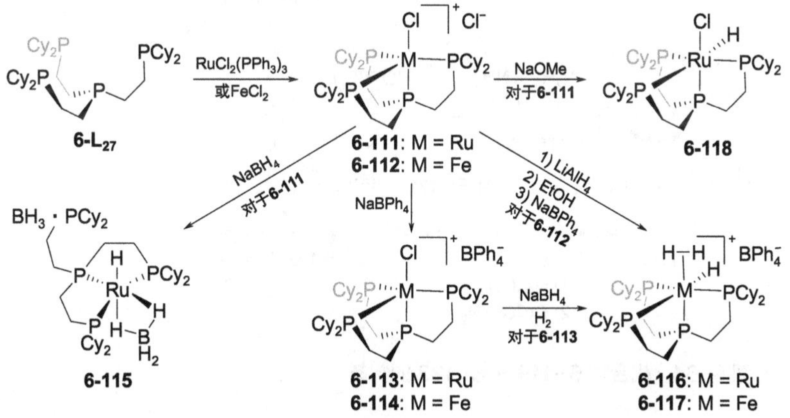

图 6-63 化合物 **6-111**～**6-118** 的制备

与 **6-111** 具有类似结构的 Fe 配合物 **6-112** 也可通过 **6-L₂₇** 与 $FeCl_2$ 反应制备。通过离子交换，**6-112** 可进一步转化为 **6-114**。此外，通过与 $LiAlH_4$ 反应及阴离子交换，**6-112** 也可转化为 η^2-H_2-Fe-H 化合物 **6-117**（图 6-63）[46]。

2009 年，Field 课题组研究了类似配体 **6-L₂₈** 与 $RuCl_2(PPh_3)_3$ 或 $FeCl_2$ 反应，分别制备了 **6-119** 和 **6-120**。与 P_4-Ru 化合物 **6-102** 及 P_4-Fe 化合物 **6-105** 和 **6-107** 类似，被 KC_8 还原后，**6-119** 和 **6-120** 将分别转化成 Ru(0)-N_2 和 Fe(0)-N_2 产物 **6-121** 和 **6-122**（图 6-64）[47]。

2019 年，Field 课题组继续研究了 **6-121** 与酸的反应性，发现在苯中加入 HOTf 后，会生成 η^6-C_6H_6 型 Ru(Ⅱ) 配合物 **6-123**，同时还产生了相对于化合物 **6-121** 而言物质的量为 18% 的 $N_2H_5^+$ 和 2% 的 NH_4^+。而当往 **6-123** 中加入碱使季鏻盐变成中性后，再在 N_2 氛围下加入还原剂 Cp_2^*Co 后，**6-123** 将重新转化为 **6-121**（图 6-64）。尽管该还原步骤并不是定量的，但是他们认为该反应为将来循环活化 N_2 提供了一种可能性：即将 Ru(0)-N_2 化合物氧化成 Ru(Ⅱ)，同时 N_2 被活化成 NH_4^+ 或 $N_2H_5^+$ 后，再加入适当的还原剂将其循环回 Ru(0)，以继续活化 N_2[51]。

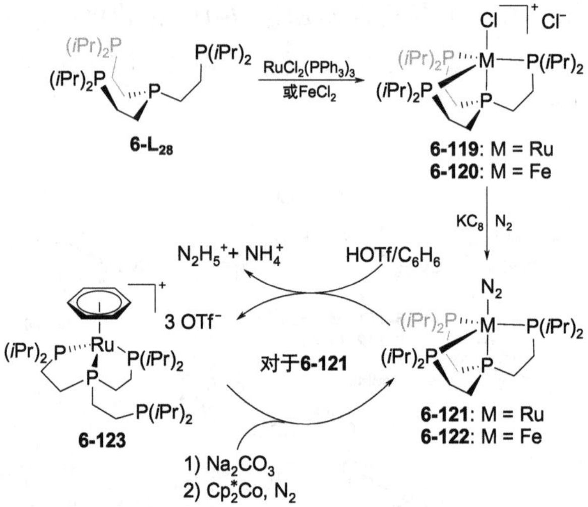

图 6-64 化合物 **6-119** ~ **6-123** 的制备

除了以上列举的四个 P 原子不共平面的 P_4 型配合物之外，也有四个 P 原子均占据金属赤道平面的 P_4 型配合物被报道。2013 年，Wiedner 和 Bullock 等人利用配体 **6-L$_{29}$** 与 $[Co(MeCN)_6](BF_4)_2$ 反应，制备了 Co(Ⅱ) 化合物 **6-124**。随后，他们利用 KC_8 将 **6-124** 还原，得到了 Co(Ⅰ) 化合物 **6-125**。继续加入对溴苯胺四氟硼酸盐后，还可得到 H-Co(Ⅲ) 化合物 **6-126**（图 6-65）[48]。H-Co(Ⅲ) 化合物一般被认为是 Co 化合物电催化制氢的中间体，但是稳定性较差，很难被分离鉴定。

2017 年，Bullock 和 Mock 等人继续利用配体 **6-L$_{29}$** 与 $FeBr_2$ 反应，制备了六配位 Fe(Ⅱ) 化合物 **6-127**。在 N_2 氛围下被 $Na(C_{10}H_8)$ 还原后，**6-127** 转变成五配位 Fe(0)-N_2 化合物 **6-128**。继续加入氧化剂 $Cp_2FeBARF$，**6-128** 又转化成四配位 Fe(Ⅱ) 化合物 **6-129**。还有另一种方法可以制备 **6-129**：

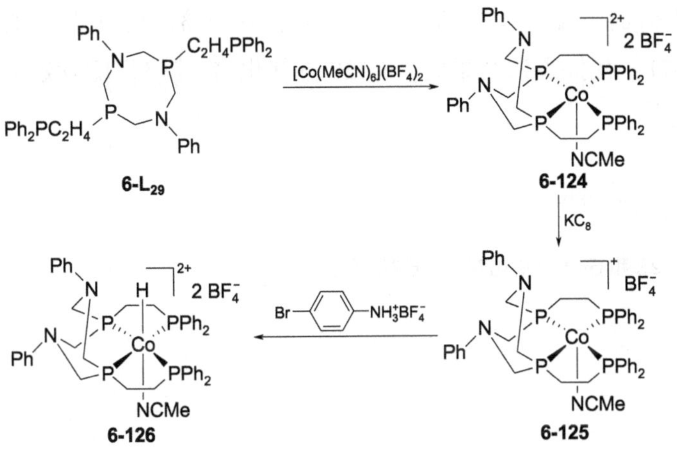

图 6-65 化合物 **6-124** ~ **6-126** 的制备

6-127 先被 KC$_8$ 还原成五配位 Fe(Ⅰ) 化合物 **6-130** 后，再与 NaBARF 反应生成四配位 Fe(Ⅰ) 化合物 **6-131**，最后再被 Cp$_2$FeBARF 氧化（图 6-66）[52]。

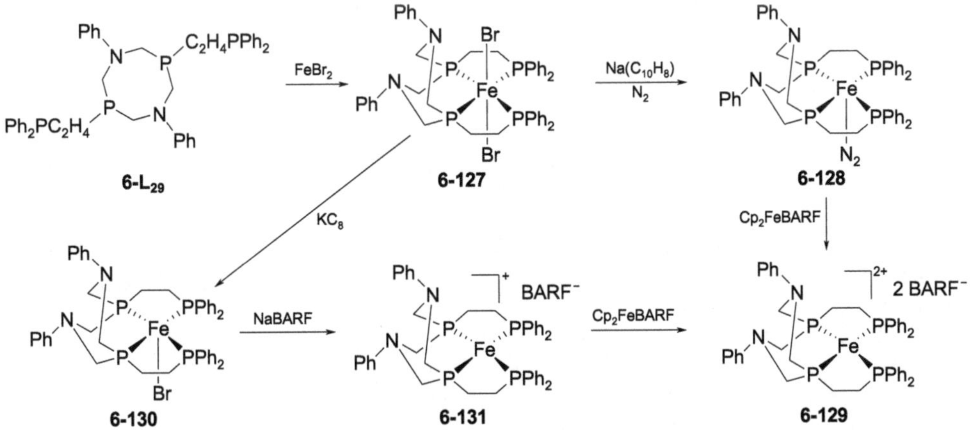

图 6-66 化合物 **6-127** ~ **6-131** 的制备

他们还研究了 **6-128** 和 **6-131** 在室温的甲苯溶液中对 N$_2$ 硅烷化反应的催化效果：以 **6-128** 为催化剂，当 N$_2$ 压力为 1 atm，ClSiMe$_3$ 当量为 KC$_8$ 的两倍时，反应 4h 或 24h 后，分别得到相对催化剂为 5.4 当量和 11 当量的 N(SiMe$_3$)$_3$；同样以 **6-128** 为催化剂，当 N$_2$ 压力为 100 atm、ClSiMe$_3$ 当量为 KC$_8$ 的四倍时，可得到相对催化剂约为 65 当量的 N(SiMe$_3$)$_3$；当催化剂换为 **6-131**，在 1 atm 的 N$_2$ 压力下，ClSiMe$_3$

当量为 KC_8 的两倍时,反应 18h 后,可得到相对催化剂为 5.7 当量的 $N(SiMe_3)_3$(图 6-67)。在报道该结果时,**6-128** 是催化 N_2 硅烷化反应效果最好的 Fe 催化剂[52]。

$$N_2 + KC_8 + ClSiMe_3 \xrightarrow[\text{或 6-131}]{\text{6-128}} N(SiMe_3)_3$$

图 6-67 化合物 **6-128** 和 **6-131** 催化 N_2 的硅烷化反应

参考文献

[1] Sietzen M, Wadepohl H, Ballmann J. A novel trisamidophosphine ligand and its group(Ⅳ) metal complexes. Organometallics, 2014, 33(3): 612-615.

[2] Block E, Ofori-Okai G, Zubieta J. 2-Phosphino- and 2-phosphinylbenzenethiols: New ligand types. Journal of the American Chemical Society, 1989, 111(6): 2327-2329.

[3] Li W, Xie J H, Yuan M L, Zhou Q L. Ruthenium complexes of tetradentate bipyridine ligands: highly efficient catalysts for the hydrogenation of carboxylic esters and lactones. Green Chemistry, 2014, 16(9): 4081-4085.

[4] Kita M R, Miller A J M. Cation-modulated reactivity of iridium hydride pincer-crown ether complexes. Journal of the American Chemical Society, 2014, 136(41): 14519-14529.

[5] Carmona M, Rodríguez R, Méndez I, Passarelli V, Lahoz F J, García-Orduña P, Carmona D. Stereospecific control of the metal-centred chirality of rhodium(Ⅲ) and iridium(Ⅲ) complexes bearing tetradentate CNN'P ligands. Dalton Transactions, 2017, 46(22): 7332-7350.

[6] Lee C M, Chuang Y L, Chiang C Y, Lee G H, Liaw W F. Mononuclear Ni(Ⅲ) complexes [Ni^{Ⅲ}(L)(P(C$_6$H$_3$-3-SiMe$_3$-2-S)$_3$)]$^{0/1-}$ (L = thiolate, selenolate, CH$_2$CN, Cl, PPh$_3$): Relevance to the nickel site of [NiFe] hydrogenases. Inorganic Chemistry, 2006, 45(26): 10895-10904.

[7] Chiou T W, Liaw W F. Mononuclear nickel(Ⅲ) complexes [Ni^{Ⅲ}(OR)(P(C$_6$H$_3$-3-SiMe$_3$-2-S)$_3$)]$^-$ (R = Me, Ph) containing the terminal alkoxide ligand: Relevance to the nickel site of oxidized-form [NiFe] hydrogenases. Inorganic Chemistry, 2008, 47(17): 7908-7913.

[8] Schilter D, Camara J M, Huynh M T, Hammes-Schiffer S, Rauchfuss T B. Hydrogenase enzymes and their synthetic models: The role of metal hydrides. Chemical Reviews, 2016, 116(15): 8693-8749.

[9] Chiou T W, Tseng Y M, Lu T T, Weng T C, Sokaras D, Ho W C, Kuo T S, Jang L Y, Lee J F, Liaw W F. [Ni^{Ⅲ}(OMe)]-mediated reductive activation of CO$_2$ affording a Ni(κ^1-OCO) complex. Chemical Science, 2016, 7(6): 3640-3644.

[10] Zhang F H, Liu C, Li W, Tian G L, Xie J H, Zhou Q L. An efficient ruthenium catalyst bearing tetradentate ligand for hydrogenations of carbon dioxide. Chinese Journal of Chemistry, 2018, 36(11): 1000-1002.

[11] Kita M R, Miller A J M. An ion-responsive pincer-crown ether catalyst system for rapid and switchable olefin isomerization. Angewandte Chemie International Edition, 2017, 56(20): 5498-5502.

[12] Carmona M, Tejedor L, Rodríguez R, Passarelli V, Lahoz F J, García-Orduña P, Carmona D. The stepwise reaction of rhodium and iridium complexes of formula [MCl$_2$(κ^4C,N,N', P-L)] with silver cations: A case of *trans*-influence and chiral self-recognition. Chemistry-A European Journal, 2017, 23(58): 14532-14546.

[13] Carmona M, Rodríguez R, Passarelli V, Lahoz F J, García-Orduña P, Carmona D. Metal as source of chirality in octahedral complexes with tripodal tetradentate ligands. Journal of the American Chemical Society, 2018, 140(3): 912-915.

[14] Langer R, Fuchs I, Vogt M, Balaraman E, Diskin-Posner Y, Shimon L J W, Ben-David Y, Milstein D. Stepwise metal-ligand cooperation by a reversible aromatization/deconjugation sequence in ruthenium complexes with a tetradentate phenanthroline-based ligand. Chemistry-A European Journal, 2013, 19(10): 3407-3414.

[15] Miura T, Naruto M, Toda K, Shimomura T, Saito S. Multifaceted catalytic hydrogenation of amides via diverse activation of a sterically confined bipyridine-ruthenium framework. Scientific Reports, 2015, 7: 1586.

[16] Jia X, Huang Z. Synthesis and characterization of a tetradentate PNCP iridium complex for catalytic alkane dehydrogenation. Science China Chemistry, 2015, 58(8): 1340-1344.

[17] De-Botton S, Cohen S, Gelman D. Iridium PC(sp^3)P pincer complexes with hemilabile pendant arms: Synthesis, characterization, and catalytic activity. Organometallics, 2018, 37(8): 1324-1330.

[18] Gu N X, Oyala P H, Peters J C. An S = $^1/_2$ iron complex featuring N$_2$, thiolate, and hydride ligands: Reductive elimination of H$_2$ and relevant thermochemical Fe—H parameters. Journal of the American

Chemical Society, 2018, 140(20): 6374-6382.

[19] Yoshioka S, Nimura S, Naruto M, Saito S. Reaction of H_2 with mitochondria-relevant metabolites using a multifunctional molecular catalyst. Science Advances, 2020, 6(43): eabc0274.

[20] Jia X, Zhang L, Qin C, Leng X, Huang Z. Iridium complexes of new NCP pincer ligands: catalytic alkane dehydrogenation and alkene isomerization. Chemical Communications, 2014, 50(75): 11056-11059.

[21] Gu N X, Oyala P H, Peters J C. H_2 evolution from a thiolate-bound Ni(Ⅲ) hydride. Journal of the American Chemical Society, 2020, 142(17): 7827-7835.

[22] Brecht M, van Gastel M, Buhrke T, Friedrich B, Lubitz W. Direct detection of a hydrogen ligand in the [NiFe] center of the regulatory H_2-sensing hydrogenase from Ralstonia eutropha in its reduced state by HYSCORE and ENDOR spectroscopy. Journal of the American Chemical Society, 2003, 125(43): 13075-13083.

[23] Fan C, Teixeira M, Moura J, Moura I, Hanh H B, Le Gall J, Peck H D, Hoffman B M. Detection and characterization of exchangeable protons bound to the hydrogen-activation nickel site of Desulfovibrio gigas hydrogenase: a proton and deuterium Q-band ENDOR study. Journal of the American Chemical Society, 1991, 113(1): 20-24.

[24] Foerster S, van Gastel M, Brecht M, Lubtiz W. An orientation-selected ENDOR and HYSCORE study of the Ni-C active state of Desulfovibrio vulgaris Miyazaki F hydrogenase. JBIC Journal of Biological Inorganic Chemistry, 2005, 10(1): 51-62.

[25] Ciclosi M, Lloret J, Estevan F, Lahuerta P, Sanaú M, Pérez-Prieto J. A C_3-symmetric palladium catalyst with a phosphorus-based tripodal ligand. Angewandte Chemie International Edition, 2006, 45(40): 6741-6744.

[26] Creutz S E, Peters J C. Catalytic reduction of N_2 to NH_3 by an Fe-N_2 complex featuring a Catom anchor. Journal of the American Chemical Society, 2014, 136(3): 1105-1115.

[27] Mankad N P, Whited M T, Peters J C. Terminal Fe^I-N_2 and Fe^{II}⋯H-C interactions supported by tris(phosphino)silyl ligands. Angewandte Chemie International Edition, 2007, 46(30): 5768-5771.

[28] Bontemps S, Bouhadir G, Dyer P W, Miquen K, Bourissou D. Quasi-thermoneutral P → B interactions within di- and tri-phosphine boranes. Inorganic Chemistry, 2007, 46(13): 5149-5151.

[29] García-Seijo M I, Habtemariam A, del Socorro Murdoch P, Gould R O, García-Fernández M E. Five-coordinate aminophosphine platinum(Ⅱ) complexes containing cysteine derivatives as ligands. Inorganica Chimica Acta, 2002, 335: 52-60.

[30] Xu S, Alhthlol L M, Paudel K, Reinheimer E, Tyer D L, Taylor D K, Smith A M, Holzmann J, Lozano E, Ding K. Tripodal N,P mixed-donor ligands and their cobalt complexes: Efficient catalysts for acceptorless dehydrogenation of secondary alcohols. Inorganic Chemistry, 2018, 57(5): 2394-2397.

[31] Lee Y, Mankad N P, Peters J C. Triggering N_2 uptake via redox-induced expulsion of coordinated NH_3 and N_2 silylation at trigonal bipyramidal iron. Nature Chemistry, 2010, 2(7): 558-565.

[32] Whited M T, Mankad N P, Lee Y, Oblad P F, Peters J C. Dinitrogen complexes supported by tris(phosphino)silyl ligands. Inorganic Chemistry, 2009, 48(6): 2507-2517.

[33] Moret M E, Peters J C. Terminal iron dinitrogen and iron imide complexes supported by a tris(phosphino)borane ligand. Angewandte Chemie International Edition, 2011, 50(9): 2063-2067.

[34] Anderson J S, Moret M E, Peters J C. Conversion of Fe—NH_2 to Fe—N_2 with release of NH_3. Journal of the American Chemical Society, 2013, 135(2): 534-537.

[35] Anderson J S, Rittle J, Peters J C. Catalytic conversion of nitrogen to ammonia by an iron model complex. Nature, 2013, 501(7465): 84-88.

[36] Chalkley M J, Drover M W, Peters J C. Catalytic N_2-to-NH_3 (or -N_2H_4) conversion by well-defined molecular coordination complexes. Chemical Reviews, 2020, 120(12): 5582-5636.

[37] Bontemps S, Bouhadir G, Gu W, Mercy M, Chen C H, Foxman B M, Maron L, Ozerov O V, Bourissou D. Metallaboratranes derived from a triphosphanyl-borane: Intrinsic C_3 symmetry supported by a Z-type ligand. Angewandte Chemie International Edition, 2008, 47(8): 1481-1484.

[38] Sircoglou M, Bontemps S, Bouhadir G, Saffon N, Miqueu K, Gu W, Mercy M, Chen C H, Foxman B

M, Maron L, Ozerov O V, Bourissou D. Group 10 and 11 metal boratranes (Ni, Pd, Pt, CuCl, AgCl, AuCl, and Au$^+$) derived from a triphosphine-borane. Journal of the American Chemical Society, 2008, 130(49): 16729-16738.

[39] Anaby A, Schelwies M, Schwaben J, Rominger F, Hashmi A S K, Schaub T. Study of precatalyst degradation leading to the discovery of a new Ru^0 precatalyst for hydrogenation and dehydrogenation. Organometallics, 2018, 37(13): 2193-2201.

[40] Paudel K, Pandey B, Xu S, Taylor D K, Tyer D L, Torres C L, Gallagher S, Kong L, Ding K. Cobalt-catalyzed acceptorless dehydrogenative coupling of primary alcohols to esters. Organic Letters, 2018, 20(15): 4478-4481.

[41] Pandey B, Xu S, Ding K. Selective ketone formations via cobalt-catalyzed β-alkylation of secondary alcohols with primary alcohols. Organic Letters, 2019, 21(18): 7420-7423.

[42] Paudel K, Xu S, Ding K. α-Alkylation of nitriles with primary alcohols by a well-defined molecular cobalt catalyst. The Journal of Organic Chemistry, 2020, 85(23): 14980-14988.

[43] Paudel K, Xu S, Hietsoi O, Pandey B, Onuh C, Ding K. Switchable imine and amine synthesis catalyzed by a well-defined cobalt complex. Organometallics 2021, 40(3): 418-426.

[44] Wassenaar J, de Bruin B, Siegler M A, Spek A L, Reek J N H, van der Vlugt J I. Activation of H$_2$ by a highly distorted Rh^{II} complex with a new C$_3$-symmetric tripodal tetraphosphine ligand. Chemical Communications, 2010, 46(8): 1232-1234.

[45] Penno D, Koshevoy I O, Estevan F, Sanaú M, Ubeda M A, Pérez-Prieto J. Synthesis of a new C$_3$-symmetric tripodal P$_4$-tetradentate ligand and its application to the formation of chiral metal complexes. Organometallics, 2010, 29(3): 703-706.

[46] Jia G, Drouin S D, Jessop P G, Lough A J, Morris R H. Use of the new ligand P(CH$_2$CH$_2$PCy$_2$)$_3$ in the synthesis of dihydrogen complexes of iron(II) and ruthenium(II). Organometallics, 1993, 12(3): 906-916.

[47] Field L D, Guest R W, Vuong K Q, Dalgarno S J, Jensen P. Iron(0) and ruthenium(0) complexes of dinitrogen. Inorganic Chemistry, 2009, 48(5): 2246-2253.

[48] Wiedner E S, Roberts J A S, Dougherty W G, Kassel W S, DuBois D L, Bullock R M. Synthesis and electrochemical studies of cobalt(III) monohydride complexes containing pendant amines. Inorganic Chemistry, 2013, 52(17): 9975-9988.

[49] van de Watering F F, van der Vlugt J I, Dzik W I, de Bruin B, Reek J N H. Metalloradical reactivity of Ru^I and Ru^0 stabilized by an indole-based tripodal tetraphosphine ligand. Chemistry-A European Journal, 2017, 23(52): 12709-12713.

[50] van de Watering F F, Stroek W, van der Vlugt J I, de Bruin B, Dzik W I, Reek J N H. Coordination of 3-methylindole-based tripodal tetraphosphine ligands to iron(+II), cobalt(+II), and nickel(+II) and investigations of their subsequent two-electron reduction. European Journal of Inorganic Chemistry, 2018: 1254-1265.

[51] Field L D, Li H L, Abeysinghe P M, Bhadbhade M, Dalgarno S J, McIntosh R D. Reduction of dinitrogen to ammonia and hydrazine on low-valent ruthenium complexes. Inorganic Chemistry, 2019, 58(3): 1929-1934.

[52] Prokopchuk D E, Wiedner E S, Walter E D, Popescu C V, Piro N A, Kassel W S, Bullock R M, Mock M T. Catalytic N$_2$ reduction to silylamines and thermodynamics of N$_2$ binding at square planar Fe. Journal of the American Chemical Society, 2017, 139(27): 9291-9301.

7 非手性膦配体的发展展望

近三十年，非手性膦配体的合成与应用得到快速的发展，大量新颖的膦配体被设计合成。通过引入含有不同电子和位阻的取代基，调控膦配体的空间效应和电子效应，可以极大地改变膦配体的活性以及选择性。其中，单膦配体种类多、数量多，也是应用最为广泛的膦配体。例如 Buchwald 课题组研发的二烃基联芳基膦配体已经商品化，并被广泛地应用于钯催化的偶联反应，有效构建 C—E 键(E=C、N 和 O 等)[1-3]。该类配体不仅在空气中稳定、底物适用范围广，而且活性高、选择性好，部分高活性配体在室温下就可以促使钯催化偶联反应，并适用于克级甚至千克级反应。双膦配体可以与金属形成结构更加稳定的环金属配合物，使其具有更高的催化活性、选择性以及独特的光电性质。例如，刚性的 Xantphos 双膦配体与 2,9-二甲基-1,10-菲咯啉和 $[Cu(MeCN)_4]BF_4$ 反应，可以原位生成铜光敏剂 $[Cu(Xantphos)(neo)]BF_4$，实现铜可见光催化 C—C 键的形成反应[4]。1-膦基-2-二芳基膦基苯配体极大地提高镍的催化活性，使其可以高效催化氨、伯胺和仲胺发生 C—N 键的偶联反应[5,6]。含膦三齿配体的金属配合物的稳定性通常优于单齿和双齿膦配合物，因此该类催化剂不易失活，且催化中间体更容易被分离鉴定。例如，仅需 0.05% ～ 0.5%(摩尔分数)的配合物 **7-1**，就可以催化二级醇和 β-氨醇的去氢缩合反应，高效生成吡咯衍生物[7](图 7-1)。含膦四齿配体与金属反应形成的金属配合物，比含膦三齿金属配合物更加稳定，这使其作为催化剂时具有更长的反应寿命，而且催化反应中间体易于分离与表征[8-10]，但是这也常常导致催化剂的活性较低。

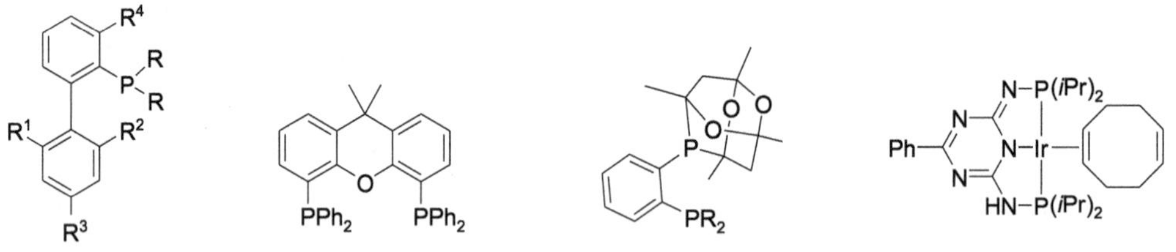

二烷基联芳基膦配体　　Xantphos　　1-膦基-2-二芳基膦基苯　　**7-1**

图 7-1　高活性膦配体和 PNP-Ir 配合物的结构

膦配体作为过渡金属催化反应中被研究和应用最广泛的配体之一，在诸多催化反应中起着重要作用，可以提高反应的转化率和目标产物的选择性。但是，含膦配体的过渡金属催化剂的循环利用、催化反应机理以及高效新颖的膦配体的合成等方面仍是未来研究的重点方向。基于此，未来膦配体相关的研究工作可能需要在如下几个方面继续努力。

① 当前，合成膦配体的原料主要是对空气敏感的三氯化磷，这些反应通常需要使用对空气和水敏感的试剂，如格氏试剂和正丁基锂等，或是使用高剂量的贵金属催化剂。而三氯化磷的制备需要经过磷矿石还原得到黄磷，黄磷转化为三氯化磷等工业过程。因而，如何从黄磷，甚至从磷矿石出发，经由简捷高效的方法合成膦配体，将是膦配体合成的研究重点之一。

② 相比含膦单齿配体，含膦双齿配体和含膦多齿配体的种类和数量较少，这主要是因为它们的结构一般更复杂，导致合成难度一般也更大，有效的合成方法也更少。因此，开发出更加简单、高效的合成策略构建新的含膦双齿配体和含膦多齿配体仍是该领域的研究难点之一。

③ 虽然膦配体可以促使金属高效、高选择性地催化多种反应，但是这些金属催化剂主要是钯、金、铱和铑等贵金属。因此，发展适合廉价金属(铁、钴和镍等)的催化体系，提高廉价金属催化反应的原子转化数(TON)等方面也是该领域面临的挑战之一。

④ 膦配体的合成和应用过程，往往需要使用甲苯、四氢呋喃和DMF等对环境有污染的有机溶剂。因此，膦配体的合成和应用过程的绿色化十分重要。

⑤ 对非手性膦配体参与的催化反应机理、相关动力学进行深入研究，发展出更为成熟、系统的理论体系，进而指导相关配体和催化剂的设计合成。

⑥ 与高分子合成相关的膦配体研究，将所设计合成的膦配体用于金属催化的可降解高分子的合成、特殊用途高分子的合成。

⑦ 与膦配体相关的生物金属有机化学，包括含生命体基元的膦配体设计与合成、含膦配体有机金属药物、含膦配体金属有机催化的化学生物学反应、高选择性反应及定向进化反应、金属酶及其模型研究等。

⑧ 含磷材料，包括黑磷及含磷原子的纳米材料中磷的结构、配位化学、光电性质、催化性质等的研究。

参考文献

[1] Martin R, Buchwald S L. Palladium-catalyzed Suzuki-Miyaura cross-coupling reactions employing dialkylbiaryl phosphine ligands. Accounts of Chemical Research, 2008, 41(11): 1461-1473.

[2] Maiti D, Fors B P, Henderson J L, Nakamura Y, Buchwald S L. Palladium-catalyzed coupling of functionalized primary and secondary amines with aryl and heteroaryl halides: Two ligands suffice in most cases. Chemical Science, 2011, 2(1): 57-68.

[3] Ruiz-Castillo P, Buchwald S L. Applications of palladium-catalyzed C—N cross-coupling reactions. Chemical Reviews, 2016, 116(19): 12564-12649.

[4] Hernandez-Perez A C, Collins S K. Heteroleptic Cu-based sensitizers in photoredox catalysis. Accounts of Chemical Research, 2016, 49(8): 1557-1565.

[5] Lavoie C M, Stradiotto M. Bisphosphines: A prominent ancillary ligand class for application in nickel-catalyzed C—N cross-coupling. ACS Catalysis, 2018, 8(8): 7228-7250.

[6] Tassone J P, England E V, MacQueen P M, Ferguson M J, Stradiotto M. PhPAd-DalPhos: Ligand-enabled, nickel-catalyzed cross-coupling of (hetero)aryl electrophiles with bulky primary alkylamines. Angewandte Chemie International Edition, 2019, 58(8): 2485-2489.

[7] Michlik S, Kempe R, A sustainable catalytic pyrrole synthesis. Nature Chemistry, 2013, 5(2): 140-144.

[8] Li W, Xie J H, Yuan M L, Zhou Q L. Ruthenium complexes of tetradentate bipyridine ligands: highly efficient catalysts for the hydrogenation of carboxylic esters and lactones. Green Chemistry, 2014, 16(9): 4081-4085.

[9] Carmona M, Rodríguez R, Passarelli V, Lahoz F J, García-Orduña P, Carmona D. Metal as source of chirality in octahedral complexes with tripodal tetradentate ligands. Journal of the American Chemical Society, 2018, 140(3): 912-915.

[10] Prokopchuk D E, Wiedner E S, Walter E D, Popescu C V, Piro N A, Kassel W S, Bullock R M, Mock M T. Catalytic N_2 reduction to silylamines and thermodynamics of N_2 binding at square planar Fe. Journal of the American Chemical Society, 2017, 139(27): 9291-9301.

索引

B

八碳龙配合物 067
伯膦 006
伯膦硼烷配合物 008
卟啉配合物 009

D

大位阻 075
单电子转移反应 191
单膦配体 020, 023
导向 032
电子效应 020
电子云密度 020
C_3 对称性 276
多米诺反应 177

E

锇杂戊搭炔 066
二烃基联芳基单膦金配合物 102
二烃基联芳基单膦配体 023
（二烃基膦基）烷烃 164
二茂铁基双膦配体 164

F

反芳香性 066
Catellani 反应 078
Mizoroki-Heck 反应 086
芳基化反应 034
芳基膦酸酯 039
芳基亲核取代反应 053
芳香性 066
[5 + 3] 分子间环加成反应 194

G

格氏试剂 007
σ- 供体 020
固氮酶 296
官能团化反应 009
光催化 027, 035
光催化剂 037

光敏剂 038
光氧化还原性质 172

H

含氮骨架单膦配体 024
黑磷 317
[3+2] 环加成反应 149
"环金属化"反应 217
（环戊二烯基）苯基单膦
　　配体 024
还原反应 008, 027
还原试剂 040
磺化反应 052

J

季阳离子 066
B—H 键 145
C—F 键 098
C—P 键 028
C—H 键的官能团化反应 033
C—P 键活化 048
C—N 键交叉偶联反应 183
C—S 键交叉偶联反应 117
C—O 键偶联反应 209
C—P 键偶联反应 013
"金属-配体"协同作用 229

Kumada-Corriu 交叉偶联反应 177
Sonogashira 交叉偶联反应 056, 086
Suzuki-Miyaura 交叉偶联
　　反应 057, 071
角张力 066
金属催化 045
金属活化氮气 142

K

可见光 036
空间位阻 020

L

锂试剂 007
两性离子 145
两性离子型配合物 145
磷杂环化合物 051
磷杂环戊二烯氧化物 030
1-膦基-2-二芳基膦基苯配体 166
膦基邻碳硼烷 048
膦金（I）配合物 061
膦配体 002
膦硼烷配合物 070
膦氢化反应 025, 167
膦自由基 030
螺环吲哚 059

N

萘基膦配体 046

O

Buchwald-Hartwig 偶联反应 087

Liebeskind-Srogl 偶联反应 180

P

P—P 键偶联反应 011

NPN 配体 242

PBP 配体 245

PCN 配体 216

PCO 配体 220

PCP 配体 247

PCS 配体 221

PNC 配体 223

PNF 配体 237

PNN 配体 226

PNNN 配体 276

PNO 配体 234

PNP 配体 252

PNS 配体 239

PNSb 配体 242

POP 配体 259

PPP 配体 264

PSiP 配体 261

PSP 配体 262

BP3 型配体 300

P4 型配体 304

Pincer 型化合物 217

PNNC 型配体 278

PNNP 型配体 284

SiP2S 型配体 291

硼化反应 046

片呐醇硼烷 041

Q

七碳龙配合物 067

亲核取代反应 023

氢胺化反应 061

氢化酶 173

氰化反应 189

区域选择性 029

去芳构化 054

全氟烷基芳烃 182

S

三齿配体 216

三氟甲基 101

三氟甲基碲化反应 196

三环骨架 065

三膦大环化合物 014

三氯化磷 007

三烷基膦配体 070

十二碳龙配合物 069

十一碳龙配合物 068

π- 受体 020

2-(2,3,4,5- 四乙基环戊二烯基)
   苯基膦配体 138

叔膦 C—H 键进行官能团化反应 ... 045

叔膦氧化物 027

双齿配体 164

双核金属配合物 169

双膦镍催化剂 205

Xantphos 双膦配体 165

双膦氢化反应 168

水合反应 187

四齿 PCNO 型金属配合 281

四齿配体 276

四氟硼酸盐 070

T

碳龙配合物 066

体空间角 (Tolman 圆锥角) 021

铁硫簇配合物 056

X

烯基化反应 058

(E)- 烯基膦氧化物 031

烯烃复分解反应 015

CP₃ 型有机物 293

Y

亚磷酸二苯酯 043

亚膦酸酯 013

镱配合物 026

吲哚 046

吲哚基膦配体 126

茚基单膦配体 025

茚基膦配体 147

茚基效应 143

有机硅试剂 132

有机金属催化剂 002

有机金属药物 317

有机小分子催化剂 002

Z

杂芳基膦氧化合物 038

仲膦 012

仲膦硼烷配合物 013

其他

BI-DIME 121

CM-phos 132

JohnPhos 071

LiAlH₄ 040

Mor-DalPhos 127

PhSiH₃ 040

元素周期表